Analytical Mechanics

解析力学

──基礎の基礎から発展的なトピックまで──

渡辺悠樹［著］

共立出版

はじめに

高校物理で慣れ親しんだニュートン力学では，運動方程式を原理として認め，それがボールの運動だけでなく天体のケプラー運動までをも説明することを学んだ．このように「少数の法則が多くの現象に適用できる」という一般性が物理学の魅力の１つであった．電磁気学の単元でも同様に，ガウスの法則やファラデーの法則，アンペールの法則などを原理として認め，電荷に働く力や回路を流れる電流などを計算したはずである．

本書で学ぶ解析力学の考え方を用いると，ニュートンの物理法則のみならず電磁場のマクスウェル方程式やその他の運動法則をも，統一的な視点から「導出」することができる．もちろん導出といっても別の原理に基づく部分的な説明を与えるに過ぎないが，それでもこれらの物理法則を統一的に扱うことができるという意味でより一般性の高い原理であると言える．その際の指導原理となるのは「対称性」と「停留作用の原理」である．対称性に基づいて系の運動エネルギーや相互作用の形（つまりラグランジアンの形）を決定し，対応する作用を停留にすることで，時間微分を含む微分方程式の形で書かれた物理法則が得られるのである．

逆に，要求する対称性を変更すると異なる物理法則が得られることになる．例えば，光の速さが一定という実験事実と整合するようにガリレイ対称性をローレンツ対称性へと変更することで，特殊相対性理論の力学が自然に導かれることを見る．

また，連続対称性はネーター保存量を導き，逆にその保存量は対称性の生成子となる．特に，ハミルトニアンが系の時間発展を，運動量が空間並進を生成することは量子力学でも重要となる．

解析力学のもう１つの重要な利点は変数についての自由度である．デカルト座標を用いた記述が主だったニュートン力学とは違い，ラグランジュ形式の解析力学では配位空間の任意の座標，そしてハミルトン形式の解析力学では任意の正準座標を用いても運動方程式の形が変わらない．これにより，系に含まれる多くの自由度のうち重要なもののみに着目した取り扱いが容易になる．

このように，解析力学は単なるニュートン力学のまとめ直しではなく，現代物理の諸分野の根底をなす基礎となっている．その議論には物理観あるいは世界観そのものの変更を迫るような壮大さと美しさがあり，読者にはぜひこの部分を味わっていただきたい．これまで物理法則はすでに確立されたもの，教科書に書かれているものを学んできたと思うが，研究の最前線では様々な新現象をどうやって記述すればよいか今なお議論がなされており，解析力学で学ぶ考え方はそこへの橋渡しという意義がある．

解析力学にはすでに多くの名著と言われる教科書が存在するが，やさしく書かれた書籍ではきちんとした定義や導出が省かれていることが多く，逆に数学的な書籍では物理の理解が深まる前に数学的準備だけで挫折してしまうことも多い．本書では様々な定理や関係式を導くロジックをクリアかつ正確にやさしく書いたつもりである．

筆者自身がこれまで疑問に思っていた以下のような点も明快な答えに辿り着くことができた．

- オイラー・ラグランジュ方程式を不変に保つ変換は一般化座標と時間の関数による変換（点変換）に限られる．またラグランジアンの不定性は，一般化座標と時間の関数の全微分の形で書けるものに限られる．一方で，ネーターの定理を用いてエネルギーの保存を導く際に，これらの量に一般化座標の時間微分が含まれるものを考えていいのはなぜか．
- 母関数によって変換されること，ポアソン括弧を不変に保つこと，正準方程式を共変に保つこと，という正準変換の種々の定義の関係は，結局どうなっているのか．

これらの点については類書の記述を改善できたのではないかと自負している．またスピンの取り扱いや自発的対称性の破れに関する議論は類書には見られないオリジナルの内容である．

各章の末尾には演習問題を用意した．巻末に略解も付けたので，ぜひ各章を読み終わるごとに取り組み，理解を深めて欲しい．途中，難しい箇所があったとしても，あまり気にせず読み飛ばしながら，とにかく一度第 8，9 章までは読み進めていただきたい．初読の際に読み飛ばしてもよい箇所には (*) を付した．第 10，11，12 章は発展的な内容を含んでおり，講義でも詳しく解説している時間はとれなかったが，各自の興味に合わせて項目ごとに読んでいただければ幸いである．質問や誤植については著者のホームページおよび共立出版社のホームページで対応する．

既習とする内容

- （高校レベルの）ニュートン力学・電磁気学に関する知識
- （大学 1 年レベルの）多変数関数の微分・合成関数の微分・変数変換
- （初歩的な）ベクトル解析，行列の計算

これらの一部については第 0 章で復習するが，ここをざっと読み理解できなければ当該項目を先に勉強してからの方が良いだろう．微分形式を用いて記述した方がすっきりする式変形も多いが，未習の方も多いため脚注で触れるに留めた[1]．また，古典力学の議論と量子力学の議論の線引きを明確にするために，量子力学関連の話題も脚注での説明に留めた．

謝辞

本書は東京大学教養学部前期課程で 2016〜2018 年に担当した「物理学汎論」および 2022 年から担当している「解析力学」の講義に基づいている．講義を受講してくれた学生には多くの誤植の指摘や改善点の提案，ハイレベルな質問をしていただき本書の内容が大幅に改善された．また執筆時に生じた疑問点について，遠藤晋平氏，沙川貴大氏，杉田　歩氏，辻　直人氏，中嶋　慧氏，早田智也氏に教えていただいた．この場を借りて感謝したい．

2024 年 5 月

渡辺悠樹

---

[1] 微分形式や多様体については，[1] 第 1 章の他，[2] を勧める．

目　次

第IV部　発展的内容

第 0 章

数学の復習

解析力学を学ぶには偏微分やベクトル解析をある程度自由に使いこなせることが望ましい．まずはその復習から始める．

0.1　多変数関数の微分・合成関数の微分・変数変換

この節では実 2 変数 x,y の関数 $f(x,y):\mathbb{R}^2\to\mathbb{R}$ を例に偏微分について復習する．変数の数が増えても基本的な考え方は同じである．

0.1.1　偏微分

関数 $f(x,y)$ の偏微分は

$$\frac{\partial f(x,y)}{\partial x}:=\lim_{\epsilon\to 0}\frac{f(x+\epsilon,y)-f(x,y)}{\epsilon}\qquad\left(\begin{array}{c}y\text{ を固定し }x\text{ の関数と}\\\text{見たときの微分}\end{array}\right)\tag{0.1}$$

$$\frac{\partial f(x,y)}{\partial y}:=\lim_{\epsilon\to 0}\frac{f(x,y+\epsilon)-f(x,y)}{\epsilon}\qquad\left(\begin{array}{c}x\text{ を固定し }y\text{ の関数と}\\\text{見たときの微分}\end{array}\right)\tag{0.2}$$

と定義される．もちろん偏微分が常にできるとは限らないが，解析力学で扱う関数の多くは偏微分可能である．$\frac{\partial f(x,y)}{\partial x}$ や $\frac{\partial f(x,y)}{\partial y}$ を x, y の関数と見たとき，それらを偏導関数と呼ぶ．偏微分にもライプニッツ則が成り立つ．例えば

$$\frac{\partial\big(f(x,y)g(x,y)\big)}{\partial x}=\frac{\partial f(x,y)}{\partial x}g(x,y)+f(x,y)\frac{\partial g(x,y)}{\partial x}.\tag{0.3}$$

C^n 級（n は正の整数）とは n 階までの偏導関数が存在し，それらがすべて連続となることと定義される．C^n 級なら n 階までの偏微分の順序交換が可能となる．例えばC^2 級なら

$$\frac{\partial^2 f(x,y)}{\partial x \partial y} = \frac{\partial^2 f(x,y)}{\partial y \partial x}. \tag{0.4}$$

いちいち詳細な条件を書くと難しくなるので，特に断らない限り関数と言えば少なくとも C^2 級と仮定する．

0.1.2　合成関数の微分

次に $x(t) : \mathbb{R} \to \mathbb{R}$, $y(t) : \mathbb{R} \to \mathbb{R}$ という 1 変数 t の関数を 2 つ考える．合成関数 $f(x(t), y(t)) : \mathbb{R} \to \mathbb{R}$ の微分は**連鎖律**によって

$$\begin{aligned}\frac{\mathrm{d}}{\mathrm{d}t} f(x(t), y(t)) &= \dot{x}(t) \frac{\partial f(x,y)}{\partial x}\bigg|_{x=x(t),y=y(t)} + \dot{y}(t) \frac{\partial f(x,y)}{\partial y}\bigg|_{x=x(t),y=y(t)} \\ &= \dot{x}(t) \frac{\partial f(x(t),y(t))}{\partial x(t)} + \dot{y}(t) \frac{\partial f(x(t),y(t))}{\partial y(t)}\end{aligned} \tag{0.5}$$

となる．本書では 2 行目の書き方をすることが多いが，その定義は 1 行目で与えられる．ただしドットは時間 t での微分 ($\dot{x}(t) \coloneqq \frac{\mathrm{d}x(t)}{\mathrm{d}t}$)，2 つのドットは t での 2 階微分 ($\ddot{x}(t) \coloneqq \frac{\mathrm{d}^2 x(t)}{\mathrm{d}t^2}$) を表す．また，1 行目第 1 項の例のように縦棒 $|$ 以降に下付きで $a = b$ のように書いた場合は a に b を代入する操作を意味する．

0.1.3　注意

解析力学でややこしいのは，$y(t) = \dot{x}(t)$ の場合の

$$\frac{\mathrm{d}}{\mathrm{d}t} f(x(t), \dot{x}(t)) = \dot{x}(t) \frac{\partial f(x(t),\dot{x}(t))}{\partial x(t)} + \ddot{x}(t) \frac{\partial f(x(t),\dot{x}(t))}{\partial \dot{x}(t)} \tag{0.6}$$

といった表記である．「$y(t)$ を固定しようにも，$y(t) = \dot{x}(t)$ なんていう関係があったら，$x(t)$ を動かしたら $y(t)$ も動いてしまうではないか！」と混乱するかもしれない．しかし，この式の意味は

$$\frac{\mathrm{d}}{\mathrm{d}t} f(x(t), \dot{x}(t)) = \dot{x}(t) \frac{\partial f(x,y)}{\partial x}\bigg|_{x=x(t),y=\dot{x}(t)} + \ddot{x}(t) \frac{\partial f(x,y)}{\partial y}\bigg|_{x=x(t),y=\dot{x}(t)} \tag{0.7}$$

ということである．つまり，完全に独立な 2 変数x, yの関数$f(x,y)$に対し，その偏微分$\frac{\partial f(x,y)}{\partial x}$, $\frac{\partial f(x,y)}{\partial y}$を式 (0.1), (0.2) のように定義し，その偏導関数のxに$x(t)$, yに$\dot{x}(t)$を代入したのである．適当な関数，例えば $f(x,y)=x^2+2xy$ を例にとって実際にこの操作を行ってみれば納得できるはずである．

0.1.4　変数変換とヤコビ行列

変数 (x,y) から別の変数 $(X,Y)=(X(x,y),Y(x,y))$ への変数変換を考える．$X(x,y),Y(x,y)$ は少なくとも C^1 級とする．**ヤコビ行列**

$$J := \begin{pmatrix} \frac{\partial X(x,y)}{\partial x} & \frac{\partial X(x,y)}{\partial y} \\ \frac{\partial Y(x,y)}{\partial x} & \frac{\partial Y(x,y)}{\partial y} \end{pmatrix} \tag{0.8}$$

は正則，つまり行列式（0.2.1 項）が 0 でないと仮定する．このとき変数変換は局所的に全単射となり，逆関数も少なくとも C^1 級となる（逆関数定理）．この逆関数を $(x,y)=(x(X,Y),y(X,Y))$ と書く．

x,y の 2 変数関数 $f(x,y)$ が与えられたとき，X,Y の 2 変数関数を

$$\tilde{f}(X,Y)=f(x(X,Y),y(X,Y)) \tag{0.9}$$

と定義する．一般に$\tilde{f}(X,Y)$と$f(x,y)$は異なる関数形をもつ．値としては等しいため物理の文献では $\tilde{f}(X,Y)$ を $f(X,Y)$ と書くことがあるが，$f(x,y)$ に $x=X$, $y=Y$ を代入したものと紛らわしいため，本書ではこの記法は用いない．

変数変換によって偏微分は

$$\frac{\partial f(x,y)}{\partial x}=\frac{\partial X(x,y)}{\partial x}\frac{\partial \tilde{f}(X,Y)}{\partial X}+\frac{\partial Y(x,y)}{\partial x}\frac{\partial \tilde{f}(X,Y)}{\partial Y}, \tag{0.10}$$

$$\frac{\partial f(x,y)}{\partial y}=\frac{\partial X(x,y)}{\partial y}\frac{\partial \tilde{f}(X,Y)}{\partial X}+\frac{\partial Y(x,y)}{\partial y}\frac{\partial \tilde{f}(X,Y)}{\partial Y} \tag{0.11}$$

と変換される．この式は

$$\left(\frac{\partial f(x,y)}{\partial x},\quad \frac{\partial f(x,y)}{\partial y}\right)=\left(\frac{\partial \tilde{f}(X,Y)}{\partial X},\quad \frac{\partial \tilde{f}(X,Y)}{\partial Y}\right)J \tag{0.12}$$

とヤコビ行列を使って書くことができる．ヤコビ行列の行列式は，体積要素の変換

$$\mathrm{d}X\mathrm{d}Y = |\det J|\,\mathrm{d}x\mathrm{d}y \tag{0.13}$$

にも現れる．

0.2　ベクトル解析

次にベクトル解析について復習しよう．

0.2.1　行列と行列式

本書では行列 M の a 行 b 列成分を M_{ab} や M^{ab} のように下付きや上付きの添字を用いて表す．N_1 行 N_2 列の行列 M の**転置** M^T は N_2 行 N_1 列の行列であり，その成分は $(M^T)_{ab} = M_{ba}$ で与えられる．

N 次元正方行列 M の**行列式**は

$$\det M := \sum_{\sigma} \mathrm{sgn}(\sigma) M_{1,\sigma(1)} M_{2,\sigma(2)} \cdots M_{N,\sigma(N)} \tag{0.14}$$

と定義される．ただし $\sigma(1), \sigma(2), \cdots, \sigma(N)$ は $1, 2, \cdots, N$ の並べ替え（置換）を表し，σ の和は $N!$ 通りの異なる並べ替えについてとられる．置換 σ は 2 つの要素を入れ替えることを繰り返して得られるが，それが偶数回のとき $\mathrm{sgn}(\sigma) = +1$，奇数回のとき $\mathrm{sgn}(\sigma) = -1$ と定義される．正方行列 M の行列式が 0 でないとき，M は**正則**であるという．

一般に正方行列 A, B に対して

$$\det(A^T) = \det(A), \tag{0.15}$$

$$\det(AB) = \det(A)\det(B) \tag{0.16}$$

などの関係式が成立する．

0.2.2　ベクトルの成分

d 次元ベクトル $\boldsymbol{a}$ の α 番目の成分を a^α $(\alpha = 1, 2, \cdots, d)$ と書くことにす

る．特に 3 次元の位置ベクトル $\boldsymbol{r}$ の場合は

$$\boldsymbol{r} = \begin{pmatrix} r^1 \\ r^2 \\ r^3 \end{pmatrix} = \begin{pmatrix} x \\ y \\ z \end{pmatrix} \tag{0.17}$$

と書く．

0.2.3　ベクトルの内積

d 次元ベクトル $\boldsymbol{a}, \boldsymbol{b}$ の**内積** $\boldsymbol{a} \cdot \boldsymbol{b}$ は

$$\boldsymbol{a} \cdot \boldsymbol{b} = \sum_{\alpha=1}^{d} a^\alpha b^\alpha = \sum_{\alpha,\beta=1}^{d} a^\alpha \delta^{\alpha\beta} b^\beta \tag{0.18}$$

と定義される．この $\delta^{\alpha\beta}$ は**クロネッカーデルタ**と呼ばれ

$$\delta^{\alpha\beta} = \begin{cases} 1 & (\alpha = \beta \text{ のとき}) \\ 0 & (\alpha \neq \beta \text{ のとき}) \end{cases} \tag{0.19}$$

と定義される．クロネッカーデルタについては

$$\sum_{\beta=1}^{d} \delta^{\alpha\beta} a^\beta = a^\alpha \tag{0.20}$$

という関係式をよく用いる．ベクトルも d 行 1 列の行列とみなせば内積を $\boldsymbol{a} \cdot \boldsymbol{b} = \boldsymbol{a}^T \boldsymbol{b}$ と書くことができる．$\boldsymbol{a}$ 同士の内積 $\boldsymbol{a} \cdot \boldsymbol{a}$ を $\boldsymbol{a}^2$ とも書く．

内積は直交行列 R による

$$\boldsymbol{a}' = R\boldsymbol{a} \tag{0.21}$$

という変換のもとで不変に保たれる．この変換を成分で書くと $a'^\alpha = \sum_{\beta=1}^{d} R^{\alpha\beta} a^\beta$ となる．**直交行列 (orthogonal matrix)** とは

$$R^T R = \mathrm{I}_d \tag{0.22}$$

を満たす正方行列 R のことである．I_d は d 次元の単位行列を表す．内積の不変性は次のように示される．

$$\boldsymbol{a}' \cdot \boldsymbol{b}' = (R\boldsymbol{a})^T(R\boldsymbol{b}) = \boldsymbol{a}^T R^T R\boldsymbol{b} = \boldsymbol{a}^T\boldsymbol{b} = \boldsymbol{a} \cdot \boldsymbol{b}. \tag{0.23}$$

式 (0.22) はクロネッカーデルタが直交行列による変換のもとで不変であること

$$\sum_{\alpha,\beta=1}^{d} \delta^{\alpha\beta} R^{\alpha\alpha'} R^{\beta\beta'} = \delta^{\alpha'\beta'} \tag{0.24}$$

を意味している．直交行列 R の行列式の値は $+1$ か -1 のどちらかであることが式 (0.22) と式 (0.16) により分かるが，このうち行列式が $+1$ であるものを**特殊直交行列**という．

0.2.4　ベクトルの外積

3 次元ベクトル $\boldsymbol{a}, \boldsymbol{b}$ の**外積** $\boldsymbol{a} \times \boldsymbol{b}$ は

$$(\boldsymbol{a} \times \boldsymbol{b})^\alpha = \sum_{\beta,\gamma=1}^{3} \varepsilon^{\alpha\beta\gamma} a^\beta b^\gamma \quad (\alpha = 1, 2, 3) \tag{0.25}$$

と定義される．この $\varepsilon^{\alpha\beta\gamma}$ は**完全反対称テンソル**（レヴィ・チヴィタ記号）で

$$\varepsilon^{123} = \varepsilon^{231} = \varepsilon^{312} = 1, \quad \varepsilon^{321} = \varepsilon^{213} = \varepsilon^{132} = -1, \tag{0.26}$$

この他の成分は 0 と定義される．つまり α, β, γ が $1, 2, 3$ の置換である場合に $\varepsilon^{\alpha\beta\gamma} = \mathrm{sgn}(\sigma)$，その他の場合は 0 である．完全反対称テンソルについては

$$\sum_{\gamma=1}^{3} \varepsilon^{\alpha\beta\gamma}\varepsilon^{\alpha'\beta'\gamma} = \delta^{\alpha\alpha'}\delta^{\beta\beta'} - \delta^{\alpha\beta'}\delta^{\beta\alpha'} \tag{0.27}$$

という関係式をよく用いる．外積は

$$\boldsymbol{a} \times \boldsymbol{b} = -\boldsymbol{b} \times \boldsymbol{a}, \tag{0.28}$$

$$\boldsymbol{a} \cdot (\boldsymbol{a} \times \boldsymbol{b}) = \boldsymbol{b} \cdot (\boldsymbol{a} \times \boldsymbol{b}) = 0, \tag{0.29}$$

$$\boldsymbol{a} \cdot (\boldsymbol{b} \times \boldsymbol{c}) = \boldsymbol{b} \cdot (\boldsymbol{c} \times \boldsymbol{a}) = \boldsymbol{c} \cdot (\boldsymbol{a} \times \boldsymbol{b}), \tag{0.30}$$

$$\boldsymbol{a}\times(\boldsymbol{b}\times\boldsymbol{c})=(\boldsymbol{a}\cdot\boldsymbol{c})\boldsymbol{b}-(\boldsymbol{a}\cdot\boldsymbol{b})\boldsymbol{c}, \tag{0.31}$$

$$(\boldsymbol{a}\times\boldsymbol{b})\cdot(\boldsymbol{c}\times\boldsymbol{d})=(\boldsymbol{a}\cdot\boldsymbol{c})(\boldsymbol{b}\cdot\boldsymbol{d})-(\boldsymbol{a}\cdot\boldsymbol{d})(\boldsymbol{b}\cdot\boldsymbol{c}) \tag{0.32}$$

を満たす．最初の 3 つは定義から自明であり，最後の公式は

$$\begin{aligned}(\boldsymbol{a}\times\boldsymbol{b})\cdot(\boldsymbol{c}\times\boldsymbol{d})&=\sum_{\gamma=1}^{3}\Bigl(\sum_{\alpha,\beta=1}^{3}\varepsilon^{\alpha\beta\gamma}a^{\alpha}b^{\beta}\Bigr)\Bigl(\sum_{\alpha',\beta'=1}^{3}\varepsilon^{\alpha'\beta'\gamma}c^{\alpha'}d^{\beta'}\Bigr)\\&\underbrace{=}_{\text{式 (0.27)}}\sum_{\alpha,\beta,\alpha',\beta'=1}^{3}(\delta^{\alpha\alpha'}\delta^{\beta\beta'}-\delta^{\alpha\beta'}\delta^{\beta\alpha'})a^{\alpha}b^{\beta}c^{\alpha'}d^{\beta'}\\&=(\boldsymbol{a}\cdot\boldsymbol{c})(\boldsymbol{b}\cdot\boldsymbol{d})-(\boldsymbol{a}\cdot\boldsymbol{d})(\boldsymbol{b}\cdot\boldsymbol{c})\end{aligned} \tag{0.33}$$

のように示される．他にも様々な公式が知られているが，いずれも同様の計算によって証明できる．

行列式の定義式 (0.14) により，完全反対称テンソルは

$$\sum_{\alpha,\beta,\gamma=1}^{3}\varepsilon^{\alpha\beta\gamma}R^{\alpha\alpha'}R^{\beta\beta'}R^{\gamma\gamma'}=\det R\,\varepsilon^{\alpha'\beta'\gamma'} \tag{0.34}$$

を満たすことが分かる．これは特殊直交行列による変換のもとで完全反対称テンソルが不変であることを意味する．

0.2.5　関数の微分

スカラー関数 $\phi(\boldsymbol{r})$ の**勾配 (gradient)** $\boldsymbol{\nabla}_{\boldsymbol{r}}\phi(\boldsymbol{r})$ は

$$\bigl(\boldsymbol{\nabla}_{\boldsymbol{r}}\phi(\boldsymbol{r})\bigr)^{\alpha}=\frac{\partial\phi(\boldsymbol{r})}{\partial r^{\alpha}}\quad(\alpha=1,2,\cdots,d) \tag{0.35}$$

と定義され，これを

$$\boldsymbol{\nabla}_{\boldsymbol{r}}\phi(\boldsymbol{r})=\frac{\partial\phi(\boldsymbol{r})}{\partial\boldsymbol{r}} \tag{0.36}$$

とも書く．

d 次元ベクトル関数 $\boldsymbol{A}(\boldsymbol{r})$ の**発散 (divergence)** は

$$\boldsymbol{\nabla}_{\boldsymbol{r}} \cdot \boldsymbol{A}(\boldsymbol{r}) = \sum_{\alpha=1}^{d} \frac{\partial A^\alpha(\boldsymbol{r})}{\partial r^\alpha}, \tag{0.37}$$

3 次元ベクトル関数 $\boldsymbol{A}(\boldsymbol{r})$ の**回転 (rotation)** は

$$(\boldsymbol{\nabla}_{\boldsymbol{r}} \times \boldsymbol{A}(\boldsymbol{r}))^\alpha = \sum_{\beta,\gamma=1}^{3} \varepsilon^{\alpha\beta\gamma} \frac{\partial A^\gamma(\boldsymbol{r})}{\partial r^\beta} \tag{0.38}$$

と表記する．これらを用いると

$$\boldsymbol{\nabla}_{\boldsymbol{r}} \times (\boldsymbol{\nabla}_{\boldsymbol{r}} \times \boldsymbol{A}(\boldsymbol{r})) = \boldsymbol{\nabla}_{\boldsymbol{r}}(\boldsymbol{\nabla}_{\boldsymbol{r}} \cdot \boldsymbol{A}(\boldsymbol{r})) - \boldsymbol{\nabla}_{\boldsymbol{r}}^2 \boldsymbol{A}(\boldsymbol{r}), \tag{0.39}$$

$$\boldsymbol{\nabla}_{\boldsymbol{r}} \cdot (\boldsymbol{A}(\boldsymbol{r}) \times \boldsymbol{B}(\boldsymbol{r})) = \boldsymbol{B}(\boldsymbol{r}) \cdot (\boldsymbol{\nabla}_{\boldsymbol{r}} \times \boldsymbol{A}(\boldsymbol{r})) - \boldsymbol{A}(\boldsymbol{r}) \cdot (\boldsymbol{\nabla}_{\boldsymbol{r}} \times \boldsymbol{B}(\boldsymbol{r})) \tag{0.40}$$

といったベクトル解析の公式を導出できる．例えば式 (0.39) は次のように示される．

$$\begin{aligned}
(\boldsymbol{\nabla}_{\boldsymbol{r}} \times (\boldsymbol{\nabla}_{\boldsymbol{r}} \times \boldsymbol{A}))^\alpha &= \sum_{\beta,\gamma=1}^{3} \varepsilon^{\alpha\beta\gamma} \frac{\partial}{\partial r^\beta} \sum_{\alpha',\beta'=1}^{3} \varepsilon^{\gamma\alpha'\beta'} \frac{\partial A^{\beta'}}{\partial r^{\alpha'}} \\
&= \sum_{\beta,\gamma,\alpha',\beta'=1}^{3} \varepsilon^{\alpha\beta\gamma} \varepsilon^{\alpha'\beta'\gamma} \frac{\partial^2 A^{\beta'}}{\partial r^\beta \partial r^{\alpha'}} \\
&\underbrace{=}_{\text{式 (0.27)}} \sum_{\beta,\alpha',\beta'=1}^{3} (\delta^{\alpha\alpha'}\delta^{\beta\beta'} - \delta^{\alpha\beta'}\delta^{\beta\alpha'}) \frac{\partial^2 A^{\beta'}}{\partial r^\beta \partial r^{\alpha'}} \\
&= \sum_{\beta=1}^{3} \left(\frac{\partial^2 A^\beta}{\partial r^\beta \partial r^\alpha} - \frac{\partial^2 A^\alpha}{\partial r^\beta \partial r^\beta} \right) = (\boldsymbol{\nabla}_{\boldsymbol{r}}(\boldsymbol{\nabla}_{\boldsymbol{r}} \cdot \boldsymbol{A}) - \boldsymbol{\nabla}_{\boldsymbol{r}}^2 \boldsymbol{A})^\alpha.
\end{aligned} \tag{0.41}$$

0.3　本書で用いた記号

- 定義を表す等号を $:=$ と書いた．
- $\mathbb{Z}$ は整数，$\mathbb{R}$ は実数，$\mathbb{C}$ は複素数全体からなる集合を表す．

- 空間ベクトルはボールド体で表した（例：$\boldsymbol{r}$, $\boldsymbol{A}$）．成分を表す際は上付き添字 $\alpha, \beta, \gamma = 1, 2, \cdots, d$ を用いた（$d \geq 1$ は空間次元）．ただし見やすさのため A^α $(\alpha = 1, 2, 3)$ を A^x, A^y, A^z などと表記することもある．
- 四元ベクトルはサンセリフ体で表した（例：r, A）．成分を表す添字 μ, ν, ρ, σ は $0, 1, 2, \cdots, d$ を走る．添字の位置は上付きだけでなく下付きにすることもこれらを混ぜることもある．
- i, j, k は一般化座標 q を区別する添字のときは $1, 2, \cdots, N$，質点を区別する添字のときは $1, 2, \cdots, M$ とし，いずれも下付きとした．
- 自然対数の底 $\mathrm{e} = 2.71828\cdots$，虚数単位 i，微分の d, D 次元単位行列 I_D にはローマン体を使った．
- 混乱を避けるため，和の記号は省略せず，関数の引数も極力明示した．
- x の関数 $f(x)$ を別の変数 $y = y(x)$ を使って書き直す際は，まず y を用いて x を $x = x(y)$ と表した上で $\tilde{f}(y) := f(x(y))$ などと表記した．物理の文献では単に $f(y)$ と表記することも多いが，$f(x)$ の x に y を代入したものと紛らわしいためこの記法は避けた．このため見た目が複雑になってしまっている式も多いが，ご理解いただきたい．

第 I 部

ラグランジュ形式の解析力学

第 1 章

ニュートン力学の復習と変分法の導入

解析力学を学ぶ上での当面の目標は,「物理法則」を「変分法」の形にまとめ直すことである．ここでいう物理法則とは，例えば「質点や剛体のニュートンの運動方程式」「特殊相対性理論に従う質点の運動方程式」「電磁場のマクスウェル方程式」といった，質点の位置ベクトルや電磁場などの物理量の時間変化を記述する方程式を指す．

どうしてそんなことをするのか，どんな利点があるのかというと，

- 統一的視点をもつことで，見通しが良くなる
- 式変形が簡略化される
- 対称性と保存則の関係が明らかになる
- 逆に，対称性に基づいて未知の物理法則を推察する，という発想の転換ができるようになる

ことが挙げられる．

1.1 ニュートン力学の復習

1.1.1 運動の 3 法則

まずニュートン力学の復習から始めよう．ニュートン力学は 3 つの物理法則からなる．

第 1 法則は第 2 法則が成立するような慣性系の存在と理解される．第 2 法則は運動方程式である．M 個 $(M \geq 1)$ の質点からなる系を考え，$i = 1, 2, \cdots, M$ を質点のラベルとする．時刻 t において，i 番目の質点の**位置ベクトル**を

$$\boldsymbol{r}_i(t) = \begin{pmatrix} x_i(t) \\ y_i(t) \\ z_i(t) \end{pmatrix} \tag{1.1}$$

と書くと，ニュートンの運動方程式は次のように書ける．

ニュートンの運動方程式

質点の質量を m_i，この質点に働く力を $\boldsymbol{f}_i(t)$ とすると

$$m_i \ddot{\boldsymbol{r}}_i(t) = \boldsymbol{f}_i(t) \quad ({}^{\forall} i = 1, 2, \cdots, M). \tag{1.2}$$

$\dot{\boldsymbol{r}}_i(t) := \frac{\mathrm{d}\boldsymbol{r}_i(t)}{\mathrm{d}t}$ は**速度ベクトル**，$\ddot{\boldsymbol{r}}_i(t) := \frac{\mathrm{d}^2\boldsymbol{r}_i(t)}{\mathrm{d}t^2}$ は**加速度ベクトル**を表す．式 (1.1) の位置ベクトルは空間 3 次元の場合だが，実際は何次元でもよく，具体例では 1，2 次元の問題を考えることも多い．一般的に議論する際は空間次元を $d \geq 1$ で表す．

第 3 法則は，**作用・反作用の法則**である．2 つの物体が互いに力を及ぼすとき，それらの力は大きさが等しいが向きが反対となる．すなわち

弱い意味での作用・反作用の法則

i 番目の質点が j 番目の質点から受ける力を $\boldsymbol{f}_{ij}(t)$ と書くと

$$\boldsymbol{f}_{ij}(t) = -\boldsymbol{f}_{ji}(t). \tag{1.3}$$

これだけだと図 1.1(a) のような状況もありうるが，さらに強いバージョンの作用・反作用の法則では，図 1.1(b) のように

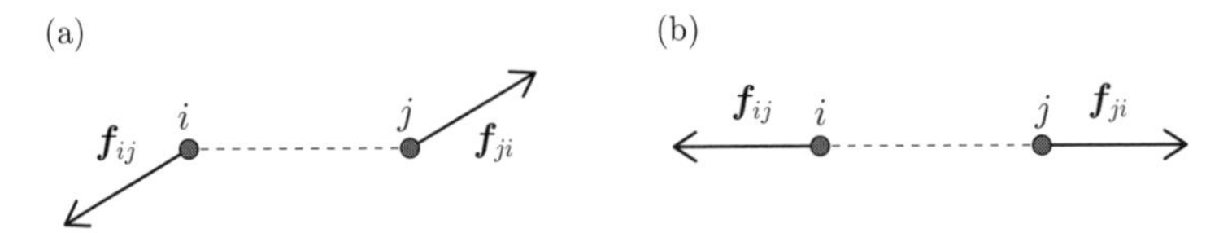

図 1.1　2 種類の作用・反作用の法則．互いに働く力の向きが反対で大きさが等しいだけだと (a) のような場合もあり，運動量の保存にはこれで十分．角運動量の保存には力の向きが (b) のようになることが必要．

強い意味での作用・反作用の法則

$\boldsymbol{f}_{ij}(t)$ と $\boldsymbol{f}_{ji}(t)$ の向きが $\boldsymbol{r}_i(t) - \boldsymbol{r}_j(t)$ と平行，つまり

$$\boldsymbol{f}_{ij}(t) = -\boldsymbol{f}_{ji}(t) \propto \boldsymbol{r}_i(t) - \boldsymbol{r}_j(t) \tag{1.4}$$

までもが要求される [1]．この関係が成り立たない簡単な例を章末演習問題で見る．

1.1.2　ニュートン力学での保存則

次にニュートン力学の保存則について復習しよう．

◉運動量保存則

M 個の質点が互いに力を及ぼし合っている状況を考える．この他に外力はかかっていないとすると，運動方程式は

$$m_i \ddot{\boldsymbol{r}}_i(t) = \boldsymbol{f}_i(t) = \sum_{j=1}^{M} \boldsymbol{f}_{ij}(t) \tag{1.5}$$

と書くことができる．ただし $\boldsymbol{f}_{ii} = \boldsymbol{0}$ とした．両辺の i での和をとると，弱い意味での作用・反作用の法則 (1.3) より

[1] この強弱の区別は [3] 1.2 節にならった．

$$\frac{\mathrm{d}}{\mathrm{d}t}\sum_{i=1}^{M} m_i \dot{\boldsymbol{r}}_i(t) = \sum_{i,j=1}^{M} \boldsymbol{f}_{ij}(t) = \frac{1}{2}\sum_{i,j=1}^{M} \big(\underbrace{\boldsymbol{f}_{ij}(t) + \boldsymbol{f}_{ji}(t)}_{=\boldsymbol{0}}\big) = \boldsymbol{0} \tag{1.6}$$

となる．この式は，**運動量**

$$\boldsymbol{P} := \sum_{i=1}^{M} m_i \dot{\boldsymbol{r}}_i(t) \tag{1.7}$$

が時間に依らない，つまり保存されることを意味する．

◉角運動量の保存

次に $\boldsymbol{f}_i(t)$ が

$$\boldsymbol{f}_i(t) = C_i(t)\boldsymbol{r}_i(t) + \sum_{j=1}^{M} \boldsymbol{f}_{ij}(t) \tag{1.8}$$

の形で与えられると仮定しよう．$C_i(t)$ は中心力の大きさに関する係数で，質点間の相互作用 $\boldsymbol{f}_{ij}(t)$ は強い意味での作用・反作用の法則 (1.4) に従うとする．式 (0.28) より同じベクトル同士の外積が $\boldsymbol{0}$ であることを用いると

$$\begin{aligned}\frac{\mathrm{d}}{\mathrm{d}t}\sum_{i=1}^{M} m_i \boldsymbol{r}_i(t) \times \dot{\boldsymbol{r}}_i(t) &= \sum_{i=1}^{M} m_i \underbrace{\dot{\boldsymbol{r}}_i(t) \times \dot{\boldsymbol{r}}_i(t)}_{=\boldsymbol{0}} + \sum_{i=1}^{M} \boldsymbol{r}_i(t) \times \underbrace{m_i \ddot{\boldsymbol{r}}_i(t)}_{=\boldsymbol{f}_i(t)} \\ &= \sum_{i,j=1}^{M} \boldsymbol{r}_i(t) \times \boldsymbol{f}_{ij}(t) = \frac{1}{2}\sum_{i,j=1}^{M} \big(\boldsymbol{r}_i(t) - \boldsymbol{r}_j(t)\big) \times \underbrace{\boldsymbol{f}_{ij}(t)}_{\propto \boldsymbol{r}_i(t) - \boldsymbol{r}_j(t)} = \boldsymbol{0}\end{aligned} \tag{1.9}$$

を得る．この式は，**角運動量**

$$\boldsymbol{L} := \sum_{i=1}^{M} m_i \boldsymbol{r}_i(t) \times \dot{\boldsymbol{r}}_i(t) \tag{1.10}$$

が時間に依らない，つまり保存されることを意味する．

◉エネルギー保存則

今度は $\boldsymbol{f}_i(t)$ が**ポテンシャル** $U(\boldsymbol{r}_1, \boldsymbol{r}_2, \cdots, \boldsymbol{r}_M, t)$ を用いて

$$\boldsymbol{f}_i(t) = -\frac{\partial U(\boldsymbol{r}_1(t), \boldsymbol{r}_2(t), \cdots, \boldsymbol{r}_M(t), t)}{\partial \boldsymbol{r}_i(t)} \tag{1.11}$$

と書かれるとしよう[2]．このような力を**保存力**という．このとき

$$\begin{aligned}\frac{\mathrm{d}}{\mathrm{d}t}\sum_{i=1}^{M}\frac{m_i}{2}\dot{\boldsymbol{r}}_i(t)\cdot\dot{\boldsymbol{r}}_i(t) &= \sum_{i=1}^{M}\dot{\boldsymbol{r}}_i(t)\cdot\underbrace{m_i\ddot{\boldsymbol{r}}_i(t)}_{=\boldsymbol{f}_i(t)} \\ &= -\sum_{i=1}^{M}\dot{\boldsymbol{r}}_i(t)\cdot\frac{\partial U(\boldsymbol{r}_1(t), \boldsymbol{r}_2(t), \cdots, \boldsymbol{r}_M(t), t)}{\partial \boldsymbol{r}_i(t)}.\end{aligned} \tag{1.12}$$

一方，連鎖律（0.1節）により

$$\begin{aligned}&\frac{\mathrm{d}}{\mathrm{d}t}U(\boldsymbol{r}_1(t), \boldsymbol{r}_2(t), \cdots, \boldsymbol{r}_M(t), t) \\ &= \sum_{i=1}^{M}\dot{\boldsymbol{r}}_i(t)\cdot\frac{\partial U(\boldsymbol{r}_1(t), \boldsymbol{r}_2(t), \cdots, \boldsymbol{r}_M(t), t)}{\partial \boldsymbol{r}_i(t)} \\ &\quad + \frac{\partial}{\partial t}U(\boldsymbol{r}_1(t), \boldsymbol{r}_2(t), \cdots, \boldsymbol{r}_M(t), t)\end{aligned} \tag{1.13}$$

である．式(1.12)と式(1.13)を比較すると，ポテンシャルが時間tに陽に依存しない場合($\partial U/\partial t = 0$)は，**エネルギー**

$$E \coloneqq \sum_{i=1}^{M}\frac{m_i}{2}\dot{\boldsymbol{r}}_i(t)^2 + U(\boldsymbol{r}_1(t), \boldsymbol{r}_2(t), \cdots, \boldsymbol{r}_M(t)) \tag{1.14}$$

が保存されることが分かる．第1項は**運動エネルギー**，第2項は**ポテンシャルエネルギー**である．

以上のように，運動量保存と角運動量保存には2つの異なった意味での作用・反作用の法則の仮定が必要であり，エネルギー保存にはポテンシャルがtに陽に依存しないという仮定が必要であった．これだと場当たり的で，どのような場合にその仮定が成立するのか見えづらい．この点は第4章の対称性とネーターの定理の議論によって解決される．

---

[2] 関数$f(\boldsymbol{r})$のベクトル$\boldsymbol{r}$での微分は勾配$\boldsymbol{\nabla}_{\boldsymbol{r}}f(\boldsymbol{r})$を表す（0.2.5項）．

1.1.3　例：単振り子

長さ ℓ のひもに質点が取り付けられている状況を考えよう．鉛直下向きに y 軸をとり，x, y の 2 次元空間で考えると，運動方程式は

$$m\ddot{\boldsymbol{r}}(t) = \begin{pmatrix} 0 \\ mg \end{pmatrix} + \boldsymbol{T}(t) \tag{1.15}$$

となる．ただし $\boldsymbol{T}(t)$ は張力である．

運動方程式を簡略化するため，図 1.2 のように角度 $\theta(t)$ を導入し

$$\boldsymbol{r}(t) = \ell \begin{pmatrix} \sin\theta(t) \\ \cos\theta(t) \end{pmatrix} \tag{1.16}$$

とする．動径方向ベクトル $\boldsymbol{e}_1(t)$ と角度方向ベクトル $\boldsymbol{e}_2(t)$ を

$$\boldsymbol{e}_1(t) := \begin{pmatrix} \sin\theta(t) \\ \cos\theta(t) \end{pmatrix}, \quad \boldsymbol{e}_2(t) := \frac{\partial \boldsymbol{e}_1(t)}{\partial\theta(t)} = \begin{pmatrix} \cos\theta(t) \\ -\sin\theta(t) \end{pmatrix} \tag{1.17}$$

と定義すると，運動方程式に現れる量を

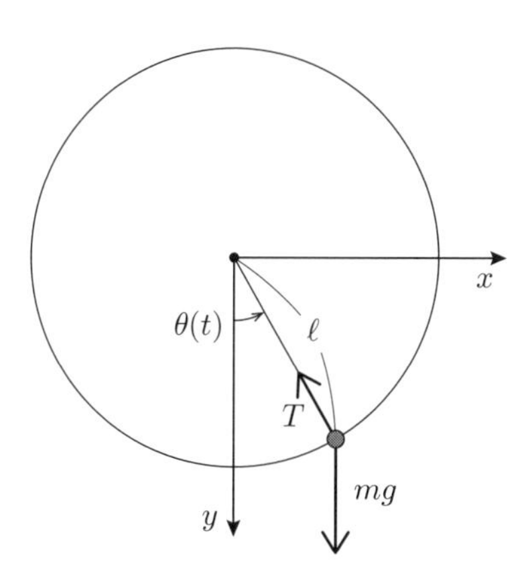

図 1.2　単振り子

$$\ddot{\boldsymbol{r}}(t) = -\ell \boldsymbol{e}_1(t)\dot{\theta}(t)^2 + \ell \boldsymbol{e}_2(t)\ddot{\theta}(t), \tag{1.18}$$

$$\boldsymbol{T}(t) = -T(t)\boldsymbol{e}_1(t), \tag{1.19}$$

$$\begin{pmatrix} 0 \\ mg \end{pmatrix} = mg\cos\theta(t)\boldsymbol{e}_1(t) - mg\sin\theta(t)\boldsymbol{e}_2(t) \tag{1.20}$$

と表すことができる．これらの表式を運動方程式に代入し，$\boldsymbol{e}_1(t)$, $\boldsymbol{e}_2(t)$ それぞれの係数を比較することで

$$T(t) = m\ell\dot{\theta}(t)^2 + mg\cos\theta(t), \tag{1.21}$$

$$\ddot{\theta}(t) = -\frac{g}{\ell}\sin\theta(t) \tag{1.22}$$

を得る．特に $|\theta(t)| \ll 1$ の範囲の運動では $\sin\theta(t)$ を $\theta(t)$ で近似でき，周期 $2\pi\sqrt{\ell/g}$ の単振動の運動方程式に帰着する．

この慣れ親しんだやり方でいいではないかと思う反面，

- 運動方程式の形は変数の取り替えに対して不変ではなく，$m\ddot{\theta}(t) = -\frac{\partial U}{\partial \theta}$ などとはできない
- 本質的に1次元（角度方向）の運動なのに，2成分のベクトルとして取り扱って，それを分解するという込み入ったことをしている
- 重力の他に張力を導入しているが，これは保存力なのだろうか，エネルギーは保存されるのだろうか，という疑問が湧く

という不満が残る．この簡単な例では間違えることはないかもしれないが，球面振り子や2重振り子の問題は実直にやると煩雑になる．より複雑な問題を扱うためにはもっと見通しのよいアプローチが必要となる．この他，そもそもなぜニュートンの運動方程式は正しいのだろうか，という根本的な疑問も湧く．

1.2　関数の停留値問題の復習

次に，汎関数の変分法の議論の準備として，関数の微分法を復習しよう．

1.2.1 1変数

変数 q の 1 変数関数 $S(q)$ の**停留値問題**を考える．**停留点 (stationary point)** とは q を ϵ だけ変化させても $S(q)$ に ϵ の 1 次の変化はなく

$$\delta S(q) := S(q+\epsilon) - S(q) = O(\epsilon^2) \tag{1.23}$$

となる点のことである[3]．テイラー展開

$$S(q+\epsilon) = S(q) + \epsilon \frac{\mathrm{d}S(q)}{\mathrm{d}q} + \frac{1}{2}\epsilon^2 \frac{\mathrm{d}^2 S(q)}{\mathrm{d}q^2} + \cdots \tag{1.24}$$

と見比べると

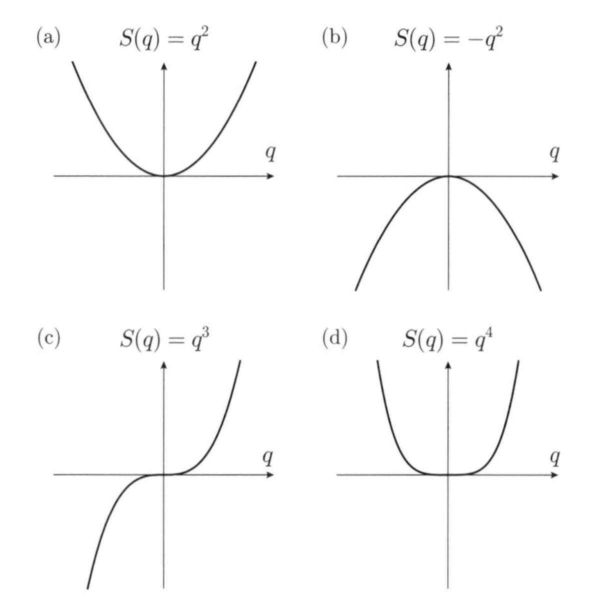

図 1.3 $q = 0$ が停留点であるような 1 変数関数のグラフ

[3] **ランダウの記号** $O(\epsilon^n)$ は $\epsilon \to 0$ のとき ϵ^n と同じかこれより小さい量を表す．正確には $|O(\epsilon^n)/\epsilon^n| < M$ となる定数 M があることを意味する．

$$\frac{\mathrm{d}S(q)}{\mathrm{d}q} = 0 \tag{1.25}$$

が条件となる．$\frac{\mathrm{d}^2 S(q)}{\mathrm{d}q^2} < 0$ なら極大点，$\frac{\mathrm{d}^2 S(q)}{\mathrm{d}q^2} > 0$ なら極小点，$\frac{\mathrm{d}^2 S(q)}{\mathrm{d}q^2} = 0$ なら色々な場合がある（図 1.3）．$S(q) = q^3$ とか q^4 のグラフを思い浮かべてみるとよい．

1.2.2　多変数

多変数 q_i $(i = 1, 2, \cdots, N)$ の関数 $S(q_1, q_2, \cdots, q_N)$ の場合も同様である．式が長くなるのを避けるために $q_1, q_2, \cdots, q_N$ をまとめて q と書き，$S(q)$ と略記する．各 q_i を ϵ_i だけ変化させても $S(q)$ に ϵ_i の1次の変化はなく

$$\delta S(q) \coloneqq S(q + \epsilon) - S(q) = O(\epsilon^2) \tag{1.26}$$

となる点を停留点と呼ぶ．テイラー展開

$$S(q + \epsilon) = S(q) + \sum_{i=1}^{N} \epsilon_i \frac{\partial S(q)}{\partial q_i} + \frac{1}{2} \sum_{i,j=1}^{N} \epsilon_i \epsilon_j \frac{\partial^2 S(q)}{\partial q_i \partial q_j} + \cdots \tag{1.27}$$

と見比べると，このための必要十分条件は

$$\frac{\partial S(q)}{\partial q_i} = 0 \quad ({}^\forall i = 1, 2, \cdots, N) \tag{1.28}$$

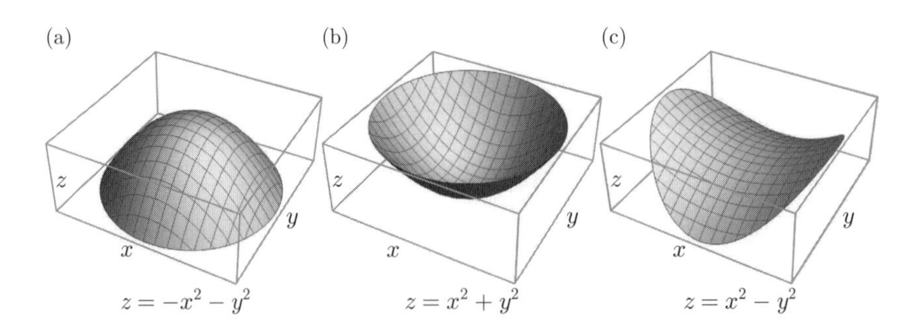

図 1.4　$x = y = 0$ が停留点であるような2変数関数のグラフ

となる．極大極小の判定にはヘッセ行列 $\frac{\partial^2 S(q)}{\partial q_i \partial q_j}$ の固有値に着目すればよい．すべての固有値が負なら極大点，すべての固有値が正なら極小点，それ以外の場合なら色々な可能性があるが，特に正負が混在している場合を鞍点という（図 1.4）．

ただし，ここで述べたのは q_i $(i = 1, 2, \cdots, N)$ がすべて独立な場合の話であり，拘束条件があるときの取り扱いは第 3 章で改めて議論する．

1.2.3　例：長方形の等周問題

例として，長方形の周の長さ ℓ を一定に保ったまま面積を最大にする問題を考えてみよう．長方形の横の長さを q_1，縦の長さを q_2 とする（図 1.5）．周の長さ $\ell = 2(q_1 + q_2)$ を一定に保つために，$q_2 = \frac{1}{2}\ell - q_1$ $(0 < q_1 < \ell/2)$ とすると，面積 $S(q_1)$ は

$$S(q_1) = q_1 q_2 = \frac{1}{2}\ell q_1 - q_1^2 \tag{1.29}$$

と表される．この停留値を探すために $\frac{\mathrm{d}S(q_1)}{\mathrm{d}q_1} = \frac{1}{2}\ell - 2q_1 = 0$ を解くと，$q_1 = q_2 = \ell/4$，つまり正方形のときになり，面積の最大値は $S(\ell/4) = \ell^2/16$ で与えられる．一方，$0 < q_1 < \ell/2$ の範囲には最小値は存在しない．

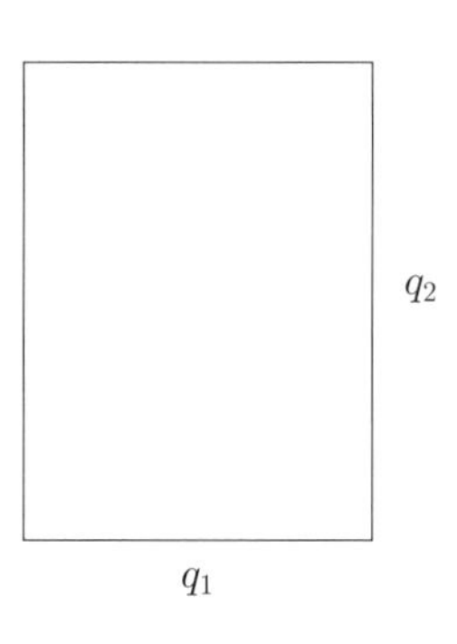

図 1.5　長方形

1.3　汎関数の停留値問題

復習は一旦ここまでにして，さっそく解析力学の話題に入ろう．とはいってもしばらくは変分法の話をする．

1.3.1　汎関数

1.2 節では実数 q を変数とする関数 (function) $S(q)$ を考えた．このときは q の値を1つ定めると，$S(q)$ の値が1つ定まるのであった．ここでは関数 $q(t)$ を変数にとる**汎関数 (functional)** $S[q]$ を考えよう．$q(t)$ は t の関数で $[t_{\mathrm{i}}, t_{\mathrm{f}}]$ の区間で定義されているとする．関数 $q(t)$ を1つ定めると，$S[q]$ の値が1つ定まる．

汎関数 $S[q]$ は合成関数 $S(q(t))$ とは本質的に異なる．合成関数はあくまでも t の関数で，t の値を1つ決めると $S(q(t))$ の値が1つ定まる．その際，特定の t における $q(t)$ の値しか問題にならない．一方，汎関数 $S[q]$ の値を1つ定めるには $t \in [t_{\mathrm{i}}, t_{\mathrm{f}}]$ 全体に対する $q(t)$ の値が必要となる．

以下では**ラグランジアン (Lagrangian)** と呼ばれる3変数関数 $L(a, b, c)$ を考え，$a = q(t), b = \dot{q}(t), c = t$ を代入して t の関数とする[4]．それを t で積分することで

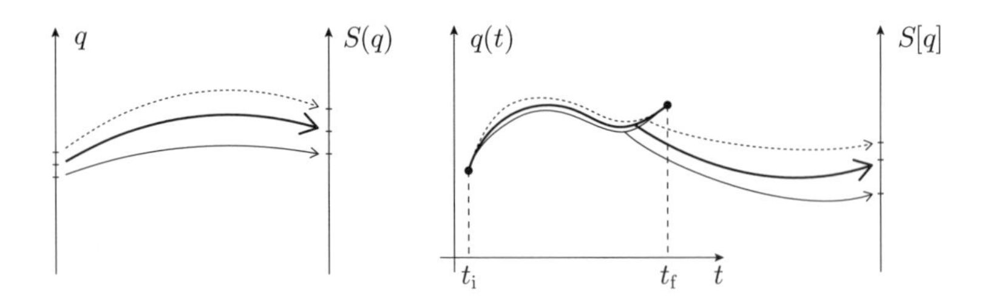

図 1.6　実数 q を指定すると $S(q)$ が定まるのが関数．関数 $q(t)$ を指定すると $S[q]$ が定まるのが汎関数．

[4] 3変数なのは自由度が1の場合で，自由度が N の場合には $2N + 1$ 変数となる．

$$S[q] = \int_{t_\mathrm{i}}^{t_\mathrm{f}} \mathrm{d}t\, L(q(t), \dot{q}(t), t) \tag{1.30}$$

により $S[q]$ を定める．特にこの汎関数 $S[q]$ を**作用 (action)** と呼ぶ．

1.3.2 オイラー・ラグランジュ方程式

$q(t)$ の関数形を色々と変えたときに，いつ作用 $S[q]$ が停留となるか考えよう．つまり汎関数の停留値問題である．

1.2 節で復習した関数の場合を参考にして，$q(t)$ を $\epsilon(t)$ だけ変化させたときの作用の値 $S[q+\epsilon]$ と $S[q]$ の元の値との差の ϵ の 1 次の項がなくなるための条件を考える．$q(t)$ を $\epsilon(t)$ だけ変化させると，$\dot{q}(t)$ は $\dot{\epsilon}(t)$ だけ変化するので

$$\begin{aligned}
\delta S[q] &\coloneqq S[q+\epsilon] - S[q] \\
&= \int_{t_\mathrm{i}}^{t_\mathrm{f}} \mathrm{d}t \big(L(q(t)+\epsilon(t), \dot{q}(t)+\dot{\epsilon}(t), t) - L(q(t), \dot{q}(t), t) \big) \\
&= \int_{t_\mathrm{i}}^{t_\mathrm{f}} \mathrm{d}t \Big(\epsilon(t) \frac{\partial L(q(t), \dot{q}(t), t)}{\partial q(t)} + \dot{\epsilon}(t) \frac{\partial L(q(t), \dot{q}(t), t)}{\partial \dot{q}(t)} \Big) + O(\epsilon^2) \\
&= \int_{t_\mathrm{i}}^{t_\mathrm{f}} \mathrm{d}t\, \epsilon(t) \Big(\frac{\partial L(q(t), \dot{q}(t), t)}{\partial q(t)} - \frac{\mathrm{d}}{\mathrm{d}t} \frac{\partial L(q(t), \dot{q}(t), t)}{\partial \dot{q}(t)} \Big) \\
&\quad + \epsilon(t_\mathrm{f}) \frac{\partial L(q(t), \dot{q}(t), t)}{\partial \dot{q}(t)} \Big|_{t=t_\mathrm{f}} - \epsilon(t_\mathrm{i}) \frac{\partial L(q(t), \dot{q}(t), t)}{\partial \dot{q}(t)} \Big|_{t=t_\mathrm{i}} + O(\epsilon^2)
\end{aligned} \tag{1.31}$$

となる[5]．2 行目で t を変化させていないのは同時刻のラグランジアンの値を比較しているからである．3 行目への変形ではテイラー展開，4 行目への変形では部分積分をした．ここで端点 $q(t_\mathrm{i})$ と $q(t_\mathrm{f})$ の値を固定することとし，$\epsilon(t)$ は $\epsilon(t_\mathrm{i}) = \epsilon(t_\mathrm{f}) = 0$ を満たすと仮定する．すると部分積分から生じる項（**表面項**）は消える．したがって $\delta S[q]$ における ϵ の 1 次の項が消えるための条件は

---

[5] 象徴的に $O(\epsilon^2)$ と書いているが，ここには $\dot{\epsilon}(t)$ やその t 積分なども含まれているため，脚注 3 の意味で $O(\epsilon(t)^2)$ ということではない．正確には，$g(t_\mathrm{i}) = g(t_\mathrm{f}) = 0$ を満たす関数 $g(t)$ をとって $\epsilon(t) = \eta g(t)$ としたとき $O(\eta^2)$ ということだが，煩雑になるためこの略記を用いる．

$$\frac{\mathrm{d}}{\mathrm{d}t}\frac{\partial L(q(t),\dot{q}(t),t)}{\partial \dot{q}(t)}=\frac{\partial L(q(t),\dot{q}(t),t)}{\partial q(t)} \tag{1.32}$$

となる．

なお，$q(t)$ の変化分を $\delta q(t)$，$\dot{q}(t)=\frac{\mathrm{d}}{\mathrm{d}t}q(t)$ の変化分を $\delta\frac{\mathrm{d}}{\mathrm{d}t}q(t)$ と書くと，$\delta\frac{\mathrm{d}}{\mathrm{d}t}q(t)=\frac{\mathrm{d}}{\mathrm{d}t}\delta q(t)$ ということになり，δ と $\frac{\mathrm{d}}{\mathrm{d}t}$ が交換しているように見えるため，「本当に交換するのか？」と混乱する人がいる．しかし，実際には $f(t)=q(t)+\epsilon(t)$ という関数の微分が $\dot{f}(t)=\dot{q}(t)+\dot{\epsilon}(t)$ となると言っているだけなので，特に疑問の余地はないはずである．

多変数の汎関数 $S[q_1,q_2,\cdots,q_N]$ の場合も同様である．ここでも $q_1(t),q_2(t),\cdots,q_N(t)$ をまとめて $q(t)$ と書き，$S[q]$ と略記する．すべての変数が独立な場合，この N を**自由度**と呼ぼう．$q_i(t)$ をそれぞれ $\epsilon_i(t)$ だけ変化させたとき，作用 $S[q]$ に1次の変化がないための必要十分条件を考えれば次のオイラー・ラグランジュ方程式を得る．

オイラー・ラグランジュ方程式 (Euler–Lagrange equation)

$\epsilon_i(t_\mathrm{i})=\epsilon_i(t_\mathrm{f})=0$ となる変分に対して作用 $S[q]$ が停留となる条件は

$$\frac{\mathrm{d}}{\mathrm{d}t}\frac{\partial L(q(t),\dot{q}(t),t)}{\partial \dot{q}_i(t)}=\frac{\partial L(q(t),\dot{q}(t),t)}{\partial q_i(t)}\quad ({}^\forall i=1,2,\cdots,N). \tag{1.33}$$

関数の場合の**微分 (derivative)** $\mathrm{d}S(q)$ と対応させて，$\delta S[q]$ を**変分 (variation)** という．また，このような汎関数の停留値問題の取り扱いを指して**変分法 (calculus of variations)** と呼ぶ．

なお，ある i に対して $\dot{q}_i(t)$ がラグランジアンに含まれない場合，その $q_i(t)$ に対するオイラー・ラグランジュ方程式は

$$\frac{\partial L(q(t),\dot{q}(t),t)}{\partial q_i(t)}=0 \tag{1.34}$$

となる．これは式(1.33)の特別な場合とも考えられるが，導出に際して端点の条件 $(\epsilon_i(t_\mathrm{i})=\epsilon_i(t_\mathrm{f})=0)$ は必要ない（章末演習問題）．

1.4 変分法の例題

変分問題の例として面積最小の回転曲面の問題を考えてみよう．

1.4.1 面積最小の回転曲面

関数 $y = f(x)$ は区間 $[x_{\min}, x_{\max}]$ で定義されており，$f(x) > 0$ と仮定する．図 1.7 のように，このグラフを x 軸周りに回転させて得られる曲面の表面積を最小にする問題を考える．$f(x_{\min})$ や $f(x_{\max})$ の値を動かしてしまうと意味がない問題になってしまうので，これらの値は固定する．2 つの輪っかにシャボン玉の膜を張ったり，ストッキングをピンと伸ばして張ったところを想像するとイメージできるだろう．

x から $x + \Delta x$ までの微小区間を考えよう．この帯の長さはだいたい $2\pi f(x)$（図 1.7）であり，これに帯の幅 $\sqrt{(\Delta x)^2 + (\Delta y)^2} \simeq \sqrt{1 + f'(x)^2}\Delta x$ をかけると帯の面積が出る[6]．これを足し合わせればいいので，問題の表面積は

$$S = \int_{x_{\min}}^{x_{\max}} \mathrm{d}x\, 2\pi f(x)\sqrt{1 + f'(x)^2} \tag{1.35}$$

となる．これは $L(a, b, c) = 2\pi a\sqrt{1 + b^2}$ という関数形をもつラグランジアン

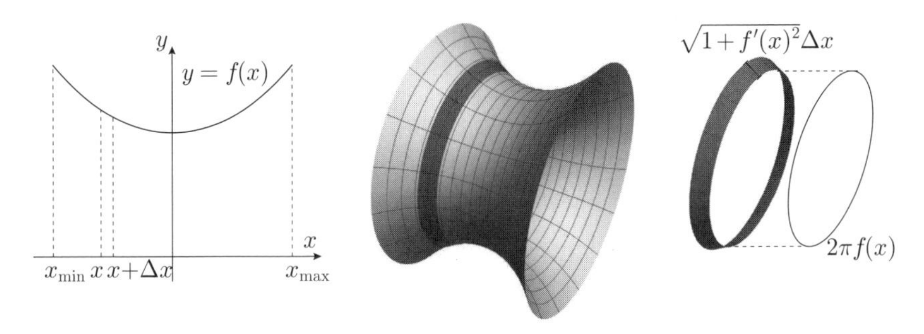

図 1.7　面積最小の回転曲面

[6] 以降，$f'(x) := \frac{\mathrm{d}f(x)}{\mathrm{d}x}$，$f''(x) := \frac{\mathrm{d}^2 f(x)}{\mathrm{d}x^2}$ などの略記を用いる．

を考えて

$$S[f]=\int_{x_{\min}}^{x_{\max}}\mathrm{d}x\,L(f(x),f'(x),x) \tag{1.36}$$

としたものと理解できる．つまり，前節の議論で

$$t\to x,\quad q(t)\to f(x),\quad \dot{q}(t)\to f'(x) \tag{1.37}$$

と読み替えればよい．

この場合，式 (1.32) のオイラー・ラグランジュ方程式は

$$\frac{\mathrm{d}}{\mathrm{d}x}\frac{\partial L(f(x),f'(x),x)}{\partial f'(x)}=\frac{\partial L(f(x),f'(x),x)}{\partial f(x)} \tag{1.38}$$

となる．0.1.3 項で述べた偏微分の記法についての注意を参考に

$$\frac{\partial L(f(x),f'(x),x)}{\partial f(x)}=2\pi\sqrt{1+f'(x)^2}, \tag{1.39}$$

$$\frac{\partial L(f(x),f'(x),x)}{\partial f'(x)}=2\pi\frac{f(x)f'(x)}{\sqrt{1+f'(x)^2}} \tag{1.40}$$

となることを各自で確かめて欲しい．したがって，オイラー・ラグランジュ方程式は

$$\begin{aligned}\sqrt{1+f'(x)^2}&=\frac{\mathrm{d}}{\mathrm{d}x}\frac{f(x)f'(x)}{\sqrt{1+f'(x)^2}}\\&=\frac{f'(x)^2+f(x)f''(x)}{\sqrt{1+f'(x)^2}}-\frac{f(x)f'(x)^2f''(x)}{(1+f'(x)^2)^{3/2}}.\end{aligned} \tag{1.41}$$

この式を整理すると $1+f'(x)^2=f(x)f''(x)$ となる．したがって

$$\underbrace{\frac{f'(x)}{f(x)}}_{=\frac{\mathrm{d}}{\mathrm{d}x}\ln f(x)}=\underbrace{\frac{f'(x)f''(x)}{1+f'(x)^2}}_{=\frac{\mathrm{d}}{\mathrm{d}x}\ln\sqrt{1+f'(x)^2}}\quad\Rightarrow\quad\frac{f(x)}{\sqrt{1+f'(x)^2}}=A\ \text{（定数）}. \tag{1.42}$$

この微分方程式を $1+f'(x)^2=A^{-2}f(x)^2$ と変形して x で微分すると，$f''(x)=A^{-2}f(x)$ となる．この解は x_0, A' を定数として $f(x)=A'\cosh\left(\frac{x-x_0}{A}\right)$ と書けるが，これが元の式 (1.42) を満たすためには $A'=A$ が要求される[7]．した

[7] $\cosh x:=\frac{\mathrm{e}^x+\mathrm{e}^{-x}}{2}$, $\sinh x:=\frac{\mathrm{e}^x-\mathrm{e}^{-x}}{2}$ はそれぞれハイパボリックコサイン関数，ハイパボリックサイン関数と呼ばれ，$\frac{\mathrm{d}}{\mathrm{d}x}\cosh x=\sinh x$ や $\cosh^2 x-\sinh^2 x=1$ を満たす．

がって

$$f(x) = A\cosh\left(\frac{x - x_0}{A}\right). \tag{1.43}$$

定数 x_0, A は端点の条件

$$f(x_{\min}) = A\cosh\left(\frac{x_{\min} - x_0}{A}\right), \quad f(x_{\max}) = A\cosh\left(\frac{x_{\max} - x_0}{A}\right) \tag{1.44}$$

から決まる．実際，シャボン玉の形は図 1.7 のようになることが想像できるだろう．

1.4.2 懸垂線

次に，質量線密度 ρ，長さ ℓ のひもの両端をもったとして，その位置エネルギーを最小化する問題を考えよう．位置 x におけるひもの高さを $f(x)$ とする．

x から $x + \Delta x$ までの微小区間のひもの質量は $\rho\sqrt{(\Delta x)^2 + (\Delta y)^2} \simeq \rho\sqrt{1 + f'(x)^2}\Delta x$ で，ひもの高さは $f(x)$ なので，これらの積によってこの区間の位置エネルギーが出る．これを足し合わせればよいので，合計の位置エネルギーは

$$S = \int_{x_{\min}}^{x_{\max}} \mathrm{d}x\, \rho g f(x)\sqrt{1 + f'(x)^2} \tag{1.45}$$

となる．係数を除いて前項の S と一致しているため，この後の解析もすべて同じになる．ただし，本来はひもの長さ ℓ が一定であるという拘束条件

$$\int_{x_{\min}}^{x_{\max}} \mathrm{d}x\sqrt{1 + f'(x)^2} = \ell \tag{1.46}$$

を考慮する必要があるが，それでも答えが変わらないことを第 3 章の演習問題で確認する．吊るしたひもの形（**懸垂線**）とシャボン玉の形が同じになるというのは意外だが，変分原理の帰結である．

1.5 簡単に分かる保存量

1.5.1 時間に陽に依存しない場合の保存量

以降「**陽に依存する**（しない）」という言い回しを頻繁に用いる[8]．ラグランジアン $L(q(t), \dot{q}(t), t)$ は3変数関数 $L(a, b, c)$ で $a = q(t)$, $b = \dot{q}(t)$, $c = t$ としたものであった．「t に陽に依存する」とは，$a = q(t)$ や $b = \dot{q}(t)$ の t 依存性を介して間接的に t に依存するのではなく，L が直接 $c = t$ に依存することを指す．同様に，「$q(t)$ に陽に依存する」とは，$b = \dot{q}(t)$ を介してではなく，L が直接 $a = q(t)$ に依存することを指す．

このような区別をすることの有用性を見るためにエネルギーについて考えよう．

エネルギー

ラグランジアンが $L(q(t), \dot{q}(t), t)$ で与えられる系のエネルギーは

$$E(t) := \sum_{i=1}^{N} \dot{q}_i(t) \frac{\partial L(q(t), \dot{q}(t), t)}{\partial \dot{q}_i(t)} - L(q(t), \dot{q}(t), t) \tag{1.47}$$

と定義される．

合成関数の微分の公式を用いて時間微分を計算すると

$$\begin{aligned}\frac{\mathrm{d}}{\mathrm{d}t}E(t) = &\sum_{i=1}^{N}\left(\dot{q}_i(t)\frac{\mathrm{d}}{\mathrm{d}t}\frac{\partial L(q(t), \dot{q}(t), t)}{\partial \dot{q}_i(t)} + \cancel{\ddot{q}_i(t)\frac{\partial L(q(t), \dot{q}(t), t)}{\partial \dot{q}_i(t)}}\right) \\ &- \sum_{i=1}^{N}\left(\dot{q}_i(t)\frac{\partial L(q(t), \dot{q}(t), t)}{\partial q_i(t)} + \cancel{\ddot{q}_i(t)\frac{\partial L(q(t), \dot{q}(t), t)}{\partial \dot{q}_i(t)}}\right) - \frac{\partial L(q(t), \dot{q}(t), t)}{\partial t}\end{aligned}$$

---

[8] 漢字の読みは「ように」だが「あらわに」と読む流派もある．すでに p.16 のエネルギー保存についての議論でもこの表現を使っていた．

$$= \sum_{i=1}^{N} \dot{q}_i(t) \underbrace{\left(\frac{\mathrm{d}}{\mathrm{d}t} \frac{\partial L(q(t), \dot{q}(t), t)}{\partial \dot{q}_i(t)} - \frac{\partial L(q(t), \dot{q}(t), t)}{\partial q_i(t)} \right)}_{=0} - \frac{\partial L(q(t), \dot{q}(t), t)}{\partial t}$$

$$= -\frac{\partial L(q(t), \dot{q}(t), t)}{\partial t} \tag{1.48}$$

となる．したがって，ラグランジアンが t に陽に依存しない，つまり $\frac{\partial L(q(t), \dot{q}(t), t)}{\partial t} = 0$ の場合には，$\frac{\mathrm{d}}{\mathrm{d}t} E(t) = 0$ となり $E(t)$ は保存される．ただし最後の等号ではオイラー・ラグランジュ方程式 (1.33) を使っているため，これは運動方程式の解に対してのみ成り立つ．

ラグランジアンが t に陽に依存しないということは，系が連続的時間並進の対称性をもつことと解釈できる．連続的時間並進対称性のもとでエネルギーが保存されることはのちに議論するネーターの定理（第 4 章）の一例である．

1.5.2 例：面積最小の回転曲面

1.4.1 項で考察した $L(f(x), f'(x), x) = 2\pi f(x)\sqrt{1 + f'(x)^2}$ も x に陽には依存していない．そのため

$$E = f'(x) \frac{\partial L(f(x), f'(x))}{\partial f'(x)} - L(f(x), f'(x)) = -2\pi \frac{f(x)}{\sqrt{1 + f'(x)^2}} \tag{1.49}$$

が x に依らない定数となる．煩雑な計算を経なくともいきなり式 (1.42) が得られたことに注目して欲しい．

1.5.3 ある座標に陽に依存しない場合の保存量

同様に

$$p_i(t) := \frac{\partial L(q(t), \dot{q}(t), t)}{\partial \dot{q}_i(t)} \tag{1.50}$$

という量の時間微分は，オイラー・ラグランジュ方程式を用いると

$$\frac{\mathrm{d}}{\mathrm{d}t} p_i(t) = \frac{\mathrm{d}}{\mathrm{d}t} \frac{\partial L(q(t), \dot{q}(t), t)}{\partial \dot{q}_i(t)} = \frac{\partial L(q(t), \dot{q}(t), t)}{\partial q_i(t)} \tag{1.51}$$

となる．したがってラグランジアンが $q_i(t)$ に陽に依存せず $\frac{\partial L(q(t), \dot{q}(t), t)}{\partial q_i(t)} = 0$

となる場合には，$p_i(t)$ が保存される．このような座標 $q_i(t)$ は**循環座標 (cyclic coordinate)** と呼ばれる．この結果は q_i を $q_i+\epsilon$ にずらす対称性がある場合に $p_i(t)$ が保存されることを意味しており，ネーターの定理のもっとも簡単な例になっている．

1.6　ポテンシャルの存在条件 (*)

後の議論で度々登場するため，ポテンシャルの存在条件について考えてみよう．慣れ親しんだ例を通して説明するために，2 次元平面の力学の問題を考えよう．ポテンシャル $U(x,y)$ が与えられたとき，力は勾配

$$f_x(x,y) = -\frac{\partial U(x,y)}{\partial x}, \quad f_y(x,y) = -\frac{\partial U(x,y)}{\partial y} \tag{1.52}$$

によって与えられる．このとき，$U(x,y)$ が C^2 級であれば偏微分の順序が交換するため

$$\frac{\partial f_x(x,y)}{\partial y} = \frac{\partial f_y(x,y)}{\partial x} \tag{1.53}$$

が成り立つ必要がある．

逆に式 (1.53) を満たす力 $\boldsymbol{f}(x,y) = \bigl(f_x(x,y),\ f_y(x,y)\bigr)^T$ が位置 $\boldsymbol{r} = (x,y)^T$ の関数として与えられたとしたとき，この力を導くポテンシャル $U(x,y)$ は存在するだろうか．安直には，ある経路に沿って $\boldsymbol{r}_{\mathrm{i}}$ から $\boldsymbol{r}$ まで移動したときに受ける仕事を計算すれば，それが $U(x,y)$ を与える．

$$U(x,y) = U(\boldsymbol{r}_{\mathrm{i}}) - \int_{P(\boldsymbol{r}_{\mathrm{i}}\to\boldsymbol{r})} \mathrm{d}\boldsymbol{r}'\cdot\boldsymbol{f}(\boldsymbol{r}'). \tag{1.54}$$

しかし，この線積分は一般には経路に依存してしまう．そこで経路 $P(\boldsymbol{r}_{\mathrm{i}}\to\boldsymbol{r}_{\mathrm{f}})$ と別の経路 $P'(\boldsymbol{r}_{\mathrm{i}}\to\boldsymbol{r}_{\mathrm{f}})$ とで線積分の値が同じになる条件は

$$\begin{aligned}0 &= \int_{P(\boldsymbol{r}_{\mathrm{i}}\to\boldsymbol{r}_{\mathrm{f}})} \mathrm{d}\boldsymbol{r}\cdot\boldsymbol{f}(x,y) - \int_{P'(\boldsymbol{r}_{\mathrm{i}}\to\boldsymbol{r}_{\mathrm{f}})} \mathrm{d}\boldsymbol{r}\cdot\boldsymbol{f}(x,y)\\ &= \oint_C \mathrm{d}\boldsymbol{r}\cdot\boldsymbol{f}(x,y) = \oint_C \mathrm{d}x f_x(x,y) + \oint_C \mathrm{d}y f_y(x,y)\end{aligned} \tag{1.55}$$

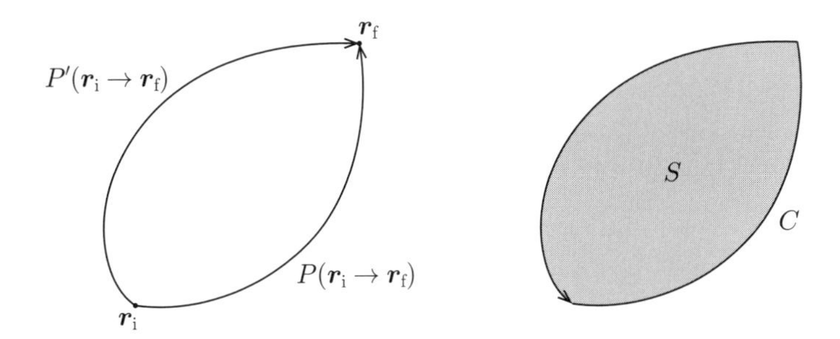

図 1.8　2 つの経路からなるループ C とそれに囲まれる領域 S

という周回積分で書くことができる．ここでループ C は $P(\boldsymbol{r}_\mathrm{i} \to \boldsymbol{r}_\mathrm{f})$ を通って $\boldsymbol{r}_\mathrm{i}$ から $\boldsymbol{r}_\mathrm{f}$ まで進み，$P'(\boldsymbol{r}_\mathrm{i} \to \boldsymbol{r}_\mathrm{f})$ を逆に通って $\boldsymbol{r}_\mathrm{i}$ まで戻る経路と定義した (図 1.8)．考えている領域が単連結 [9] であり，C に囲まれる領域 S 全体において $f_x(x,y)$ や $f_y(x,y)$ が C^1 級であるとすると，グリーンの定理により

$$\oint_C \mathrm{d}x f_x(x,y) + \oint_C \mathrm{d}y f_y(x,y) = \int_S \mathrm{d}x\mathrm{d}y \left(\frac{\partial f_y(x,y)}{\partial x} - \frac{\partial f_x(x,y)}{\partial y} \right) = 0 \tag{1.56}$$

となる．したがって，式 (1.54) で与えた $U(x,y)$ が経路に依らずに定義できるためには式 (1.53) が十分であることが分かった．ただし考えている領域に穴が空いている場合は，式 (1.53) が満たされていてもポテンシャルが存在しないことがある．例は補遺 A.1 節に含めた．より一般に次の定理が知られている [10]．

ポテンシャルの存在条件（ポアンカレの補題）

n 次元の単連結な領域において

$$f_i(x) = \frac{\partial U(x)}{\partial x_i} \quad (^\forall i = 1, 2, \cdots, n) \tag{1.57}$$

[9] 穴が空いていないという意味．より正確には，任意のループを連続的に 1 点に収縮できる弧状連結空間のこと．

となる $U(x)$ が存在するための $f_i(x)$ に対する必要十分条件は

$$\frac{\partial f_i(x)}{\partial x_j} = \frac{\partial f_j(x)}{\partial x_i} \quad ({}^\forall i, j = 1, 2, \cdots, n). \tag{1.58}$$

1.7　ラグランジアンの存在条件 (*)

ラグランジアン $L(q, \dot{q}, t)$ が与えられたとき，オイラー・ラグランジュ方程式は式 (1.33) で与えられるのだった．時間微分を実行すると

$$\sum_{j=1}^{N} \frac{\partial^2 L(q, \dot{q}, t)}{\partial \dot{q}_j \partial \dot{q}_i} \ddot{q}_j + \sum_{j=1}^{N} \frac{\partial^2 L(q, \dot{q}, t)}{\partial q_j \partial \dot{q}_i} \dot{q}_j + \frac{\partial^2 L(q, \dot{q}, t)}{\partial t \partial \dot{q}_i} - \frac{\partial L(q, \dot{q}, t)}{\partial q_i} = 0 \tag{1.59}$$

となる．式 (1.59) の左辺の量は q_j, $\dot{q}_j$, $\ddot{q}_j$ $(j = 1, 2, \cdots, N)$ と t の関数であり，添え字 i については和をとっていないので $\mathcal{D}_i(q, \dot{q}, \ddot{q}, t)$ と書くと，オイラー・ラグランジュ方程式は $\mathcal{D}_i(q, \dot{q}, \ddot{q}, t) = 0$ $(i = 1, 2, \cdots, N)$ と表現できる．逆に次の定理が知られている．

ヘルムホルツ条件

微分方程式 $\mathcal{D}_i(q, \dot{q}, \ddot{q}, t) = 0$ $(i = 1, 2, \cdots, N)$ が与えられたとき，これを導くラグランジアンが存在するための必要十分条件は，すべての $i, j = 1, 2, \cdots, N$ に対して次の関係が成立することである．

---

[10] 微分形式で書くと式 (1.58) は 1 形式 $\omega = \sum_{i=1}^{n} f_i \mathrm{d}x_i$ が $\mathrm{d}\omega = 0$ を満たすこと，つまり閉形式であるための条件である．ポテンシャルの存在は $\omega = \mathrm{d}U$，つまり ω が完全形式であることを意味する．$\mathrm{d}^2 = 0$ のため，完全形式ならば閉形式である．単連結領域に対しては閉形式が完全形式になるというのがポアンカレの補題の主張である．より一般に，k 形式の ω が閉形式 $\mathrm{d}\omega = 0$ であるとき，単連結領域では完全形式，つまりある $k-1$ 形式 U を用いて $\omega = \mathrm{d}U$ と書ける．

$$\frac{\partial \mathcal{D}_i}{\partial \ddot{q}_j} = \frac{\partial \mathcal{D}_j}{\partial \ddot{q}_i}, \tag{1.60}$$

$$\frac{1}{2}\left(\frac{\partial \mathcal{D}_i}{\partial \dot{q}_j} + \frac{\partial \mathcal{D}_j}{\partial \dot{q}_i}\right) = \frac{\mathrm{d}}{\mathrm{d}t}\frac{\partial \mathcal{D}_i}{\partial \ddot{q}_j}, \tag{1.61}$$

$$\frac{\partial \mathcal{D}_i}{\partial q_j} - \frac{\partial \mathcal{D}_j}{\partial q_i} = \frac{1}{2}\frac{\mathrm{d}}{\mathrm{d}t}\left(\frac{\partial \mathcal{D}_i}{\partial \dot{q}_j} - \frac{\partial \mathcal{D}_j}{\partial \dot{q}_i}\right). \tag{1.62}$$

ヘルムホルツ条件の必要十分性を証明するにはポテンシャルの存在条件（1.6 節）を繰り返し用いればよいが，長くなるので補遺 B.1 節に回した．

この条件を満たす $\mathcal{D}_i$ $(i = 1, 2, \cdots, N)$ が与えられると，対応する L は不定性（2.3 節）を除いて一意に定まる．もし $\mathcal{D}_i$ 自身がヘルムホルツ条件を満たしてなくても，ゼロでない係数 $\Lambda_i(q, \dot{q}, t)$ を用いて $\tilde{\mathcal{D}}_i(q, \dot{q}, \ddot{q}, t) := \Lambda_i(q, \dot{q}, t)\mathcal{D}_i(q, \dot{q}, \ddot{q}, t)$ がヘルムホルツ条件を満たすようにできればよい．具体例は 2.1.2 項で議論する．

1.8 章末演習問題

問題 1 作用・反作用の法則

2 次元平面内を運動する 2 つの質点がポテンシャル

$$U(\boldsymbol{r}_1, \boldsymbol{r}_2) = \frac{1}{2}k_x(x_1 - x_2)^2 + \frac{1}{2}k_y(y_1 - y_2)^2 \tag{1.63}$$

で表される相互作用をしているとする．質点の質量はともに m とする．

(1) 1 番目の質点にかかる力 $\boldsymbol{f}_{12}(t)$ と 2 番目の質点にかかる力 $\boldsymbol{f}_{21}(t)$ を求めよ．

(2) 弱い意味での作用・反作用の法則 (1.3) は成立するか．

(3) 強い意味での作用・反作用の法則 (1.4) が成立するための条件を求めよ．

問題 2 最速降下曲線

区間 $[x_{\min}, x_{\max}]$ で定義される曲線 $y = f(x)$ を考える．この曲線で表され

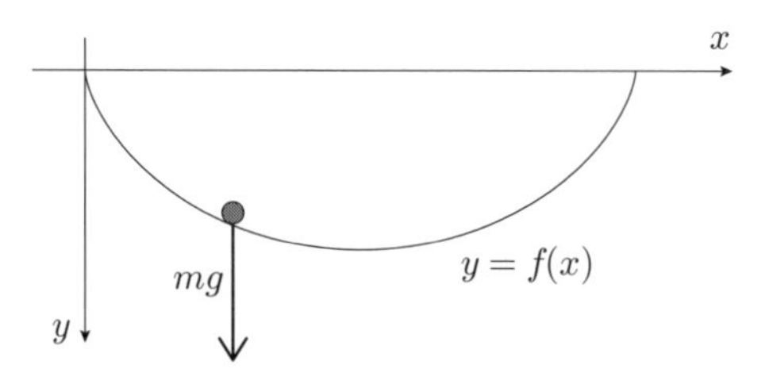

図 1.9 最速降下曲線

る滑らかなスロープの $(x, y) = (x_{\rm min}, f(x_{\rm min}))$ の位置に質点をおき，重力のもとで初速度 0 で滑り落としたとき，$(x, y) = (x_{\rm max}, f(x_{\rm max}))$ まで到達する所要時間が最小となるような曲線 $f(x)$ を**最速降下曲線**という．ただし，摩擦は無視できるものとする．これまでと同様，端点の値 $f(x_{\rm min})$,$f(x_{\rm max})$ は固定するが，以下では簡単のために $x_{\rm min} = f(x_{\rm min}) = 0$ とする．鉛直下向きに y 軸をとる．変分法を使って最速降下曲線を求めよう．

(1) エネルギー保存則を用いて位置 $x \in [0, x_{\rm max}]$ における質点の速さ $v(x)$ を質点の質量 m，重力加速度 g, $f(x)$ を使って表せ．

(2) x から $x + \Delta x$ までの微小区間の長さ $l(x)$ を $f'(x)$ と Δx を用いて表せ．

(3) この微小区間を滑るのに要する時間 $t(x)$ を求めよ．

(4) (3) の結果を足し合わせることで，$(x, y) = (0, 0)$ から $(x_{\rm max}, f(x_{\rm max}))$ まで滑るのにかかる所要時間 T を積分の形で表し，この結果を作用とみなしたときのラグランジアンが次のようになることを示せ．

$$L(f(x), f'(x), x) = \sqrt{\frac{1 + f'(x)^2}{2gf(x)}}. \tag{1.64}$$

(5) このラグランジアンに対するオイラー・ラグランジュ方程式を書き下し，それを変形すると $1 + f'(x)^2 + 2f(x)f''(x) = 0$ と簡略されることを確かめよ．

(6) ラグランジアンが x に陽に依存しないことに由来する保存量を用いて (5) の結果を再導出せよ．

(7) サイクロイド曲線 $f(x) = R(1 - \cos\theta)$, $x = R(\theta - \sin\theta)$ が (5) の微分

方程式の解であることを確かめよ．$\theta \in [0, 2\pi]$ は媒介変数であり，R は $x = x_{\rm max}$ で $y = f(x_{\rm max})$ という条件から決まる定数である．

(8) $x_{\rm max} = 2\pi R$, $f(x_{\rm max}) = 0$ の場合に，所要時間 T を求めよ．

問題3　サイクロイド振り子の等時性

前問 (7) のサイクロイド曲線の上を滑る質点を考えよう．今度は初期位置を $x_{\rm min} = 0$ ではなく $x'_{\rm min} = R(\theta_0 - \sin\theta_0)$（ただし $0 < \theta_0 < \pi$）とする．

(1) $x'_{\rm max} = 2\pi R - x'_{\rm min}$ まで滑るのに要する所要時間が

$$T(\theta_0) = 2\sqrt{\frac{R}{g}}\int_{\theta_0}^{\pi} \mathrm{d}\theta \sqrt{\frac{1-\cos\theta}{\cos\theta_0 - \cos\theta}} \tag{1.65}$$

となることを示せ．

(2) 実は $T(\theta_0)$ は $0 < \theta_0 < \pi$ に依存しない．うまい変数変換を用いて (1) の積分を実行することにより，このことを示せ．この結果は，サイクロイド上を振動する質点の周期はその振動の振幅に依存しないことを意味しており，**サイクロイド振り子の等時性**として知られる．

(3) (2) の結果を単振り子 $f(x) = \ell\cos\theta$, $x = \ell\sin\theta$ の場合と比較せよ．ただし $\theta \in [-\pi/2, \pi/2]$ とする．

問題4　オイラー・ラグランジュ方程式の一般化

ラグランジアンが $L(q(t), t)$ や $L(q(t), \dot{q}(t), \ddot{q}(t), t)$ で与えられる場合，対応するオイラー・ラグランジュ方程式はどのようになるか．また，端点にはどのような条件を設ければよいか．

第2章

ニュートン力学のラグランジアン

この章ではどのようなラグランジアンを考えればニュートン力学が再現できるかについて考える．そして，いくつかの具体例を取り扱い，ラグランジュ形式の解析力学に慣れ親しむことを目標とする．

2.1 ニュートンの運動方程式を導くラグランジアン

M 個の質点からなる系を考える．i 番目の質点の時刻 t における位置ベクトルを $\boldsymbol{r}_i(t)$ とし，$\boldsymbol{r}_1(t), \boldsymbol{r}_2(t), \cdots, \boldsymbol{r}_M(t)$ をまとめて $\boldsymbol{r}(t)$ と書く[1]．天下りだが次の形のラグランジアンを考えよう．

ニュートン力学のラグランジアン

質量 m_i をもち，ポテンシャル $U(\boldsymbol{r}(t), t)$ 中を運動する質点系のラグランジアンは，運動エネルギーとポテンシャルの差で与えられる．すなわち

$$L(\boldsymbol{r}(t), \dot{\boldsymbol{r}}(t), t) = \sum_{i=1}^{M} \frac{m_i}{2} \dot{\boldsymbol{r}}_i(t)^2 - U(\boldsymbol{r}(t), t). \tag{2.1}$$

[1] $q_i(t)$ $(i = 1, 2, \cdots, N)$ として $r_i^\alpha(t)$ $(i = 1, 2, \cdots, M,\ \alpha = 1, \cdots, d)$ をとったことに対応する．ただし d は空間次元を表す．したがって $N = Md$ である．

系のエネルギー

$$E(t) := \sum_{i=1}^{M} \frac{m_i}{2} \dot{\boldsymbol{r}}_i(t)^2 + U(\boldsymbol{r}(t), t) \tag{2.2}$$

と比較して第 2 項の符号が逆になっていることに注意しよう.

このラグランジアンを用いて $\boldsymbol{r}_i(t)$ という時間 t の関数に対する汎関数

$$S[\boldsymbol{r}] = \int_{t_\mathrm{i}}^{t_\mathrm{f}} \mathrm{d}t \, L(\boldsymbol{r}(t), \dot{\boldsymbol{r}}(t), t) \tag{2.3}$$

を考え,この作用を停留にする経路 $\boldsymbol{r}_i(t)$ を調べよう[2]. 作用の停留値条件であるオイラー・ラグランジュ方程式

$$\frac{\mathrm{d}}{\mathrm{d}t} \frac{\partial L(\boldsymbol{r}(t), \dot{\boldsymbol{r}}(t), t)}{\partial \dot{\boldsymbol{r}}_i(t)} = \frac{\partial L(\boldsymbol{r}(t), \dot{\boldsymbol{r}}(t), t)}{\partial \boldsymbol{r}_i(t)} \quad ({}^\forall i = 1, 2, \cdots, M) \tag{2.4}$$

において,左辺の

$$\frac{\mathrm{d}}{\mathrm{d}t} \frac{\partial L(\boldsymbol{r}(t), \dot{\boldsymbol{r}}(t), t)}{\partial \dot{\boldsymbol{r}}_i(t)} = \frac{\mathrm{d}}{\mathrm{d}t} \big(m_i \dot{\boldsymbol{r}}_i(t) \big) = m_i \ddot{\boldsymbol{r}}_i(t) \tag{2.5}$$

は i 番目の質点の加速度に質量をかけたもの,右辺の

$$\frac{\partial L(\boldsymbol{r}(t), \dot{\boldsymbol{r}}(t), t)}{\partial \boldsymbol{r}_i(t)} = - \frac{\partial U(\boldsymbol{r}(t), t)}{\partial \boldsymbol{r}_i(t)} = \boldsymbol{f}_i(t) \tag{2.6}$$

は i 番目の質点に作用する力を表す[3]. これらを合わせると,オイラー・ラグランジュ方程式 (2.4) はまさにニュートンの運動方程式 $m_i \ddot{\boldsymbol{r}}_i(t) = \boldsymbol{f}_i(t)$ であることが分かる. また,ラグランジアンが陽に t に依存しない場合の保存量(1.5.1 項)は,式 (2.2) のエネルギーとなる.

以上のように,運動方程式から始める代わりに,「作用 $S[\boldsymbol{r}]$ を停留にするべし」という**停留作用の原理 (stationary-action principle)** を出発点に物理

[2] 変分法の枠組みでは $t = t_\mathrm{i}$ と t_f それぞれにおいて $q(t)$ を固定(固定端条件)するか, $\frac{\partial L(q(t), \dot{q}(t), t)}{\partial \dot{q}(t)} = 0$(自由端条件)とする. ニュートン力学では $q(t_\mathrm{i})$ と $\dot{q}(t_\mathrm{i})$ を指定し, $t = t_\mathrm{f}$ の情報は仮定しないが,定数の数はともに $2N$ で一致している.

[3] 関数の $\boldsymbol{r}$ での微分(勾配)については 0.2.5 項を参照のこと.

法則を導くことができる．これがニュートンの運動方程式を変分法の形にまとめ直すということの1つのゴールである．ただし，一般にオイラー・ラグランジュ方程式の解は作用を停留にするものの，最小あるいは極小にするとは限らない．これについては章末演習問題で調和振動子の例を見る[4]．

ここでは位置ベクトル $\boldsymbol{r}(t)$ を用いて議論したが，2.4節で示すように実はオイラー・ラグランジュ方程式は好きな変数を用いて書き下すことができるのである．このことを具体例で見てみよう．

2.1.1　例：単振り子

1.1.3項の単振り子の例を再び考える．式 (1.16) の $\theta(t)$ を用いると，この系のラグランジアンは

$$L(\theta(t), \dot{\theta}(t)) = \frac{m}{2}\dot{\boldsymbol{r}}(t)^2 + mgy(t) = \frac{m\ell^2}{2}\dot{\theta}(t)^2 + mg\ell\cos\theta(t) \tag{2.7}$$

で与えられる．対応するオイラー・ラグランジュ方程式は

$$\frac{\mathrm{d}}{\mathrm{d}t}\frac{\partial L(\theta(t), \dot{\theta}(t))}{\partial \dot{\theta}(t)} = \frac{\partial L(\theta(t), \dot{\theta}(t))}{\partial \theta(t)} \quad \Rightarrow \quad m\ell^2\ddot{\theta}(t) = -mg\ell\sin\theta(t) \tag{2.8}$$

となり，ただちに以前導出した角度方向の運動方程式 (1.22) が得られる．また，このラグランジアンは t に陽に依存しないことだけから，エネルギー

$$E = \frac{m\ell^2}{2}\dot{\theta}(t)^2 - mg\ell\cos\theta(t) \tag{2.9}$$

が保存されることが分かる．重要な点をまとめると

- 変数がデカルト座標でなく θ でも同じ形のオイラー・ラグランジュ方程式を用いることができる．
- はじめから自由度 $\theta(t)$ だけに着目した解析になっているため，計算が簡略化されている．

---

[4] 調和振動子は（場の理論を含む）今後の議論の基礎となる重要な模型である．例外的な模型ではなく調和振動子に対してすらも作用が最小にならない場合があることは重要である．

- 動径方向の運動はそもそも考察しておらず，張力も出てこない．エネルギー保存も一般論から従う．

このように，1.1.3 項に述べた不満点が見事に解消されている [5]．

2.1.2 例：非保存力

解析力学では基本的には保存力しか扱うことができない．しかし摩擦がある場合の運動方程式を再現するようなラグランジアンが存在する場合もある．例えば保存力 $-U'(q) := -\frac{\mathrm{d}U(q)}{\mathrm{d}q}$ と摩擦力 $-\gamma\dot{q}$ のもとで運動する粒子の

$$\mathcal{D}(q,\dot{q},\ddot{q},t) = m\ddot{q} + \gamma\dot{q} + U'(q) = 0 \tag{2.10}$$

という運動方程式は

$$L(q,\dot{q},t) = \mathrm{e}^{\frac{\gamma}{m}t}\left(\frac{m}{2}\dot{q}^2 - U(q)\right) \tag{2.11}$$

というラグランジアンに対するオイラー・ラグランジュ方程式として得られる．この場合，ラグランジアンが t に陽に依存しているためエネルギー $E(t)$ は保存しないが，これは摩擦力によってエネルギーの散逸が起こることと整合している．

1.7 節で紹介したラグランジアンの存在条件に基づいてこの例を理解してみよう．$N=1$ のとき，ヘルムホルツ条件のうち式 (1.60) と式 (1.62) は自動的に満たされるが，式 (1.61) は

$$\underbrace{\frac{\partial\mathcal{D}}{\partial\dot{q}}}_{=\gamma} = \frac{\mathrm{d}}{\mathrm{d}t}\underbrace{\frac{\partial\mathcal{D}}{\partial\ddot{q}}}_{=m} \tag{2.12}$$

となり，$\gamma=0$ でない限りは満たされていない．しかし $\Lambda(q,\dot{q},t) = \mathrm{e}^{\frac{\gamma}{m}t}$ として

[5] 式 (2.7) のラグランジアンを θ について展開すると $L(\theta,\dot{\theta}) = \frac{m\ell^2}{2}\dot{\theta}^2 - \frac{mg\ell}{2}\theta^2 + mg\ell + O(\theta^4)$ という調和振動子のラグランジアンが得られ，単振動することが明確になる．安定点周りで展開すると調和振動子に帰着されるのはこの模型に限らず一般的な事情である (2.7.1 項)．

$$\tilde{\mathcal{D}}(q,\dot{q},\ddot{q},t) := \Lambda(q,\dot{q},t)\mathcal{D}(q,\dot{q},\ddot{q},t) = \mathrm{e}^{\frac{\gamma}{m}t}\Big(m\ddot{q} + \gamma\dot{q} + U'(q)\Big) \tag{2.13}$$

とすると

$$\underbrace{\frac{\partial\tilde{\mathcal{D}}}{\partial\dot{q}}}_{=\mathrm{e}^{\frac{\gamma}{m}t}\gamma} = \frac{\mathrm{d}}{\mathrm{d}t}\underbrace{\frac{\partial\tilde{\mathcal{D}}}{\partial\ddot{q}}}_{=\mathrm{e}^{\frac{\gamma}{m}t}m} \tag{2.14}$$

となり，$\gamma \neq 0$ に対してもヘルムホルツ条件が満たされる．これが式 (2.11) のラグランジアンが存在した理由である．

2.1.3 例：相互作用する質点系

相互作用する2つの質点のラグランジアンを考えよう．この他の外力は作用していないとする．ポテンシャルを

$$U(\boldsymbol{r}_1, \boldsymbol{r}_2) = V(\boldsymbol{r}_G, \bar{\boldsymbol{r}}) \tag{2.15}$$

と書き直そう．ここに $\boldsymbol{r}_G := (m_1\boldsymbol{r}_1 + m_2\boldsymbol{r}_2)/(m_1+m_2)$ は2つの質点の重心位置，$\bar{\boldsymbol{r}} = \boldsymbol{r}_1 - \boldsymbol{r}_2$ は相対座標を表す．連鎖律を用いて計算すると，それぞれの粒子に働く力は

$$\boldsymbol{f}_1 = -\frac{\partial U(\boldsymbol{r}_1,\boldsymbol{r}_2)}{\partial \boldsymbol{r}_1} = -\frac{m_1}{m_1+m_2}\frac{\partial V(\boldsymbol{r}_G,\bar{\boldsymbol{r}})}{\partial \boldsymbol{r}_G} - \frac{\partial V(\boldsymbol{r}_G,\bar{\boldsymbol{r}})}{\partial \bar{\boldsymbol{r}}}, \tag{2.16}$$

$$\boldsymbol{f}_2 = -\frac{\partial U(\boldsymbol{r}_1,\boldsymbol{r}_2)}{\partial \boldsymbol{r}_2} = -\frac{m_2}{m_1+m_2}\frac{\partial V(\boldsymbol{r}_G,\bar{\boldsymbol{r}})}{\partial \boldsymbol{r}_G} + \frac{\partial V(\boldsymbol{r}_G,\bar{\boldsymbol{r}})}{\partial \bar{\boldsymbol{r}}} \tag{2.17}$$

となる．弱い意味での作用・反作用の法則 (1.3) を満たすためには，右辺第1項が消える必要があるため，実は $V(\boldsymbol{r}_G,\bar{\boldsymbol{r}})$ は $\boldsymbol{r}_G$ に依存せず，$\bar{\boldsymbol{r}} = \boldsymbol{r}_1 - \boldsymbol{r}_2$ だけの関数となる．

より一般に M 粒子系でも，外力が作用していない場合，ポテンシャルは重心位置 $\boldsymbol{r}_G := \left(\sum_{i=1}^{M} m_i\boldsymbol{r}_i\right)/\left(\sum_{i=1}^{M} m_i\right)$ には依存しない．

弱い意味での作用・反作用の法則を満たすポテンシャル

弱い意味での作用・反作用の法則 (1.3) を満たす相互作用ポテンシャルは位置ベクトルの差 $\boldsymbol{r}_i - \boldsymbol{r}_j$ の関数で与えられる．特に

$$U(\boldsymbol{r},t) = \frac{1}{2}\sum_{i,j=1}^{M} V_{ij}^{(2)}(\boldsymbol{r}_i - \boldsymbol{r}_j), \quad V_{ij}^{(2)}(\boldsymbol{r}_i - \boldsymbol{r}_j) = V_{ji}^{(2)}(\boldsymbol{r}_j - \boldsymbol{r}_i) \tag{2.18}$$

という形を考えることが多い．

添字 $^{(2)}$ は 2 つの質点の座標のみに依存することを強調するために付けた．ただし，より一般の形，例えば $V_{ijk}^{(3)}(\boldsymbol{r}_i - \boldsymbol{r}_k, \boldsymbol{r}_j - \boldsymbol{r}_k)$ が禁止されているわけではない．$V_{ijk}^{(3)}$ のうち $V_{ij}^{(2)}$, $V_{jk}^{(2)}$, $V_{ik}^{(2)}$ の和で書けないものは，**三体力**と呼ばれる．1.1 節では，i 番目の質点が j 番目の質点から受ける力 $\boldsymbol{f}_{ij}$ を考えたが，$V_{ijk}^{(3)}$ のように 3 つの座標に依存する力を考えるとそのように 2 つの座標に着目するだけでは不十分となる．同様により多くの座標が絡み合った相互作用を考えることもできる．

強い意味での作用・反作用の法則を満たすには，この関数が特殊直交行列による変換（0.2.3 項）に対して不変な形になっている必要がある [6]．

強い意味での作用・反作用の法則を満たすポテンシャル

強い意味での作用・反作用の法則 (1.4) を満たす相互作用ポテンシャルは $|\boldsymbol{r}_i - \boldsymbol{r}_j| := \sqrt{(\boldsymbol{r}_i - \boldsymbol{r}_j)\cdot(\boldsymbol{r}_i - \boldsymbol{r}_j)}$ の関数で与えられる．特に

---

[6] 0.2.3 項で紹介したように，内積 $\boldsymbol{r}_1 \cdot \boldsymbol{r}_2$ は特殊直交行列による変換で不変である．空間次元が $d=2$ の場合の $\sum_{\alpha,\beta=1}^{2} \varepsilon^{\alpha\beta} r_1^\alpha r_2^\beta = x_1 y_2 - y_1 x_2$（$\varepsilon^{\alpha\beta}$ は 2 次元の完全反対称テンソル）や $d=3$ の場合の $\sum_{\alpha,\beta,\gamma=1}^{3} \varepsilon^{\alpha\beta\gamma} r_1^\alpha r_2^\beta r_3^\gamma = \boldsymbol{r}_1 \cdot (\boldsymbol{r}_2 \times \boldsymbol{r}_3)$ も不変であるが，$\boldsymbol{r}_i - \boldsymbol{r}_j$ という 1 つのベクトルだけからは不変量が構成できない．

$$U(\boldsymbol{r},t)=\frac{1}{2}\sum_{i,j=1}^{M}V_{ij}^{(2)}(|\boldsymbol{r}_i-\boldsymbol{r}_j|),\quad V_{ij}^{(2)}(|\boldsymbol{r}_i-\boldsymbol{r}_j|)=V_{ji}^{(2)}(|\boldsymbol{r}_j-\boldsymbol{r}_i|) \tag{2.19}$$

という形を考えることが多い．外力についてはポテンシャルが $|\boldsymbol{r}_i|$ の関数であれば式 (1.8) の中心力の形になる．

2.2　座標と時間の関数

以降の議論のための準備として，q_i $(i=1,2,\cdots,N)$ と t の関数 $f(q,t)$ の性質について考察しよう．q_i の時間依存性を考慮して $f(q(t),t)$ を時間微分した

$$\frac{\mathrm{d}}{\mathrm{d}t}f(q(t),t)=\sum_{i=1}^{N}\dot{q}_i(t)\frac{\partial f(q(t),t)}{\partial q_i(t)}+\frac{\partial f(q(t),t)}{\partial t} \tag{2.20}$$

という量は $\dot{q}_i(t)$ にも依存するため，これを $\dot{f}(q,\dot{q},t)$ と書くことにする．ただし $\dot{q}_i(t)$ は右辺第1項にしか現れないので

$$\frac{\partial \dot{f}(q(t),\dot{q}(t),t)}{\partial \dot{q}_i(t)}=\frac{\partial f(q(t),t)}{\partial q_i(t)} \tag{2.21}$$

となる[7]．さらに t で微分すると

$$\frac{\mathrm{d}}{\mathrm{d}t}\frac{\partial \dot{f}(q(t),\dot{q}(t),t)}{\partial \dot{q}_i(t)}=\sum_{k=1}^{N}\dot{q}_k(t)\frac{\partial^2 f(q(t),t)}{\partial q_k(t)\partial q_i(t)}+\frac{\partial^2 f(q(t),t)}{\partial t\partial q_i(t)} \tag{2.22}$$

---

[7] この部分についてもう少し詳しく見てみよう．$f(a,c)$ は a と c の2変数関数とする．一旦 $a=q(t)$，$c=t$ を代入し t の関数とする．それを t で微分すると連鎖律により $\frac{\mathrm{d}}{\mathrm{d}t}f(q(t),t)=\frac{\partial f(a,c)}{\partial a}\dot{q}(t)+\frac{\partial f(a,c)}{\partial c}\Big|_{a=q(t),\ c=t}$ となる．これは $b=\dot{q}(t)$ にも依存するので，a, b, c の3変数関数 $\dot{f}(a,b,c)$ を $\dot{f}(a,b,c):=\frac{\partial f(a,c)}{\partial a}b+\frac{\partial f(a,c)}{\partial c}$ と定義する．こうすれば，どこに b が現れるか，そして式 (2.21) と等価な $\frac{\partial \dot{f}(a,b,c)}{\partial b}=\frac{\partial f(a,c)}{\partial a}$ も見やすくなるだろう．

を得る．一方，式 (2.20) を直接 $q_i(t)$ で偏微分すると

$$\frac{\partial \dot{f}(q(t),\dot{q}(t),t)}{\partial q_i(t)} = \sum_{k=1}^{N} \dot{q}_k(t)\frac{\partial^2 f(q(t),t)}{\partial q_i(t)\partial q_k(t)} + \frac{\partial^2 f(q(t),t)}{\partial q_i(t)\partial t} \tag{2.23}$$

となるが，偏微分の順序交換を用いると，この式の右辺は式 (2.22) の右辺と等しくなる．したがって

$$\frac{\mathrm{d}}{\mathrm{d}t}\frac{\partial \dot{f}(q(t),\dot{q}(t),t)}{\partial \dot{q}_i(t)} = \frac{\partial \dot{f}(q(t),\dot{q}(t),t)}{\partial q_i(t)} \quad ({}^{\forall}i = 1,2,\cdots,N) \tag{2.24}$$

を得る．この式は，$\frac{\mathrm{d}}{\mathrm{d}t}f(q(t),t) = \dot{f}(q(t),\dot{q}(t),t)$をラグランジアンとみなした場合のオイラー・ラグランジュ方程式の形をしていることに注意しよう．

2.3 ラグランジアンの不定性

式 (2.24) は，実はラグランジアンには不定性があり，運動方程式を決めても対応するラグランジアンは一意には定まらないことを意味する．

ラグランジアンの不定性

ラグランジアン

$$\tilde{L}(q(t),\dot{q}(t),t) := L(q(t),\dot{q}(t),t) + \frac{\mathrm{d}}{\mathrm{d}t}f(q(t),t) \tag{2.25}$$

に対するオイラー・ラグランジュ方程式

$$\frac{\mathrm{d}}{\mathrm{d}t}\frac{\partial \tilde{L}(q(t),\dot{q}(t),t)}{\partial \dot{q}_i(t)} = \frac{\partial \tilde{L}(q(t),\dot{q}(t),t)}{\partial q_i(t)} \tag{2.26}$$

は，$L(q(t),\dot{q}(t),t)$ に対するオイラー・ラグランジュ方程式 (1.33) と一致する．

実はこの結果は当然である．というのも，ラグランジアン $\tilde{L}(q(t),\dot{q}(t),t)$ に対

する作用 $\tilde{S}[q]$ は

$$\begin{aligned}\tilde{S}[q] &:= \int_{t_\mathrm{i}}^{t_\mathrm{f}} \mathrm{d}t\, \tilde{L}(q(t), \dot{q}(t), t) \\ &= \int_{t_\mathrm{i}}^{t_\mathrm{f}} \mathrm{d}t\, L(q(t), \dot{q}(t), t) + \int_{t_\mathrm{i}}^{t_\mathrm{f}} \mathrm{d}t\, \frac{\mathrm{d}}{\mathrm{d}t} f(q(t), t) \\ &= S[q] + f(q(t_\mathrm{f}), t_\mathrm{f}) - f(q(t_\mathrm{i}), t_\mathrm{i}) \end{aligned} \tag{2.27}$$

のように元の $S[q]$ を用いて表される．変分をとる際に $q(t_\mathrm{f})$, $q(t_\mathrm{i})$ の値は変えないため，変分 $\delta\tilde{S}[q]$ と $\delta S[q]$ は等しく，まったく同じオイラー・ラグランジュ方程式が導かれるのである．

なお，オイラー・ラグランジュ方程式を不変に保つラグランジアンの変形は式 (2.25) のものに限らないことに注意する．例えばラグランジアンに定数 c を乗じて $\tilde{L}(q(t), \dot{q}(t), t) = cL(q(t), \dot{q}(t), t)$ としてもオイラー・ラグランジュ方程式は変更されないが，この変化分は必ずしも式 (2.25) の形で書くことはできない．4.3.3 項では具体的な系に対してさらに別の形の不定性の例を議論する．

2.4 オイラー・ラグランジュ方程式の共変性

2.4.1 点変換

オイラー・ラグランジュ方程式の形を保つ変数変換について考察しよう．

点変換 (point transformation)

q_1, q_2, $\cdots$, q_N と t の関数を用いて

$$Q_i = Q_i(q, t) \tag{2.28}$$

と表される変数 Q_i $(i = 1, 2, \cdots, N)$ への変数変換を点変換という．

この変換は逆に解くことができて，$q_i = q_i(Q, t)$ $(i = 1, 2, \cdots, N)$ となると

する．このとき $\dot{q}_i$ は

$$\dot{q}_i(t) = \frac{\mathrm{d}}{\mathrm{d}t}q_i(Q(t),t) = \sum_{j=1}^{N} \dot{Q}_j(t)\frac{\partial q_i(Q(t),t)}{\partial Q_j(t)} + \frac{\partial q_i(Q(t),t)}{\partial t} \tag{2.29}$$

のように，$Q_j(t)$, $\dot{Q}_j(t)$ $(j = 1, 2, \cdots, N)$ および t を用いて表すことができる．これらの関係を使ってラグランジアンを次のように書き換えよう．

点変換後のラグランジアン

点変換後のラグランジアンは

$$\begin{aligned}\tilde{L}(Q(t),\dot{Q}(t),t) &:= L(q(t),\dot{q}(t),t)\Big|_{q(t)=q(Q(t),t)} \\ &= L\Big(q(Q(t),t), \frac{\mathrm{d}}{\mathrm{d}t}q\big(Q(t),t\big),t\Big)\end{aligned} \tag{2.30}$$

で与えられる．

L と $\tilde{L}$ は値としては同じだが，異なる関数形をもつことに注意する．

以下では変数 $q_i(t)$ に対するオイラー・ラグランジュ方程式

$$\frac{\mathrm{d}}{\mathrm{d}t}\frac{\partial L(q(t),\dot{q}(t),t)}{\partial \dot{q}_i(t)} = \frac{\partial L(q(t),\dot{q}(t),t)}{\partial q_i(t)} \quad ({}^{\forall}i = 1, 2, \cdots, N) \tag{2.31}$$

と $Q_j(t)$ に対するオイラー・ラグランジュ方程式

$$\frac{\mathrm{d}}{\mathrm{d}t}\frac{\partial \tilde{L}(Q(t),\dot{Q}(t),t)}{\partial \dot{Q}_j(t)} = \frac{\partial \tilde{L}(Q(t),\dot{Q}(t),t)}{\partial Q_j(t)} \quad ({}^{\forall}j = 1, 2, \cdots, N) \tag{2.32}$$

が同値であることを示す．これはオイラー・ラグランジュ方程式を立てる際にデカルト座標に限らず好きな変数を使ってよいという，解析力学の大きなアドバンテージを意味しており，このことを「オイラー・ラグランジュ方程式は点変換に対して**共変性**をもつ」と表現する．この意味で好きに選んだ座標 q_i $(i = 1, 2, \cdots, N)$ を**一般化座標 (generalized coordinate)** と呼ぶ．また，これに対応して

一般化運動量 (generalized momentum)
一般化座標 q_i に対応する一般化運動量を次のように定義する.

$$p_i := \frac{\partial L(q, \dot{q}, t)}{\partial \dot{q}_i}. \tag{2.33}$$

座標や運動量という言葉を使っているが，一般化座標q_iは長さの次元である必要はなく，一般化運動量p_iは質量と速度の積の次元である必要もない.

点変換のもとで作用が不変に保たれること，つまり

$$\tilde{S}[Q] := \int_{t_\mathrm{i}}^{t_\mathrm{f}} \mathrm{d}t\, \tilde{L}(Q(t), \dot{Q}(t), t) \underbrace{=}_{\text{式 (2.30)}} \int_{t_\mathrm{i}}^{t_\mathrm{f}} \mathrm{d}t\, L(q(t), \dot{q}(t), t) = S[q] \tag{2.34}$$

を踏まえれば，その停留値条件であるオイラー・ラグランジュ方程式が等価になるのは実は当たり前である. 以下の証明ではこれを明示的に確認する. ただし式 (2.27) の議論とは違い，ここでは異なる変数を用いているため，具体的な運動方程式の形自体は変わりうる. 例えば式 (2.48), (2.49) と式 (2.51), (2.52) を比較して欲しい.

◉共変性の証明 (*)

以降，式が長くなるときには (t) を省略する. $Q_j = Q_j(q, t)$ は前節で考えた $f(q, t)$ と同じ形をしているので

$$\frac{\partial \dot{Q}_j(q, \dot{q}, t)}{\partial \dot{q}_i} \underbrace{=}_{\text{式 (2.21)}} \frac{\partial Q_j(q, t)}{\partial q_i}, \tag{2.35}$$

$$\frac{\partial \dot{Q}_j(q, \dot{q}, t)}{\partial q_i} \underbrace{=}_{\text{式 (2.24)}} \frac{\mathrm{d}}{\mathrm{d}t} \frac{\partial \dot{Q}_j(q, \dot{q}, t)}{\partial \dot{q}_i} \underbrace{=}_{\text{式 (2.35)}} \frac{\mathrm{d}}{\mathrm{d}t} \frac{\partial Q_j(q, t)}{\partial q_i} \tag{2.36}$$

が成立することを用いる. まず連鎖律により

$$
\begin{aligned}
\frac{\partial L(q,\dot{q},t)}{\partial \dot{q}_i} &= \frac{\partial \tilde{L}(Q,\dot{Q},t)}{\partial \dot{q}_i} \\
&= \sum_{j=1}^{N} \underbrace{\frac{\partial Q_j(q,t)}{\partial \dot{q}_i}}_{=0} \frac{\partial \tilde{L}(Q,\dot{Q},t)}{\partial Q_j} + \sum_{j=1}^{N} \underbrace{\frac{\partial \dot{Q}_j(q,\dot{q},t)}{\partial \dot{q}_i}}_{=\frac{\partial Q_j(q,t)}{\partial q_i}} \frac{\partial \tilde{L}(Q,\dot{Q},t)}{\partial \dot{Q}_j} \\
&\quad + \underbrace{\frac{\partial t}{\partial \dot{q}_i}}_{=0} \frac{\partial \tilde{L}(Q,\dot{Q},t)}{\partial t} \\
&= \sum_{j=1}^{N} \frac{\partial Q_j(q,t)}{\partial q_i} \frac{\partial \tilde{L}(Q,\dot{Q},t)}{\partial \dot{Q}_j}
\end{aligned} \tag{2.37}
$$

となる[8]．この式の時間微分をとると

$$
\begin{aligned}
\frac{\mathrm{d}}{\mathrm{d}t} \frac{\partial L(q,\dot{q},t)}{\partial \dot{q}_i} &= \sum_{j=1}^{N} \frac{\partial Q_j(q,t)}{\partial q_i} \frac{\mathrm{d}}{\mathrm{d}t} \frac{\partial \tilde{L}(Q,\dot{Q},t)}{\partial \dot{Q}_j} \\
&\quad + \sum_{j=1}^{N} \frac{\mathrm{d}}{\mathrm{d}t} \frac{\partial Q_j(q,t)}{\partial q_i} \frac{\partial \tilde{L}(Q,\dot{Q},t)}{\partial \dot{Q}_j}
\end{aligned} \tag{2.38}
$$

となる．同様に

$$
\begin{aligned}
\frac{\partial L(q,\dot{q},t)}{\partial q_i} &= \frac{\partial \tilde{L}(Q,\dot{Q},t)}{\partial q_i} \\
&= \sum_{j=1}^{N} \frac{\partial Q_j(q,t)}{\partial q_i} \frac{\partial \tilde{L}(Q,\dot{Q},t)}{\partial Q_j} + \sum_{j=1}^{N} \underbrace{\frac{\partial \dot{Q}_j(q,\dot{q},t)}{\partial q_i}}_{=\frac{\mathrm{d}}{\mathrm{d}t}\frac{\partial Q_j(q,t)}{\partial q_i}} \frac{\partial \tilde{L}(Q,\dot{Q},t)}{\partial \dot{Q}_j} \\
&\quad + \underbrace{\frac{\partial t}{\partial q_i}}_{=0} \frac{\partial \tilde{L}(Q,\dot{Q},t)}{\partial t}.
\end{aligned} \tag{2.39}
$$

[8] 式 (2.37) や式 (2.39) の右辺で t の q_i や $\dot{q}_i$ による偏微分が 0 であることを疑問に思うかもしれないので整理して見てみよう．再び $N=1$ とする．元々独立な a, b, c の 3 変数関数 $L(a,b,c)$ があり，$A(a,b,c)=f(a,c)$, $B(a,b,c)=\frac{\partial f(a,c)}{\partial a}b+\frac{\partial f(a,c)}{\partial c}$（脚注 7 参照），$C(a,b,c)=c$ と変数変換して，$\tilde{L}(A,B,C)$ を構成したのだった．この具体的な依存性を

式 (2.38) と式 (2.39) を見比べて

$$\frac{\mathrm{d}}{\mathrm{d}t}\frac{\partial L(q,\dot{q},t)}{\partial \dot{q}_i}-\frac{\partial L(q,\dot{q},t)}{\partial q_i}=\sum_{j=1}^{N}\frac{\partial Q_j(q,t)}{\partial q_i}\left(\frac{\mathrm{d}}{\mathrm{d}t}\frac{\partial \tilde{L}(Q,\dot{Q},t)}{\partial \dot{Q}_j}-\frac{\partial \tilde{L}(Q,\dot{Q},t)}{\partial Q_j}\right) \tag{2.40}$$

を得る．ヤコビ行列（0.1.4 項参照）とその逆行列の関係

$$\sum_{i=1}^{N}\frac{\partial Q_j(q,t)}{\partial q_i}\frac{\partial q_i(Q,t)}{\partial Q_k}=\delta_{jk} \tag{2.41}$$

を用いると

$$\sum_{i=1}^{N}\frac{\partial q_i(Q,t)}{\partial Q_j}\left(\frac{\mathrm{d}}{\mathrm{d}t}\frac{\partial L(q,\dot{q},t)}{\partial \dot{q}_i}-\frac{\partial L(q,\dot{q},t)}{\partial q_i}\right)=\frac{\mathrm{d}}{\mathrm{d}t}\frac{\partial \tilde{L}(Q,\dot{Q},t)}{\partial \dot{Q}_j}-\frac{\partial \tilde{L}(Q,\dot{Q},t)}{\partial Q_j} \tag{2.42}$$

も示すことができる．式 (2.40) と式 (2.42) は，$q_i(t)$ に対するオイラー・ラグランジュ方程式 (2.31) と $Q_j(t)$ に対するオイラー・ラグランジュ方程式 (2.32) が同値であることを示している．

2.4.2　例：極座標

デカルト座標 (x,y) から極座標 (r,θ) への座標変換

$$r=r(x,y)=\sqrt{x^2+y^2}, \tag{2.43}$$

$$\theta=\theta(x,y)=\arctan(y/x) \tag{2.44}$$

を考えよう．これを逆に解くと

$$x=x(r,\theta)=r\cos\theta, \tag{2.45}$$

$$y=y(r,\theta)=r\sin\theta \tag{2.46}$$

見れば $\frac{\partial C(a,b,c)}{\partial a}=\frac{\partial C(a,b,c)}{\partial b}=0$（$t$ を q_i や $\dot{q}_i$ で偏微分すると 0）や $\frac{\partial A(a,b,c)}{\partial b}=0$（式 (2.37) の 2 行目第 1 項が 0 である理由）は明らかだろう．

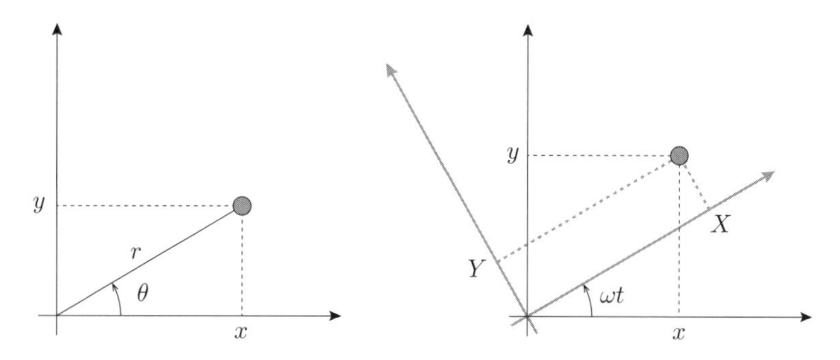

図 2.1 極座標と回転座標系

となる（図 2.1）．ラグランジアン

$$L(x, y, \dot{x}, \dot{y}) = \frac{m}{2}(\dot{x}^2 + \dot{y}^2) - U(x, y) \tag{2.47}$$

に対して，そのままデカルト座標を用いる場合には，オイラー・ラグランジュ方程式は

$$\frac{\mathrm{d}}{\mathrm{d}t}\frac{\partial L(x, y, \dot{x}, \dot{y})}{\partial \dot{x}} = \frac{\partial L(x, y, \dot{x}, \dot{y})}{\partial x} \quad \Rightarrow \quad m\ddot{x} = -\frac{\partial U(x, y)}{\partial x}, \tag{2.48}$$

$$\frac{\mathrm{d}}{\mathrm{d}t}\frac{\partial L(x, y, \dot{x}, \dot{y})}{\partial \dot{y}} = \frac{\partial L(x, y, \dot{x}, \dot{y})}{\partial y} \quad \Rightarrow \quad m\ddot{y} = -\frac{\partial U(x, y)}{\partial y} \tag{2.49}$$

となる．

同じラグランジアンを極座標 (r, θ) を用いて

$$\tilde{L}(r, \theta, \dot{r}, \dot{\theta}) = \frac{m}{2}(\dot{r}^2 + r^2\dot{\theta}^2) - U(r\cos\theta, r\sin\theta) \tag{2.50}$$

と書き直せば，オイラー・ラグランジュ方程式は

$$\frac{\mathrm{d}}{\mathrm{d}t}\frac{\partial \tilde{L}(r, \theta, \dot{r}, \dot{\theta})}{\partial \dot{r}} = \frac{\partial \tilde{L}(r, \theta, \dot{r}, \dot{\theta})}{\partial r}$$
$$\Rightarrow \quad m\ddot{r} = mr\dot{\theta}^2 - \frac{\partial U(r\cos\theta, r\sin\theta)}{\partial r}, \tag{2.51}$$

$$\frac{\mathrm{d}}{\mathrm{d}t}\frac{\partial \tilde{L}(r, \theta, \dot{r}, \dot{\theta})}{\partial \dot{\theta}} = \frac{\partial \tilde{L}(r, \theta, \dot{r}, \dot{\theta})}{\partial \theta}$$

$$\Rightarrow \quad mr^2\ddot{\theta} = -2mr\dot{r}\dot{\theta} - \frac{\partial U(r\cos\theta, r\sin\theta)}{\partial\theta} \tag{2.52}$$

となる．これはデカルト座標を用いて導出したオイラー・ラグランジュ方程式と等価である．

2.4.3　例：回転座標系

似たような例だが，回転座標系 (X, Y) への座標変換

$$X = X(x, y, t) = x\cos\omega t + y\sin\omega t, \tag{2.53}$$

$$Y = Y(x, y, t) = -x\sin\omega t + y\cos\omega t \tag{2.54}$$

を考えよう（図 2.1）．この変換は行列で書くと

$$\begin{pmatrix} X \\ Y \end{pmatrix} = \begin{pmatrix} \cos\omega t & \sin\omega t \\ -\sin\omega t & \cos\omega t \end{pmatrix} \begin{pmatrix} x \\ y \end{pmatrix} \tag{2.55}$$

とまとめられる．逆に解くと

$$\begin{pmatrix} x \\ y \end{pmatrix} = \begin{pmatrix} \cos\omega t & -\sin\omega t \\ \sin\omega t & \cos\omega t \end{pmatrix} \begin{pmatrix} X \\ Y \end{pmatrix} \tag{2.56}$$

となり，速度ベクトルは

$$\begin{aligned} \begin{pmatrix} \dot{x} \\ \dot{y} \end{pmatrix} &= \begin{pmatrix} \cos\omega t & -\sin\omega t \\ \sin\omega t & \cos\omega t \end{pmatrix} \begin{pmatrix} \dot{X} \\ \dot{Y} \end{pmatrix} + \omega \begin{pmatrix} -\sin\omega t & -\cos\omega t \\ \cos\omega t & -\sin\omega t \end{pmatrix} \begin{pmatrix} X \\ Y \end{pmatrix} \\ &= \begin{pmatrix} \cos\omega t & -\sin\omega t \\ \sin\omega t & \cos\omega t \end{pmatrix} \begin{pmatrix} \dot{X} - \omega Y \\ \dot{Y} + \omega X \end{pmatrix} \end{aligned} \tag{2.57}$$

となる．最後の等号は行列のかけ算を実行すれば直接確かめられる．

再び式 (2.47) のラグランジアンを考えよう．これを

$$\begin{aligned} \tilde{L}(X, Y, \dot{X}, \dot{Y}, t) = \frac{m}{2}[(\dot{X} - \omega Y)^2 + (\dot{Y} + \omega X)^2] \\ - U(x(X, Y, t),\, y(X, Y, t)) \end{aligned} \tag{2.58}$$

と書き直せば，オイラー・ラグランジュ方程式

$$\frac{\mathrm{d}}{\mathrm{d}t}\frac{\partial \tilde{L}(X,Y,\dot{X},\dot{Y},t)}{\partial \dot{X}} = \frac{\partial \tilde{L}(X,Y,\dot{X},\dot{Y},t)}{\partial X}, \tag{2.59}$$

$$\frac{\mathrm{d}}{\mathrm{d}t}\frac{\partial \tilde{L}(X,Y,\dot{X},\dot{Y},t)}{\partial \dot{Y}} = \frac{\partial \tilde{L}(X,Y,\dot{X},\dot{Y},t)}{\partial Y} \tag{2.60}$$

により

$$m\ddot{X} = 2m\omega\dot{Y} + m\omega^2 X - \frac{\partial U(x(X,Y,t),y(X,Y,t))}{\partial X}, \tag{2.61}$$

$$m\ddot{Y} = -2m\omega\dot{X} + m\omega^2 Y - \frac{\partial U(x(X,Y,t),y(X,Y,t))}{\partial Y} \tag{2.62}$$

を得る．右辺第 1 項は**コリオリの力**，第 2 項は**遠心力**を表している．見かけの力がすべて自動的に導出できていることが重要である [9]．

なお 3 次元ベクトルとその外積を使うと，速度ベクトルの式 (2.57) は

$$\begin{pmatrix}\dot{x}\\ \dot{y}\\ 0\end{pmatrix} = \begin{pmatrix}\cos\omega t & -\sin\omega t & 0\\ \sin\omega t & \cos\omega t & 0\\ 0 & 0 & 1\end{pmatrix}\left[\begin{pmatrix}\dot{X}\\ \dot{Y}\\ 0\end{pmatrix} + \begin{pmatrix}0\\ 0\\ \omega\end{pmatrix} \times \begin{pmatrix}X\\ Y\\ 0\end{pmatrix}\right] \tag{2.63}$$

と書き直すことができる．これは後述の公式 (9.24) の特別な場合である．

2.5　荷電粒子のラグランジアン

次に 3 次元空間内を運動する荷電粒子 [10] について考えよう．

荷電粒子の運動方程式

電場 $\boldsymbol{E}(\boldsymbol{r},t)$ と**磁場** $\boldsymbol{B}(\boldsymbol{r},t)$ による**ローレンツ力**を受けて運動する質量 m_i と電荷 e_i をもつ荷電粒子の運動方程式は

[9] コリオリの力は有効磁場 $B^z = 2m\omega/e$ のもとでのローレンツ力と等価である．また，角速度が時間依存する場合にはさらに**オイラー力** $m\dot{\omega}(Y,-X)^T$ が加わる．

[10] 本書では質点，点電荷，粒子，荷電粒子といった言葉は厳密に使い分けているわけではない．

$$m_i\ddot{\boldsymbol{r}}_i(t) = e_i\boldsymbol{E}(\boldsymbol{r}_i(t),t) + e_i\dot{\boldsymbol{r}}_i(t)\times\boldsymbol{B}(\boldsymbol{r}_i(t),t). \tag{2.64}$$

これを導くラグランジアンを考えるために，スカラーポテンシャルとベクトルポテンシャルを導入する．

スカラーポテンシャル $\phi(\boldsymbol{r},t)$ とベクトルポテンシャル $\boldsymbol{A}(\boldsymbol{r},t)$

$\phi(\boldsymbol{r},t)$ と $\boldsymbol{A}(\boldsymbol{r},t)$ は以下のように電磁場 $\boldsymbol{E}(\boldsymbol{r},t)$, $\boldsymbol{B}(\boldsymbol{r},t)$ を与える．

$$\boldsymbol{E}(\boldsymbol{r},t) = -\boldsymbol{\nabla}_{\boldsymbol{r}}\phi(\boldsymbol{r},t) - \frac{\partial\boldsymbol{A}(\boldsymbol{r},t)}{\partial t} = -\frac{\partial\phi(\boldsymbol{r},t)}{\partial\boldsymbol{r}} - \frac{\partial\boldsymbol{A}(\boldsymbol{r},t)}{\partial t}, \tag{2.65}$$

$$\boldsymbol{B}(\boldsymbol{r},t) = \boldsymbol{\nabla}_{\boldsymbol{r}}\times\boldsymbol{A}(\boldsymbol{r},t). \tag{2.66}$$

成分ごとに書き下すと

$$E^\alpha(\boldsymbol{r},t) = -\frac{\partial\phi(\boldsymbol{r},t)}{\partial r^\alpha} - \frac{\partial A^\alpha(\boldsymbol{r},t)}{\partial t}, \tag{2.67}$$

$$B^\alpha(\boldsymbol{r},t) = \sum_{\beta,\gamma=1}^{3}\varepsilon^{\alpha\beta\gamma}\frac{\partial A^\gamma(\boldsymbol{r},t)}{\partial r^\beta}. \tag{2.68}$$

電磁場は次のゲージ変換のもとで不変に保たれる．

ゲージ変換

関数 $\chi(\boldsymbol{r},t)$ を用いてスカラーポテンシャルとベクトルポテンシャルを次のように取り替える変換をゲージ変換という．

$$\phi'(\boldsymbol{r},t) = \phi(\boldsymbol{r},t) - \frac{\partial\chi(\boldsymbol{r}(t),t)}{\partial t}, \tag{2.69}$$

$$\boldsymbol{A}'(\boldsymbol{r},t) = \boldsymbol{A}(\boldsymbol{r},t) + \frac{\partial\chi(\boldsymbol{r}(t),t)}{\partial\boldsymbol{r}(t)}. \tag{2.70}$$

つまり $(\phi, \boldsymbol{A})$ と $(\phi', \boldsymbol{A}')$ は同じ $\boldsymbol{E}$ と $\boldsymbol{B}$ を与える．これを用いて

荷電粒子のラグランジアン

電磁場中を運動する質量 m_i と電荷 e_i をもつ荷電粒子のラグランジアンは

$$L(\boldsymbol{r}(t), \dot{\boldsymbol{r}}(t), t) = \sum_{i=1}^{M} \left(\frac{m_i}{2} \dot{\boldsymbol{r}}_i(t)^2 + e_i \dot{\boldsymbol{r}}_i(t) \cdot \boldsymbol{A}(\boldsymbol{r}_i(t), t) - e_i \phi(\boldsymbol{r}_i(t), t) \right) \tag{2.71}$$

で与えられる．

対応するオイラー・ラグランジュ方程式は式 (2.64) となる（章末演習問題）．ラグランジアンには電磁場 $\boldsymbol{E}(\boldsymbol{r}, t)$, $\boldsymbol{B}(\boldsymbol{r}, t)$ ではなく $\phi(\boldsymbol{r}, t)$ と $\boldsymbol{A}(\boldsymbol{r}, t)$ が現れることに注意しよう [11]．

ゲージ変換のもとで電磁場が不変に保たれる以上，荷電粒子のラグランジアンもゲージ変換に対して本質的な変更を受けないことが期待される．実際計算してみると

$$\begin{aligned}
&L'(\boldsymbol{r}(t), \dot{\boldsymbol{r}}(t), t) \\
&= \sum_{i=1}^{M} \left(\frac{m_i}{2} \dot{\boldsymbol{r}}_i(t)^2 + e_i \dot{\boldsymbol{r}}_i(t) \cdot \boldsymbol{A}'(\boldsymbol{r}_i(t), t) - e_i \phi'(\boldsymbol{r}_i(t), t) \right) \\
&= L(\boldsymbol{r}(t), \dot{\boldsymbol{r}}(t), t) + \sum_{i=1}^{M} e_i \left(\dot{\boldsymbol{r}}_i(t) \cdot \frac{\partial \chi(\boldsymbol{r}_i(t), t)}{\partial \boldsymbol{r}_i(t)} + \frac{\partial \chi(\boldsymbol{r}_i(t), t)}{\partial t} \right) \\
&= L(\boldsymbol{r}(t), \dot{\boldsymbol{r}}(t), t) + \frac{\mathrm{d}}{\mathrm{d}t} \sum_{i=1}^{M} e_i \chi(\boldsymbol{r}_i(t), t).
\end{aligned} \tag{2.72}$$

つまりラグランジアンの変化分は $f(\boldsymbol{r}(t), t) = \sum_{i=1}^{M} e_i \chi(\boldsymbol{r}_i(t), t)$ に由来する不定性（2.3 節）となる．

[11] この帰結の 1 つとして，量子力学では粒子が存在する場所に電磁場がかかっていなくとも $\boldsymbol{A}(\boldsymbol{r}, t)$ の影響による干渉効果（アハラノフ・ボーム効果）が起こる．

第4章で議論する対称性の変換とは異なり，ゲージ変換では位置ベクトルや電磁場といった物理量の値は変換を受けない．このため，そもそも座標の点変換ですらない．このように，ゲージ変換はスカラーポテンシャルやベクトルポテンシャルの余分な自由度を表しているに過ぎないため，ゲージ対称性ではなく**ゲージ不変性** (**gauge invariance**) あるいは**ゲージ冗長性** (**gauge redundancy**) と言われることがある．

2.6 スピンのラグランジアン

既存の解析力学の教科書ではあまり扱われていないトピックとして，**スピン**について考察しよう[12]．スピンは粒子の内部自由度で，例えば電子は $s = 1/2$ のスピンをもつ．図2.2のような矢印を想像するとよい．ここでは粒子の位置が固定されており，スピンの向きだけが問題になると仮定する．

スピンの大きさ（長さ）は定数 $s > 0$ に固定されているとして

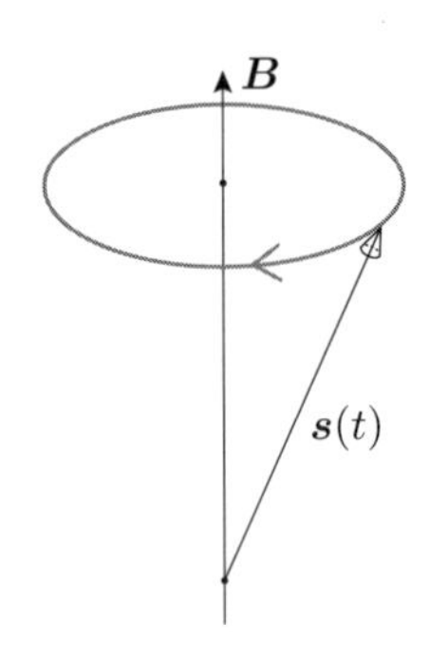

図 2.2　スピンの歳差運動

[12] [4] の p.55 には「電子は固有の角運動量であるスピンというものをもつが，それを表す力学変数については Hamiltonian は存在するが，Lagrangian は存在しない.」とあるが，式 (2.74) のラグランジアンが知られている．ただしこれは特異系である（6.5.2 項）．

$$
\boldsymbol{s}(\theta,\phi) := s\begin{pmatrix}\sin\theta\cos\phi\\ \sin\theta\sin\phi\\ \cos\theta\end{pmatrix} \tag{2.73}
$$

とパラメトライズする．

スピンのラグランジアン

スピンのラグランジアンは

$$
L(\theta,\phi,\dot{\theta},\dot{\phi},t) = s\dot{\phi}(-1+\cos\theta) - U(\boldsymbol{s}(\theta,\phi),t) \tag{2.74}
$$

で与えられる．

時間微分を含む項が時間微分の 2 次形式ではなく 1 次形式であることが特徴である．この項は**スピンのベリー位相項**と呼ばれ，t を $\tau(t)$ に変更しても作用が値を変えないというトポロジカルな性質をもつ（詳細は 6.1.7 項）[13,14]．

例えば外部磁場 $\boldsymbol{B}$ がかかっている場合，$U(\boldsymbol{s},t)$ は γ を定数として

$$
U(\boldsymbol{s},t) = -\gamma\boldsymbol{s}\cdot\boldsymbol{B}(t) \tag{2.75}
$$

で与えられる．

θ や ϕ についてのオイラー・ラグランジュ方程式を書き直すと

---

[13] ベリー位相項をスピンの成分で書くと $\frac{s^y\dot{s}^x - s^x\dot{s}^y}{s^z+s}$ となり $s^z=-s$ $(\theta=\pi)$ で特異的である．ラグランジアンの不定性を用いて $s\dot{\phi}(1+\cos\theta) = \frac{s^y\dot{s}^x - s^x\dot{s}^y}{s^z-s}$ とした場合には $s^z=s$ $(\theta=0)$ で特異的になる．

[14] 球面座標 (r,θ,ϕ) で $\boldsymbol{A}(\boldsymbol{r}) = A_\phi\boldsymbol{e}_\phi$, $A_\phi = \frac{g(1-\cos\theta)}{r\sin\theta}$ と書かれるベクトルポテンシャルを考えよう．ただし $\boldsymbol{e}_r := \frac{\boldsymbol{r}}{r}$, $\boldsymbol{e}_\theta := \frac{\partial\boldsymbol{e}_r}{\partial\theta}$, $\boldsymbol{e}_\phi := \frac{1}{\sin\theta}\frac{\partial\boldsymbol{e}_r}{\partial\phi}$ とする．このベクトルポテンシャルは $\boldsymbol{B}(\boldsymbol{r}) = \boldsymbol{\nabla}_{\boldsymbol{r}}\times\boldsymbol{A}(\boldsymbol{r}) = \frac{1}{r\sin\theta}\frac{\partial(A_\phi\sin\theta)}{\partial\theta}\boldsymbol{e}_r = \frac{g}{r^2}\boldsymbol{e}_r$ という原点に置かれた（仮想的な）磁気単極子が作る磁場を記述する．$\dot{\boldsymbol{r}} = \dot{r}\boldsymbol{e}_r + r\dot{\theta}\boldsymbol{e}_\theta + r\sin\theta\dot{\phi}\boldsymbol{e}_\phi$ なので，この磁場のもとで運動する荷電粒子を考えるとラグランジアンに含まれる $e\boldsymbol{A}(\boldsymbol{r})\cdot\dot{\boldsymbol{r}}$ がまさにスピンのベリー位相項と同じ形 $eg(1-\cos\theta)\dot{\phi}$ になる（$s=-eg$ と対応）．このベクトルポテンシャルは $\theta=\pi$ では特異的であり，この近傍では $\chi=-2g\phi$ によってゲージ変換した $A_\phi = \frac{g(-1-\cos\theta)}{r\sin\theta}$ を用いる必要がある．

$$\frac{\mathrm{d}}{\mathrm{d}t}\frac{\partial L}{\partial \dot{\theta}} = \frac{\partial L}{\partial \theta} \quad \Rightarrow \quad \dot{\phi} = -\frac{1}{s\sin\theta}\frac{\partial U(\boldsymbol{s},t)}{\partial \theta}, \tag{2.76}$$

$$\frac{\mathrm{d}}{\mathrm{d}t}\frac{\partial L}{\partial \dot{\phi}} = \frac{\partial L}{\partial \phi} \quad \Rightarrow \quad \dot{\theta} = \frac{1}{s\sin\theta}\frac{\partial U(\boldsymbol{s},t)}{\partial \phi} \tag{2.77}$$

となり，これらをまとめて

$$\begin{aligned} \dot{s}^\alpha &= \frac{\partial s^\alpha}{\partial \theta}\dot{\theta} + \frac{\partial s^\alpha}{\partial \phi}\dot{\phi} = \frac{1}{s\sin\theta}\Big(\frac{\partial s^\alpha}{\partial \theta}\frac{\partial U(\boldsymbol{s},t)}{\partial \phi} - \frac{\partial s^\alpha}{\partial \phi}\frac{\partial U(\boldsymbol{s},t)}{\partial \theta}\Big) \\ &= \sum_{\beta=1}^{3} \underbrace{\frac{1}{s\sin\theta}\Big(\frac{\partial s^\alpha}{\partial \theta}\frac{\partial s^\beta}{\partial \phi} - \frac{\partial s^\alpha}{\partial \phi}\frac{\partial s^\beta}{\partial \theta}\Big)}_{=\sum_{\gamma=1}^{3}\varepsilon^{\alpha\beta\gamma}s^\gamma} \frac{\partial U(\boldsymbol{s},t)}{\partial s^\beta} \end{aligned} \tag{2.78}$$

と書き換えることで，スピンの運動方程式

$$\dot{\boldsymbol{s}} = -\boldsymbol{s}\times\frac{\partial U(\boldsymbol{s},t)}{\partial \boldsymbol{s}} = \gamma\boldsymbol{s}\times\boldsymbol{B}(t) \tag{2.79}$$

が得られる．これは**スピンの歳差運動**（図2.2）を記述し，その角速度は $\gamma|\boldsymbol{B}(t)|$ で与えられる．

2.7　ポテンシャル中の1次元運動 (*)

最後に，1次元空間において時間に依存しないポテンシャル $U(q)$ 中を運動する質点に対して少し一般的な考察をしよう．質点の質量を m とする．

2.7.1　簡単な場合

もっとも簡単な場合として，ポテンシャルが q の1次関数 $U(q) = U(0) - maq$（a は定数）で与えられるとする．このとき運動方程式は $\ddot{q} = a$ であり，初期位置を $q_0 := q(t_0)$，初速度を $v_0 := \dot{q}(t_0)$ とすると，この解は

$$q(t) = q_0 + v_0(t-t_0) + \frac{1}{2}a(t-t_0)^2 \tag{2.80}$$

となる．これはよく知られた等加速度運動である．

次に簡単な場合として，図2.3(a) のように $q = q^{(0)}$ がポテンシャル $U(q)$ の

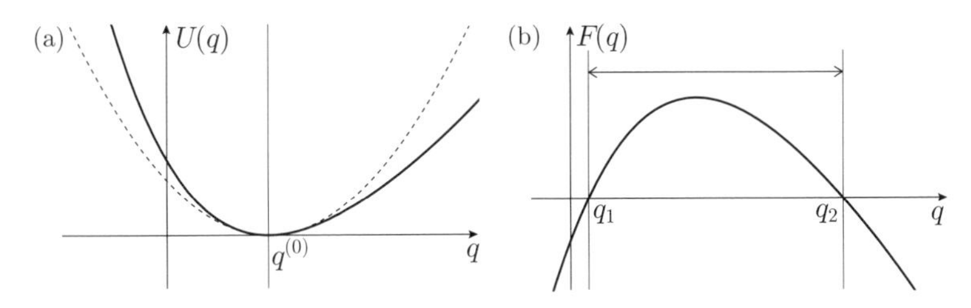

図 2.3　(a) $U(q)$ の 2 次関数による近似．(b) 周期運動を与える $F(q)$ の例．

極小点であるとし，この点の周りの微小振動を考えよう．$q(t) = q^{(0)} + \epsilon h(t)$ とすると，$k \coloneqq \frac{\mathrm{d}^2}{\mathrm{d}q^2}U(q)|_{q=q^{(0)}}$ を正の定数としてポテンシャルは $U(q) = U(q^{(0)}) + \epsilon^2 \frac{1}{2}kh^2 + O(\epsilon^3)$，ラグランジアンは

$$L(h, \dot{h}) = \epsilon^2\Big(\frac{1}{2}m\dot{h}^2 - \frac{1}{2}kh^2\Big) - U(q^{(0)}) + O(\epsilon^3) \tag{2.81}$$

と展開できる．つまり，安定点周りの微小振動は $O(\epsilon^3)$ の項が無視できる限りにおいて単振動に帰着される．

2.7.2　より一般の場合

$U(q)$ がより複雑な場合の形式解を求めよう．系のエネルギー E は運動方程式 $m\ddot{q} = -\frac{\mathrm{d}}{\mathrm{d}q}U(q)$ を 1 回積分した

$$E = \frac{1}{2}m\dot{q}^2 + U(q) \tag{2.82}$$

で与えられるのだった．E は初期条件から $E = \frac{1}{2}mv_0^2 + U(q_0)$ と決まる．式 (2.82) を $\dot{q}^2$ について解いたものを

$$\dot{q}^2 = F(q) \coloneqq \frac{2}{m}\big(E - U(q)\big) \quad \Rightarrow \quad \dot{q} = \pm\sqrt{F(q)} \tag{2.83}$$

と定義すれば，1 階の微分方程式に書き換えられる．符号は進行方向と対応している．質点の運動は $\dot{q}^2 = F(q) \geq 0$，つまり $E \geq U(q)$ となる領域に限られる．式 (2.83) をさらに

$$\frac{\mathrm{d}q}{\sqrt{F(q)}} = \pm\mathrm{d}t \quad \Rightarrow \quad \int_{q_0}^{q} \frac{\mathrm{d}q'}{\sqrt{F(q')}} = \pm(t - t_0) \tag{2.84}$$

と変形しよう．最後の表式は t を q の関数として表していると見ることができ，これを逆に解くことによって $q(t)$ が決定される．たとえこの積分を実行することが難しくとも，形式的にはこれで問題が解けたことになる．

$F(q) = 2\bigl(E - U(q)\bigr)/m$ は（係数を除いて）ポテンシャルエネルギーの符号を逆にして原点をずらしたものであるから，図 2.3(a) のポテンシャルに対しては図 2.3(b) のようになる．この場合のように $F(q) > 0$ である領域が $q_1 < q < q_2$ で与えられ，$q = q_1, q_2$ において $F(q) = 0$ かつ $F'(q) \neq 0$ となっている場合には，質点は区間 $[q_1, q_2]$ を周期運動する．その周期は

$$T = 2\int_{q_1}^{q_2} \frac{\mathrm{d}q}{\sqrt{F(q)}} \tag{2.85}$$

で与えられる．

2.8　章末演習問題

問題1　荷電粒子のラグランジアン

式 (2.71) のラグランジアンで記述される電磁場中の荷電粒子を考える．簡単のため $M = 1$ としてもよい．

(1) $\frac{\partial L(\boldsymbol{r}(t), \dot{\boldsymbol{r}}(t), t)}{\partial r^\alpha(t)}$ および $\frac{\mathrm{d}}{\mathrm{d}t}\frac{\partial L(\boldsymbol{r}(t), \dot{\boldsymbol{r}}(t), t)}{\partial \dot{r}^\alpha(t)}$ を計算せよ．成分ごとに計算するのがポイントである．また，式 (1.13) と同様に $\frac{\mathrm{d}}{\mathrm{d}t}\boldsymbol{A}(\boldsymbol{r}(t), t)$ と $\frac{\partial}{\partial t}\boldsymbol{A}(\boldsymbol{r}(t), t)$ の違いに注意せよ．

(2) 式 (0.27) を用いて次の関係を示せ．

$$\sum_{\gamma=1}^{3} \varepsilon^{\alpha\beta\gamma}(\boldsymbol{\nabla}_{\boldsymbol{r}} \times \boldsymbol{A}(\boldsymbol{r}, t))^\gamma = \frac{\partial A^\beta(\boldsymbol{r}, t)}{\partial r^\alpha} - \frac{\partial A^\alpha(\boldsymbol{r}, t)}{\partial r^\beta}. \tag{2.86}$$

(3) 以上を合わせることで，荷電粒子の運動方程式 (2.64) を導け．

問題2　「最小」作用の法則

調和振動子を例に，オイラー・ラグランジュ方程式の解が作用を最小にする

かどうか調べよう[15]. 調和振動子のラグランジアンは

$$L(q(t),\dot{q}(t)) = \frac{m}{2}\dot{q}(t)^2 - \frac{m\omega^2}{2}q(t)^2 \tag{2.87}$$

で与えられ，作用は $S[q] = \int_{t_\mathrm{i}}^{t_\mathrm{f}} \mathrm{d}t\, L(q(t),\dot{q}(t))$ と定義される．$m > 0$ は質量，$\omega > 0$ はバネ定数 $k = m\omega^2$ に関係する定数である．簡単のため，$t_\mathrm{i} = 0$, $t_\mathrm{f} = T > 0$ とする．

(1) オイラー・ラグランジュ方程式を書き下し，定数 $q(t_\mathrm{i})$, $q(t_\mathrm{f})$ から決まる 2 つの定数を含む解 $q_*(t)$ を求めよ．色々な書き方がある．

(2) いま $q(t)$ を (1) で得た解 $q_*(t)$ から

$$\epsilon(t) = \sum_{n=1}^{\infty} \epsilon_n \sin\left(\frac{\pi n t}{T}\right) \tag{2.88}$$

だけずらし，$q_*(t) + \epsilon(t)$ としよう[16]. ただし $\epsilon_n \in \mathbb{R}$ $(n = 1, 2, \cdots)$ は $\epsilon(t)$ を特徴付ける係数（フーリエ係数．詳細は補遺 A.3 節）で，この無限和は収束すると仮定する．このとき作用の値が

$$S[q_* + \epsilon] = S[q_*] + \frac{m}{4T}\sum_{n=1}^{\infty}\left[(\pi n)^2 - (\omega T)^2\right]\epsilon_n^2 \tag{2.89}$$

となることを示せ．

(3) まず $0 < \omega T \leq \pi$ のときを考える．オイラー・ラグランジュ方程式の解 $q_*(t)$ は作用 $S[q]$ を最小にするか．

(4) 次に $\omega T = 3\pi/2$ かつ $\epsilon_n = 0$ $(n = 3, 4, 5, \cdots)$ とする．このとき，$S[q_* + \epsilon] - S[q_*]$ の ϵ_1, ϵ_2 の関数としてのグラフの概形を描け．

(5) $\pi < \omega T$ のとき，$q_*(t)$ は $S[q]$ を最小にするか．

---

[15] [5] 1.6 節の他，[6, 7] で議論されている．

[16] 変分の端点条件 $\epsilon(t_\mathrm{i}) = \epsilon(t_\mathrm{f}) = 0$ のためにコサインの項は現れない．

第3章 拘束条件の取り扱い

この章では，変数の間に拘束条件があり変数が互いに独立でない場合の取り扱いを学ぶ．特にラグランジュの未定乗数法を使いこなせるようになることを目標とする．

3.1 拘束条件下での関数の停留値問題

1.2 節では多変数 $q_1, q_2, \cdots, q_N$ の関数 $S(q)$ の停留値問題を考えた．その際，q_i をそれぞれ ϵ_i だけずらしたときの関数の値の差

$$S(q+\epsilon) - S(q) = \sum_{i=1}^{N} \frac{\partial S(q)}{\partial q_i} \epsilon_i + O(\epsilon^2) \tag{3.1}$$

が $O(\epsilon)$ の項を含まないという条件から $\frac{\partial S(q)}{\partial q_i} = 0 \ (i = 1, \cdots, N)$ を結論付けたのだった．この議論は $\epsilon_1, \epsilon_2, \cdots, \epsilon_N$ のすべてが独立な場合に正しい．

いま

$$C_\gamma(q) = 0 \quad (\gamma = 1, 2, \cdots, \Gamma) \tag{3.2}$$

という Γ 個 $(1 \leq \Gamma \leq N-1)$ の独立な**拘束条件**があるとする．すると $C_\gamma(q+\epsilon)$ も 0 のままにするために，$\epsilon_1, \epsilon_2, \cdots, \epsilon_N$ に対して

$$0 = \underbrace{C_\gamma(q+\epsilon)}_{=0} - \underbrace{C_\gamma(q)}_{=0} = \sum_{i=1}^{N} \frac{\partial C_\gamma(q)}{\partial q_i}\epsilon_i + O(\epsilon^2) \quad ({}^\forall\gamma = 1, 2, \cdots, \Gamma) \tag{3.3}$$

という条件が課される．拘束条件が独立であるとは，成分が

$$[\tilde{J}(q)]_{\gamma i} := \frac{\partial C_\gamma(q)}{\partial q_i} \tag{3.4}$$

で与えられる Γ 行 N 列の行列 $\tilde{J}(q)$ の階数が Γ であるという意味で，このとき真の自由度の数は $N' := N - \Gamma$ になる．この拘束条件のもとでの $S(q)$ の停留値問題を考えよう．

もちろん，拘束条件を陽に解いて変数を $N' = N - \Gamma$ 個に減らすことができれば話は済む．しかし

- 実際に拘束条件を解くことは容易ではないことも多い
- 拘束条件を解く操作が $q_1, q_2, \cdots, q_N$ 間の対称性を見にくくする

という問題がある．実際，1.2.3 項で長方形の等周問題を扱った際には，元々等価だった q_1 と q_2 が非等価に扱われていた．

3.1.1　ラグランジュの未定乗数法

そこで，より便利な方法を紹介しよう．

ラグランジュの未定乗数法 (method of Lagrange multipliers)
拘束条件 $C_\gamma(q) = 0$ $(\gamma = 1, 2, \cdots, \Gamma)$ のもとで $S(q)$ を停留にするには

$$\tilde{S}(q, \lambda) := S(q) + \sum_{\gamma=1}^{\Gamma} \lambda_\gamma C_\gamma(q) \tag{3.5}$$

という独立な$N + \Gamma$個の変数の関数の停留値条件を解けばよい．

$$\frac{\partial \tilde{S}(q,\lambda)}{\partial q_i} = \frac{\partial S(q)}{\partial q_i} + \sum_{\gamma=1}^{\Gamma} \lambda_\gamma \frac{\partial C_\gamma(q)}{\partial q_i} = 0 \quad ({}^\forall i = 1, 2, \cdots, N), \tag{3.6}$$

$$\frac{\partial \tilde{S}(q,\lambda)}{\partial \lambda_\gamma} = C_\gamma(q) = 0 \quad ({}^\forall \gamma = 1, 2, \cdots, \Gamma). \tag{3.7}$$

$\tilde{S}(q,\lambda)$ は $\tilde{S}(q_1,\cdots,q_N,\lambda_1,\cdots,\lambda_\Gamma)$ を略記したものである．**未定乗数** λ_γ は q_i と対等な変数として扱う．変数の数が $N+\Gamma$ へと増える代わりに，拘束条件がなかった場合と同じように各変数ごとに独立に偏微分が 0 という条件をおいてよいという点がこの方法の利点である．また，拘束条件を q_i について解く必要がないため，先述した問題も解決できている．

3.1.2　例：長方形の等周問題

このまま抽象的な議論を続けると難しく感じられるかもしれないため，1.2.3 項で扱った例を見てみよう．これは周の長さ ℓ を一定に保ったまま長方形の面積を最大にする問題であった．図 1.5 の長方形の面積は

$$S(q_1,q_2) = q_1 q_2. \tag{3.8}$$

周の長さについての拘束条件は

$$C(q_1,q_2) = (q_1+q_2) - \frac{\ell}{2} = 0 \tag{3.9}$$

で与えられる．

まず $S(q_1,q_2)$ の定義通りに計算すると

$$S(q_1+\epsilon_1, q_2+\epsilon_2) - S(q_1,q_2) = q_2\epsilon_1 + q_1\epsilon_2 + \epsilon_1\epsilon_2 \tag{3.10}$$

となる．拘束条件のもとでこれが $O(\epsilon^2)$ になる，というのが停留値条件である．ただし周の長さが保たれることから ϵ_1, ϵ_2 については拘束条件

$$\epsilon_1 + \epsilon_2 = 0 \tag{3.11}$$

が課されており，ϵ_1 を独立変数とすると ϵ_2 は $\epsilon_2 = -\epsilon_1$ と決まる．

式 (3.11) を λ 倍したものを式 (3.10) に足し込むと

$$\tilde{S}(q_1+\epsilon_1, q_2+\epsilon_2, \lambda) - \tilde{S}(q_1, q_2, \lambda) = (q_2+\lambda)\epsilon_1 + (q_1+\lambda)\epsilon_2 + \epsilon_1\epsilon_2 \tag{3.12}$$

を得る．ただし

$$\tilde{S}(q_1, q_2, \lambda) := S(q_1, q_2) + \lambda C(q_1, q_2) \tag{3.13}$$

と定義した．0 を足しただけなので，停留点では式 (3.12) も $O(\epsilon^2)$ になるはずである．そこで，まず $O(\epsilon_2)$ の項の係数を 0 にするために $\lambda = -q_1$ と選ぶ．すると残った独立変数 ϵ_1 に関して，$O(\epsilon_1)$ の項の係数 $q_2 + \lambda = q_2 - q_1$ が 0 になることが停留値条件となる．これで，$q_1 = q_2 = -\lambda = \ell/4$ のとき面積が停留になることを再確認できた．

ここで行ったことは，はじめから独立な 3 変数 q_1, q_2, λ の関数 $\tilde{S}(q_1, q_2, \lambda)$ を考え，その停留値問題としてそれぞれの変数の偏微分が 0 という条件

$$\frac{\partial \tilde{S}(q_1, q_2, \lambda)}{\partial q_1} = q_2 + \lambda = 0, \tag{3.14}$$

$$\frac{\partial \tilde{S}(q_1, q_2, \lambda)}{\partial q_2} = q_1 + \lambda = 0, \tag{3.15}$$

$$\frac{\partial \tilde{S}(q_1, q_2, \lambda)}{\partial \lambda} = (q_1 + q_2) - \frac{\ell}{2} = 0 \tag{3.16}$$

を解いたことと等価である．この手続きでは q_1 と q_2 が対称に扱われている．

なお，停留点 $q_1 = q_2 = \ell/4$ においても式 (3.10) の右辺は一般には $O(\epsilon)$ の項が残り，式 (3.11) の拘束条件を満たす変化に対してのみ $O(\epsilon^2)$ となることに注意する．

3.1.3 ラグランジュの未定乗数法の導出

◉導出 1

以上の議論を踏まえて，ラグランジュの未定乗数法の手続きを一般的に正当化しよう．式 (3.7) は拘束条件そのものなので，拘束条件のもとでの停留値条件が式 (3.6) と等価であることを示せばよい．

停留点においては，式 (3.3) の拘束条件を満たす $\epsilon_1, \cdots, \epsilon_N$ に対して，式

(3.1) の $S(q+\epsilon)-S(q)$ は $O(\epsilon^2)$ となる．式 (3.3) に λ_γ を乗じて γ で和をとり，式 (3.1) の辺々を足し合わせることにより

$$\tilde{S}(q+\epsilon,\lambda)-\tilde{S}(q,\lambda)=\sum_{i=1}^{N}\Big(\frac{\partial S(q)}{\partial q_i}+\sum_{\gamma=1}^{\Gamma}\lambda_\gamma\frac{\partial C_\gamma(q)}{\partial q_i}\Big)\epsilon_i+O(\epsilon^2) \quad (3.17)$$

を得る．0 を足しただけなので，停留点ではこれも $O(\epsilon^2)$ となる．

式 (3.4) の行列 $\tilde{J}(q)$ のランクは Γ なので，適当な並べ替えを行って

$$[J(q)]_{\gamma\ell}:=\frac{\partial C_\gamma(q)}{\partial q_\ell} \quad (\gamma=1,\cdots,\Gamma,\ \ell=N'+1,\cdots,N) \quad (3.18)$$

で与えられる Γ 次元正方行列 $J(q)$ が正則であると仮定する．すると式 (3.3) を解くことで

$$\sum_{i=1}^{N}\frac{\partial C_\gamma(q)}{\partial q_i}\epsilon_i=0 \quad \Rightarrow \quad \epsilon_\ell=-\sum_{k=1}^{N'}\sum_{\gamma=1}^{\Gamma}[J(q)^{-1}]_{\ell\gamma}\frac{\partial C_\gamma(q)}{\partial q_k}\epsilon_k \quad (3.19)$$

のように，ϵ_ℓ $(\ell=N'+1,\cdots,N)$ は ϵ_k $(k=1,2,\cdots,N')$ を用いて表される．そこで，まず式 (3.17) の右辺の ϵ_ℓ $(\ell=N'+1,\cdots,N)$ の係数を 0，つまり

$$\frac{\partial S(q)}{\partial q_\ell}+\sum_{\gamma=1}^{\Gamma}\lambda_\gamma\frac{\partial C_\gamma(q)}{\partial q_\ell}=0 \quad ({}^\forall\ell=N'+1,\cdots,N) \quad (3.20)$$

$$\Leftrightarrow \quad \lambda_\gamma=-\sum_{\ell=N'+1}^{N}\frac{\partial S(q)}{\partial q_\ell}[J(q)^{-1}]_{\ell\gamma} \quad ({}^\forall\gamma=1,\cdots,\Gamma) \quad (3.21)$$

と選ぶ．残った N' 個の独立変数 ϵ_k $(k=1,2,\cdots,N')$ の係数は 0 になる必要があるので

$$\frac{\partial S(q)}{\partial q_k}+\sum_{\gamma=1}^{\Gamma}\lambda_\gamma\frac{\partial C_\gamma(q)}{\partial q_k}=0 \quad ({}^\forall k=1,\cdots,N') \quad (3.22)$$

が停留値条件となる．これらをまとめたものが式 (3.6) である．逆に式 (3.6) が成り立っていれば，式 (3.3) の拘束条件を満たす $\epsilon_1,\cdots,\epsilon_N$ に対して，式 (3.1)

は $O(\epsilon^2)$ となる．なお，導出の過程で式 (3.20) と式 (3.22) は非等価に扱われているが，実際に未定乗数法を使うときには区別する必要はない．

◉導出 2 (*)

拘束条件を陽に解いて変数を $N' = N - \Gamma$ 個に減らす方針でもラグランジュの未定乗数法を導出することができる．式 (3.18) の行列は正則であるため，陰関数定理により $C_\gamma(q) = 0$ $(\gamma = 1, \cdots, \Gamma)$ を満たす関数 $q_\ell = q_\ell(p)$ $(\ell = N'+1, \cdots, N)$ が存在する．ただし $q_1, \cdots, q_{N'}$ を改めて $p_k = q_k$ $(k = 1, 2, \cdots, N')$ と書いた．これを用いると $S(q) = S(p_1, \cdots, p_{N'}, q_{N'+1}(p), \cdots, q_N(p))$ の停留値条件は

$$\frac{\partial S(q)}{\partial p_k} + \sum_{\ell=N'+1}^{N} \frac{\partial S(q)}{\partial q_\ell} \frac{\partial q_\ell(p)}{\partial p_k} = 0 \quad ({}^\forall k = 1, 2, \cdots, N') \tag{3.23}$$

となる．

ここで $C_\gamma(q) = C_\gamma(p_1, \cdots, p_{N'}, q_{N'+1}(p), \cdots, q_N(p)) = 0$ を p_k $(k = 1, \cdots, N')$ で偏微分すると

$$\frac{\partial C_\gamma(q)}{\partial p_k} + \sum_{\ell=N'+1}^{N} [J(q)]_{\gamma\ell} \frac{\partial q_\ell(p)}{\partial p_k} = 0 \quad (\gamma = 1, \cdots, \Gamma) \tag{3.24}$$

なので，偏微分 $\frac{\partial q_\ell(p)}{\partial p_k}$ は

$$\frac{\partial q_\ell(p)}{\partial p_k} = -\sum_{\gamma=1}^{\Gamma} [J(q)^{-1}]_{\ell\gamma} \frac{\partial C_\gamma(q)}{\partial p_k} \tag{3.25}$$

と求まる．この結果を式 (3.23) に代入すると

$$\frac{\partial S(q)}{\partial p_k} + \sum_{\gamma=1}^{\Gamma} \underbrace{\left(-\sum_{\ell=N'+1}^{N} \frac{\partial S(q)}{\partial q_\ell} [J(q)^{-1}]_{\ell\gamma} \right)}_{=\lambda_\gamma} \frac{\partial C_\gamma(q)}{\partial p_k} = 0$$

$$({}^\forall k = 1, 2, \cdots, N') \tag{3.26}$$

を得る．これは式 (3.22) と等価である．残りの式 (3.20) は未定乗数の表式 (3.21) と等価なのであった．

3.2　拘束条件下での汎関数の停留値問題

さて，いよいよ拘束条件のもとでの汎関数の停留値問題を議論しよう．いま，各時刻 t において

$$c_\gamma(q_1(t), \cdots, q_N(t), t) = 0 \quad (\gamma = 1, 2, \cdots, \Gamma) \tag{3.27}$$

という Γ 個 $(1 \leq \Gamma \leq N-1)$ の独立な**拘束条件**があるとする．このように $\dot{q}_i(t)$ を含まない拘束条件を**ホロノミック (holonomic)** な拘束条件という．一見ホロノミックでなくとも，拘束条件を積分すると (3.27) の形にできることもある．例えば $x(t)\dot{x}(t) + y(t)\dot{y}(t) = 0$ という拘束条件は，$x(t)^2 + y(t)^2 = c_0$（定数）というホロノミックな拘束条件に書き換えることができる．

このとき $c_\gamma(q(t) + \epsilon(t), t)$ も 0 になるために，$\epsilon_1(t), \epsilon_2(t), \cdots, \epsilon_N(t)$ に対して

$$0 = \underbrace{c_\gamma(q+\epsilon, t)}_{=0} - \underbrace{c_\gamma(q, t)}_{=0} = \sum_{i=1}^{N} \frac{\partial c_\gamma(q,t)}{\partial q_i}\epsilon_i(t) + O(\epsilon^2) \quad ({}^\forall\gamma = 1, 2, \cdots, \Gamma) \tag{3.28}$$

という条件が各時刻で要求される．ここでも γi 成分が $[\tilde{J}(q,t)]_{\gamma i} := \frac{\partial c_\gamma(q,t)}{\partial q_i}$ で与えられる行列 $J(q,t)$ の階数は各時刻で Γ であると仮定する．

3.2.1　汎関数に対するラグランジュの未定乗数法

汎関数の場合にも，各々の拘束条件に対応して未定乗数 $\lambda_\gamma(t)$ $(\gamma = 1, 2, \cdots, \Gamma)$ を導入する．ただし，各時刻において拘束条件が成り立つ必要があるため，乗数とはいうものの $\lambda_\gamma(t)$ はただの数ではなく t の関数であることに注意する．

汎関数に対するラグランジュの未定乗数法

ホロノミックな拘束条件 $c_\gamma(q_1(t), \cdots, q_N(t), t) = 0$ $(\gamma = 1, 2, \cdots, \Gamma)$ のもとで作用 $S[q]$ を停留にするには

$$\tilde{S}[q, \lambda] := S[q] + \int_{t_\mathrm{i}}^{t_\mathrm{f}} \mathrm{d}t \sum_{\gamma=1}^{\Gamma} \lambda_\gamma(t) c_\gamma(q(t), t) = \int_{t_\mathrm{i}}^{t_\mathrm{f}} \mathrm{d}t\, \tilde{L}(q, \dot{q}, \lambda, t), \tag{3.29}$$

$$\tilde{L}(q, \dot{q}, \lambda, t) := L(q, \dot{q}, t) + \sum_{\gamma=1}^{\Gamma} \lambda_\gamma(t) c_\gamma(q(t), t) \tag{3.30}$$

という独立な $N + \Gamma$ 個の関数の汎関数を定義し，新しいラグランジアンに対するオイラー・ラグランジュ方程式を解けばよい．

$$\frac{\mathrm{d}}{\mathrm{d}t} \frac{\partial \tilde{L}(q, \dot{q}, \lambda, t)}{\partial \dot{q}_i} = \frac{\partial \tilde{L}(q, \dot{q}, \lambda, t)}{\partial q_i} \quad ({}^\forall i = 1, 2, \cdots, N), \tag{3.31}$$

$$\frac{\partial \tilde{L}(q, \dot{q}, \lambda, t)}{\partial \lambda_\gamma} = 0 \quad ({}^\forall \gamma = 1, 2, \cdots, \Gamma). \tag{3.32}$$

$\tilde{S}[q, \lambda]$ は $\tilde{S}[q_1, \cdots, q_N, \lambda_1, \cdots, \lambda_\Gamma]$ を略記したものである．未定乗数 $\lambda_\gamma(t)$ は $q_i(t)$ と対等に扱う [1]．式 (3.31) と式 (3.32) を元のラグランジアンで書くと，それぞれ

$$\frac{\mathrm{d}}{\mathrm{d}t} \frac{\partial L(q, \dot{q}, t)}{\partial \dot{q}_i} = \frac{\partial L(q, \dot{q}, t)}{\partial q_i} + \underbrace{\sum_{\gamma=1}^{\Gamma} \lambda_\gamma \frac{\partial c_\gamma(q, t)}{\partial q_i}}_{\text{拘束力}} \quad ({}^\forall i = 1, 2, \cdots, N), \tag{3.33}$$

$$c_\gamma(q_1(t), \cdots, q_N(t), t) = 0 \quad ({}^\forall \gamma = 1, 2, \cdots, \Gamma) \tag{3.34}$$

[1] ただし $\tilde{L}(q, \dot{q}, \lambda, t)$ には $\dot{\lambda}_\gamma$ は含まれないため，式 (3.32) には一般的な式 (1.33) ではなく，時間微分を含まない場合のオイラー・ラグランジュ方程式 (1.34) を適用した．

となる[2]．拘束条件がない場合のオイラー・ラグランジュ方程式 (1.33) と比較して式 (3.33) に新たに付け加わった右辺第2項は**拘束力**を表していると解釈できる．

式 (3.33) は関数の場合の議論とまったく同じ流れで導出される．まず変分

$$\begin{aligned}\delta S[q] &:= S[q+\epsilon] - S[q] \\ &= \int_{t_\mathrm{i}}^{t_\mathrm{f}} \mathrm{d}t \sum_{i=1}^{N} \epsilon_i \Big(\frac{\partial L(q,\dot{q},t)}{\partial q_i} - \frac{\mathrm{d}}{\mathrm{d}t}\frac{\partial L(q,\dot{q},t)}{\partial \dot{q}_i} \Big) + O(\epsilon^2) \end{aligned} \tag{3.36}$$

は，式 (3.27) の拘束条件のもとで，停留点において $O(\epsilon^2)$ となる．ここに式 (3.28) に $\lambda_\gamma(t)$ を乗じて γ で和をとり，t 積分したものを足し合わせることにより

$$\begin{aligned}&\delta\tilde{S}[q,\lambda] := \tilde{S}[q+\epsilon,\lambda] - \tilde{S}[q,\lambda] \\ &= \int_{t_\mathrm{i}}^{t_\mathrm{f}} \mathrm{d}t \sum_{i=1}^{N} \epsilon_i \Big(\frac{\partial L(q,\dot{q},t)}{\partial q_i} - \frac{\mathrm{d}}{\mathrm{d}t}\frac{\partial L(q,\dot{q},t)}{\partial \dot{q}_i} + \sum_{\gamma=1}^{\Gamma} \lambda_\gamma \frac{\partial c_\gamma(q,t)}{\partial q_i} \Big) + O(\epsilon^2)\end{aligned} \tag{3.37}$$

を得る．残りの議論はすべて 3.1.3 項と同じなので省略する．

3.2.2　例：単振り子

単振り子の例を再び考えよう．2.1.1 項では角度方向の運動しか考慮しなかったが，ここでは動径方向の運動を拘束条件で取り扱う．

極座標（2.4.2 項）で表したラグランジアンは

$$L(r,\theta,\dot{r},\dot{\theta},t) = \frac{m}{2}(\dot{r}^2 + r^2\dot{\theta}^2) + mgr\cos\theta. \tag{3.38}$$

---

[2] 拘束条件として $\dot{c}_\gamma = \sum_{i=1}^{N} \frac{\partial c_\gamma}{\partial q_i}\dot{q}_i + \frac{\partial c_\gamma}{\partial t} = 0$ をとった場合でも，$L + \sum_{\gamma=1}^{\Gamma} \lambda_\gamma \dot{c}_\gamma$ に対応する作用を停留にする問題と考えると，オイラー・ラグランジュ方程式は

$$\frac{\mathrm{d}}{\mathrm{d}t}\frac{\partial L(q,\dot{q},t)}{\partial \dot{q}_i} = \frac{\partial L(q,\dot{q},t)}{\partial q_i} - \sum_{\gamma=1}^{\Gamma} \dot{\lambda}_\gamma \frac{\partial c_\gamma}{\partial q_i} \tag{3.35}$$

となり，式 (3.33) と比較して単に $\lambda_\gamma \to -\dot{\lambda}_\gamma$ と置き換えただけになる．

ひもの長さについての拘束条件は

$$c(r(t),\theta(t),t) = r(t) - \ell = 0 \tag{3.39}$$

で，この条件は各時刻で成り立つ必要がある．したがって

$$\tilde{L}(r,\theta,\dot{r},\dot{\theta},\lambda,t) := L(r,\theta,\dot{r},\dot{\theta},t) + \lambda(t)c(r,\theta,t) \tag{3.40}$$

としてオイラー・ラグランジュ方程式を立てると

$$\frac{\mathrm{d}}{\mathrm{d}t}\frac{\partial\tilde{L}}{\partial\dot{r}} = \frac{\partial\tilde{L}}{\partial r} \quad \Rightarrow \quad m\ddot{r} = mr\dot{\theta}^2 + mg\cos\theta + \lambda, \tag{3.41}$$

$$\frac{\mathrm{d}}{\mathrm{d}t}\frac{\partial\tilde{L}}{\partial\dot{\theta}} = \frac{\partial\tilde{L}}{\partial\theta} \quad \Rightarrow \quad mr^2\ddot{\theta} = -2mr\dot{r}\dot{\theta} - mgr\sin\theta, \tag{3.42}$$

$$\frac{\partial\tilde{L}}{\partial\lambda} = 0 \quad \Rightarrow \quad r = \ell \tag{3.43}$$

を得る．第 3 式は拘束条件そのものである．第 1, 2 式を整理すると

$$-\lambda = m\ell\dot{\theta}^2 + mg\cos\theta, \tag{3.44}$$

$$\ddot{\theta} = -\frac{g}{\ell}\sin\theta \tag{3.45}$$

となり，第 2 式は角度方向の運動方程式 (1.22) を再現しているものの，ここまでは何ら新しい結果はない．

問題はこの第 1 式である．この式は ℓ と θ によって λ を決定する式だが，式 (1.21) と見比べると $-\lambda$ は張力 T を表していることが分かる．したがって，例えば $\theta = 0$ の点から初速をつけて振動させた場合，$\lambda > 0$ となればひもがたるむ．式 (2.9) のエネルギー E を用いて $\dot{\theta}$ を消去すると

$$-\lambda = \frac{2E}{\ell} + 3mg\cos\theta. \tag{3.46}$$

つまり，ひもがたるむ角度は $\theta = \frac{\pi}{2} + \arcsin(\frac{2E}{3mg\ell})$ （$0 < E < 3mg\ell/2$ のとき）となる．このように，陽に張力を導入しなくとも，ラグランジュの未定乗数法を用いることで拘束力を扱うことができるのである．

3.2.3　例：斜面を転がる物体

これまでは質点の運動を考えてきたが，ここで少し脱線して，剛体の運動の例を扱ってみよう．一般論は少し複雑になるので第9章に回し，ここでは簡単のため，質量分布が中心からの距離 r のみの関数 $\rho(r)$ で与えられる円盤を考える（図3.1(a)）．このような系も多数の質点の集まりと考えれば，これまで学んできた解析力学の枠組みを適用することができる．

この円盤の重心位置は円盤の中心にあり，微小面素 ΔS の質量は $\Delta M = \Delta S\rho(r)$ で与えられる．中心周りの角度を ϕ とし，中心周りの回転運動を考えると，この微小面素の回転運動のエネルギーは $\Delta K_\phi = \Delta M(r\dot{\phi})^2/2$ となる．したがって，この円盤全体の質量と**回転運動のエネルギー**は

$$M = \int \mathrm{d}S\,\rho(r) = \int_0^R \mathrm{d}r\,2\pi r\rho(r), \tag{3.47}$$

$$K_\phi = \int \mathrm{d}S\frac{1}{2}\rho(r)(r\dot{\phi})^2 = \frac{I}{2}\dot{\phi}^2, \tag{3.48}$$

$$I := \int \mathrm{d}S\,\rho(r)r^2 = \int_0^R \mathrm{d}r\,2\pi r^3\rho(r) \tag{3.49}$$

と表すことができる．この回転運動のエネルギーの $\dot{\phi}^2/2$ の比例係数 I を**慣性モーメント**という．

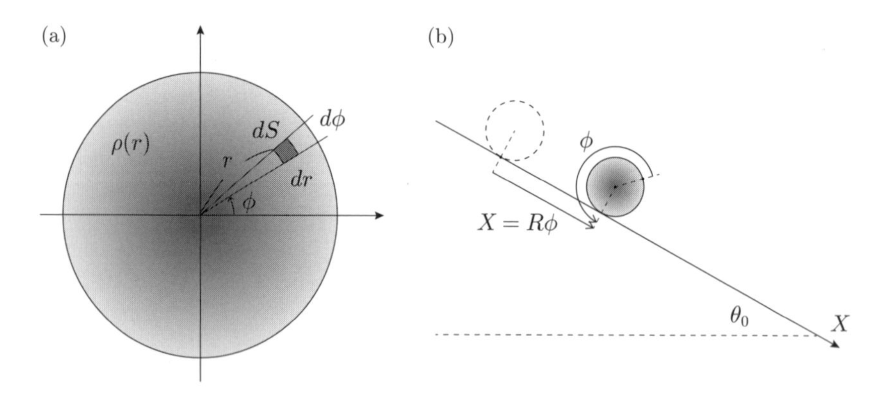

図 3.1　斜面を転がる円盤

具体的に簡単な例で求めてみる．

- 密度が一定の円盤 $\rho(r) = \rho_0$ の場合

$$M = \pi\rho_0 R^2, \ \ I = \frac{1}{2}\pi\rho_0 R^4 \quad \Rightarrow \quad I = \frac{1}{2}MR^2. \tag{3.50}$$

- 中空の円盤 $\rho(r) = \rho_0\delta(r - R + \epsilon)$ の場合 [3]

$$M = 2\pi\rho_0 R, \ \ I = 2\pi\rho_0 R^3 \quad \Rightarrow \quad I = MR^2. \tag{3.51}$$

- 密度一定の球体の場合
  幅を考慮すると $\rho(r) = 2\rho_0\sqrt{R^2 - r^2}$ に対応するので [4]

$$M = \frac{4}{3}\pi\rho_0 R^3, \ \ I = \frac{8}{15}\pi\rho_0 R^5 \quad \Rightarrow \quad I = \frac{2}{5}MR^2. \tag{3.52}$$

$\frac{I}{MR^2}$ の値は質量分布が中心に寄っているほど小さいため，上記の例では球がもっとも小さく，中空円盤がもっとも大きい．

さて，質量 M，半径 R，慣性モーメントが I の円盤が，角度 θ_0 の斜面の上を滑らずに転がるとする．図 3.1(b) のように X 座標をとって重心の位置を指定すると，重心運動のエネルギーは $K_X = M\dot{X}^2/2$，重心周りの回転運動のエネルギーは $K_\phi = I\dot{\phi}^2/2$，位置エネルギーは $U(X) = -MgX\sin\theta_0$ で与えられる．9.2.2 項の結果を用いると，この系のラグランジアンは

$$\begin{aligned} L(X, \dot{X}, \phi, \dot{\phi}) &= K_X + K_\phi - U(X) \\ &= \frac{1}{2}M\dot{X}^2 + \frac{1}{2}I\dot{\phi}^2 + MgX\sin\theta_0 \end{aligned} \tag{3.53}$$

となる．ただし滑らずに転がるために，拘束条件として $c(X, \phi) = X - R\phi = 0$ が課される．

---

[3] $\delta(x)$ はデルタ関数で，簡単な解説は補遺 A.3 節を参照のこと．ここでは $\epsilon > 0$ を導入し，積分後に $\epsilon \to +0$ とした．

[4] $\frac{\mathrm{d}}{\mathrm{d}r}(R^2 - r^2)^{3/2} = -3r(R^2 - r^2)^{1/2}$，$\frac{\mathrm{d}}{\mathrm{d}r}(R^2 - r^2)^{5/2} = -5r(R^2 - r^2)^{3/2}$ を使えばこの積分は簡単に実行できる．

まず拘束条件を解いて変数を減らしてみよう．$X = R\phi$ として

$$L'(\phi, \dot{\phi}) := L(R\phi, R\dot{\phi}, \phi, \dot{\phi}) = \frac{1}{2}(MR^2 + I)\dot{\phi}^2 + MgR\phi \sin\theta_0 \tag{3.54}$$

に対してオイラー・ラグランジュ方程式を立てると，ただちに

$$(\ddot{X} =)\ \ R\ddot{\phi} = \frac{MR^2}{I + MR^2} g \sin\theta_0 \tag{3.55}$$

を得る．

次に，ラグランジュの未定乗数法を用いてみよう．

$$\tilde{L}(X, \dot{X}, \phi, \dot{\phi}, \lambda) = L(X, \dot{X}, \phi, \dot{\phi}) + \lambda c(X, \phi) \tag{3.56}$$

に対して，オイラー・ラグランジュ方程式を立てると

$$M\ddot{X} = Mg\sin\theta_0 + \lambda, \tag{3.57}$$

$$I\ddot{\phi} = -\lambda R, \tag{3.58}$$

$$c(X, \phi) = X - R\phi = 0 \tag{3.59}$$

となる．これらの式から λ を消去すると，式 (3.55) と同じ結論が得られる．この場合，滑らずに転がるのに必要な λ は摩擦力を表している．

転がらずに滑る場合と比較して，加速度が $(1 + \frac{I}{MR^2})^{-1}$ のファクターの分だけ小さくなっているが，これは位置エネルギーが重心運動だけでなく回転運動にも消費されるためである．これらの例では球体がもっとも大きな加速度をもつ．また，結果が半径 R に依存していないことも興味深く，$R \to 0$ の極限をとっても質点が滑る状況と同じ結果にはならない．

このように，解析力学の手法やラグランジュの未定乗数法は，そのまま剛体の力学にも適用することができる．

3.3　汎関数の停留値問題のバリエーション (*)

拘束条件下での汎関数の停留値問題には 3.2 節で考察したものの他にも様々

なバリエーションがある.

3.3.1 非ホロノミックな拘束条件

これまではホロノミックな拘束条件を扱ってきたが，非ホロノミックな拘束条件の中にも簡単に扱えるものがある [5].

非ホロノミックな拘束条件に対するラグランジュの未定乗数法

非ホロノミックな拘束条件のうち，変化量 δq_i, δt に対して

$$\sum_{i=1}^{N} A_{\gamma i}(q,t)\delta q_i + \beta_\gamma(q,t)\delta t = 0 \quad ({}^\forall\gamma = 1, 2, \cdots, \Gamma) \tag{3.60}$$

の形で表されるものを考える．この条件のもとで作用 $S[q]$ を停留にするには

$$\frac{\mathrm{d}}{\mathrm{d}t}\frac{\partial L(q,\dot{q},t)}{\partial \dot{q}_i} = \frac{\partial L(q,\dot{q},t)}{\partial q_i} + \sum_{\gamma=1}^{\Gamma} \lambda_\gamma A_{\gamma i}(q,t) \quad ({}^\forall i = 1, 2, \cdots, N) \tag{3.61}$$

を拘束条件

$$\sum_{i=1}^{N} A_{\gamma i}(q,t)\dot{q}_i + \beta_\gamma(q,t) = 0 \quad ({}^\forall\gamma = 1, 2, \cdots, \Gamma) \tag{3.62}$$

と連立すればよい.

$\frac{\partial A_{\gamma i}}{\partial q_j} = \frac{\partial A_{\gamma j}}{\partial q_i}$ かつ $\frac{\partial A_{\gamma i}}{\partial t} = \frac{\partial \beta_\gamma}{\partial q_i}$ $({}^\forall i, j = 1, \cdots, N)$ という条件（1.6 節）が成立していれば，$A_{\gamma i} = \frac{\partial c_\gamma}{\partial q_i}$ および $\beta_\gamma = \frac{\partial c_\gamma}{\partial t}$ を満たす関数 $c_\gamma(q,t)$ が存在するためホロノミックな拘束条件に帰着する．ここでは可積分でない場合を考える.

t は変化させず $q_i(t)$ を $q_i(t) + \epsilon_i(t)$ とする変分を考えたとき，式 (3.60) は

[5] 詳細は [8] を参照のこと．日本語の文献では [1] 2.5.3 項が参考になる．より一般的な非ホロノミック拘束条件の取り扱いは [9] に詳しい.

$$\sum_{i=1}^{N} A_{\gamma i}(q,t)\epsilon_i(t) = 0 \quad ({}^\forall\gamma = 1,2,\cdots,\Gamma) \tag{3.63}$$

を意味する．この条件を式 (3.28) と置き換えれば，ホロノミックな場合とまったく同様の議論によって式 (3.61) が得られる．ただしホロノミックな場合とは異なり，作用 $\tilde{S}[q,\lambda]$ に対する停留値条件としては理解できない [6].

3.3.2　汎関数型の拘束条件

汎関数型の拘束条件に対するラグランジュの未定乗数法

$q_i(t)$ $(i = 1,2,\cdots,N)$ の汎関数の形の拘束条件

$$C_\gamma[q] := \int_{t_\mathrm{i}}^{t_\mathrm{f}} \mathrm{d}t\, c_\gamma(q,\dot{q},t) = 0 \quad (\gamma = 1,\cdots,\Gamma) \tag{3.65}$$

のもとで作用 $S[q]$ を停留にするには

$$\tilde{S}[q\,;\lambda] := S[q] + \sum_{\gamma=1}^{\Gamma} \lambda_\gamma C_\gamma[q] = \int_{t_\mathrm{i}}^{t_\mathrm{f}} \mathrm{d}t\, \tilde{L}(q,\dot{q},t,\lambda), \tag{3.66}$$

$$\tilde{L}(q,\dot{q},t,\lambda) := L(q,\dot{q},t) + \sum_{\gamma=1}^{\Gamma} \lambda_\gamma c_\gamma(q,\dot{q},t) \tag{3.67}$$

という関数 $q_i(t)$ の汎関数および実数 λ_γ の関数である作用 $\tilde{S}[q\,;\lambda]$ を停留にすればよい．q_i についてのオイラー・ラグランジュ方程式は

$$\frac{\mathrm{d}}{\mathrm{d}t}\frac{\partial \tilde{L}(q,\dot{q},\lambda,t)}{\partial \dot{q}_i} = \frac{\partial \tilde{L}(q,\dot{q},\lambda,t)}{\partial q_i} \quad ({}^\forall i = 1,2,\cdots,N) \tag{3.68}$$

---

[6] 非ホロノミックな場合に $L(q,\dot{q},t) + \sum_{\gamma=1}^{\Gamma} \lambda_\gamma(t)\big(\sum_{i=1}^{N} A_{\gamma i}(q,t)\dot{q}_i + \beta_\gamma(q,t)\big)$ に対応する作用を停留にする問題と考えると，オイラー・ラグランジュ方程式は

$$\frac{\mathrm{d}}{\mathrm{d}t}\frac{\partial L}{\partial \dot{q}_i} = \frac{\partial L}{\partial q_i} - \sum_{\gamma=1}^{\Gamma}\left(\dot{\lambda}_\gamma A_{\gamma i} + \lambda_\gamma \sum_{j=1}^{N}\Big(\frac{\partial A_{\gamma i}}{\partial q_j} - \frac{\partial A_{\gamma j}}{\partial q_i}\Big)\dot{q}_j + \lambda_\gamma\Big(\frac{\partial A_{\gamma i}}{\partial t} - \frac{\partial \beta_\gamma}{\partial q_i}\Big)\right) \tag{3.64}$$

となる．ホロノミックな場合とは異なり，式 (3.61) と比較して単に $\lambda_\gamma \to -\dot{\lambda}_\gamma$ と置き換えたものにはならない．

> であり，これと式 (3.65) の拘束条件とを連立することによって運動が決定される．

ここでは λ_γ は関数ではなく実数であるため，λ_i についてのオイラー・ラグランジュ方程式 $\frac{\partial \tilde{L}(q,\dot{q},t,\lambda)}{\partial \lambda_\gamma} = 0$ は成り立たないことに注意する．

この未定乗数法を導出しよう [7]．いま，$q_i(t) = q_i^*(t)$ $(i = 1, \cdots, N)$ は拘束条件を満たす停留値問題の解の 1 つとする．つまり，$C_\gamma[q^*] = 0$ が満たされており，かつ $C_\gamma[q^* + \epsilon] = 0$ を満たす任意の変分 $\epsilon_i(t)$ に対して $S[q^* + \epsilon] - S[q^*]$ には $O(\epsilon)$ の項は含まれない．

ここで $\epsilon_i(t) = \sum_{a=0}^{\Gamma} \alpha_a \eta_{ai}(t)$ とし，α_a $(a = 0, 1, \cdots, \Gamma)$ の関数 $\mathcal{S}(\alpha)$，$\mathcal{C}_\gamma(\alpha)$ を

$$\mathcal{S}(\alpha) \coloneqq S\left[q^* + \sum_{a=0}^{\Gamma} \alpha_a \eta_a\right], \tag{3.69}$$

$$\mathcal{C}_\gamma(\alpha) \coloneqq C_\gamma\left[q^* + \sum_{a=0}^{\Gamma} \alpha_a \eta_a\right] \tag{3.70}$$

と定義する．$\eta_{0i}(t)$ は $\eta_{0i}(t_\mathrm{i}) = \eta_{0i}(t_\mathrm{f}) = 0$ を満たす任意関数，$\eta_{\gamma i}(t)$ $(\gamma = 1, \cdots, \Gamma)$ は $\eta_{\gamma i}(t_\mathrm{i}) = \eta_{\gamma i}(t_\mathrm{f}) = 0$ に加えて，式 (3.4) に対応して

$$\frac{\partial \mathcal{C}_\gamma(\alpha)}{\partial \alpha_{\gamma'}} \quad (\gamma, \gamma' = 1, 2, \cdots, \Gamma) \tag{3.71}$$

を成分とする Γ 次元正方行列が正則となるように選ぶ．

ひとたび $\eta_{ai}(t)$ $(a = 0, 1, \cdots, \Gamma)$ を適当に固定すれば，問題は Γ 個の独立な拘束条件 $\mathcal{C}_\gamma(\alpha) = 0$ $(\gamma = 1, 2, \cdots, \Gamma)$ のもとで $\Gamma + 1$ 変数関数 $\mathcal{S}(\alpha)$ を最小化する問題へと帰着されるため，通常のラグランジュの未定乗数法を使うことができる．すると解くべき条件式は

$$\frac{\partial \mathcal{S}(\alpha)}{\partial \alpha_a} + \sum_{\gamma=1}^{\Gamma} \lambda_\gamma \frac{\partial \mathcal{C}_\gamma(\alpha)}{\partial \alpha_a} = 0 \quad ({}^\forall a = 0, 1, \cdots, \Gamma), \tag{3.72}$$

[7] [10] の第 15 章を参考にした．

$$\mathcal{C}_\gamma(\alpha) = 0 \quad ({}^\forall\gamma = 1, \cdots, \Gamma) \tag{3.73}$$

となり，これは仮定により $\alpha_0 = \alpha_1 = \cdots = \alpha_\Gamma = 0$ において成立する．第1式を $a = 0$ の場合に書き下すと

$$\int_{t_\mathrm{i}}^{t_\mathrm{f}} \mathrm{d}t \sum_{i=1}^{N} \left(\frac{\partial \tilde{L}(q, \dot{q}, \lambda, t)}{\partial q_i} - \frac{\mathrm{d}}{\mathrm{d}t} \frac{\partial \tilde{L}(q, \dot{q}, \lambda, t)}{\partial \dot{q}_i} \right) \Big|_{q=q^*} \eta_{0i}(t) = 0 \tag{3.74}$$

となるが，$\eta_{0i}(t)$ が任意だったことを思い出すと式 (3.68) が従う．

3.4　章末演習問題

問題1　懸垂線

1.4.2 項の懸垂線の問題を再考しよう．これは位置エネルギー

$$S[f] = \int_{x_{\min}}^{x_{\max}} \mathrm{d}x \, \rho g f(x) \sqrt{1 + f'(x)^2} \tag{3.75}$$

を，拘束条件

$$C[f] = -\ell + \int_{x_{\min}}^{x_{\max}} \mathrm{d}x \sqrt{1 + f'(x)^2} = 0 \tag{3.76}$$

のもとで最小化する問題である．

(1) 3.3.2 項のラグランジュの未定乗数法を用いると

$$S[f] + \lambda C[f] = \int_{x_{\min}}^{x_{\max}} \mathrm{d}x \big(\rho g f(x) + \lambda\big) \sqrt{1 + f'(x)^2} \tag{3.77}$$

を停留にする問題として扱うことができることを説明せよ．

(2) この問題の場合は，$\tilde{f}(x) = f(x) + \frac{\lambda}{\rho g}$ と定義し直すことで，拘束条件を課す前の問題に帰着できることを説明せよ．

(3) オイラー・ラグランジュ方程式の解 $f(x) = f^*(x)$ を求めよ．λ はどのように決定されるか．

(4) いま $f(x) = f^*(x) + \alpha\eta(x)$ という変分を考え，

$$\mathcal{C}(\alpha) := C[f^* + \alpha\eta] \tag{3.78}$$

と定義する．ただし $\eta(x_{\max}) = \eta(x_{\min}) = 0$ とする．このとき

$$\left.\frac{\partial \mathcal{C}}{\partial \alpha}\right|_{\alpha=0} = -\int_{x_{\min}}^{x_{\max}} \mathrm{d}x\, \eta(x) \frac{\mathrm{d}}{\mathrm{d}x} \left.\frac{\partial \sqrt{1+f'(x)^2}}{\partial f'(x)}\right|_{f(x)=f^*(x)} = 1 \tag{3.79}$$

とするには，$\eta(x)$ をどのように選べばよいだろうか．これは式 (3.71) で定義される行列に対する条件で $\Gamma = 1$, $\alpha_0 = 0$ とした場合に対応する．

問題 2　一般の形の等周問題

長さ ℓ のひもで囲まれた領域内部の面積を最大にするにはどのような形にすればいいだろうか．1.2.3 項では長方形の範囲内で答えを探したが，もっといろんな形を考えよう．パラメータ $s \in [0, 1]$ で表される曲線 $(x(s), y(s))$ によってひもの形を表す．ひもが閉じていることは $(x(1), y(1)) = (x(0), y(0))$ と表現される．

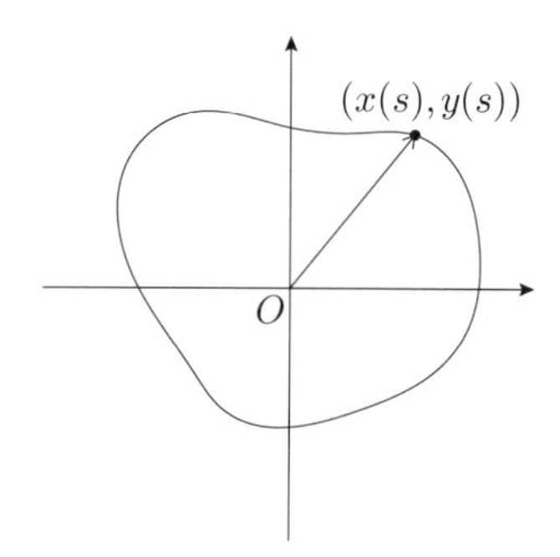

図 3.2　一般の形の等周問題

(1) ひもで囲まれた領域の面積が $S[x, y] = \int_0^1 \mathrm{d}s\, \frac{1}{2}\bigl(x(s)y'(s) - y(s)x'(s)\bigr)$ と表されることを示せ．ただし $x'(s) := \frac{\mathrm{d}x(s)}{\mathrm{d}s}$, $y'(s) := \frac{\mathrm{d}y(s)}{\mathrm{d}s}$ と略記した．

(2) ひもの長さについての拘束条件が $C[x, y] = \int_0^1 \mathrm{d}s \sqrt{x'(s)^2 + y'(s)^2} - \ell$

$=0$ と表されることを示せ.

(3) λ を未定乗数とし $\tilde{S}[x,y\,;\lambda] \coloneqq S[x,y]+\lambda C[x,y]$ を作用と見たときのラグランジアンを

$$\begin{aligned}\tilde{L}(x,y,x',y',\lambda) &= \frac{1}{2}\Big(x(s)y'(s)-y(s)x'(s)\Big)\\ &\quad +\lambda\Big(\sqrt{x'(s)^2+y'(s)^2}-\ell\Big) \qquad (3.80)\end{aligned}$$

と定義する. $x(s)$ と $y(s)$ に関するオイラー・ラグランジュ方程式を書き下せ. ただし s による微分を実行する必要はない.

(4) (3) で求めた微分方程式を1回積分せよ.

(5) (4) の結果から λ を消去して微分方程式を解くことで

$$(x(s)-x_0)^2+(y(s)-y_0)^2=\left(\frac{\ell}{2\pi}\right)^2 \qquad (3.81)$$

を示せ. ただし x_0, y_0 の部分は (4) で定義する積分定数の選び方に依存する.

(6) 結果を解釈せよ. 長方形に制限した場合と比較して, 面積の最大値はどうなるか.

(7) $x(s)=x_0+\frac{\ell}{2\pi}\cos\theta(s)$, $y(s)=y_0+\frac{\ell}{2\pi}\sin\theta(s)$ (ただし $\frac{\mathrm{d}}{\mathrm{d}s}\theta(s)>0$) とパラメトライズする. この表式を (4) の微分方程式に代入することで未定乗数 λ を求めよ.

対称性

第 4 章 ニュートン力学の対称性

この章ではニュートン力学にどのような対称性があるのか，あるいはどのような対称性をもつべきなのかについて考察する．また，連続的な対称性があると保存量があるというネーターの定理について学ぶ．対称性がなす「群」の構造についても考察する．逆に対称性に基づいてラグランジアンの形を制限することで，第 2 章で議論したニュートン力学に対応するラグランジアンの形の必然性が明らかになる．

4.1 群の定義

まず**群** (group) についての数学的定義をまとめる．集合 G が**群をなす**とは，G の 2 つの元 $g,\ g' \in G$ を 1 つの元 $gg' \in G$ に対応させる**積** $G \times G \to G$ と呼ばれる演算が定義され，

- 任意の元 $g, g', g'' \in G$ に対して**結合則** $g(g'g'') = (gg')g''$ を満たす．
- **単位元** $e \in G$ が存在し，任意の g に対して $eg = ge = g$ を満たす．
- 各 $g \in G$ に対して $g^{-1}g = gg^{-1} = e$ を満たす**逆元** $g^{-1} \in G$ が存在する．

という 3 つの性質を満たすことと定義される．

群 G に含まれる元の数を**位数**という．位数が有限な群を有限群といい，そうでない群は無限群と呼ばれる．無限群のうち実数パラメータを含む群は**リー群**という．

元 $g, g' \in G$ に対して gg' と $g'g$ は必ずしも一致しない．任意の元 $g, g' \in G$ に対して $gg' = g'g$ となる群を**可換**，そうでない群を**非可換**という．

H が G の部分集合で，かつ H 自身も（G の積を用いて）群になるとき，H は G の**部分群 (subgroup)** であるという．

この抽象的な定義だけでは難しく感じるだろうが，以降の具体例を通して理解していこう．

4.1.1　例：$\mathbb{Z}_2$

$G = \{+1, -1\}$ とし，積は通常の実数の積とする．すると単位元は $+1$ となる．また $g = \pm 1$ のどちらの元も $g^2 = +1$ を満たすので，逆元は自分自身，つまり $g^{-1} = g$ となる．これは位数 2 の可換群である．

4.1.2　例：$\mathbb{Z}$

G は整数の集合 $\mathbb{Z}$ とし，積は通常の実数の「和」とする．すると単位元は 0 となる．$g \in G$ の逆元は $-g$ である．これは離散的で可換な無限群である．実数 $\mathbb{R}$ でも同じことができ，リー群となる．

4.2　ラグランジアンの対称性

4.2.1　対称性の定義

点変換（2.4.1 項）のもとで系が対称性をもつことの定義から始めよう．

対称性の条件

点変換 $Q_i = Q_i(q, t)$ のもとでラグランジアンの変化分が高々不定性であるとき，この変換に対する**対称性をもつ**という．

$$L(Q(t), \dot{Q}(t), t) = L(q(t), \dot{q}(t), t) + \frac{\mathrm{d}}{\mathrm{d}t} f(q(t), t). \tag{4.1}$$

この $L(Q(t),\dot{Q}(t),t)$ は元のラグランジアン $L(q(t),\dot{q}(t),t)$ の関数形をそのまま使って $q_i(t)$ に $Q_i(t)$, $\dot{q}_i(t)$ に $\dot{Q}_i(t)$ を代入したものであり，別の関数を定義しているわけではないことに注意する[1]．2.3節のラグランジアンの不定性の議論により，式(4.1)が成立していれば Q_i に対するオイラー・ラグランジュ方程式と q_i に対するオイラー・ラグランジュ方程式はまったく同じ形になる．実際の多くの例では $f(q(t),t)=0$ となる．

対称性があるとき，点変換後の作用 $S[Q]$ は元の作用 $S[q]$ と

$$S[Q] := \int_{t_\mathrm{i}}^{t_\mathrm{f}} \mathrm{d}t\, L(Q(t),\dot{Q}(t),t) = S[q] + f(q(t_\mathrm{f}),t_\mathrm{f}) - f(q(t_\mathrm{i}),t_\mathrm{i}) \quad (4.2)$$

という関係で結び付き，変分で不変に保たれる量だけしか違わない．この $S[Q]$ は元の汎関数 $S[q]$ の引数の関数 $q_i(t)$ に $Q_i(t)$ を代入したものである．これは，$q_i(t)$ が作用を停留にするのならば，$Q_i(t)$ も作用を停留にする，つまりまったく同じオイラー・ラグランジュ方程式を満たすことを意味する．逆に式(4.2)を対称性の条件とすることもできる．

対称性の変換からなる集合は群をなす．変換 $Q_i(t)=Q_i(q(t),t)$ と $Q'_i(t)=Q'_i(q(t),t)$ に対し，これらを続けて行った

$$q_i(t) \mapsto Q_i(q(t),t) \mapsto Q'_i(Q(q(t),t),t) \quad (4.3)$$

により，2つの変換の積を定義することができる．なにもしない，という**恒等変換** $Q_i=q_i$ が単位元で，**逆変換**が逆元となる[2]．実数パラメータを含む対称性は**連続的対称性**，離散的な変換しか含まないものを**離散的対称性**と呼ぶ．連続対称性 G に含まれる実数パラメータの数を N_G と書く[3]．

以下では対称性の例として，各時刻における座標の変換に対応する対称性について考察する．一般化座標 $q_i(t)$ $(i=1,2,\cdots,N)$ として位置ベクトル $\boldsymbol{r}_i(t)$

---

[1] あるいは，式(2.30)のように $\tilde{L}(Q,\dot{Q},t) = L(q(Q,t),\frac{\mathrm{d}}{\mathrm{d}t}q(Q,t),t)$ となる新しい関数 $\tilde{L}$ を定義した上で，$\tilde{L}$ の関数形が不定性を除いて L と同じ，つまり $\tilde{L}(Q,\dot{Q},t) = L(Q,\dot{Q},t) + \frac{\mathrm{d}}{\mathrm{d}t}g(Q,t)$ が条件であると表現することもできる．

[2] 近年では対称性の概念が拡張され，“noninvertible symmetry”などと呼ばれる逆元をもたない変換操作も議論されているが，本書のレベルを超えるため議論しない．

[3] リー群 G の連続パラメータの数 N_G は $\mathrm{dim}G$ と書かれることも多い．

$(i=1,2,\cdots,M)$ を採用する．ただし $\boldsymbol{r}_i(t)$ は d 次元ベクトル（d は空間次元）とする．また，変換後の位置ベクトルは $Q_i(t)$ の代わりに $\boldsymbol{r}'_i(t)$ のようにプライムを付けて表すことにする．

4.2.2 例：空間反転対称性

空間反転は位置ベクトルを逆向きにする．

$$\boldsymbol{r}'_i(t) := -\boldsymbol{r}_i(t). \tag{4.4}$$

このとき速度ベクトルも $\dot{\boldsymbol{r}}'_i(t) = -\dot{\boldsymbol{r}}_i(t)$ と逆向きになる．したがって対称性の条件式 (4.1) は次のようになる．

空間反転対称性の条件
系が**空間反転対称性**をもつための条件は

$$L(-\boldsymbol{r}(t), -\dot{\boldsymbol{r}}(t), t) = L(\boldsymbol{r}(t), \dot{\boldsymbol{r}}(t), t) + \frac{\mathrm{d}}{\mathrm{d}t} f(\boldsymbol{r}(t), t), \tag{4.5}$$

つまり（不定性を除いて）ラグランジアンが $\boldsymbol{r}$ や $\dot{\boldsymbol{r}}$ の偶関数であること．

例えばポテンシャルが $U(\boldsymbol{r},t) = U(-\boldsymbol{r},t)$ を満たす場合，式 (2.1) のラグランジアンは不変に保たれるため，空間反転対称性をもつ．空間反転は 2 回続けて行うと何もしないことと同じであり，反転するかしないかの 2 通りしかないので，位数が 2 の離散対称性である [4].

4.2.3 例：空間並進対称性

空間並進は空間座標を定数ベクトル $\boldsymbol{a}$ だけ一斉に並行移動する．

$$\boldsymbol{r}'_i(t) := \boldsymbol{r}_i(t) + \boldsymbol{a}. \tag{4.6}$$

[4] 類似の例として，例えば x 座標の符号だけを逆に，他の成分は変更しない**鏡映** $(x'(t) = -x(t), y'(t) = y(t), \cdots)$ がある．空間次元が偶数のとき空間反転は $\det R = +1$ のために空間回転で実現できるが，鏡映は空間次元に依らずに $\det R = -1$ で回転とは独立である．

このとき速度ベクトルは変化しない．したがって対称性の条件式 (4.1) は次のようになる．

空間並進対称性の条件

系が**空間並進対称性**をもつための条件は

$$L(\boldsymbol{r}(t)+\boldsymbol{a},\dot{\boldsymbol{r}}(t),t)=L(\boldsymbol{r}(t),\dot{\boldsymbol{r}}(t),t)+\frac{\mathrm{d}}{\mathrm{d}t}f(\boldsymbol{r}(t),t), \tag{4.7}$$

つまり（不定性を除いて）$\boldsymbol{r}_i$ への依存性が差 $\boldsymbol{r}_i-\boldsymbol{r}_j$ で書けること．

式 (2.18) のようにポテンシャルが位置ベクトルの差 $\boldsymbol{r}_i-\boldsymbol{r}_j$ の関数で与えられている場合，式 (2.1) のラグランジアンは並進対称性の変換のもとで一切の変更を受けず，$f(q(t),t)=0$ となる．ただし $\boldsymbol{r}_i$ 依存性が差の形でなくとも，ポテンシャルが $\boldsymbol{r}_i$ の 1 次関数の場合には $f(q(t),t)$ をうまく選ぶことによって式 (4.7) が成り立つことを章末演習問題で見る．

$\boldsymbol{a}$ だけの並進に引き続き，$\boldsymbol{a}'$ だけ並進すると，結局 $\boldsymbol{a}+\boldsymbol{a}'$ だけの並進になる．これが並進操作の「積」である．単位元は $\boldsymbol{a}=\boldsymbol{0}$，逆元は $-\boldsymbol{a}$ で与えられる．常に $\boldsymbol{a}+\boldsymbol{a}'=\boldsymbol{a}'+\boldsymbol{a}$ なので，並進操作からなる群は可換群である．$\boldsymbol{a}$ の各成分 a^α $(\alpha=1,2,\cdots,d)$ がこの変換の実数パラメータなので，$N_G=d$ の連続対称性である．

空間並進対称性は**空間の一様性**を反映している．空間のどの点も特別ではなく，どこで実験しても同じ結果が得られることを意味する．

4.2.4　例：空間回転対称性

次に空間の回転を考えよう．簡単のため 3 次元の場合を考えるが，他の次元への拡張もできる．**空間回転**はある軸周りに回転する操作であり，特殊直交行列 R（0.2.3 項）を用いて

$$\boldsymbol{r}'(t):=R\boldsymbol{r}(t) \tag{4.8}$$

と表すことができる．このとき速度ベクトルも一緒に $\dot{\boldsymbol{r}}'(t)=R\dot{\boldsymbol{r}}(t)$ と回転す

るため，対称性の条件式 (4.1) は次のようになる．

空間回転対称性の条件

系が**空間回転対称性**をもつための条件は

$$L(R\boldsymbol{r}(t), R\dot{\boldsymbol{r}}(t), t) = L(\boldsymbol{r}(t), \dot{\boldsymbol{r}}(t), t) + \frac{\mathrm{d}}{\mathrm{d}t} f(\boldsymbol{r}(t), t), \tag{4.9}$$

つまり（不定性を除いて）$\boldsymbol{r}_i$ や $\dot{\boldsymbol{r}}_i$ が空間回転の不変量の形で含まれること．

式 (2.19) のようにポテンシャルが $|\boldsymbol{r}_i|$ や $|\boldsymbol{r}_i - \boldsymbol{r}_j|$ の関数であれば，式 (2.1) のラグランジアンは不変に保たれるため，空間回転対称性をもつ．

例えば x, y, z 軸周りの回転はそれぞれ

$$R_x(\varphi_x) = \begin{pmatrix} 1 & 0 & 0 \\ 0 & \cos\varphi_x & -\sin\varphi_x \\ 0 & \sin\varphi_x & \cos\varphi_x \end{pmatrix}, \tag{4.10}$$

$$R_y(\varphi_y) = \begin{pmatrix} \cos\varphi_y & 0 & \sin\varphi_y \\ 0 & 1 & 0 \\ -\sin\varphi_y & 0 & \cos\varphi_y \end{pmatrix}, \tag{4.11}$$

$$R_z(\varphi_z) = \begin{pmatrix} \cos\varphi_z & -\sin\varphi_z & 0 \\ \sin\varphi_z & \cos\varphi_z & 0 \\ 0 & 0 & 1 \end{pmatrix} \tag{4.12}$$

で与えられる．R による回転操作と R' による回転操作を続けて行ったものは

$$\boldsymbol{r}''(t) = R'\boldsymbol{r}'(t) = R'R\boldsymbol{r}(t) \tag{4.13}$$

により，特殊直交行列 $R'R$ による 1 回の回転操作と等しくなる．このように，行列の積によって空間回転操作は群の構造をもつ．単位元は単位行列，逆元は逆行列によって与えられる．特殊直交行列を集めてできる群は**特殊直交群**と呼ばれ，SO(3) と書かれる．この群は非可換で，例えば，x 軸周りの回転と y 軸

周りの回転は交換しない．

より一般の回転軸 $\boldsymbol{n} = (n^x, n^y, n^z)^T$（ただし $|\boldsymbol{n}| = 1$）周りの角度 φ の回転を表す特殊直交行列は $R = \mathrm{e}^{-\mathrm{i}\varphi \boldsymbol{n}\cdot\boldsymbol{J}}$ で与えられる[5]．ただし J^α $(\alpha = x, y, z)$ は $\beta\gamma$ 成分が $-\mathrm{i}\varepsilon^{\alpha\beta\gamma}$ で与えられる3次元正方行列で，交換関係 $J^\alpha J^\beta - J^\beta J^\alpha = \mathrm{i}\sum_{\gamma=x,y,z} \varepsilon^{\alpha\beta\gamma} J^\gamma$ や $\sum_{\alpha=x,y,z} J^\alpha J^\alpha = 2\mathrm{I}_3$ を満たす．J^α を並べたものを $\boldsymbol{J} := (J^x, J^y, J^z)^T$ と書いた．$\boldsymbol{n}$ の指定に2つのパラメータが必要であり，回転角も独立な1パラメータであるため，SO(3) は $N_G = 3$ の連続対称性である[6]．

空間反転を行列で書くと，単位行列 I_3 を用いて $R = -\mathrm{I}_3$ となる．この R も直交行列だが行列式が -1 であるため回転とは独立である．空間回転と空間反転を合わせた群は，**直交群** O(3) と呼ばれる．

空間回転対称性は**空間の等方性**を反映している．空間のどの方向も特別ではなく，どちらを向いて実験しても同じ結果が得られることを意味する．

4.2.5　例：ガリレイ対称性

ガリレイ変換は

$$\boldsymbol{r}'_i(t) := \boldsymbol{r}_i(t) - \boldsymbol{v}_0 t \tag{4.14}$$

と定義される．これは元の慣性系に対して速度 $\boldsymbol{v}_0$ で等速直線運動する慣性系から見ることに対応する．このとき速度ベクトルは

$$\dot{\boldsymbol{r}}'_i(t) = \dot{\boldsymbol{r}}_i(t) - \boldsymbol{v}_0 \tag{4.15}$$

と変換される．静止系に対して速度 $\boldsymbol{v}_0$ で動いている系から見ると，元々速度が $\boldsymbol{v} = \dot{\boldsymbol{r}}_i(t)$ だった質点の速度が $\boldsymbol{v}' = \boldsymbol{v} - \boldsymbol{v}_0$ になることを意味する．これは当たり前に思われるが，**ローレンツ変換**では成り立たないことを第5章で見る．

---

[5] 行列 M の指数関数 e^M は $\mathrm{e}^M := \sum_{n=0}^{\infty} \frac{1}{n!} M^n$ と定義される．

[6] $(\boldsymbol{n}, \varphi)$ と $(-\boldsymbol{n}, -\varphi)$ は同じ元を表すため，$0 \le \varphi \le \pi$ に限定しよう．さらに $\varphi = \pi$ のとき $\boldsymbol{n}$ と $-\boldsymbol{n}$ は同じ元を与えるため，SO(3) は（内部の詰まった）球の対蹠点同士を同一視する構造をもつ．SO(3) の元をオイラー角で表す方法については9.1.3項を参照のこと．d 次元空間での回転 SO(d) に対しては $N_G = d(d-1)/2$ となる．

$\boldsymbol{v}_0$ の各成分がこの変換の実数パラメータなので，$N_G = d$ の連続対称性である．

対称性の条件式 (4.1) は次のようになる．

ガリレイ対称性の条件

系が**ガリレイ対称性**をもつための条件は

$$L(\boldsymbol{r}(t) - \boldsymbol{v}_0 t, \dot{\boldsymbol{r}}(t) - \boldsymbol{v}_0, t) = L(\boldsymbol{r}(t), \dot{\boldsymbol{r}}(t), t) + \frac{\mathrm{d}}{\mathrm{d}t} f(\boldsymbol{r}(t), t). \tag{4.16}$$

式 (2.18) のようにポテンシャルが座標の差で与えられる場合にガリレイ対称性をもつことは，章末演習問題で確認する．

ガリレイ対称性は，どの慣性系から見ても同じ物理法則であることを保証する．我々は普段静止系にいるように感じているが，実際には地球自体が太陽の周りを公転運動しており，太陽も銀河系の中を，... などと考え始めると，実際には静止しているということはないだろう．ガリレイ対称性により，少なくとも近似的に慣性系だとみなせるならば同じ運動方程式が得られるのである．

4.2.6　例：スピン回転対称性 (*)

最後に**スピン空間の回転**を考えよう．この変換も特殊直交行列を用いて $\boldsymbol{s}' = R\boldsymbol{s}$ で与えられるが，空間座標ではなくスピンの向きを回転させている点が空間回転と異なる．ラグランジアンとしては式 (2.74), (2.75) で $\boldsymbol{B} = \boldsymbol{0}$ としたものを採用しよう．

例えば式 (4.12) の z 軸周りの回転の場合には，(2.73) の記法で

$$\theta' = \theta, \quad \phi' = \phi + \varphi_z \tag{4.17}$$

となる．すると $\dot{\phi}' = \dot{\phi}$ により，ラグランジアンは z 軸周りの回転のもとで不変となる．

x, y 軸周りの回転は少し複雑になる．具体的に計算すると，x 軸周りの微小回転では

$$\theta' = \theta - \varphi_x \sin\phi + O(\varphi_x^2), \quad \phi' = \phi - \varphi_x \frac{\cos\phi}{\tan\theta} + O(\varphi_x^2) \tag{4.18}$$

となる．このときラグランジアンは

$$L(\theta', \phi', \dot{\theta}', \dot{\phi}') = L(\theta, \phi, \dot{\theta}, \dot{\phi}) - \varphi_x \frac{\mathrm{d}}{\mathrm{d}t}(s \tan\tfrac{\theta}{2} \cos\phi) + O(\varphi_x^2) \tag{4.19}$$

へと変化する．同様に，y 軸周りの微小回転では

$$\theta' = \theta + \varphi_y \cos\phi + O(\varphi_y^2), \quad \phi' = \phi - \varphi_y \frac{\sin\phi}{\tan\theta} + O(\varphi_y^2) \tag{4.20}$$

となり，ラグランジアンは

$$L(\theta', \phi', \dot{\theta}', \dot{\phi}') = L(\theta, \phi, \dot{\theta}, \dot{\phi}) - \varphi_y \frac{\mathrm{d}}{\mathrm{d}t}(s \tan\tfrac{\theta}{2} \sin\phi) + O(\varphi_y^2) \tag{4.21}$$

へと変化する．どちらもラグランジアンの変化分が座標と時間の関数の時間微分の形をしているため，いま考えているスピンのラグランジアンは各軸の周りの微小角回転に対する対称性をもつ．任意の軸周りの回転はこれらの軸周りの合成で表現できるため，スピンのラグランジアンのもつスピン空間の回転対称性の群も SO(3) となる．

4.3　対称性に基づくラグランジアンの決定

第2章では式 (2.1) や式 (2.71) のラグランジアンを仮定して話を進めた．これらのラグランジアンは式 (1.2) や式 (2.64) という既知の運動方程式を正しく導くため，正しいものであると考えられる．ではこれらのラグランジアンの形には一体どのような意味があるのだろうか．これらのラグランジアンとなる必然性はあるのだろうか．以下では，対称性に基づいてラグランジアンの一般的な形に制限をかけ，少なくとも部分的には決定できることを見る．

4.3.1　自由質点のラグランジアン

まずもっとも簡単な場合として，1つの質点が力を一切受けずに運動してい

る状況を考えよう[7]．この状況を特徴付ける物理量は質点の位置ベクトル $\boldsymbol{r}(t)$ だけである．対応するラグランジアン $L(\boldsymbol{r}(t),\dot{\boldsymbol{r}}(t),t)$ を対称性に基づいて制限しよう．

空間並進対称性（空間の一様性）

$L(\boldsymbol{r}(t),\dot{\boldsymbol{r}}(t),t)$ は陽に $\boldsymbol{r}(t)$ に依存しない．$\boldsymbol{r}(t)$ はその時間微分 $\dot{\boldsymbol{r}}(t)$ を介してのみラグランジアンに現れる[8]．

時間並進対称性（時間の一様性）

$L(\boldsymbol{r}(t),\dot{\boldsymbol{r}}(t),t)$ は陽に t に依存しない（4.5.3 項参照）．

空間回転対称性（空間の等方性）

$\dot{\boldsymbol{r}}(t)$ は回転不変な量である内積 $\dot{\boldsymbol{r}}(t)^2=\dot{\boldsymbol{r}}(t)\cdot\dot{\boldsymbol{r}}(t)$ の形で現れる[9]．以上の結果，ラグランジアンは $s=\dot{\boldsymbol{r}}(t)^2$ の関数 $g(s)$ を用いて

$$L(\boldsymbol{r}(t),\dot{\boldsymbol{r}}(t),t)=g(\dot{\boldsymbol{r}}(t)^2) \tag{4.22}$$

と書ける[10]．

ガリレイ対称性（慣性系の取り替え）

ガリレイ変換のもとでのラグランジアンの変化分

---

[7] 「自由な (free)」とは「一切の力を受けない」という意味である．この場合の考察から始めるのはちょうどニュートン力学で第 1 法則から始めることに対応している．

[8] $\boldsymbol{F}$ を定ベクトルとして $\boldsymbol{F}\cdot\boldsymbol{r}(t)$ という項がラグランジアンに含まれていても，$f(t)\neq 0$ とすれば式 (4.7) を満たすことができる．しかしこの項は空間回転と整合しない（章末演習問題）．

[9] 空間次元が $d=1$ の場合，空間回転対称性による制約はない．また $d=2$ の場合，$\sum_{\alpha,\beta=1}^{2}\varepsilon^{\alpha\beta}r_1^{\alpha}r_2^{\beta}=x_1y_2-y_1x_2$（$\varepsilon^{\alpha\beta}$ は 2 次元の完全反対称テンソル）も回転不変であり，1 粒子の場合にも $x\dot{y}-y\dot{x}$ という回転不変量が作れるが，この量は追加で時間反転対称性を課すと許されなくなる．同様に $d=3$ の場合，$\sum_{\alpha,\beta,\gamma=1}^{3}\varepsilon^{\alpha\beta\gamma}r_1^{\alpha}r_2^{\beta}r_3^{\gamma}=\boldsymbol{r}_1\cdot\boldsymbol{r}_2\times\boldsymbol{r}_3$ も回転不変だが，1 粒子の場合に $\boldsymbol{r}$ と $\dot{\boldsymbol{r}}$ だけでは 0 でない組み合わせを作ることができない．

[10] 時空間の並進と空間回転だけを仮定し，ガリレイ対称性を要求しない場合，運動方程式は必ずしも等速直線運動を意味しない（章末演習問題）．

$$g((\dot{\boldsymbol{r}}(t)-\boldsymbol{v}_0)^2)-g(\dot{\boldsymbol{r}}(t)^2)=-2\boldsymbol{v}_0\cdot\dot{\boldsymbol{r}}(t)\frac{\mathrm{d}g(s)}{\mathrm{d}s}\Big|_{s=\dot{\boldsymbol{r}}(t)^2}+O(v_0^2) \quad (4.23)$$

が，ラグランジアンの不定性

$$\frac{\mathrm{d}}{\mathrm{d}t}f(\boldsymbol{r}(t),t)=\dot{\boldsymbol{r}}(t)\cdot\frac{\partial f(\boldsymbol{r}(t),t)}{\partial\boldsymbol{r}(t)}+\frac{\partial f(\boldsymbol{r}(t),t)}{\partial t} \quad (4.24)$$

の形になるという条件から，$\frac{\partial f(\boldsymbol{r}(t),t)}{\partial t}=0$ と

$$-2\boldsymbol{v}_0\frac{\mathrm{d}g(s)}{\mathrm{d}s}\Big|_{s=\dot{\boldsymbol{r}}(t)^2}=\frac{\partial f(\boldsymbol{r}(t),t)}{\partial\boldsymbol{r}(t)} \quad (4.25)$$

が従う．この式の右辺には $\dot{\boldsymbol{r}}(t)$ は現れないので，$\frac{\mathrm{d}g(s)}{\mathrm{d}s}$ は s に依存しない定数であり，$g(s)$ は s に比例する．

この比例係数を $m/2$ と書けば，自由な質点のラグランジアンは

$$L(\boldsymbol{r}(t),\dot{\boldsymbol{r}}(t),t)=\frac{m}{2}\dot{\boldsymbol{r}}(t)^2 \quad (4.26)$$

となる．M 個の質点系へ拡張すると

$$L(\boldsymbol{r}(t),\dot{\boldsymbol{r}}(t),t)=\sum_{i=1}^{M}\frac{m_i}{2}\dot{\boldsymbol{r}}_i(t)^2. \quad (4.27)$$

これは式 (2.1) のラグランジアンでポテンシャルを 0 にしたものである．

4.3.2　相互作用する質点のラグランジアン

次に，M 個の質点間に相互作用があり，この他に外力が働いていない状況を考えよう．このとき前項と同じ空間並進対称性，時間並進対称性，空間回転対称性，ガリレイ対称性が期待される．並進対称性から式 (2.1) のポテンシャルの形は式 (2.18) のように $\boldsymbol{r}_i-\boldsymbol{r}_j$ の関数に限定され，さらに回転対称性から式 (2.19) のように $|\boldsymbol{r}_i-\boldsymbol{r}_j|$ の関数である必要がある．その結果，強い意味での作用・反作用の法則が導かれるのである．

相互作用を 0 にしたときに式 (4.27) の自由な質点のラグランジアンに戻るラグランジアンで，これらの対称性をもつものは他にはどのようなものがあるだ

ろうか（章末演習問題）.

4.3.3 2次元調和振動子

xy 平面内の2次元調和振動子を考えよう．質量を m，バネ定数を k とすると，この系のラグランジアンは

$$L = \frac{m}{2}(\dot{x}^2 + \dot{y}^2) - \frac{k}{2}(x^2 + y^2) \tag{4.28}$$

で与えられる．一方，

$$L' = \frac{m}{2}(\dot{x}^2 - \dot{y}^2) - \frac{k}{2}(x^2 - y^2), \quad L'' = m\dot{x}\dot{y} - kxy \tag{4.29}$$

はどちらも L と同じ運動方程式の組 $m\ddot{x} = -kx$, $m\ddot{y} = -ky$ を与える [11].

これらのラグランジアンの違いは2.3節の不定性や定数倍として吸収することはできないため，本質的に異なるラグランジアンということになる．そのもっとも重要な違いは対称性である．2次元平面が等方的であれば回転対称性が期待されるが，それをもつのは L だけであり，これが L を用いる根拠となる．1.7節で紹介したヘルムホルツ定理との対応は次のようになる．

- $\mathcal{D}_1 = m\ddot{x} + kx$, $\mathcal{D}_2 = m\ddot{y} + ky$ に対応するのは L.
- $\mathcal{D}_1 = m\ddot{x} + kx$, $\mathcal{D}_2 = -m\ddot{y} - ky$ に対応するのは L'.
- $\mathcal{D}_1 = m\ddot{y} + ky$, $\mathcal{D}_2 = m\ddot{x} + kx$ に対応するのは L''.

与えられた $\mathcal{D}_i$ から L を構成する手続きの詳細は補遺B.1節を見よ．

なお，運動方程式の一般解は，a, b, α, β を初期条件で決まる定数として

$$x = a\cos(\omega t + \alpha), \quad y = b\cos(\omega t + \beta), \quad \omega := \sqrt{k/m} \tag{4.30}$$

で与えられる．ここから t を消去すると

$$\frac{x^2}{a^2} + \frac{y^2}{b^2} - \frac{2xy}{ab}\cos(\beta - \alpha) = \sin^2(\beta - \alpha) \tag{4.31}$$

---

[11] [1] 2.2.4項，[11] 3–3, 4節，[4] 7.2節を参考にした．

となるため，軌道は（一般には傾いた）楕円となる[12]．ただしクーロン型ポテンシャルの場合とは異なり原点は焦点ではなく中心に位置する．

より一般に，次の定理が知られている．証明を補遺 B.2 節に含めた．

ベルトランの定理

中心力 $\boldsymbol{f}(\boldsymbol{r}) = f(r)\boldsymbol{r}/r$ のもとでの運動を考える．任意の有界な軌道が閉じるのは $f(r)$ がフック型 $f(r) = -kr$ またはクーロン型 $f(r) = -k/r^2$ の場合に限られる．

4.3.4　荷電粒子のラグランジアン

電磁場中の荷電粒子のラグランジアンは式 (2.71) で与えられるのだった．これは

- 電荷 e_i を 0 としたときに式 (4.27) の自由な質点のラグランジアンに戻る
- 式 (2.69), (2.70) のゲージ変換のもとで式 (2.25) の形の不定性を除いて不変

という性質をもつラグランジアンのうちもっとも簡単なものではあるが，これだけだと例えば第 2 項と第 3 項の係数の比の値や符号は定まらない．

このラグランジアンがもつ空間の対称性について考えるためには，電磁場を「外から与えて固定されたパラメータ（外部磁場，外部電場）」と見るか，それとも「運動方程式（マクスウェル方程式）を解いて決定すべき動的な自由度」と見るか，どちらの立場をとるのかをまずはっきりさせる必要がある．4.5.4 項で外部磁場中の時間反転対称性の破れを論じる際は前者の立場をとる．後者の立場を採用するには第 5 章で議論する電磁場のローレンツ変換の知識が必要となる．結論としては，式 (2.71) のラグランジアンは，ローレンツ変換に対する不変性の要求によって導かれる式 (5.104) のラグランジアンの非相対論極限 ($c \to \infty$) をとったものと理解できる．

[12] [12] 23 節を参考にした．

4.4　ネーターの定理と保存量

4.4.1　ネーターの定理

ネーターの定理は，連続対称性の実数パラメータ1つあたりに1つの保存量があることを主張する．この定理を証明し具体例を見てみよう．

系が連続的対称性をもつと仮定する．恒等変換の近傍の元は

$$Q_i(t) = q_i(t) + \epsilon F_i(q(t), t) + O(\epsilon^2) \tag{4.32}$$

と書くことができる．この式を t で微分すれば

$$\dot{Q}_i(t) = \dot{q}_i(t) + \epsilon \frac{\mathrm{d}}{\mathrm{d}t} F_i(q(t), t) + O(\epsilon^2). \tag{4.33}$$

この変換のもとでのラグランジアンの変化分を2通りの方法で計算しよう．

まず，系が対称性をもつという条件から式(4.1)が成立するような $f(q(t), t)$ が存在する．この $f(q(t), t)$ も ϵ で展開できて $f(q(t), t) = \epsilon \Lambda(q(t), t) + O(\epsilon^2)$ となるはずである．したがって

$$L(Q(t), \dot{Q}(t), t) - L(q(t), \dot{q}(t), t) = \epsilon \frac{\mathrm{d}}{\mathrm{d}t} \Lambda(q(t), t) + O(\epsilon^2) \tag{4.34}$$

となる．これは単なる対称性の要求であり，$q_i(t)$ がオイラー・ラグランジュ方程式を満たすかどうかとは関係なく成立する．

次に，テイラー展開を用いて

$$\begin{aligned} &L(Q, \dot{Q}, t) - L(q, \dot{q}, t) \\ &= \epsilon \sum_{i=1}^{N} \left(F_i(q, t) \underbrace{\frac{\partial L(q, \dot{q}, t)}{\partial q_i}}_{= \frac{\mathrm{d}}{\mathrm{d}t} \frac{\partial L(q, \dot{q}, t)}{\partial \dot{q}_i}} + \frac{\mathrm{d}}{\mathrm{d}t} F_i(q, t) \frac{\partial L(q, \dot{q}, t)}{\partial \dot{q}_i} \right) + O(\epsilon^2) \\ &= \epsilon \frac{\mathrm{d}}{\mathrm{d}t} \sum_{i=1}^{N} F_i(q, t) \frac{\partial L(q, \dot{q}, t)}{\partial \dot{q}_i} + O(\epsilon^2) \end{aligned} \tag{4.35}$$

と変形する．2行目に移る際にオイラー・ラグランジュ方程式を使っているの

で，この結果が正しいのは運動方程式の解に対してのみである．

式 (4.35) と式 (4.34) を等置すると以下を得る．

ネーターの定理

無限小変換が $Q_i(t) = q_i(t) + \epsilon F_i(q(t), t) + O(\epsilon^2)$ で与えられる連続対称性があるとき

$$\mathcal{Q} := \sum_{i=1}^{N} F_i(q(t), t) \frac{\partial L(q(t), \dot{q}(t), t)}{\partial \dot{q}_i(t)} - \Lambda(q(t), t) \tag{4.36}$$

が保存される．$\mathcal{Q}$ は**ネーター保存量**と呼ばれる．ただしラグランジアンの変化分 Λ は式 (4.34) で定義される．

これが対称性と保存量の 1 つ目の関係である．

特に $q(t)$ として位置ベクトル $\boldsymbol{r}(t)$ を採用した場合，点変換

$$r_i'^{\alpha}(t) = r_i^{\alpha}(t) + \epsilon F_i^{\alpha}(\boldsymbol{r}(t), t) \tag{4.37}$$

に対するネーター保存量は

$$\mathcal{Q} = \sum_{i=1}^{M} \sum_{\alpha=1}^{d} F_i^{\alpha}(\boldsymbol{r}(t), t) \frac{\partial L(\boldsymbol{r}(t), \dot{\boldsymbol{r}}(t), t)}{\partial \dot{r}_i^{\alpha}(t)} - \Lambda(\boldsymbol{r}(t), t) \tag{4.38}$$

と，$\sum_{i=1}^{N}$ を $\sum_{i=1}^{M} \sum_{\alpha=1}^{d}$ で置き換えた形になる．

以下では 4.2 節で見てきた連続対称性の例それぞれに対してネーター保存量を調べていこう．結果は表 4.1 にまとめた．ガリレイ対称性の保存量は章末演習問題とした．

4.4.2 例：空間並進対称性

4.2.3 項で見たように，空間並進の実数パラメータは変化分 $\boldsymbol{a}$ の各成分なのだった．そこで $a^{\alpha} = \epsilon$ とすると並進 $r_i'^{\beta} = r_i^{\beta} + \epsilon\delta^{\alpha\beta}$ は式 (4.37) で $F_i^{\beta} = \delta^{\alpha\beta}$ とした場合に対応する．またラグランジアンが $\dot{\boldsymbol{r}}_i(t)$ や $\boldsymbol{r}_i(t) - \boldsymbol{r}_j(t)$ だけの関

表 4.1　連続対称性と保存量の関係．d は空間次元を表す．位相回転対称性は 11.4 節の複素場の議論を参照のこと．

連続対称性	物理的な意味	ネーター保存量 $\mathcal{Q}$	群 G
空間並進対称性	空間の一様性	運動量 $\boldsymbol{P}$	$\mathbb{R}^d$
時間並進対称性	時間の一様性	エネルギー E	$\mathbb{R}$
空間回転対称性	空間の等方性	角運動量 $\boldsymbol{L}$	$\mathrm{SO}(d)$
スピン回転対称性	スピン空間の等方性	スピン角運動量 $\boldsymbol{S}$	$\mathrm{SO}(3)$
ガリレイ対称性	慣性系の取り替え	$\sum_{i=1}^{M} m_i \boldsymbol{r}_i(t) - t\boldsymbol{P}$	$\mathbb{R}^d$
位相回転対称性	波動関数の性質	粒子数 N または電荷 Q	$\mathrm{U}(1)$

数の場合には $f(\boldsymbol{r}(t), t) = 0$ なので，$\Lambda = 0$ となる．したがってネーター保存量は

$$\mathcal{Q}^\alpha = \sum_{i=1}^{M} \sum_{\beta=1}^{d} \underbrace{F_i^\beta}_{=\delta^{\alpha\beta}} \frac{\partial L}{\partial \dot{r}_i^\beta} - \underbrace{\Lambda}_{=0} = \sum_{i=1}^{M} \frac{\partial L}{\partial \dot{r}_i^\alpha} \tag{4.39}$$

となる．特に式 (2.1) のラグランジアンでポテンシャルが式 (2.18) のように $\boldsymbol{r}_i - \boldsymbol{r}_j$ の関数で与えられている場合，$\boldsymbol{\mathcal{Q}} = \sum_{i=1}^{M} m_i \dot{\boldsymbol{r}}_i$ となるが，これは**運動量**である．つまり，運動量は空間並進対称性に由来するネーター保存量であることが分かった．

4.4.3　例：空間回転対称性

α ($\alpha = x, y, z$) 軸周りの回転対称性を考える．式 (4.10)–(4.12) によれば，回転角 $\varphi_\alpha = \epsilon$ が小さいとき $r_i^\beta(t)$ は

$$r_i'^\beta(t) = r_i^\beta(t) - \epsilon \sum_{\gamma=1}^{3} \varepsilon^{\alpha\beta\gamma} r_i^\gamma(t) + O(\epsilon^2) \tag{4.40}$$

と変換される．これは式 (4.37) で $F_i^\beta = -\sum_{\gamma=1}^{3} \varepsilon^{\alpha\beta\gamma} r_i^\gamma$ とした場合に対応する．仮にラグランジアンが $\boldsymbol{r}_i$ や $\dot{\boldsymbol{r}}_i$ の内積だけを含む形で書かれていれば $f(\boldsymbol{r}(t), t) = 0$ なので，$\Lambda = 0$ である．したがって

$$\mathcal{Q}^\alpha = \sum_{i=1}^{M} \sum_{\beta=1}^{3} \underbrace{F_i^\beta}_{=-\sum_{\gamma=1}^{3} \varepsilon^{\alpha\beta\gamma} r_i^\gamma} \frac{\partial L}{\partial \dot{r}_i^\beta} - \underbrace{\Lambda}_{=0} = \sum_{i=1}^{M} \sum_{\beta,\gamma=1}^{3} \varepsilon^{\alpha\beta\gamma} r_i^\beta \frac{\partial L}{\partial \dot{r}_i^\gamma} \tag{4.41}$$

が保存される．2つ目の等号ではダミー変数である β と γ を入れ替えた．特に式 (2.1) のラグランジアンが回転対称性をもつ場合，$\boldsymbol{\mathcal{Q}} = \sum_{i=1}^{M} \boldsymbol{r}_i \times m_i \dot{\boldsymbol{r}}_i$ となるが，これは**角運動量**である．

p.15 で角運動量の保存を議論した際は，質点間の相互作用が強い意味での作用・反作用の法則を満たすと仮定したが，これがどのような場合に成立するのか不明だった．ポテンシャルが式 (2.19) の形で与えられ，内力は強い意味での作用・反作用の法則を満たし，外力が中心力となることは，実は系の回転対称性によって保証されていたのである．

4.4.4　例：スピン回転対称性 (*)

スピン回転対称性に対応するネーター保存量は，4.2.6 項の結果を用いて定義通りに計算すると，スピン自身となる[13]．

$$\mathcal{Q}^\alpha = s^\alpha \quad (\alpha = x, y, z). \tag{4.42}$$

計算が煩雑になるので導出は省略するが，ネーターの定理が空間座標の変換だけでなくスピンのような内部自由度の変換にまで適用可能で，対応する保存量があるということが大切である．

4.5　時間の変更を伴う対称性

これまで考えてきた変換では時間 t は変更せず，各時刻ごとに変数の変換を考えていた．以下では t の変更を伴う操作を議論するが，このような変換をこれまでと同様に扱おうとすると1つ問題が生じる．例えば時間並進対称性のもとで，$q_i(t)$ は

$$Q_i(t) = q_i(t - \epsilon) = q_i(t) - \epsilon \dot{q}_i(t) + O(\epsilon^2) \tag{4.43}$$

と変換するが，この式には $q(t)$ だけでなく $\dot{q}(t)$ も現れるため，点変換の枠を超

[13] 導出の際，$f(t)$ をうまく選んで定数項を調節している．

えてしまう．このため対称性の条件について考え直す必要が生じる [14]．

4.5.1　時間の変更を伴う変換

式 (2.28) を一般化した

$$t' = t'(q(t), t), \tag{4.44}$$

$$Q_i(t') = Q_i(q(t), t) \tag{4.45}$$

という変換を考えよう．この変換のもとでの対称性の条件は次のようになる [15]．

時間の変更を伴う場合の対称性の条件

式 (4.44), (4.45) の変換のもとでラグランジアンの変化分が高々不定性であるとき，この変換に対する**対称性をもつ**という．

$$\left|\frac{\mathrm{d}t'}{\mathrm{d}t}\right| L(Q(t'), \dot{Q}(t'), t') = L(q(t), \dot{q}(t), t) + \frac{\mathrm{d}}{\mathrm{d}t} f(q(t), t). \tag{4.46}$$

ただし $\dot{Q}_i(t') := \frac{\mathrm{d}Q_i(t')}{\mathrm{d}t'}$ と定義した．

この定義を正当化するために変換前後での作用の値を比較してみよう．簡単のため $\frac{\mathrm{d}t'}{\mathrm{d}t} > 0$ とするが，$\frac{\mathrm{d}t'}{\mathrm{d}t} < 0$ の場合も同様である．変換前の作用 $S[q]$ は区間 $t \in [t_\mathrm{i}, t_\mathrm{f}]$ で定義された関数 $q_i(t)$ $(i = 1, 2, \cdots, N)$ を用いて

$$S_{[t_\mathrm{i}, t_\mathrm{f}]}[q] := \int_{t_\mathrm{i}}^{t_\mathrm{f}} \mathrm{d}t\, L(q(t), \dot{q}(t), t) \tag{4.47}$$

と定義されていたのだった．ここでは端点の時刻を明示した．変換後の作用にも同じラグランジアンを用いるが，関数 $Q_i(t)$ $(i = 1, 2, \cdots, N)$ は，区間 $t \in [t'_\mathrm{i}, t'_\mathrm{f}]$ で定義されているため

---

[14] 例えば [5] の第 3 章の議論はこの点をきちんと取り扱っていないので注意を要する．

[15] この一般的な条件式はあまり見かけないが，和書では例えば [11] の 2–4 節に等価な議論がある．論文では例えば [13] の p.470 に無限小変換の場合の式がある．

$$S_{[t'_{\mathrm{i}},t'_{\mathrm{f}}]}[Q] = \int_{t'_{\mathrm{i}}}^{t'_{\mathrm{f}}} \mathrm{d}t\, L(Q(t), \dot{Q}(t), t) \tag{4.48}$$

となる．ただし $t'_{\mathrm{i}} := t'(q(t_{\mathrm{i}}),\, t_{\mathrm{i}}),\, t'_{\mathrm{f}} := t'(q(t_{\mathrm{f}}), t_{\mathrm{f}})$ とした．この定義のもとで変換後の作用は

$$\begin{aligned}
S_{[t'_{\mathrm{i}},t'_{\mathrm{f}}]}[Q] &= \int_{t'_{\mathrm{i}}}^{t'_{\mathrm{f}}} \mathrm{d}t' L(Q(t'), \dot{Q}(t'), t') = \int_{t_{\mathrm{i}}}^{t_{\mathrm{f}}} \mathrm{d}t\, \frac{\mathrm{d}t'}{\mathrm{d}t} L(Q(t'), \dot{Q}(t'), t') \\
&\underbrace{=}_{\text{式 (4.46)}} \int_{t_{\mathrm{i}}}^{t_{\mathrm{f}}} \mathrm{d}t \Big(L(q(t), \dot{q}(t), t) + \frac{\mathrm{d}}{\mathrm{d}t} f(q(t), t) \Big) \\
&= S_{[t_{\mathrm{i}},t_{\mathrm{f}}]}[q] + f(q(t_{\mathrm{f}}), t_{\mathrm{f}}) - f(q(t_{\mathrm{i}}), t_{\mathrm{i}})
\end{aligned} \tag{4.49}$$

となる．式 (4.49) の最初の等号は，式 (4.48) のダミー変数である t を t' へと変更しただけであり，2 つ目の等号では式 (4.44) に基づいて積分の変数を $t' = t'(t)$ から t へと変換した．この結果により，変分をとるときに一定に保たれる $q(t_{\mathrm{i}}), q(t_{\mathrm{f}})$ の関数を除いて $S_{[t'_{\mathrm{i}},t'_{\mathrm{f}}]}[Q]$ は元の作用 $S_{[t_{\mathrm{i}},t_{\mathrm{f}}]}[q]$ と一致するため，$q_i(t)$ が作用 $S_{[t_{\mathrm{i}},t_{\mathrm{f}}]}[q]$ を停留にするのならば，$Q_i(t)$ も作用 $S_{[t'_{\mathrm{i}},t'_{\mathrm{f}}]}[Q]$ を停留にすることが分かる．逆に式 (4.49) を対称性の条件とすることもできる．

4.5.2　時間の変更を伴う連続対称性とネーターの定理

系が時間 t の変更を伴う連続的対称性をもつと仮定しよう．式 (4.44), (4.45) の変換で，特に恒等変換の近傍の元を

$$t'(q(t), t) = t + \epsilon T(q(t), t) + O(\epsilon^2), \tag{4.50}$$

$$Q_i(t') = q_i(t) + \epsilon F_i(q(t), t) + O(\epsilon^2) \tag{4.51}$$

と書く．この場合のネーターの定理は次のようになる．

時間の変更を伴うネーターの定理

無限小変換が式 (4.50), (4.51) で与えられる連続対称性があるとき

$$\mathcal{Q} := \sum_{i=1}^{N} F_i(q(t), t) \frac{\partial L(q(t), \dot{q}(t), t)}{\partial \dot{q}_i(t)} - \Lambda(q(t), t)$$

$$- T(q(t),t)\left(\sum_{i=1}^{N}\dot{q}_i(t)\frac{\partial L(q(t),\dot{q}(t),t)}{\partial \dot{q}_i(t)} - L(q(t),\dot{q}(t),t)\right) \quad (4.52)$$

が保存される．ただし Λ は式 (4.55) で定義される．

時間の変更を伴わない場合の式 (4.36) は $T(q(t),t)=0$ の場合に対応する．

◉時間の変更を伴うネーターの定理の証明 (*)

これを示すために，やはりラグランジアンの変化分を 2 通りの方法で計算しよう．まずテイラー展開を用いて，ラグランジアンの $t' = t + \epsilon T(q(t),t) + O(\epsilon^2)$ での値を

$$\begin{aligned}
&L(Q(t'),\dot{Q}(t'),t') \\
&= L(Q(t),\dot{Q}(t),t) + \epsilon T(q(t),t)\frac{\mathrm{d}}{\mathrm{d}t}L(Q(t),\dot{Q}(t),t) + O(\epsilon^2)
\end{aligned} \quad (4.53)$$

と近似すると，対称性の条件式 (4.46) の左辺は

$$\begin{aligned}
&\frac{\mathrm{d}t'}{\mathrm{d}t}L(Q(t'),\dot{Q}(t'),t') \\
&= \left(1 + \epsilon\frac{\mathrm{d}}{\mathrm{d}t}T(q(t),t) + O(\epsilon^2)\right) \\
&\quad \times \left(L(Q(t),\dot{Q}(t),t) + \epsilon T(q(t),t)\frac{\mathrm{d}}{\mathrm{d}t}L(Q(t),\dot{Q}(t),t) + O(\epsilon^2)\right) \\
&= L(Q(t),\dot{Q}(t),t) + \epsilon\frac{\mathrm{d}}{\mathrm{d}t}\Big(T(q(t),t)L(q(t),\dot{q}(t),t)\Big) + O(\epsilon^2)
\end{aligned} \quad (4.54)$$

と書き直すことができる．ただし最後の行に移る際，$Q_i(t)$と$q_i(t)$の違いは高々$O(\epsilon)$なので，すでにϵが係数にかかっている項の中では$Q_i(t)$と$q_i(t)$を区別する必要がないことを用いた．さらに右辺では

$$f(q(t),t) = \epsilon\Lambda(q(t),t) + O(\epsilon^2) \quad (4.55)$$

と近似することで，式 (4.46) を同時刻でのラグランジアンの差の形

$$L(Q(t),\dot{Q}(t),t) - L(q(t),\dot{q}(t),t)$$

$$= \epsilon \frac{\mathrm{d}}{\mathrm{d}t}\Big(\Lambda(q(t),t) - T(q(t),t)L(q(t),\dot{q}(t),t)\Big) + O(\epsilon^2) \tag{4.56}$$

にまとめることができる [16]．この式は時間の変更を伴わない場合の式 (4.34) の自然な拡張になっている．

一方，式 (4.50), (4.51) の変換のもとで，同時刻で比較した $Q_i(t)$, $\dot{Q}_i(t)$ の変化分は

$$Q_i(t) = q_i(t) + \epsilon\big(F_i(q(t),t) - T(q(t),t)\dot{q}_i(t)\big) + O(\epsilon^2), \tag{4.57}$$

$$\dot{Q}_i(t) = \dot{q}_i(t) + \epsilon\frac{\mathrm{d}}{\mathrm{d}t}\big(F_i(q(t),t) - T(q(t),t)\dot{q}_i(t)\big) + O(\epsilon^2) \tag{4.58}$$

と表される．この変換のもとでのラグランジアンの変化分は，式 (4.35) の変形と同様にして

$$\begin{aligned} &L(Q(t),\dot{Q}(t),t) - L(q(t),\dot{q}(t),t) \\ &= \epsilon\frac{\mathrm{d}}{\mathrm{d}t}\left(\sum_{i=1}^{N}\Big(F_i(q(t),t) - T(q(t),t)\dot{q}_i(t)\Big)\frac{\partial L(q(t),\dot{q}(t),t)}{\partial \dot{q}_i(t)}\right) + O(\epsilon^2) \end{aligned} \tag{4.59}$$

となる．これを式 (4.56) と比較すれば定理を得る．

4.5.3　例：時間並進対称性

時間並進は

$$t' = t + \epsilon, \tag{4.60}$$

$$Q_i(t') = q_i(t) \tag{4.61}$$

と定義される．これは $T(q(t),t) = 1$, $F_i(q(t),t) = 0$ の場合である．このとき $\dot{Q}_i(t') = \frac{\mathrm{d}Q_i(t')}{\mathrm{d}t'} = \frac{\mathrm{d}q_i(t)}{\mathrm{d}t} = \dot{q}_i(t)$ となるため，対称性の条件式 (4.46) は次の

---

[16] [1] 3.2.3 項では $\sum_{i=1}^{N}\left(\frac{\partial L}{\partial q_i}F_i + \frac{\partial L}{\partial \dot{q}_i}\dot{F}_i\right) = \frac{\mathrm{d}\Lambda}{\mathrm{d}t} - \frac{\partial L}{\partial t}T + E\frac{\mathrm{d}T}{\mathrm{d}t}$, $E \coloneqq \sum_{i=1}^{N}\frac{\partial L}{\partial \dot{q}_i}\dot{q}_i - L$ という対称性の条件を導いているが，この式は式 (4.56) と運動方程式の分違うのみであり，ネーターの定理という観点からは等価である．

ようになる．

時間並進対称性の条件
系が**時間並進対称性**をもつための条件は

$$L(q(t), \dot{q}(t), t+\epsilon) = L(q(t), \dot{q}(t), t) + \frac{\mathrm{d}}{\mathrm{d}t} f(q(t), t), \tag{4.62}$$

つまり（不定性を除いて）ラグランジアンが陽に t に依存しないこと．

$f(q,t)=0$ のとき，時間並進対称性に対応するネーター保存量は

$$\mathcal{Q} = -E(t), \tag{4.63}$$

$$E(t) := \sum_{i=1}^{N} \dot{q}_i(t) \frac{\partial L(q(t), \dot{q}(t), t)}{\partial \dot{q}_i(t)} - L(q(t), \dot{q}(t), t) \tag{4.64}$$

であり，これは符号を除いて**エネルギー**である．ラグランジアンが t に陽に依存しない場合にこの量が保存されることはすでに 1.5.1 項で個別に議論したが，このようにネーターの定理の一般論からも理解できる．

時間並進対称性は**時間の一様性**を反映している．どの時刻も特別ではなく，いつ実験しても同じ結果が得られることを意味する．

4.5.4 例：時間反転対称性

今度は時間に関する離散的な対称性を考える．**時間反転**は

$$t' = -t, \tag{4.65}$$

$$Q_i(t') = q_i(t) \tag{4.66}$$

と定義される．このとき $\dot{Q}_i(t') = \frac{\mathrm{d}Q_i(t')}{\mathrm{d}t'} = -\frac{\mathrm{d}q_i(t)}{\mathrm{d}t} = -\dot{q}_i(t)$ となる．したがって対称性の条件式 (4.46) は次のようになる．

時間反転対称性の条件

系が**時間反転対称性**をもつための条件は

$$L(q(t), -\dot{q}(t), -t) = L(q(t), \dot{q}(t), t) + \frac{\mathrm{d}}{\mathrm{d}t} f(q(t), t), \tag{4.67}$$

つまり（不定性を除いて）ラグランジアンが $\dot{q}(t)$ や t の偶関数であること．

例えばポテンシャルが時間に陽に依存しない場合，ニュートン力学のラグランジアン (2.1) には時間反転対称性がある．

一方，例えば一様な外部磁場がかかっている場合には，ベクトルポテンシャルを $\boldsymbol{A}(\boldsymbol{r}, t) = \boldsymbol{B} \times \boldsymbol{r}/2$ として，式 (2.71) のラグランジアンには

$$\sum_{i=1}^{M} e_i \dot{\boldsymbol{r}}_i(t) \cdot \boldsymbol{A}(\boldsymbol{r}_i(t), t) = \sum_{i=1}^{M} \frac{e_i}{2} \boldsymbol{B} \cdot \boldsymbol{r}_i(t) \times \dot{\boldsymbol{r}}_i(t) \tag{4.68}$$

という項が含まれるため，時間反転対称性は破れる．

時間反転対称性は，運動の様子を録画しておいて逆再生したとしても，その逆再生した運動が物理法則を満たすことを意味する．ポテンシャルが時間に陽に依存せず，外部磁場などもかかっていない場合，ミクロなレベルではこの対称性は確かに存在する．しかし，例えば2つの液体が混じり合う状況など，マクロな自由度を含んだ系では逆再生（この例では，混ざっていた液体が別々に分かれる）は現実には起きない．巨視的な系ではエントロピーが増大する方向に向かってのみ時間が流れる．ミクロなレベルに存在する時間反転対称性が，マクロな個数の自由度が集まったときにいかにして破れるかのメカニズムを問う問題は**時間の矢**の問題として知られている．

4.6　隠れた対称性

4.5節の時間の変更を伴う対称性の取り扱いは多少込み入っていた．より簡便な方法を議論するために，点変換より一般的な座標変換を考えてみよう．

隠れた対称性

$Q_i(t) = q_i(t) + \epsilon \tilde{F}_i(q(t), \dot{q}(t), t) + O(\epsilon^2)$ という一般化された変換に対するラグランジアンの変化分が，オイラー・ラグランジュ方程式を使わずに

$$L(Q(t), \dot{Q}(t), t) - L(q(t), \dot{q}(t), t) = \epsilon \frac{\mathrm{d}}{\mathrm{d}t} \tilde{\Lambda}(q(t), \dot{q}(t), t) + O(\epsilon^2) \quad (4.69)$$

と書けるとき

$$\tilde{\mathcal{Q}} := \sum_{i=1}^{N} \tilde{F}_i(q(t), \dot{q}(t), t) \frac{\partial L(q(t), \dot{q}(t), t)}{\partial \dot{q}_i(t)} - \tilde{\Lambda}(q(t), \dot{q}(t), t) \quad (4.70)$$

が保存される．$\tilde{F}_i$ や $\tilde{\Lambda}$ は $\dot{q}_i$ に陽に依存しても構わない．この変換は必ずしも時空間の並進や回転に対する性質とは関係しない偶発的なものであってもよく，その場合は**隠れた対称性**と呼ばれる．

これを導出するには，ネーターの定理のときとまったく同じように，式 (4.69) の左辺をオイラー・ラグランジュ方程式を用いて時間微分の形に書き換えればよい[17]．ハミルトン形式では正準変換という点変換より広いクラスの変換を考えるが，その対称性のなかにはラグランジュ形式では隠れた対称性として扱わなければならないものも多く含まれる（第 8 章）．

4.6.1 エネルギー保存

式 (4.61) の時間並進を同時刻の変換に書き直して $Q_i(t) = q_i(t-\epsilon) = q_i(t) - \epsilon \dot{q}_i(t) + O(\epsilon^2)$，つまり $\tilde{F}_i = -\dot{q}_i$ という変換を考えると，

$$L(Q_i, \dot{Q}_i, t) - L(q_i, \dot{q}_i, t) = -\epsilon \Big(\frac{\partial L(q_i, \dot{q}_i, t)}{\partial q_i} \dot{q}_i + \frac{\partial L(q_i, \dot{q}_i, t)}{\partial \dot{q}_i} \ddot{q}_i \Big) + O(\epsilon^2)$$

---

[17] 新変数に対するラグランジアン $\tilde{L}(Q, \dot{Q}, \ddot{Q}, t)$ は，$L(q, \dot{q}, t)$ に変換を逆に解いた $q_i = Q_i - \epsilon \tilde{F}_i(Q, \dot{Q}, t) + O(\epsilon^2)$ および $\dot{q}_i = \dot{Q}_i - \epsilon \sum_{j=1}^{N} \frac{\partial \tilde{F}_i(Q, \dot{Q}, t)}{\partial Q_j} \dot{Q}_j - \epsilon \sum_{j=1}^{N} \frac{\partial \tilde{F}_i(Q, \dot{Q}, t)}{\partial \dot{Q}_j} \ddot{Q}_j - \epsilon \frac{\partial \tilde{F}_i(Q, \dot{Q}, t)}{\partial t} + O(\epsilon^2)$ を代入することで得られる．これは $\ddot{Q}_i$ に依存するため，オイラー・ラグランジュ方程式は共変とならない．

$$= -\epsilon \frac{\mathrm{d}L(q_i, \dot{q}_i, t)}{\mathrm{d}t} + \epsilon \frac{\partial L(q_i, \dot{q}_i, t)}{\partial t} + O(\epsilon^2). \tag{4.71}$$

したがって，ラグランジアンが陽に時間に依存しないならば $\tilde{\Lambda} = -L$ として式 (4.69) が成立する．この場合の保存量は式 (4.64) のエネルギーに他ならない．

多くの教科書ではエネルギー保存をこの議論によって取り扱っているが，これを通常のネーターの定理の一例と考えると $\tilde{F}_i$ や $\tilde{\Lambda}$ が $\dot{q}$ に依存する点が混乱を招くため，本書では明確に区別した．

4.6.2　2次元調和振動子

より非自明な例を見るために，4.3.3 項の 2 次元調和振動子を考えよう．

$$x'(t) = x(t) + \epsilon\dot{x}(t), \quad y'(t) = y(t) - \epsilon\dot{y}(t) \tag{4.72}$$

という変換に対して，ラグランジアン $L = \frac{m}{2}(\dot{x}^2 + \dot{y}^2) - \frac{k}{2}(x^2 + y^2)$ の変化分は

$$L(x', y', \dot{x}', \dot{y}') - L(x, y, \dot{x}, \dot{y}) = \epsilon m(\dot{x}\ddot{x} - \dot{y}\ddot{y}) - \epsilon k(x\dot{x} - y\dot{y}) + O(\epsilon^2) \tag{4.73}$$

となるが，右辺は運動方程式を使わずに $\tilde{\Lambda} = \frac{m}{2}(\dot{x}^2 - \dot{y}^2) - \frac{k}{2}(x^2 - y^2)$ の時間微分に ϵ をかけた形にまとめることができる．したがって

$$\tilde{Q}' = \frac{m}{2}(\dot{x}^2 - \dot{y}^2) + \frac{k}{2}(x^2 - y^2) \tag{4.74}$$

が保存される．また別の変換

$$x'(t) = x(t) + \epsilon\dot{y}(t), \quad y'(t) = y(t) + \epsilon\dot{x}(t) \tag{4.75}$$

に対して，ラグランジアンの変化分は

$$L(x', y', \dot{x}', \dot{y}') - L(x, y, \dot{x}, \dot{y}) = \epsilon m(\dot{x}\ddot{y} + \dot{y}\ddot{x}) - \epsilon k(x\dot{y} + y\dot{x}) + O(\epsilon^2) \tag{4.76}$$

となるが，右辺は運動方程式を使わずに $\tilde{\Lambda} = m\dot{x}\dot{y} - kxy$ の時間微分に ϵ をかけた形にまとめることができる．したがって

$$\tilde{Q}'' = m\dot{x}\dot{y} + kxy \tag{4.77}$$

が保存される．

ここで得た保存量 $\tilde{Q}'$, $\tilde{Q}''$ は，それぞれ系のラグランジアンを式 (4.29) の L', L'' に選んだ場合のエネルギーに他ならないが，L にとっては時空間の対称性と直接は結び付かないため隠れた対称性と理解できる．隠れた対称性の別の例を章末演習問題で見る．

4.7　ハミルトンの主関数と保存則

これまで対称性やネーターの定理を論じる際に作用の不変性を強調してきたが，この意味についてもう一段踏み込んだ考察をしてみよう．

4.7.1　ハミルトンの主関数

ハミルトンの主関数

$q(t)$ をオイラー・ラグランジュ方程式 (1.33) の解とすると，ハミルトンの主関数は

$$S(q(t_\mathrm{f}), q(t_\mathrm{i}), t_\mathrm{f}, t_\mathrm{i}) := \int_{t_\mathrm{i}}^{t_\mathrm{f}} \mathrm{d}t\, L(q(t), \dot{q}(t), t) \tag{4.78}$$

と定義される．

オイラー・ラグランジュ方程式の解は端点の時刻 t_f, t_i と端点の座標 $q(t_\mathrm{f})$, $q(t_\mathrm{i})$ の関数なので，上記の積分結果もこれらの関数になる．見かけ上は作用 $S[q]$ と似ているが，まったくの別物である．作用は $t \in [t_\mathrm{i}, t_\mathrm{f}]$ の任意の関数 $q_i(t)$ に対して定義される汎関数である一方，ハミルトンの主関数は汎関数ですらないことに注意する．8.3 節で見るようにハミルトンの主関数はハミルトン・ヤコ

ビ方程式の議論でも重要になる.

4.7.2　例：自由質点

1 つの自由な質点を考えよう．ラグランジアンは $L(q,\dot{q},t)=\frac{m}{2}\dot{q}^2$ で与えられる．オイラー・ラグランジュ方程式は $\ddot{q}=0$ であり，端点の条件を満たす解は

$$q(t)=q(t_\mathrm{i})+\bigl(q(t_\mathrm{f})-q(t_\mathrm{i})\bigr)\frac{t-t_\mathrm{i}}{t_\mathrm{f}-t_\mathrm{i}} \tag{4.79}$$

である．したがってハミルトンの主関数は

$$S(q(t_\mathrm{f}),q(t_\mathrm{i}),t_\mathrm{f},t_\mathrm{i})=\int_{t_\mathrm{i}}^{t_\mathrm{f}}\mathrm{d}t\,L(q(t),\dot{q}(t),t)=\frac{m}{2}\frac{(q(t_\mathrm{f})-q(t_\mathrm{i}))^2}{t_\mathrm{f}-t_\mathrm{i}} \tag{4.80}$$

と求まる.

4.7.3　例：調和振動子

次に調和振動子を考えよう．ラグランジアンは $L(q,\dot{q},t)=\frac{m}{2}\dot{q}^2-\frac{m\omega^2}{2}q^2$ で与えられる．オイラー・ラグランジュ方程式は $\ddot{q}=-\omega^2 q$ なので，端点の条件を満たす解は

$$q(t)=q(t_\mathrm{i})\cos(\omega(t-t_\mathrm{i}))+\Bigl(q(t_\mathrm{f})-q(t_\mathrm{i})\cos(\omega(t_\mathrm{f}-t_\mathrm{i}))\Bigr)\frac{\sin(\omega(t-t_\mathrm{i}))}{\sin(\omega(t_\mathrm{f}-t_\mathrm{i}))} \tag{4.81}$$

である．したがってハミルトンの主関数は

$$\begin{aligned}S(q(t_\mathrm{f}),q(t_\mathrm{i}),t_\mathrm{f},t_\mathrm{i})&=\int_{t_\mathrm{i}}^{t_\mathrm{f}}\mathrm{d}t\,L(q(t),\dot{q}(t),t)\\&=\frac{m\omega}{2}\frac{(q(t_\mathrm{f})^2+q(t_\mathrm{i})^2)\cos(\omega(t_\mathrm{f}-t_\mathrm{i}))-2q(t_\mathrm{f})q(t_\mathrm{i})}{\sin(\omega(t_\mathrm{f}-t_\mathrm{i}))}\end{aligned} \tag{4.82}$$

と求まる.

4.7.4　ハミルトンの主関数の偏微分

ハミルトンの主関数 $S(q(t_\mathrm{f}),q(t_\mathrm{i}),t_\mathrm{f},t_\mathrm{i})$ の偏微分を計算しよう．このため，まず $i=1,2,\ldots,N$ の中の任意の 1 つを i_0 とし，$q_{i_0}(t_\mathrm{f})$ だけを ϵ 変化させ

てみる．オイラー・ラグランジュ方程式の解は始点と終点の座標の関数なので，$q_{i_0}(t_{\rm f})$ を変化させると $q_1(t),\cdots,q_N(t)$ すべての関数形が変化しうることに注意する．式 (4.79) や式 (4.81) の具体例を見ると納得できるだろう．新しい関数と元の関数の同時刻で比較した変化分を $\delta q_i(t) \coloneqq Q_i(t)-q_i(t)$ と書くと，定義により $\delta q_i(t_{\rm f})=\delta_{i,i_0}\epsilon$ である．したがってオイラー・ラグランジュ方程式を導いた式 (1.31) の変形と同様にして

$$
\begin{aligned}
&S(q(t_{\rm f})+\delta_{i,i_0}\epsilon, q(t_{\rm i}), t_{\rm f}, t_{\rm i}) - S(q(t_{\rm f}), q(t_{\rm i}), t_{\rm f}, t_{\rm i})\\
&= \int_{t_{\rm i}}^{t_{\rm f}} {\rm d}t \big(L(q+\delta q, \dot q+\delta\dot q, t) - L(q,\dot q,t)\big)\\
&= \int_{t_{\rm i}}^{t_{\rm f}} {\rm d}t \sum_{i=1}^{N} \left(\delta q_i \frac{\partial L(q,\dot q,t)}{\partial q_i} + \frac{\rm d}{{\rm d}t}\delta q_i \frac{\partial L(q,\dot q,t)}{\partial \dot q_i}\right) + O(\epsilon^2)\\
&= \int_{t_{\rm i}}^{t_{\rm f}} {\rm d}t \sum_{i=1}^{N} \delta q_i \underbrace{\left(\frac{\partial L(q,\dot q,t)}{\partial q_i} - \frac{\rm d}{{\rm d}t}\frac{\partial L(q,\dot q,t)}{\partial \dot q_i}\right)}_{=0}\\
&\quad + \sum_{i=1}^{N} \underbrace{\delta q_i(t_{\rm f})}_{=\delta_{i,i_0}\epsilon} \frac{\partial L(q,\dot q,t)}{\partial \dot q_i}\bigg|_{t=t_{\rm f}} - \sum_{i=1}^{N} \underbrace{\delta q_i(t_{\rm i})}_{=0} \frac{\partial L(q,\dot q,t)}{\partial \dot q_i}\bigg|_{t=t_{\rm i}} + O(\epsilon^2)\\
&= \epsilon \frac{\partial L(q,\dot q,t)}{\partial \dot q_{i_0}}\bigg|_{t=t_{\rm f}} + O(\epsilon^2)
\end{aligned}
\tag{4.83}
$$

となる．最後の行への変形ではオイラー・ラグランジュ方程式を用いた．この結果は

$$
\frac{\partial S(q(t_{\rm f}), q(t_{\rm i}), t_{\rm f}, t_{\rm i})}{\partial q_i(t_{\rm f})} = \frac{\partial L(q,\dot q,t)}{\partial \dot q_i}\bigg|_{t=t_{\rm f}} \quad ({}^\forall i=1,2,\cdots,N) \tag{4.84}
$$

を意味する．

次に $t_{\rm f}$ だけを ϵ 変化させてみる．このとき $\delta q_i(t_{\rm i})$ は 0 だが，$\delta q_i(t_{\rm f})$ の取り扱いには注意が必要である．新しい関数 $Q_i(t)$ は $t\in[t_{\rm i}, t_{\rm f}+\epsilon]$ で定義されている．元々は時刻 $t=t_{\rm f}$ に $q(t_{\rm f})$ に辿り着いていたが，今度は時刻 $t=t_{\rm f}+\epsilon$ になってはじめて $q(t_{\rm f})$ に辿り着くため，$Q_i(t_{\rm f}+\epsilon)=q(t_{\rm f})$ である．この左辺を $Q_i(t_{\rm f}+\epsilon)=Q_i(t_{\rm f})+\epsilon\dot Q_i(t_{\rm f})+O(\epsilon^2)$ とテイラー展開し，

$\delta q_i(t_\mathrm{f}) := Q_i(t_\mathrm{f}) - q_i(t_\mathrm{f})$ という同時刻の変化分の定義と $\dot{Q}_i(t_\mathrm{f}) - \dot{q}_i(t_\mathrm{f}) = O(\epsilon)$ であることを使うと

$$\delta q_i(t_\mathrm{f}) = -\epsilon \dot{q}_i(t_\mathrm{f}) + O(\epsilon^2) \tag{4.85}$$

を得る．したがって

$$\begin{aligned}
&S(q(t_\mathrm{f}), q(t_\mathrm{i}), t_\mathrm{f}+\epsilon, t_\mathrm{i}) - S(q(t_\mathrm{f}), q(t_\mathrm{i}), t_\mathrm{f}, t_\mathrm{i}) \\
&= \int_{t_\mathrm{f}}^{t_\mathrm{f}+\epsilon} \mathrm{d}t\, L(q+\delta q, \dot{q}+\delta\dot{q}, t) + \int_{t_\mathrm{i}}^{t_\mathrm{f}} \mathrm{d}t \big(L(q+\delta q, \dot{q}+\delta\dot{q}, t) - L(q, \dot{q}, t) \big) \\
&= \int_{t_\mathrm{f}}^{t_\mathrm{f}+\epsilon} \mathrm{d}t\, L(q, \dot{q}, t) + \int_{t_\mathrm{i}}^{t_\mathrm{f}} \mathrm{d}t \sum_{i=1}^{N} \delta q_i \underbrace{\left(\frac{\partial L(q,\dot{q},t)}{\partial q_i} - \frac{\mathrm{d}}{\mathrm{d}t} \frac{\partial L(q,\dot{q},t)}{\partial \dot{q}_i} \right)}_{=0} \\
&\quad + \sum_{i=1}^{N} \underbrace{\delta q_i(t_\mathrm{f})}_{=-\epsilon\dot{q}_i(t_\mathrm{f})} \frac{\partial L(q,\dot{q},t)}{\partial \dot{q}_i}\bigg|_{t=t_\mathrm{f}} - \sum_{i=1}^{N} \underbrace{\delta q_i(t_\mathrm{i})}_{=0} \frac{\partial L(q,\dot{q},t)}{\partial \dot{q}_i}\bigg|_{t=t_\mathrm{i}} + O(\epsilon^2) \\
&= -\epsilon \left(\sum_{i=1}^{N} \dot{q}_i \frac{\partial L(q,\dot{q},t)}{\partial \dot{q}_i} - L(q,\dot{q},t) \right)\bigg|_{t=t_\mathrm{f}} + O(\epsilon^2).
\end{aligned} \tag{4.86}$$

この結果は

$$\frac{\partial S(q(t_\mathrm{f}), q(t_\mathrm{i}), t_\mathrm{f}, t_\mathrm{i})}{\partial t_\mathrm{f}} = -\left(\sum_{i=1}^{N} \dot{q}_i \frac{\partial L(q,\dot{q},t)}{\partial \dot{q}_i} - L(q,\dot{q},t) \right)\bigg|_{t=t_\mathrm{f}} \tag{4.87}$$

を意味する．

同様に $q_{i_0}(t_\mathrm{i})$ や t_i を変化させた場合を考えると

$$\frac{\partial S(q(t_\mathrm{f}), q(t_\mathrm{i}), t_\mathrm{f}, t_\mathrm{i})}{\partial q_i(t_\mathrm{i})} = -\frac{\partial L(q,\dot{q},t)}{\partial \dot{q}_i}\bigg|_{t=t_\mathrm{i}} \quad ({}^\forall i = 1, 2, \cdots, N), \tag{4.88}$$

$$\frac{\partial S(q(t_\mathrm{f}), q(t_\mathrm{i}), t_\mathrm{f}, t_\mathrm{i})}{\partial t_\mathrm{i}} = \left(\sum_{i=1}^{N} \dot{q}_i \frac{\partial L(q,\dot{q},t)}{\partial \dot{q}_i} - L(q,\dot{q},t) \right)\bigg|_{t=t_\mathrm{i}} \tag{4.89}$$

が導かれる．

4.7.5　主関数を用いたネーターの定理の証明 (*)

4.4 節および 4.5.2 項で導いたネーターの定理は，対称性の変換のもとでの作用の不変性に基づいても証明することができる．ここでは時間の変更を伴う一般的な変換（式 (4.50), (4.51)）を考えよう．作用の変換に対する式 (4.49) の結果をハミルトンの主関数に翻訳すると

$$S(Q(t'_{\mathrm{f}}), Q(t'_{\mathrm{i}}), t'_{\mathrm{f}}, t'_{\mathrm{i}}) = S(q(t_{\mathrm{f}}), q(t_{\mathrm{i}}), t_{\mathrm{f}}, t_{\mathrm{i}}) + f(q(t_{\mathrm{f}}), t_{\mathrm{f}}) - f(q(t_{\mathrm{i}}), t_{\mathrm{i}}) \tag{4.90}$$

となる．式 (4.50), (4.51) で $t = t_{\mathrm{f}}$, t_{i} としたものを左辺に代入して ϵ についてテイラー展開すると

$$\begin{aligned} &S\big(q(t_{\mathrm{f}}) + \epsilon F(t_{\mathrm{f}}), q(t_{\mathrm{i}}) + \epsilon F(t_{\mathrm{i}}), t_{\mathrm{f}} + \epsilon T(t_{\mathrm{f}}), t_{\mathrm{i}} + \epsilon T(t_{\mathrm{i}})\big) \\ &= S + \sum_{i=1}^{N} \epsilon F_i(t_{\mathrm{f}}) \frac{\partial S}{\partial q_i(t_{\mathrm{f}})} + \sum_{i=1}^{N} \epsilon F_i(t_{\mathrm{i}}) \frac{\partial S}{\partial q_i(t_{\mathrm{i}})} + \epsilon T(t_{\mathrm{f}}) \frac{\partial S}{\partial t_{\mathrm{f}}} + \epsilon T(t_{\mathrm{i}}) \frac{\partial S}{\partial t_{\mathrm{i}}} \end{aligned} \tag{4.91}$$

となる[18]．この主関数 S の偏微分に式 (4.84), (4.87)–(4.89) の表式を代入し，式 (4.90) 右辺の $f(q(t), t)$ には式 (4.55) を用いて，$O(\epsilon)$ の項を整理すると

$$\begin{aligned} &\left(\sum_{i=1}^{N} F_i \frac{\partial L}{\partial \dot{q}_i} - \Lambda - T\Big(\sum_{i=1}^{N} \dot{q}_i \frac{\partial L}{\partial \dot{q}_i} - L \Big) \right) \Bigg|_{t=t_{\mathrm{f}}} \\ &= \left(\sum_{i=1}^{N} F_i \frac{\partial L}{\partial \dot{q}_i} - \Lambda - T\Big(\sum_{i=1}^{N} \dot{q}_i \frac{\partial L}{\partial \dot{q}_i} - L \Big) \right) \Bigg|_{t=t_{\mathrm{i}}} \end{aligned} \tag{4.92}$$

とまとめられる．これは式 (4.52) の Q の値が初期時刻 t_{i} と終端時刻 t_{f} で同一であること，つまり保存されることを意味している．

---

[18] 式が長くなるので $O(\epsilon^2)$ を無視し，$T(q(t), t)$, $F_i(q(t), t)$ を $T(t)$, $F_i(t)$ などと略記した．

4.8 章末演習問題

問題1 ネーター保存量

ラグランジアンが定数ベクトル $\boldsymbol{F}_i$ とポテンシャル $V(\boldsymbol{r})$ を用いて

$$L(\boldsymbol{r}(t), \dot{\boldsymbol{r}}(t), t) = \sum_{i=1}^{M} \left(\frac{1}{2} m_i \dot{\boldsymbol{r}}_i(t)^2 + \boldsymbol{F}_i \cdot \boldsymbol{r}_i(t) \right) - \frac{1}{2} \sum_{i,j=1}^{M} V\big(\boldsymbol{r}_i(t) - \boldsymbol{r}_j(t)\big) \tag{4.93}$$

と表される系を考える．$\boldsymbol{F}_i$ は重力 $m_i \boldsymbol{g}$ と考えても一様電場 $e_i \boldsymbol{E}$ と考えてもよい．

(1) 並進 $\boldsymbol{r}'_i(t) = \boldsymbol{r}_i(t) + \boldsymbol{a}$ に対して式 (4.7) が成立すること示し，$f(t)$ を求めよ．

(2) (1) の対称性に対応するネーター保存量を求め，運動方程式を用いてこの量が保存されることを確かめよ．

(3) ガリレイ変換 $\boldsymbol{r}'_i(t) = \boldsymbol{r}_i(t) - \boldsymbol{v}_0 t$ に対して式 (4.16) が成立すること示し，$f(t)$ を求めよ．

(4) (3) のガリレイ対称性のネーター保存量を求め，運動方程式を用いてこの量が保存されることを確かめよ．

問題2 直線運動

$L(\boldsymbol{r}(t), \dot{\boldsymbol{r}}(t), t) = \sqrt{\dot{\boldsymbol{r}}(t) \cdot \dot{\boldsymbol{r}}(t)}$ というラグランジアンを考える．

(1) このラグランジアンは，並進対称性と回転対称性をもつが，ガリレイ対称性をもたないことを示せ．

(2) オイラー・ラグランジュ方程式を書き下せ．

(3) $\boldsymbol{v}_0, \boldsymbol{r}_0$ を定数, $\tau(t)$ を t の任意関数（ただし $\dot{\tau} > 0$）として $\boldsymbol{r} = \boldsymbol{v}_0 \tau(t) + \boldsymbol{r}_0$ が (2) の解であることを示せ．

(4) $t' = \tau(t)$, $\boldsymbol{r}'(t') = \boldsymbol{r}(t)$ という変換に対する対称性をもつことを示せ．

この場合，作用は曲線としての軌跡の長さを表しており，それを最小にするのは当然直線である．しかし (4) の対称性から速さは不定であり必ずしも等速運動にはならない[19]．これで等速直線運動を導くにはガリレイ対称性も必要であることが確認できた．

問題3 対称性に基づくラグランジアンの決定

M 個の質点間に相互作用があり，この他に外力が働いていない状況を考えよう．ラグランジアンは空間並進対称性，時間並進対称性，空間回転対称性，ガリレイ対称性をもつとする．このとき，ラグランジアンは式 (2.1) でポテンシャルを式 (2.19) のように $|\boldsymbol{r}_i - \boldsymbol{r}_j|$ の関数としたものの他にどのようなものがあるだろうか．ただしラグランジアンの不定性として $f(\boldsymbol{r}, t)$ に吸収できる分の違いは無視する．

問題4 ルンゲ・レンツベクトル

質量 m をもつ 1 つの質点がポテンシャル $U(\boldsymbol{r}) = -k/r$ (ただし $r := |\boldsymbol{r}|$) を受けて 3 次元空間を運動している．このポテンシャルは例えば重力ポテンシャル ($k = GMm$) やクーロンポテンシャル ($k = \frac{ee'}{4\pi\varepsilon_0}$) と解釈できる．運動エネルギーを $K(\dot{\boldsymbol{r}}) := m\dot{\boldsymbol{r}}^2/2$ とすると，この系のラグランジアンは

$$L(\boldsymbol{r}, \dot{\boldsymbol{r}}) = K(\dot{\boldsymbol{r}}) - U(\boldsymbol{r}) = \frac{m}{2}\dot{\boldsymbol{r}}^2 + \frac{k}{r} \tag{4.94}$$

で与えられる．

(1) $\boldsymbol{\epsilon}$ をパラメータとする $\boldsymbol{r}' = \boldsymbol{r} + \boldsymbol{\epsilon} \times \boldsymbol{r}$ という変換に対してラグランジアンの変化量が $O(\epsilon^2)$ であることを示し，対応する保存量が角運動量 $\boldsymbol{L} = m\boldsymbol{r} \times \dot{\boldsymbol{r}}$ となることを示せ．

(2) $\boldsymbol{\epsilon}$ をパラメータとする $\boldsymbol{r}' = \boldsymbol{r} + 2m(\boldsymbol{\epsilon} \cdot \boldsymbol{r})\dot{\boldsymbol{r}} - m(\boldsymbol{r} \cdot \dot{\boldsymbol{r}})\boldsymbol{\epsilon} - m(\boldsymbol{\epsilon} \cdot \dot{\boldsymbol{r}})\boldsymbol{r}$ という変換に対する運動エネルギーの変化分が

$$K(\dot{\boldsymbol{r}}') - K(\dot{\boldsymbol{r}}) = \frac{\mathrm{d}}{\mathrm{d}t}\tilde{f}_1(\boldsymbol{r}, \dot{\boldsymbol{r}}) + O(\epsilon^2), \tag{4.95}$$

[19] ただしこの例のラグランジアンは $\dot{\boldsymbol{r}}$ に関して $\dot{\boldsymbol{r}} = \boldsymbol{0}$ において解析的ではない．また，モーペルテュイの原理 (Maupertuis' principle) との関係は [12] 44 節を見よ．

$$\tilde{f}_1(\boldsymbol{r}, \dot{\boldsymbol{r}}) = m^2[(\boldsymbol{\epsilon} \cdot \boldsymbol{r})(\dot{\boldsymbol{r}} \cdot \dot{\boldsymbol{r}}) - (\boldsymbol{\epsilon} \cdot \dot{\boldsymbol{r}})(\boldsymbol{r} \cdot \dot{\boldsymbol{r}})], \tag{4.96}$$

ポテンシャルエネルギーの変化分が

$$U(\boldsymbol{r}') - U(\boldsymbol{r}) = -\frac{\mathrm{d}}{\mathrm{d}t}\tilde{f}_2(\boldsymbol{r}, \dot{\boldsymbol{r}}) + O(\epsilon^2), \tag{4.97}$$

$$\tilde{f}_2(\boldsymbol{r}, \dot{\boldsymbol{r}}) = mk\frac{\boldsymbol{\epsilon} \cdot \boldsymbol{r}}{r} \tag{4.98}$$

で与えられることを示せ.

(3) (2) の変換に対応する保存量が

$$\boldsymbol{R} = m\dot{\boldsymbol{r}} \times \boldsymbol{L} - mk\frac{\boldsymbol{r}}{r} = m^2[(\dot{\boldsymbol{r}} \cdot \dot{\boldsymbol{r}})\boldsymbol{r} - (\boldsymbol{r} \cdot \dot{\boldsymbol{r}})\dot{\boldsymbol{r}}] - mk\frac{\boldsymbol{r}}{r} \tag{4.99}$$

で与えられることを示せ．これも隠れた対称性の一種であり，ルンゲ・レンツベクトルと呼ばれる．これを用いたケプラー問題の解法を第 8 章の演習問題で議論する.

第 5 章 ローレンツ対称性と特殊相対性理論

この章では物理法則に要求する対称性をガリレイ対称性からローレンツ対称性へと変えたとき，どのような力学となるかを考察しよう．その結果として特殊相対性理論が得られ，$E = mc^2$ といった有名な関係式が自然に導かれることを見る．さらに，マクスウェル方程式をローレンツ共変な形に書き直し，電磁場の変換則を導く．これによりはじめて電磁場中の荷電粒子の運動の慣性系に依らない記述が可能となる．

5.1 ローレンツ変換の必要性

そもそもなぜローレンツ変換を考える必要があるのか，重要な例 2 つを通して見てみよう．

5.1.1 マクスウェル方程式の復習

まずは真空中を伝わる光について考察するためにマクスウェル方程式の復習から始める．

マクスウェル方程式

電磁場の運動方程式であるマクスウェル方程式は以下の 4 本の式からなる．

$$\boldsymbol{\nabla}_{\boldsymbol{r}} \cdot \boldsymbol{E}(\boldsymbol{r}, t) = \frac{1}{\varepsilon_0}\rho(\boldsymbol{r}, t), \tag{5.1}$$

$$\boldsymbol{\nabla}_{\boldsymbol{r}} \times \boldsymbol{B}(\boldsymbol{r},t) = \frac{1}{c^2}\frac{\partial \boldsymbol{E}(\boldsymbol{r},t)}{\partial t} + \mu_0 \boldsymbol{j}(\boldsymbol{r},t), \tag{5.2}$$

$$\boldsymbol{\nabla}_{\boldsymbol{r}} \cdot \boldsymbol{B}(\boldsymbol{r},t) = 0, \tag{5.3}$$

$$\boldsymbol{\nabla}_{\boldsymbol{r}} \times \boldsymbol{E}(\boldsymbol{r},t) = -\frac{\partial \boldsymbol{B}(\boldsymbol{r},t)}{\partial t}. \tag{5.4}$$

$c = 2.99792458 \times 10^8\,\mathrm{m/s}$ は**光速**で，非常に大きいが有限の値である．ε_0 は真空の誘電率，μ_0 は真空の透磁率で，$\varepsilon_0\mu_0 = c^{-2}$ という関係がある．式 (5.3) と式 (5.4) は式 (2.65), (2.66) のスカラーポテンシャル，ベクトルポテンシャルの定義により自動的に満たれる．また，次の関係式が成り立つ．

連続の方程式

電荷密度 $\rho(\boldsymbol{r},t)$ と**電流密度** $\boldsymbol{j}(\boldsymbol{r},t)$ は次の連続の方程式を満たす．

$$\frac{\partial \rho(\boldsymbol{r},t)}{\partial t} + \boldsymbol{\nabla}_{\boldsymbol{r}} \cdot \boldsymbol{j}(\boldsymbol{r},t) = 0. \tag{5.5}$$

例えば電荷 e_i $(i = 1, 2, \cdots, M)$ をもつ M 個の点電荷が作る電荷密度と電流密度は

$$\rho(\boldsymbol{r},t) = \sum_{i=1}^{M} e_i \delta^3(\boldsymbol{r} - \boldsymbol{r}_i(t)), \tag{5.6}$$

$$\boldsymbol{j}(\boldsymbol{r},t) = \sum_{i=1}^{M} e_i \dot{\boldsymbol{r}}_i(t) \delta^3(\boldsymbol{r} - \boldsymbol{r}_i(t)) \tag{5.7}$$

で与えられる [1]．ただし $\delta^3(\boldsymbol{r}) := \delta(x)\delta(y)\delta(z)$ で，$\delta(x)$ はデルタ関数である（補遺 A.3 節参照）．

さて，式 (5.4) の回転をとると

[1] 連鎖律を用いると

$$\underbrace{\nabla_{\boldsymbol{r}} \times (\nabla_{\boldsymbol{r}} \times \boldsymbol{E}(\boldsymbol{r},t))}_{=\nabla_{\boldsymbol{r}}(\nabla_{\boldsymbol{r}}\cdot\boldsymbol{E}(\boldsymbol{r},t))-\nabla_{\boldsymbol{r}}^2\boldsymbol{E}(\boldsymbol{r},t)} = -\frac{\partial}{\partial t}\underbrace{\nabla_{\boldsymbol{r}} \times \boldsymbol{B}(\boldsymbol{r},t)}_{=\frac{1}{c^2}\frac{\partial \boldsymbol{E}(\boldsymbol{r},t)}{\partial t}+\mu_0\boldsymbol{j}(\boldsymbol{r},t)} . \tag{5.10}$$

ここに式 (5.1) を用いると

$$\left(\frac{1}{c^2}\frac{\partial^2}{\partial t^2} - \nabla_{\boldsymbol{r}}^2\right)\boldsymbol{E}(\boldsymbol{r},t) = -\frac{1}{\varepsilon_0}\nabla_{\boldsymbol{r}}\rho(\boldsymbol{r},t) - \mu_0\frac{\partial \boldsymbol{j}(\boldsymbol{r},t)}{\partial t} \tag{5.11}$$

とまとめることができる．同様の変形により

$$\left(\frac{1}{c^2}\frac{\partial^2}{\partial t^2} - \nabla_{\boldsymbol{r}}^2\right)\boldsymbol{B}(\boldsymbol{r},t) = \mu_0\nabla_{\boldsymbol{r}} \times \boldsymbol{j}(\boldsymbol{r},t) \tag{5.12}$$

も示すことができる．電磁場の源である電流や電荷が分布している領域から離れた領域では，これらの式の右辺に現れる電荷密度および電流密度が 0 になるので，電磁場 $\boldsymbol{E}(\boldsymbol{r},t)$, $\boldsymbol{B}(\boldsymbol{r},t)$ は波動方程式に従い光速 c で伝搬する．

さて，光速 c で伝搬する光を，その方向に速さ v_0 で運動する慣性系から見たらどのように見えるだろうか．ガリレイ変換に従うとすると，式 (4.15) により光の速さは $c - v_0$ となるはずである．であれば，電磁波が光速 c で伝搬するのは特定の慣性系だけということになる．以前は電磁波にも「エーテル」という媒質があると考えられており，c はエーテルの静止系での伝搬速度と解釈されていた．しかし，有名な**マイケルソン・モーリーの実験**が示すところによれば，観測される光速は慣性系に依らず常に一定なのである．**光速の不変性**を原理として認めると，逆にガリレイ変換を修正しなければならないのである．

5.5 節で見るように，実はマクスウェル方程式はガリレイ対称性ではなく**ローレンツ対称性**をもつ．荷電粒子と電磁場は相互作用するため，理論全体が対称性をもつためには，質点の力学もガリレイ対称性ではなくローレンツ対称性を

$$\partial_t\rho(\boldsymbol{r},t) = -\sum_{i=1}^{M} e_i\dot{\boldsymbol{r}}_i(t)\cdot\nabla_{\boldsymbol{r}}\delta^3(\boldsymbol{r}-\boldsymbol{r}_i(t)), \tag{5.8}$$

$$\nabla_{\boldsymbol{r}}\cdot\boldsymbol{j}(\boldsymbol{r},t) = \sum_{i=1}^{M} e_i\dot{\boldsymbol{r}}_i(t)\cdot\nabla_{\boldsymbol{r}}\delta^3(\boldsymbol{r}-\boldsymbol{r}_i(t)) \tag{5.9}$$

により（運動方程式の成立にかかわらず）連続の方程式が満たされる．

もつべきなのである.

5.1.2 導線と点電荷の相対運動

対称性を考え直す必要性に迫るエッセンスが詰まった例として，無限に長い導線と点電荷からなる系を考えよう [2]．z 軸上に置かれた無限に長い導線に電流 $I > 0$ が z 軸負の向きに流れているとする．この電流は周囲に静磁場

$$\boldsymbol{B}(\boldsymbol{r}) = -\frac{\mu_0 I}{2\pi}\frac{1}{x^2+y^2}\begin{pmatrix}-y\\x\\0\end{pmatrix} \tag{5.13}$$

を作る．導線は帯電していないと仮定するため，電場は生じない.

電荷 e_0 をもつ点電荷が，時刻 $t=0$ において位置 $\boldsymbol{r}(0)=(r_0,0,0)^T$ $(r_0>0)$ にあり，速度 $\boldsymbol{v}(0)=(0,0,v_0)^T$ で z 軸方向に運動しているものとする．この点電荷は磁場によるローレンツ力によって導線から離れる方向に力

$$\boldsymbol{f}(0) = e_0\boldsymbol{v}(0)\times\boldsymbol{B}(\boldsymbol{r}(0)) = \frac{\mu_0 e_0 v_0 I}{2\pi r_0}\begin{pmatrix}1\\0\\0\end{pmatrix} \tag{5.14}$$

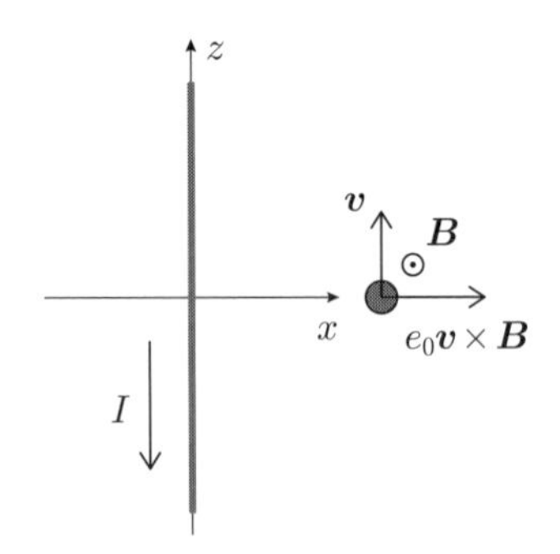

図 5.1　導線と点電荷からなる系．電荷は x 軸正の向きに力を受ける.

---

[2] [14] 13–6 節の例に基づいている．A. Einstein が特殊相対性理論を発表した 1905 年の論文 [15] の冒頭でも磁石と導体の相対運動が取り上げられている.

を感じ，運動量 $\boldsymbol{p}$ は運動方程式に従って微小時間 Δt の間に $\Delta \boldsymbol{p} = \boldsymbol{f}(0)\Delta t$ だけ x 軸方向へ変化する．

さて，この系を速度 v_0 で z 軸方向に運動する別の慣性系から見るとどのように見えるだろうか．この慣性系では点電荷は静止しており $(\boldsymbol{v}'(0) = \boldsymbol{0})$，磁場によるローレンツ力$e_0\boldsymbol{v}'(0) \times \boldsymbol{B}'(\boldsymbol{r}'(0))$は作用しない．力が作用していないとなると運動量が変化しない $(\Delta \boldsymbol{p}' = \boldsymbol{0})$ ことになり，元の慣性系での記述と矛盾してしまう．この問題を解決するには，電磁場や電荷・電流密度の変換性について考え直す必要がある．

5.2 ローレンツ変換

簡単のため，まずは空間 1 次元と時間 1 次元の $1+1$ 次元の場合のローレンツ変換についてまとめよう．

5.2.1 1 + 1 次元のローレンツ変換

$1+1$ 次元の**ローレンツブースト**は

$$t' = \frac{t - \frac{\beta_0}{c}x}{\sqrt{1-\beta_0^2}}, \quad x' = \frac{x - \beta_0 ct}{\sqrt{1-\beta_0^2}} \tag{5.15}$$

と定義される．$\beta_0 := v_0/c$ は変換を特徴付ける実数パラメータである．v_0 を保ったまま $c \to \infty$ の極限を考えると

$$t' = t, \quad x' = x - v_0 t \tag{5.16}$$

となり，式 (4.14) のガリレイ変換の空間 1 次元版となる [3]．

ローレンツブーストは行列で書くと綺麗になる．成分の次元を揃えて

$$\mathsf{r} = \begin{pmatrix} ct \\ x \end{pmatrix} \tag{5.17}$$

[3] $c \to \infty$ の極限をとった場合の変換と，微小な β_0 に対する変換は一致しない．前者はガリレイ変換 $(t' = t, x' = x - v_0 t)$，後者は無限小ローレンツ変換 $(t' = t - \beta_0 x/c, x' = x - \beta_0 ct)$ を与える．

とすると，変換行列は

$$\mathsf{M} = \frac{1}{\sqrt{1-\beta_0^2}}\begin{pmatrix} 1 & -\beta_0 \\ -\beta_0 & 1 \end{pmatrix} = \begin{pmatrix} \cosh\varphi & -\sinh\varphi \\ -\sinh\varphi & \cosh\varphi \end{pmatrix} \tag{5.18}$$

となる．2 つ目の等号では空間回転の場合と比較しやすいように $\tanh\varphi \coloneqq \frac{\sinh\varphi}{\cosh\varphi} = \beta_0$（$\cosh x$, $\sinh x$ の定義や性質は第 1 章の脚注 7）と定義した．M は直交行列ではないが

$$\mathsf{M}^T\mathsf{g}\mathsf{M} = \mathsf{g}, \quad \mathsf{g} \coloneqq \begin{pmatrix} -1 & 0 \\ 0 & 1 \end{pmatrix} \tag{5.19}$$

を満たす．これは式 (0.22) で単位行列 I_d を g に置き換えたものになっている．

一般に式 (5.19) を満たす M のなす群を $1+1$ 次元の**ローレンツ群** $\mathrm{O}(1,1)$ といい，これによる $\mathsf{r}' = \mathsf{M}\mathsf{r}$ という変換を**ローレンツ変換**という．ローレンツ変換はローレンツブーストの他に時間反転や空間反転を含む．

5.2.2　3 + 1 次元のローレンツ変換

位置ベクトル $\boldsymbol{r}$ の第 1〜3 成分の空間座標に，時間を第 0 成分に加えた

$$\mathsf{r} = \begin{pmatrix} \mathsf{r}^0 \\ \mathsf{r}^1 \\ \mathsf{r}^2 \\ \mathsf{r}^3 \end{pmatrix} = \begin{pmatrix} ct \\ x \\ y \\ z \end{pmatrix} \tag{5.20}$$

という量を**四元位置ベクトル**，この r の空間を**ミンコフスキー空間**という．**ミンコフスキー計量**を

$$\mathsf{g} \coloneqq \begin{pmatrix} -1 & 0 & 0 & 0 \\ 0 & 1 & 0 & 0 \\ 0 & 0 & 1 & 0 \\ 0 & 0 & 0 & 1 \end{pmatrix} = \mathsf{g}^T \tag{5.21}$$

と定義する [4]．$3+1$ 次元の**ローレンツ変換**も，行列 M を使って

[4] ミンコフスキー計量の符号を逆に選んでいる文献も多いため注意が必要である．

$$\mathsf{r}' = \mathsf{M}\mathsf{r} \tag{5.22}$$

のように書くことができる．ローレンツ変換 $\mathsf{r}' = \mathsf{M}\mathsf{r}$ を表す行列 M は

$$\mathsf{M}^T\mathsf{g}\mathsf{M} = \mathsf{g} \quad \Leftrightarrow \quad \sum_{\rho,\sigma=0}^{3} \mathsf{g}_{\rho\sigma}\mathsf{M}^{\rho}{}_{\mu}\mathsf{M}^{\sigma}{}_{\nu} = \mathsf{g}_{\mu\nu} \tag{5.23}$$

を満たし，このような行列全体からなる群を**ローレンツ群** $\mathrm{O}(3,1)$ と呼ぶ．

4.2.4 項では，3 次元の空間回転 $\mathrm{SO}(3)$ が xy 面，yz 面，zx 面内の回転の合成によって理解できることを見た．このそれぞれの面内の変換は 2 次元空間の回転と考えることができる．それとまったく同様に，前項で見た $1+1$ 次元のローレンツブーストは，$3+1$ 次元空間内の時間を含む 2 次元面内の変換とみなすことができる．例えば tx 面，ty 面，tz 面内のそれぞれのローレンツブーストは

$$\mathsf{M}_x = \begin{pmatrix} \cosh\varphi_x & -\sinh\varphi_x & 0 & 0 \\ -\sinh\varphi_x & \cosh\varphi_x & 0 & 0 \\ 0 & 0 & 1 & 0 \\ 0 & 0 & 0 & 1 \end{pmatrix}, \tag{5.24}$$

$$\mathsf{M}_y = \begin{pmatrix} \cosh\varphi_y & 0 & -\sinh\varphi_y & 0 \\ 0 & 1 & 0 & 0 \\ -\sinh\varphi_y & 0 & \cosh\varphi_y & 0 \\ 0 & 0 & 0 & 1 \end{pmatrix}, \tag{5.25}$$

$$\mathsf{M}_z = \begin{pmatrix} \cosh\varphi_z & 0 & 0 & -\sinh\varphi_z \\ 0 & 1 & 0 & 0 \\ 0 & 0 & 1 & 0 \\ -\sinh\varphi_z & 0 & 0 & \cosh\varphi_z \end{pmatrix} \tag{5.26}$$

で与えられる．より一般に，ベクトル $\boldsymbol{n} = (n^x, n^y, n^z)^T$（ただし $|\boldsymbol{n}| = 1$）の方向へのローレンツブーストを考えるには

$$\mathsf{B}^x := \begin{pmatrix} 0 & \mathrm{i} & 0 & 0 \\ \mathrm{i} & 0 & 0 & 0 \\ 0 & 0 & 0 & 0 \\ 0 & 0 & 0 & 0 \end{pmatrix}, \quad \mathsf{B}^y := \begin{pmatrix} 0 & 0 & \mathrm{i} & 0 \\ 0 & 0 & 0 & 0 \\ \mathrm{i} & 0 & 0 & 0 \\ 0 & 0 & 0 & 0 \end{pmatrix}, \quad \mathsf{B}^z := \begin{pmatrix} 0 & 0 & 0 & \mathrm{i} \\ 0 & 0 & 0 & 0 \\ 0 & 0 & 0 & 0 \\ \mathrm{i} & 0 & 0 & 0 \end{pmatrix} \tag{5.27}$$

と定義し，$\mathsf{M} = \mathrm{e}^{\mathrm{i}\varphi \boldsymbol{n}\cdot\mathsf{B}}$ とすればよい．$\boldsymbol{n}$ を指定するために必要なパラメータが2つあり，さらに $\varphi \geq 0$ も独立なパラメータであるため，ここまでで独立なパラメータの数は3つある．$\varphi = v_0/c$ として $c \to \infty$ の極限をとると，式(4.14)のガリレイ変換で $\boldsymbol{v}_0 = v_0\boldsymbol{n}$ としたものに戻る．

$3+1$ 次元のローレンツ変換はローレンツブーストと3次元の空間回転，時間反転，空間反転とを組み合わせたものである．独立な連続パラメータの数は合計で $N_G = 3 + 3 = 6$ 個ある[5]．

式(5.23)の右側の式のように，四元ベクトルに関する量の添え字には $\mu, \nu, \rho, \sigma = 0, 1, 2, 3$ などのギリシャ文字を用いる．行列 M の1つ目の添え字（行を指定）は上付き，2つ目の添え字（列を指定）は下付きとする．一方，行列 g の成分は $\mathsf{g}_{\mu\nu}$ のように下付き添え字を使う．また，添え字の和をとるときには，この例の ρ や σ のように，上付きと下付きの同じ文字同士をセットにする．このように和をとることを「**縮約**する」「縮約をとる」などと表現する．

◉反変ベクトル

一般に，空間ベクトルの第1〜3成分に第0成分を加えた計4成分の量を**四元ベクトル**という[6]．以下に見るように四元ベクトルには様々な種類のものが

---

[5] 2つの異なる方向へのローレンツブーストの積は空間回転を伴うので，ローレンツブーストだけでは群にならない．言い換えると，B^α $(\alpha = x, y, z)$ の交換関係は $\mathsf{B}^\alpha\mathsf{B}^\beta - \mathsf{B}^\beta\mathsf{B}^\alpha = -\mathrm{i}\sum_{\gamma=x,y,z} \varepsilon^{\alpha\beta\gamma}\mathsf{J}^\gamma$ であるため，空間回転を含めなければ代数として閉じない．ここで J^α は4.2.4項の3次元正方行列 J^α を空間成分にもち，その他の成分を0とする4次元正方行列と定義した．J^α $(\alpha = x, y, z)$ を含めると $\mathsf{B}^\alpha\mathsf{J}^\beta - \mathsf{J}^\beta\mathsf{B}^\alpha = \mathrm{i}\sum_{\gamma=x,y,z} \varepsilon^{\alpha\beta\gamma}\mathsf{B}^\gamma$ および $\mathsf{J}^\alpha\mathsf{J}^\beta - \mathsf{J}^\beta\mathsf{J}^\alpha = \mathrm{i}\sum_{\gamma=x,y,z} \varepsilon^{\alpha\beta\gamma}\mathsf{J}^\gamma$ と合わせて交換関係について閉じた代数（リー代数）をなすことが分かる．

[6] 「しげん」「よげん」「よんげん」などの読み方がある．

ある．

四元位置ベクトル r のように，ローレンツ変換に際して $\mathsf{v}' = \mathsf{M}\mathsf{v}$ と変換される四元ベクトル v は**反変ベクトル**と呼ばれる[7]．反変ベクトルの成分には v^μ のように上付き添え字を用いる．このローレンツ変換を成分で書くと

$$\mathsf{v}'^\mu = \sum_{\nu=0}^{3} \mathsf{M}^\mu{}_\nu \mathsf{v}^\nu. \tag{5.28}$$

ここでも ν で和をとる際には上付きの ν と下付きの ν がセットになっている．

2 つの反変ベクトル v と v' に対して，その内積を

$$\mathsf{v} \cdot \mathsf{v}' := \mathsf{v}^T \mathsf{g} \mathsf{v}' = \sum_{\mu,\nu=0}^{3} \mathsf{g}_{\mu\nu} \mathsf{v}^\mu \mathsf{v}'^\nu \tag{5.29}$$

と定義すると，式 (5.23) の性質によってローレンツ変換のもとで不変になる．

$$(\mathsf{M}\mathsf{v}) \cdot (\mathsf{M}\mathsf{v}') = \mathsf{v}^T \mathsf{M}^T \mathsf{g} \mathsf{M} \mathsf{v}' = \mathsf{v}^T \mathsf{g} \mathsf{v}' = \mathsf{v} \cdot \mathsf{v}'. \tag{5.30}$$

式 (5.29) の最後の表式のように，すべての添え字について縮約をとってある量は一般にローレンツ不変である．特に r と $\mathsf{r} + \Delta\mathsf{r}$ との距離[8]

$$(\Delta s)^2 := \Delta\mathsf{r} \cdot \Delta\mathsf{r} = \sum_{\mu,\nu=0}^{3} \mathsf{g}_{\mu\nu} \Delta\mathsf{r}^\mu \Delta\mathsf{r}^\nu = -(c\Delta t)^2 + \Delta\boldsymbol{r} \cdot \Delta\boldsymbol{r} \tag{5.31}$$

は**世界間隔**と呼ばれ，光より遅い運動をする質点の軌道に対しては $(\Delta s)^2 < 0$，光に対しては $(\Delta s)^2 = 0$ となる．後述するように，同時刻の概念は慣性系に依存し，$(\Delta s)^2 > 0$ であるような事象の順番は観測者ごとに入れ替わる．したがってこれらの事象は因果関係をもたない（**因果律**）．

◉共変ベクトル

反変ベクトル r の μ 成分による偏微分を $\partial_\mu := \frac{\partial}{\partial \mathsf{r}^\mu}$ と書き，∂_μ を μ 成分と

[7]「ベクトル」という言葉には，(1) 単に数を並べたもの (2) ある変換性をもつもの，の 2 通りの用法があり，ここでは後者の意味で使っている．ここではローレンツ変換に関する変換性を議論したが，空間回転に対しても同じ議論ができる．

[8] ミンコフスキー計量は正定値ではなく，擬リーマン計量と呼ばれる．

する四元ベクトルを ∇_{r} と定義する．この量はローレンツ変換に対して

$$\partial'_\mu := \frac{\partial}{\partial \mathsf{r}'^\mu} = \sum_{\nu=0}^{3} \underbrace{\frac{\partial \mathsf{r}^\nu}{\partial \mathsf{r}'^\mu}}_{=(\mathsf{M}^{-1})^\nu{}_\mu} \partial_\nu = \sum_{\nu=0}^{3} (\mathsf{M}^{-1})^T{}_\mu{}^\nu \partial_\nu = \sum_{\nu=0}^{3} \overline{\mathsf{M}}_\mu{}^\nu \partial_\nu \tag{5.32}$$

と，M ではなく

$$\overline{\mathsf{M}} := (\mathsf{M}^{-1})^T \underbrace{=}_{\text{式 (5.23)}} \mathsf{g}\mathsf{M}\bar{\mathsf{g}}, \quad \overline{\mathsf{M}}_\mu{}^\nu := \sum_{\rho,\sigma=0}^{3} \mathsf{g}_{\mu\rho} \mathsf{M}^\rho{}_\sigma \bar{\mathsf{g}}^{\sigma\nu} \tag{5.33}$$

によって変換される．ただし g の逆行列を $\bar{\mathsf{g}} := \mathsf{g}^{-1}$ と書いた．$\bar{\mathsf{g}}$ の成分には $\bar{\mathsf{g}}^{\mu\nu}$ のように上付き添え字を使うが，値としては $\bar{\mathsf{g}}^{\mu\nu} = \mathsf{g}_{\mu\nu}$ である．この ∇_{r} のように，ローレンツ変換に際して $\mathsf{u}' = \overline{\mathsf{M}}\mathsf{u}$ と変換される四元ベクトル u は**共変ベクトル**と呼ばれる．共変ベクトルの成分には u_μ のように下付き添え字を用いる．

2つの共変ベクトル u と u′ に対して，その内積を

$$\mathsf{u} \cdot \mathsf{u}' := \mathsf{u}^T \bar{\mathsf{g}} \mathsf{u}' = \sum_{\mu,\nu=0}^{3} \bar{\mathsf{g}}^{\mu\nu} \mathsf{u}_\mu \mathsf{u}'_\nu \tag{5.34}$$

と定義すると，これはローレンツ変換のもとで不変になる．

$$(\overline{\mathsf{M}}\mathsf{u}) \cdot (\overline{\mathsf{M}}\mathsf{u}') = (\mathsf{u}^T \underbrace{\overline{\mathsf{M}}^T}_{=\bar{\mathsf{g}}\mathsf{M}^T\mathsf{g}}) \bar{\mathsf{g}} (\underbrace{\overline{\mathsf{M}}}_{=\mathsf{g}\mathsf{M}\bar{\mathsf{g}}} \mathsf{u}') = \mathsf{u}^T \bar{\mathsf{g}} \underbrace{\mathsf{M}^T \mathsf{g} \mathsf{M}}_{=\mathsf{g}} \bar{\mathsf{g}} \mathsf{u}' = \underbrace{\mathsf{u}^T \bar{\mathsf{g}} \mathsf{u}'}_{=\mathsf{u}\cdot\mathsf{u}'}. \tag{5.35}$$

例えば，5.1.1 項の波動方程式に登場した微分演算子の組み合わせは

$$\frac{1}{c^2}\frac{\partial^2}{\partial t^2} - \boldsymbol{\nabla}_{\boldsymbol{r}}^2 = -\nabla_{\mathsf{r}} \cdot \nabla_{\mathsf{r}} = -\sum_{\mu,\nu=0}^{3} \bar{\mathsf{g}}^{\mu\nu} \partial_\mu \partial_\nu \tag{5.36}$$

のように共変ベクトルの内積で書くことができるためローレンツ不変である．

◉添え字の上げ下げ

v が反変ベクトルで $\mathsf{v}' = \mathsf{M}\mathsf{v}$ と変換されるとき，$\mathsf{u} := \mathsf{g}\mathsf{v}$ は

$$\mathsf{u}' := \mathsf{g}\underbrace{\mathsf{v}'}_{=\mathsf{Mv}} = \mathsf{gMg}^{-1}\mathsf{gv} = \underbrace{\mathsf{gM\bar{g}}}_{=\overline{\mathsf{M}}}\underbrace{\mathsf{gv}}_{=\mathsf{u}} = \overline{\mathsf{M}}\mathsf{u} \tag{5.37}$$

を満たすため，共変ベクトルになる．逆に u が共変ベクトルで $\mathsf{u}' = \overline{\mathsf{M}}\mathsf{u}$ と変換されるとき，$\mathsf{v} = \bar{\mathsf{g}}\mathsf{u}$ は

$$\mathsf{v}' := \bar{\mathsf{g}}\underbrace{\mathsf{u}'}_{=\overline{\mathsf{M}}\mathsf{u}} = \bar{\mathsf{g}}(\mathsf{gM\bar{g}})\mathsf{u} = \underbrace{\mathsf{g}^{-1}\mathsf{g}}_{=\mathrm{I}_4}\mathsf{M}\underbrace{\bar{\mathsf{g}}\mathsf{u}}_{=\mathsf{v}} = \mathsf{Mv} \tag{5.38}$$

を満たすので反変ベクトルになる．これらの関係を成分で書くと

$$\mathsf{u}_\mu = \sum_{\nu=0}^{3} \mathsf{g}_{\mu\nu}\mathsf{v}^\nu, \quad \mathsf{v}^\mu = \sum_{\nu=0}^{3} \bar{\mathsf{g}}^{\mu\nu}\mathsf{u}_\nu \tag{5.39}$$

となる．このように g や $\bar{\mathsf{g}}$ を用いて添え字の上げ下げを行うと，共変ベクトルと反変ベクトルを入れ替えることができる．

ここでは混乱を避けるために v と u のように記号を使い分けたが，通常は同じ記号を用いて $\mathsf{v}_\mu = \sum_{\nu=0}^{3} \mathsf{g}_{\mu\nu}\mathsf{v}^\nu$ などと書く．すると例えば式 (5.29) の内積は

$$\mathsf{v} \cdot \mathsf{v}' = \sum_{\mu=0}^{3} \mathsf{v}^\mu \left(\sum_{\nu=0}^{3} \mathsf{g}_{\mu\nu}\mathsf{v}'^\nu \right) = \sum_{\mu=0}^{3} \mathsf{v}^\mu \mathsf{v}'_\mu \tag{5.40}$$

という縮約で表現できる．

5.3 ローレンツ変換の物理的意味

さて抽象的な議論はここまでにして，ローレンツ変換の物理的な意味を見ていこう．O を静止系とし，これに対して速度 $\boldsymbol{v}_0 = (v_0, 0, 0)^T$ で x 軸方向に等速直線運動する系を O' としよう．O' 系から見るには式 (5.24) のローレンツ変換を行えばよい．見やすくするために

$$\beta_0 := \frac{v_0}{c} = \tanh\varphi_x, \quad \gamma_0 := \frac{1}{\sqrt{1-\beta_0^2}} \tag{5.41}$$

という記法を用いると，ローレンツ変換を表す行列は

$$\mathsf{M}_x = \begin{pmatrix} \gamma_0 & -\gamma_0\beta_0 & 0 & 0 \\ -\gamma_0\beta_0 & \gamma_0 & 0 & 0 \\ 0 & 0 & 1 & 0 \\ 0 & 0 & 0 & 1 \end{pmatrix} \tag{5.42}$$

となる．

5.3.1　速度の合成則

静止系 O から見たときに速度 $\boldsymbol{v}$ で

$$\mathsf{r} = \begin{pmatrix} ct \\ \boldsymbol{v}t \end{pmatrix} = \begin{pmatrix} ct \\ v^x t \\ v^y t \\ v^z t \end{pmatrix} \tag{5.43}$$

と運動する質点を考える．この質点の位置を O' 系で見ると

$$\begin{pmatrix} ct' \\ \boldsymbol{r}' \end{pmatrix} = \mathsf{M}_x \mathsf{r} = \begin{pmatrix} \gamma_0(1 - \frac{v_0 v^x}{c^2})ct \\ \gamma_0(v^x - v_0)t \\ v^y t \\ v^z t \end{pmatrix} \tag{5.44}$$

になる．したがって

速度の合成則

静止系 O から見たときに速度 $\boldsymbol{v} = (v^x, v^y, v^z)^T$ だった質点の速度を，O 系に対して $\boldsymbol{v}_0 = (v_0, 0, 0)^T$ で動く O' 系から見ると

$$\boldsymbol{v}' := \frac{\mathrm{d}\boldsymbol{r}'}{\mathrm{d}t'} = \frac{1}{1 - \frac{v_0 v^x}{c^2}} \begin{pmatrix} v^x - v_0 \\ v^y/\gamma_0 \\ v^z/\gamma_0 \end{pmatrix}. \tag{5.45}$$

$c \to \infty$ の極限では $\boldsymbol{v}' = \boldsymbol{v} - \boldsymbol{v}_0$ となり，確かにガリレイ変換の結果 (4.15) に戻る．一方，x 方向に光速で進む光を想定して $\boldsymbol{v} = (c, 0, 0)^T$ としてみると

$$\boldsymbol{v}' = \frac{1}{1 - \frac{v_0}{c}} \begin{pmatrix} c - v_0 \\ 0 \\ 0 \end{pmatrix} = \begin{pmatrix} c \\ 0 \\ 0 \end{pmatrix} \tag{5.46}$$

と，$\boldsymbol{v}$ から変化しない．より一般に $|\boldsymbol{v}| = c$ ならば $|\boldsymbol{v}'| = c$ となり [9]，光速はv_0に依らずcに保たれる [10]．マクスウェル方程式によれば電磁波が光速 c で伝搬することを 5.1.1 項で見たが，ガリレイ変換ではなくローレンツ変換を用いる限りその性質が保たれるのである．

5.3.2 時計の遅れ

O' 系の原点に固定された時計を考える．原点にあるということから $(x', y', z') = (0, 0, 0)$ であり，逆に $(x, y, z) = (v_0 t, 0, 0)$ となる．このとき

$$\mathsf{r}' = \mathsf{M}_x \mathsf{r} = \begin{pmatrix} \gamma_0(ct - \beta_0 x) \\ \gamma_0(x - \beta_0 ct) \\ y \\ z \end{pmatrix} \underbrace{=}_{x = v_0 t} \begin{pmatrix} \sqrt{1 - \beta_0^2}\, ct \\ 0 \\ 0 \\ 0 \end{pmatrix} \tag{5.47}$$

から $t' = \sqrt{1 - \beta_0^2}\, t$ である．つまり

時計の遅れ

O 系に対して速度 $\boldsymbol{v}_0 = (v_0, 0, 0)^T$ で運動する O' 系の時計の進みは $\sqrt{1 - (v_0/c)^2}$ というファクターの分だけ遅くなる．

---

[9] ただし $|\boldsymbol{v}| = c$ であっても $\boldsymbol{v}_0$ と $\boldsymbol{v}$ が平行でなければ $\boldsymbol{v}'$ の向きは $\boldsymbol{v}$ から変化するため，光速度ベクトル自身は不変ではない．

[10] 光の速さが一定値であることが分かったので，今では逆に $c = 299,792,458\,\mathrm{m/s}$ と定義され，ここから時間の尺度 (1 s) と長さの尺度 (1 m) の比が定まっている．

ここでは等速直線運動する場合を考えたが，任意に運動する場合にも拡張できる．ある質点の O 系での位置ベクトルが $\boldsymbol{r}(t)$ で与えられるとする．この質点にとっての時間（**固有時間**）は，O 系での微小時間 Δt の間に

$$\Delta\tau = \sqrt{1 - \frac{\dot{\boldsymbol{r}}(t)^2}{c^2}}\Delta t + O((\Delta t)^2) \tag{5.48}$$

だけ経過する．$\dot{\boldsymbol{r}}(t) = \boldsymbol{0}$ でない限り，これは常に Δt より短い量である．

5.3.3　ローレンツ収縮

特殊相対性理論では，O系で見たときに同時に起こっていた現象がO'系で見ると同時ではなくなるということが起こる．このことを具体的に見てみよう．

長さ $\ell = \sqrt{\ell_x^2 + \ell_y^2 + \ell_z^2}$ の棒があるとする．棒の左端，右端の O 系での座標を

$$\mathsf{r}_L = \begin{pmatrix} ct_L \\ 0 \\ 0 \\ 0 \end{pmatrix}, \quad \mathsf{r}_R = \begin{pmatrix} ct_R \\ \ell_x \\ \ell_y \\ \ell_z \end{pmatrix} \tag{5.49}$$

とする（図 5.2）．これをローレンツ変換して O' 系で見ると

$$\mathsf{r}'_L = \mathsf{M}_x \mathsf{r}_L = \begin{pmatrix} \gamma_0 ct_L \\ -\gamma_0\beta_0 ct_L \\ 0 \\ 0 \end{pmatrix}, \quad \mathsf{r}'_R = \mathsf{M}_x \mathsf{r}_R = \begin{pmatrix} \gamma_0(ct_R - \beta_0\ell_x) \\ \gamma_0(\ell_x - \beta_0 ct_R) \\ \ell_y \\ \ell_z \end{pmatrix} \tag{5.50}$$

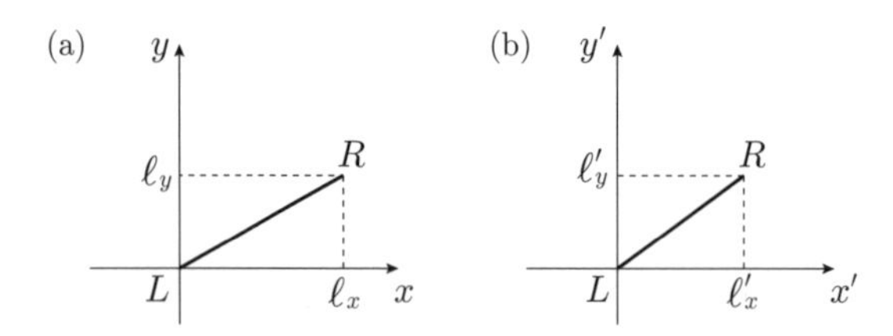

図 5.2　棒を (a) O 系で見たときと (b) O' 系から見たとき．

となる．O 系では $t_R = t_L$ のときに同時刻であったが，O' 系では同時刻ではなくなっている．O' 系で長さを測りたければ，O' 系での同時刻で左右の端の座標を比べなければならない．そこで $t_R = t_L + \frac{\beta_0 \ell_x}{c}$ とすると

$$\mathsf{r}'_R = \begin{pmatrix} \gamma_0 c t_L \\ -\gamma_0 \beta_0 c t_L + \gamma_0 \ell_x (1-\beta_0^2) \\ \ell_y \\ \ell_z \end{pmatrix} = \mathsf{r}'_L + \begin{pmatrix} 0 \\ \ell_x \sqrt{1-\beta_0^2} \\ \ell_y \\ \ell_z \end{pmatrix} \tag{5.51}$$

となる．この結果は，O' 系の同時刻で見たときの端の位置ベクトルの差が

$$\ell'_x = \ell_x \sqrt{1-(v_0/c)^2}, \quad \ell'_y = \ell_y, \quad \ell'_z = \ell_z \tag{5.52}$$

で与えられることを意味する（図 5.2）．つまり

ローレンツ収縮

O 系に対して速度 $\boldsymbol{v}_0 = (v_0, 0, 0)^T$ で運動する O' 系から見ると，O 系に静止した物体の x 方向の長さは $\sqrt{1-(v_0/c)^2}$ のファクターだけ縮んで見える．y, z 方向の長さは変わらない．

5.4　相対論的質点の力学

ローレンツ変換に対する理解が深まったところで，ガリレイ対称性に代えてローレンツ対称性を要求することでニュートン力学を書き換えていこう．

5.4.1　対称性に基づくラグランジアンの決定

相互作用を一切受けずに運動する 1 つの自由な相対論的質点のラグランジアンを考える．この質点の位置を記述する反変ベクトルを

$$\mathsf{r}(t) = \begin{pmatrix} ct \\ \boldsymbol{r}(t) \end{pmatrix} = \begin{pmatrix} ct \\ x(t) \\ y(t) \\ z(t) \end{pmatrix} \tag{5.53}$$

とする．4.3.1 項で行ったように，対称性に基づいてラグランジアンを決定してみよう．今回は時空間の並進対称性に加えてローレンツ対称性を要求する．

空間並進対称性（空間の一様性）

$L(\boldsymbol{r}(t), \dot{\boldsymbol{r}}(t), t)$ は $\boldsymbol{r}(t)$ に陽には依存しない．$\boldsymbol{r}(t)$ はその時間微分 $\dot{\boldsymbol{r}}(t)$ を介してのみラグランジアンに現れる．

時間並進対称性（時間の一様性）

$L(\boldsymbol{r}(t), \dot{\boldsymbol{r}}(t), t)$ は t に陽には依存しない．

ローレンツ対称性（慣性系の取り替え&光速の不変性&空間の等方性）

作用はローレンツ不変量

$$\mathrm{d}\tau^2 := -\frac{1}{c^2}\mathrm{d}\mathsf{r}(t) \cdot \mathrm{d}\mathsf{r}(t) = \left(1 - \frac{\dot{\boldsymbol{r}}(t)^2}{c^2}\right)\mathrm{d}t^2 \tag{5.54}$$

の積分の形で書かれる．

ここで $\mathrm{d}\mathsf{r}(t)$ は

$$\mathrm{d}\mathsf{r}(t) = \begin{pmatrix} c \\ \dot{\boldsymbol{r}}(t) \end{pmatrix} \mathrm{d}t = \begin{pmatrix} c \\ \dot{x}(t) \\ \dot{y}(t) \\ \dot{z}(t) \end{pmatrix} \mathrm{d}t \tag{5.55}$$

を表す．正しく時間積分となるように式 (5.54) にルートを付け，さらに $\sqrt{1-x} = 1 - \frac{1}{2}x - \frac{1}{8}x^2 + \cdots$ に注意して $c \to \infty$ の極限で非相対論的な場合の自由な質点のラグランジアン (4.26) になるように比例係数を定めると，

次が得られる [11].

自由な相対論的質点の作用とラグランジアン

質量 m をもつ自由な相対論的質点の作用とラグランジアンは

$$S[\boldsymbol{r}] = \int \mathrm{d}t\, L(\boldsymbol{r}(t), \dot{\boldsymbol{r}}(t), t) = -mc^2 \int \mathrm{d}\tau, \tag{5.56}$$

$$L(\boldsymbol{r}(t), \dot{\boldsymbol{r}}(t), t) = -mc^2 \sqrt{1 - \frac{\dot{\boldsymbol{r}}(t)^2}{c^2}} \tag{5.57}$$

で与えられる．M 個の自由な質点系へ拡張すると

$$S[\boldsymbol{r}] = \int \mathrm{d}t\, L(\boldsymbol{r}(t), \dot{\boldsymbol{r}}(t), t) = -\sum_{i=1}^{M} m_i c^2 \int \mathrm{d}\tau_i, \tag{5.58}$$

$$L(\boldsymbol{r}(t), \dot{\boldsymbol{r}}(t), t) = -\sum_{i=1}^{M} m_i c^2 \sqrt{1 - \frac{\dot{\boldsymbol{r}}_i(t)^2}{c^2}}. \tag{5.59}$$

ラグランジアンでは時間 t を特別視し，すべての粒子に共通の t をとっているためローレンツ不変性が見づらいが，作用まで戻ればローレンツ不変性が明白である．なお，これらのラグランジアンの運動項は式(5.60)の運動エネルギーとは一致しない．解析力学の入門的な教科書では標語的に「ラグランジアンは運動エネルギーからポテンシャルエネルギーを引いたもの」といわれることがあるが，これはニュートン力学の範囲でのみ正しい．

5.4.2 相対論的質点のエネルギーと運動量

相対論的質点のラグランジアンは時間と空間の対称性をもっているため，対応するネーター保存量を求めてみよう．エネルギーの表式 (4.64) と運動量の表式 (4.39) より次の結果を得る．

---

[11] [16] や [17] を参考にした．

相対論的質点のエネルギーと運動量
自由な相対論的質点のエネルギーと運動量は

$$E = \sum_{i=1}^{M} E_i(t), \quad E_i(t) := \frac{m_i c^2}{\sqrt{1 - \frac{\dot{\boldsymbol{r}}_i(t)^2}{c^2}}}, \tag{5.60}$$

$$\boldsymbol{P} = \sum_{i=1}^{M} \boldsymbol{p}_i(t), \quad \boldsymbol{p}_i(t) := \frac{m_i \dot{\boldsymbol{r}}_i(t)}{\sqrt{1 - \frac{\dot{\boldsymbol{r}}_i(t)^2}{c^2}}}. \tag{5.61}$$

式 (5.60) は静止している質量 m の質点はエネルギー $E = mc^2$ をもつというアインシュタインの有名な結果を表している．真の運動エネルギーは $E_i(t) - m_i c^2 = m_i c^2 \left(\frac{1}{\sqrt{1 - \dot{\boldsymbol{r}}_i(t)^2/c^2}} - 1 \right)$ だが，これはラグランジアンの第1項 $-m_i c^2 \sqrt{1 - \dot{\boldsymbol{r}}_i(t)^2/c^2}$ とは定数の差以上の違いがある．同様に，角運動量は式 (4.41) より

$$\boldsymbol{L} = \sum_{i=1}^{M} \boldsymbol{r}_i(t) \times \boldsymbol{p}_i(t) \tag{5.62}$$

となる．

実はエネルギーと運動量とを合わせた**四元運動量**

$$\mathsf{p}_i(t) := \begin{pmatrix} E_i(t)/c \\ \boldsymbol{p}_i(t) \end{pmatrix} = \frac{m_i}{\sqrt{1 - \frac{\dot{\boldsymbol{r}}_i(t)^2}{c^2}}} \begin{pmatrix} c \\ \dot{\boldsymbol{r}}_i(t) \end{pmatrix} = m_i \frac{\mathrm{d}\mathsf{r}_i(t)}{\mathrm{d}\tau_i(t)} \tag{5.63}$$

も反変ベクトルである．このことは，r^μ をずらす並進対称性に対応する保存量が $\sum_{i=1}^{M} \mathsf{p}_i^\mu(t)$ であることからも納得できるだろう．

5.5　マクスウェル方程式のローレンツ対称性

5.5.1　四元電流密度

ニュートン力学の世界では時間 t は空間座標 $\boldsymbol{r}$ とは独立した対象として扱っ

てきたが，実はローレンツ変換により互いに移り変わるものであったということを見てきた．同様に，電荷密度と電流密度を組み合わせた**四元電流密度**

$$\mathsf{j}(\mathsf{r}) := \begin{pmatrix} \mathsf{j}^0(\boldsymbol{r},t) \\ \mathsf{j}^1(\boldsymbol{r},t) \\ \mathsf{j}^2(\boldsymbol{r},t) \\ \mathsf{j}^3(\boldsymbol{r},t) \end{pmatrix} = \begin{pmatrix} c\rho(\boldsymbol{r},t) \\ \boldsymbol{j}(\boldsymbol{r},t) \end{pmatrix} \tag{5.64}$$

も反変ベクトルとして振る舞う[12]．このことを用いると，連続の方程式 (5.5) は

$$\sum_{\mu=0}^{3} \partial_\mu \mathsf{j}^\mu(\mathsf{r}) = 0 \tag{5.66}$$

とローレンツ不変な形で書くことができる．

◉例：導線内の電流と電荷

5.1.2 項では電流 I が流れる導線を考えた．この導線を電荷を用いてモデル化しよう．静止系 O では，正電荷・負電荷は一様に分布しており，その電荷密度は $\rho_+ = -\rho_- = \rho$ で与えられ，導線は帯電していないとする．

$$\rho_{\mathrm{tot}} := \rho_+ + \rho_- = 0. \tag{5.67}$$

負電荷は速度 $v_- > 0$ で z 軸正方向に運動している一方で，正電荷は静止している $(v_+ = 0)$ とする．すると導線を流れる電流密度は

$$j^z_{\mathrm{tot}} := \rho_+ v_+ + \rho_- v_- = -\rho v_- \tag{5.68}$$

---

[12] 点電荷による電荷密度 (5.6) と電流密度 (5.7) の場合に，四元電流密度が反変ベクトルであることを示そう．これにはデルタ関数の公式 $\delta(f(x)) = \sum_\alpha \frac{1}{|f'(\alpha)|}\delta(x-\alpha)$（ただし α は $f(x)=0$ の解）と $\frac{\mathrm{d}\mathsf{r}_i(t)}{\mathrm{d}t} = \frac{\mathrm{d}\mathsf{r}_i}{\mathrm{d}\tau_i}\left(\frac{\mathrm{d}t}{\mathrm{d}\tau_i}\right)^{-1}$ を用いて

$$\mathsf{j}(\mathsf{r}) = \sum_{i=1}^{M} e_i \frac{\mathrm{d}\mathsf{r}_i(t)}{\mathrm{d}t}\delta^3(\boldsymbol{r} - \boldsymbol{r}_i(t)) = \sum_{i=1}^{M} e_i \int \mathrm{d}\tau_i \frac{\mathrm{d}\mathsf{r}_i(t(\tau_i))}{\mathrm{d}\tau_i}\delta^4(\mathsf{r} - \mathsf{r}_i(t(\tau_i))) \tag{5.65}$$

と書き換えればよい．固有時間 τ_i はローレンツ不変であるため $\frac{\mathrm{d}\mathsf{r}_i}{\mathrm{d}\tau_i}$ は反変ベクトルである．$\det \mathsf{M} = 1$ により $\delta^4(\mathsf{r}') = \delta^4(\mathsf{r})$ であるから，j が r_i と同じ変換をすることが分かる．

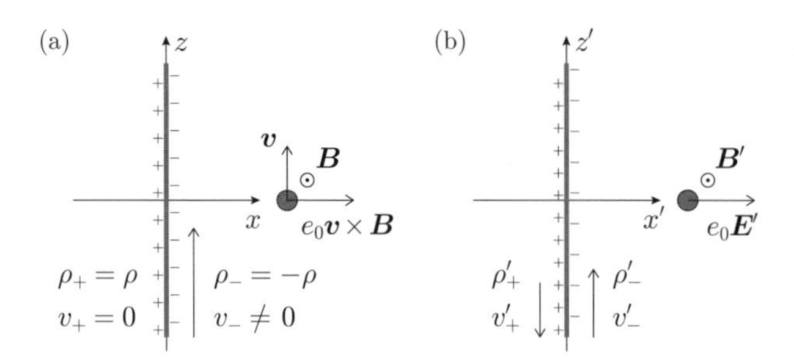

図 5.3　(a) O 系での記述と (b) O' 系での記述.

で与えられる．この導線の断面積を S とすると，負の向きに流れる電流 I は $I = -Sj^z_{\mathrm{tot}} = S\rho v_-$ と表される．

この様子を，O 系に対して速度 $\boldsymbol{v}_0 = (0, 0, v_0)^T$ で動く O' 系から見直してみよう．速度の合成則 (5.45) を z 軸方向のローレンツ変換へと読み替えたものを用いると，導線内部の電荷の速度は

$$v'_+ = \frac{v_+ - v_0}{1 - \frac{v_0 v_+}{c^2}} \underbrace{=}_{v_+=0} -v_0, \tag{5.69}$$

$$v'_- = \frac{v_- - v_0}{1 - \frac{v_0 v_-}{c^2}} \tag{5.70}$$

と求まる．なお，z 方向のローレンツ変換に対しては x, y 成分は不変であるため，導線の断面積 S は不変に保たれる．

次に導線の内部の電荷密度および電流密度について考えよう．ローレンツ収縮の公式 (5.52) を思い出すと，元々静止していた正電荷は動いてみると縮んで見えるため，電荷密度は増えるはずである．負電荷の方は元々縮んでいたのが，その縮み具合が変化することになる．これを式で書くと

$$\rho'_+ = \rho_+ \sqrt{\frac{1 - (v_+/c)^2}{1 - (v'_+/c)^2}} \underbrace{=}_{\text{式 (5.69)}} \gamma_0 \rho, \tag{5.71}$$

$$\rho'_- = \rho_- \sqrt{\frac{1 - (v_-/c)^2}{1 - (v'_-/c)^2}} \underbrace{=}_{\text{式 (5.70)}} -\gamma_0 \rho \Big(1 - \frac{v_0 v_-}{c^2}\Big) \tag{5.72}$$

となる．したがって合計の電荷密度および電流密度は

$$\rho'_{\mathrm{tot}} := \rho'_{+} + \rho'_{-} = \gamma_0\rho - \gamma_0\rho\left(1 - \frac{v_0 v_-}{c^2}\right) = \gamma_0\rho\frac{v_0 v_-}{c^2}, \tag{5.73}$$

$$\begin{aligned} {j^z_{\mathrm{tot}}}' &:= \rho'_{+}v'_{+} + \rho'_{-}v'_{-} \\ &= (\gamma_0\rho)(-v_0) - \gamma_0\rho\cancel{\left(1 - \frac{v_0 v_-}{c^2}\right)}\frac{v_- - v_0}{\cancel{1 - \frac{v_0 v_-}{c^2}}} = -\gamma_0\rho v_- \end{aligned} \tag{5.74}$$

と求まる．特に $\rho'_{\mathrm{tot}} \neq 0$ という結果に注目すべきである．これは O 系では電気的に中性でも, O' 系で見ると帯電していることを意味する．

四元電流密度は反変ベクトルであるため，z 方向のローレンツ変換の行列

$$\mathsf{M}_z = \begin{pmatrix} \gamma_0 & 0 & 0 & -\gamma_0\beta_0 \\ 0 & 1 & 0 & 0 \\ 0 & 0 & 1 & 0 \\ -\gamma_0\beta_0 & 0 & 0 & \gamma_0 \end{pmatrix} \tag{5.75}$$

を用いて導線の四元電流密度

$$\mathsf{j}(\mathsf{r}) = \begin{pmatrix} c\rho_{\mathrm{tot}} \\ 0 \\ 0 \\ j^z_{\mathrm{tot}} \end{pmatrix} = \begin{pmatrix} 0 \\ 0 \\ 0 \\ -\rho v_- \end{pmatrix} \tag{5.76}$$

を直接ローレンツ変換しても式 (5.73), (5.74) と同じ結果が得られる．

$$\mathsf{j}'(\mathsf{r}') = \mathsf{M}_z\,\mathsf{j}(\mathsf{r}) = \begin{pmatrix} \gamma_0\beta_0\rho v_- \\ 0 \\ 0 \\ -\gamma_0\rho v_- \end{pmatrix} = \begin{pmatrix} c\rho'_{\mathrm{tot}} \\ 0 \\ 0 \\ {j^z_{\mathrm{tot}}}' \end{pmatrix}. \tag{5.77}$$

5.5.2 四元ベクトルポテンシャルと電磁場テンソル

スカラーポテンシャルとベクトルポテンシャルを組み合わせた**四元ベクトルポテンシャル**

$$\mathsf{A}(\mathsf{r}) := \begin{pmatrix} \mathsf{A}_0(\boldsymbol{r},t) \\ \mathsf{A}_1(\boldsymbol{r},t) \\ \mathsf{A}_2(\boldsymbol{r},t) \\ \mathsf{A}_3(\boldsymbol{r},t) \end{pmatrix} = \begin{pmatrix} -\frac{1}{c}\phi(\boldsymbol{r},t) \\ \boldsymbol{A}(\boldsymbol{r},t) \end{pmatrix} \tag{5.78}$$

は共変ベクトルとして振る舞う．つまり

$$\mathsf{A}'_\nu(\mathsf{r}') = \sum_{\mu=0}^{3} \overline{\mathsf{M}}_\nu{}^\mu \mathsf{A}_\mu(\mathsf{r}). \tag{5.79}$$

ここではこのことを事実として認めて先に進もう．

電磁場テンソル $\mathsf{F}(\mathsf{r})$ は

$$\mathsf{F}_{\mu\nu}(\mathsf{r}) := \partial_\mu \mathsf{A}_\nu(\mathsf{r}) - \partial_\nu \mathsf{A}_\mu(\mathsf{r}) \tag{5.80}$$

と定義される [13]．定義により反対称 $\mathsf{F}_{\mu\nu}(\mathsf{r}) = -\mathsf{F}_{\nu\mu}(\mathsf{r})$ である．F は 2 つの共変ベクトルの積の差なので，ローレンツ変換に対して共変テンソルとして振る舞う．実際，式 (5.32), (5.79) を用いると

$$\begin{aligned} \mathsf{F}'_{\mu\nu}(\mathsf{r}') &= \partial'_\mu \mathsf{A}'_\nu(\mathsf{r}') - \partial'_\nu \mathsf{A}'_\mu(\mathsf{r}') \\ &= \sum_{\rho,\sigma=0}^{3} \overline{\mathsf{M}}_\mu{}^\rho \partial_\rho \big(\overline{\mathsf{M}}_\nu{}^\sigma \mathsf{A}_\sigma(\mathsf{r})\big) - \sum_{\rho,\sigma=0}^{3} \overline{\mathsf{M}}_\nu{}^\sigma \partial_\sigma \big(\overline{\mathsf{M}}_\mu{}^\rho \mathsf{A}_\rho(\mathsf{r})\big) \\ &= \sum_{\rho,\sigma=0}^{3} \overline{\mathsf{M}}_\mu{}^\rho \overline{\mathsf{M}}_\nu{}^\sigma \mathsf{F}_{\rho\sigma}(\mathsf{r}) = \sum_{\rho,\sigma=0}^{3} \overline{\mathsf{M}}_\mu{}^\rho \mathsf{F}_{\rho\sigma}(\mathsf{r}) (\overline{\mathsf{M}}^T)^\sigma{}_\nu. \end{aligned} \tag{5.81}$$

テンソルの変換性という意味では最後から 2 番目の表式で十分だが，最後の表式は行列のかけ算

[13] 微分形式を使うと A は 1 形式 $\mathsf{A} := \sum_{\mu=0}^{d} \mathsf{A}_\mu \mathrm{d}\mathsf{r}^\mu$，$\mathsf{F}$ は 2 形式 $\mathsf{F} := \mathrm{d}\mathsf{A} = \frac{1}{2}\sum_{\mu,\nu=0}^{d} \mathsf{F}_{\mu\nu} \mathrm{d}\mathsf{r}^\mu \wedge \mathrm{d}\mathsf{r}^\nu$ と理解できる．ゲージ変換 $\mathsf{A}' = \mathsf{A} + \mathrm{d}\chi$ に対する不変性は $\mathsf{F}' - \mathsf{F} = \mathrm{d}^2\chi = 0$，マクスウェル方程式 (5.3), (5.4) は $\mathrm{d}\mathsf{F} = \mathrm{d}^2\mathsf{A} = 0$ のように，外微分の性質 $\mathrm{d}^2 = 0$ から従う．電流 j は d 形式 $\mathsf{j} := \frac{1}{d!}\sum_{\mu_0,\cdots,\mu_d=0}^{d} \mathsf{j}^{\mu_0} \epsilon_{\mu_0\mu_1\mu_2\cdots\mu_d} \mathrm{d}\mathsf{r}^{\mu_1} \wedge \mathrm{d}\mathsf{r}^{\mu_2} \wedge \cdots \wedge \mathrm{d}\mathsf{r}^{\mu_d}$ であり，連続の方程式は $\mathrm{d}\mathsf{j} = \sum_{\mu=0}^{d} \partial_\mu j^\mu \mathrm{d}^{d+1}\mathsf{r} = 0$ と書ける．ただし $\mathrm{d}^{d+1}\mathsf{r} := \mathrm{d}\mathsf{r}^0 \wedge \mathrm{d}\mathsf{r}^1 \wedge \cdots \wedge \mathrm{d}\mathsf{r}^d$ は体積形式である．

$$\mathsf{F}'(\mathsf{r}') = \overline{\mathsf{M}}\mathsf{F}(\mathsf{r})\overline{\mathsf{M}}^T \tag{5.82}$$

の形をしており実際の計算に便利である．式 (2.69), (2.70) のゲージ変換は

$$\mathsf{A}'(\mathsf{r}) = \mathsf{A}(\mathsf{r}) + \nabla_{\mathsf{r}}\chi(\mathsf{r}) \quad \Leftrightarrow \quad \mathsf{A}'_\mu(\mathsf{r}) = \mathsf{A}_\mu(\mathsf{r}) + \partial_\mu\chi(\mathsf{r}) \tag{5.83}$$

と書くことができる．反対称性のため $\mathsf{F}(\mathsf{r})$ はゲージ変換で不変である．$\mathsf{F}_{\mu\nu}$ の各成分を計算してみると

$$\mathsf{F}_{0\alpha}(\mathsf{r}) = \frac{1}{c}\frac{\partial A^\alpha(\boldsymbol{r},t)}{\partial t} + \frac{1}{c}\frac{\partial\phi(\boldsymbol{r},t)}{\partial r^\alpha} = -\frac{1}{c}E^\alpha(\boldsymbol{r},t), \tag{5.84}$$

$$\mathsf{F}_{\alpha\beta}(\mathsf{r}) = \frac{\partial A^\beta(\boldsymbol{r},t)}{\partial r^\alpha} - \frac{\partial A^\alpha(\boldsymbol{r},t)}{\partial r^\beta} = \sum_{\gamma=1}^{3}\varepsilon^{\alpha\beta\gamma}B^\gamma(\boldsymbol{r},t) \tag{5.85}$$

のように電磁場を表している．これらをまとめて行列の形で書くと

$$\mathsf{F}(\mathsf{r}) = \begin{pmatrix} 0 & -\frac{1}{c}E^x & -\frac{1}{c}E^y & -\frac{1}{c}E^z \\ \frac{1}{c}E^x & 0 & B^z & -B^y \\ \frac{1}{c}E^y & -B^z & 0 & B^x \\ \frac{1}{c}E^z & B^y & -B^x & 0 \end{pmatrix} \tag{5.86}$$

となる．

5.5.3 電磁場のローレンツ変換

特に z 方向のローレンツ変換 (5.75) の場合に電磁場テンソルのローレンツ変換を成分で書き下してみよう．行列

$$\overline{\mathsf{M}}_z \underbrace{=}_{\text{式 (5.33)}} \mathsf{g}\mathsf{M}_z\bar{\mathsf{g}} = \begin{pmatrix} \gamma_0 & 0 & 0 & \gamma_0\beta_0 \\ 0 & 1 & 0 & 0 \\ 0 & 0 & 1 & 0 \\ \gamma_0\beta_0 & 0 & 0 & \gamma_0 \end{pmatrix} \tag{5.87}$$

と $\mathsf{F}(\mathsf{r})$ の表式 (5.86) を変換式 (5.82) に代入して，次を得る．

電磁場のローレンツ変換

O 系に対して速度 $\boldsymbol{v}_0 = (0,0,v_0)^T$ で運動する O' 系に移ると，電場 $\boldsymbol{E}(\mathsf{r}) = (E^x(\mathsf{r}), E^y(\mathsf{r}), E^z(\mathsf{r}))^T$ と磁場 $\boldsymbol{B}(\mathsf{r}) = (B^x(\mathsf{r}), B^y(\mathsf{r}), B^z(\mathsf{r}))^T$ は次のように変換される．

$$E'^x(\mathsf{r}') = \gamma_0\big(E^x(\mathsf{r}) - v_0 B^y(\mathsf{r})\big), \tag{5.88}$$

$$E'^y(\mathsf{r}') = \gamma_0\big(E^y(\mathsf{r}) + v_0 B^x(\mathsf{r})\big), \tag{5.89}$$

$$E'^z(\mathsf{r}') = E^z(\mathsf{r}), \tag{5.90}$$

$$B'^x(\mathsf{r}') = \gamma_0\big(B^x(\mathsf{r}) + (v_0/c^2) E^y(\mathsf{r})\big), \tag{5.91}$$

$$B'^y(\mathsf{r}') = \gamma_0\big(B^y(\mathsf{r}) - (v_0/c^2) E^x(\mathsf{r})\big), \tag{5.92}$$

$$B'^z(\mathsf{r}') = B^z(\mathsf{r}). \tag{5.93}$$

ニュートン力学の範囲では電磁場がどのように変換されるか不明であったが，電場と磁場はテンソルの成分としてこのような変換を受けることが分かった．

◉例：導線が作る電磁場

p.131 の導線の例を再び考察してみよう．座標系 O では導線は帯電しておらず，電場は生じない．

$$\boldsymbol{E}(\boldsymbol{r}) = \boldsymbol{0}. \tag{5.94}$$

導線を流れる電流 $I = S\rho v_-$ は周囲に静磁場

$$\boldsymbol{B}(\boldsymbol{r}) = -\frac{\mu_0 I}{2\pi}\frac{1}{x^2+y^2}\begin{pmatrix} -y \\ x \\ 0 \end{pmatrix} \tag{5.95}$$

を作っているのだった．

一方，O 系に対して速度 $\boldsymbol{v}_0 = (0,0,v_0)^T$ で動く O' 系では，導線は式 (5.73)

のように帯電しているため，$I' = -Sj_{\rm tot}^{z\prime} = \gamma_0 I$ による静磁場

$$\boldsymbol{B}'(\boldsymbol{r}') = -\frac{\mu_0 I'}{2\pi}\frac{1}{x'^2 + y'^2}\begin{pmatrix} -y' \\ x' \\ 0 \end{pmatrix} = -\gamma_0 \frac{\mu_0 I}{2\pi}\frac{1}{x^2 + y^2}\begin{pmatrix} -y \\ x \\ 0 \end{pmatrix} \tag{5.96}$$

だけでなく，線電荷密度 $S\rho'_{\rm tot} = \gamma_0 v_0 I/c^2$ による静電場

$$\boldsymbol{E}'(\boldsymbol{r}') = \frac{S\rho'_{\rm tot}}{2\pi\varepsilon_0}\frac{1}{x'^2 + y'^2}\begin{pmatrix} x' \\ y' \\ 0 \end{pmatrix} = \gamma_0 \frac{\mu_0 v_0 I}{2\pi}\frac{1}{x^2 + y^2}\begin{pmatrix} x \\ y \\ 0 \end{pmatrix} \tag{5.97}$$

も作っている．なお式 (5.97) の最後の等号では $\mu_0\varepsilon_0 = c^{-2}$ の関係を用いた．

ここでは電磁場の根源である電荷密度や電流密度の変換に基づいて O' 系における電磁場を議論したが，O 系における電磁場（式 (5.94), (5.95)）を式 (5.88)–(5.93) を用いて直接ローレンツ変換しても式 (5.96), (5.97) が得られる．

以上により，5.1.2 項で紹介した矛盾を解決する準備が整った．O 系では磁場によるローレンツ力によって，点電荷の運動量は微小時間 Δt の間に $\Delta\boldsymbol{p} = \boldsymbol{f}(0)\Delta t$ だけ変化するのだった．一方 O' 系では，点電荷は静止しているため磁場によるローレンツ力が働かないが，代わりに電場が生じているために点電荷はやはり導線から離れる方向に力

$$\boldsymbol{f}'(0) = e_0\boldsymbol{E}'(\boldsymbol{r}'(0)) = \gamma_0\frac{\mu_0 e_0 v_0 I}{2\pi r_0}\begin{pmatrix} 1 \\ 0 \\ 0 \end{pmatrix} = \gamma_0\boldsymbol{f}(0) \tag{5.98}$$

を受ける．この結果，O' 系でも運動方程式に従って $\Delta\boldsymbol{p}' = \boldsymbol{f}'(0)\Delta t' = \gamma_0\boldsymbol{f}(0)\Delta t'$ だけ運動量が変化する．ここで式 (5.48) により $\Delta t' = \Delta t/\gamma_0$ であることを思い出すと，O' 系でも O 系と同じ運動量変化 $\Delta\boldsymbol{p}' = \Delta\boldsymbol{p}$ となるのである [14]．

---

[14] 四元運動量 (5.63) は反変ベクトルであり，$\Delta\boldsymbol{p}$ は x 成分しかもたないため，式 (5.75) の変換に対しては $\Delta\boldsymbol{p}' = \Delta\boldsymbol{p}$ となるべきである．

5.5.4 ローレンツ共変なマクスウェル方程式

マクスウェル方程式をローレンツ対称性が見やすい形に書き換えてみよう．p.122 で説明した添字の上げ下げを行って $\mathsf{F}^{\mu\nu}(\mathsf{r}) := \sum_{\rho,\sigma=0}^{3} \bar{\mathsf{g}}^{\mu\rho}\bar{\mathsf{g}}^{\nu\sigma}\mathsf{F}_{\rho\sigma}(\mathsf{r})$ と書く．

ローレンツ共変なマクスウェル方程式

マクスウェル方程式 (5.1),(5.2) は次のようにまとめられる [15]．

$$\sum_{\nu=0}^{3} \partial_\nu \mathsf{F}^{\mu\nu}(\mathsf{r}) = \mu_0\, \mathsf{j}^\mu(\mathsf{r}). \tag{5.99}$$

実際，$\mu = 0$ 成分は

$$\frac{1}{c}\sum_{\alpha=1}^{3} \frac{\partial E^\alpha(\boldsymbol{r},t)}{\partial r^\alpha} = \mu_0 c\rho(\boldsymbol{r},t) \tag{5.100}$$

となり式 (5.1) と等価である．$\mu = \alpha$ 成分は

$$\sum_{\beta,\gamma=1}^{3} \varepsilon^{\alpha\beta\gamma} \frac{\partial B^\gamma(\boldsymbol{r},t)}{\partial r^\beta} - \frac{1}{c^2}\frac{\partial E^\alpha(\boldsymbol{r},t)}{\partial t} = \mu_0\, j^\alpha(\boldsymbol{r},t) \tag{5.101}$$

となり式 (5.2) と等価である．式 (5.99) の両辺はローレンツ変換に対して反変ベクトルとして振る舞うため，方程式の組としては不変に保たれる．これでマクスウェル方程式がローレンツ対称性をもつことが確認できた．11.3 節では場の解析力学によって式 (5.99) をオイラー・ラグランジュ方程式として導く．

---

[15] 微分形式を用いるとマクスウェル方程式 (5.1),(5.2) は $\mathrm{d}*\mathsf{F} = \mu_0\,\mathsf{j}$ と書くことができる．ただしホッジ双対 $*$ は $*(\mathrm{d}\mathsf{r}^\mu \wedge \mathrm{d}\mathsf{r}^\nu) := \frac{1}{(d-1)!}\sum_{\mu_0,\cdots,\mu_d=0}^{d} \bar{\mathsf{g}}^{\mu\mu_0}\bar{\mathsf{g}}^{\nu\mu_1}\epsilon_{\mu_0\mu_1\mu_2\cdots\mu_d}\mathrm{d}\mathsf{r}^{\mu_2} \wedge \cdots \wedge \mathrm{d}\mathsf{r}^{\mu_d}$ などと定義される．詳細は，例えば [2] を参照のこと．

5.6　相対論的荷電粒子のラグランジアン

$\mathsf{A}(\mathsf{r})$ が共変ベクトルであることを認めると，反変ベクトル $\mathrm{d}\mathsf{r}$ との縮約によりローレンツ不変量が構成できる．

$$e_i \sum_{\mu=0}^{3} \mathsf{A}_\mu(\mathsf{r}_i(t))\mathrm{d}\mathsf{r}_i^\mu(t) = \Big(e_i \dot{\boldsymbol{r}}_i(t) \cdot \boldsymbol{A}(\boldsymbol{r}_i(t), t) - e_i \phi(\boldsymbol{r}_i(t), t)\Big)\mathrm{d}t. \quad (5.102)$$

これはまさに式 (2.71) に登場した荷電粒子と電磁場との相互作用である．つまり，この組み合わせはゲージ対称性だけでなくローレンツ対称性をもっていたのである．したがって次を得る．

相対論的荷電粒子の作用とラグランジアン

電磁場中の相対論的荷電粒子の作用とラグランジアンは

$$S[\boldsymbol{r}] = \int \sum_{i=1}^{M} \Big(- m_i c^2 \mathrm{d}\tau_i + e_i \sum_{\mu=0}^{3} \mathsf{A}_\mu(\mathsf{r}_i)\mathrm{d}\mathsf{r}_i^\mu \Big), \quad (5.103)$$

$$L(\boldsymbol{r}, \dot{\boldsymbol{r}}, t) = \sum_{i=1}^{M} \Big(- m_i c^2 \sqrt{1 - \frac{\dot{\boldsymbol{r}}_i^2}{c^2}} + e_i \dot{\boldsymbol{r}}_i \cdot \boldsymbol{A}(\boldsymbol{r}_i, t) - e_i \phi(\boldsymbol{r}_i, t) \Big). \quad (5.104)$$

逆に非相対論な荷電粒子のラグランジアン (2.71) は，ガリレイ変換に従う $\boldsymbol{r}$ とローレンツ変換に従う $\mathsf{A}(\mathsf{r})$ が混在したものだったことになる．

式 (5.104) のラグランジアンからオイラー・ラグランジュ方程式を導くと次のようになる．

相対論的荷電粒子の運動方程式

相対論的な荷電粒子の運動方程式は

$$\frac{\mathrm{d}\boldsymbol{p}_i(t)}{\mathrm{d}t} = e_i \boldsymbol{E}(\boldsymbol{r}_i(t), t) + e_i \dot{\boldsymbol{r}}_i(t) \times \boldsymbol{B}(\boldsymbol{r}_i(t), t). \tag{5.105}$$

ただし $\boldsymbol{p}_i(t)$ は式 (5.61) の相対論的運動量を表す.

ローレンツ力は非相対論的な場合と同じ式で与えられることが分かる．このことはすでに p.137 の解析でも用いていた.

5.7　章末演習問題

問題1　**μ 粒子の寿命**

時計の遅れに関する有名な話題として，μ 粒子の寿命について考えよう．μ 粒子は宇宙線が大気圏に入ってくる際，地上から約 5 km の上空で作られる．μ 粒子の静止系で見た寿命は約 $\tau = 2.2 \times 10^{-6}$ s である．地表から見て $v_0 = 0.995c$ という光速に近い速さで地表に向かって飛んでくるとする.

(1) $v_0 \tau$ を計算せよ.
(2) 地表から見た寿命を求めよ.
(3) 崩壊までに飛行する距離を求めよ.
(4) 同じ状況を μ 粒子の立場から見るとどう見えるか.

(3) の計算結果は地表までの距離と同じオーダーなので，μ 粒子は実際に地上で観測される.

問題2　**双子のパラドックス**

双子の兄弟がいた．兄は弟を地球に残し，ロケットに乗って時刻 $t = 0$ から $t = 2T_1 + T_2$ まで次の 1 次元的運動を行った.

$$x(t) = \begin{cases} vt & (0 \le t \le T_1), \\ vt - \frac{v}{T_2}(t - T_1)^2 & (T_1 < t < T_1 + T_2), \\ vT_1 - v(t - T_1 - T_2) & (T_1 + T_2 \le t \le 2T_1 + T_2). \end{cases}$$

ただし $0 < v < c$ とする．この間，弟は地球で静止して待っていたものとする．兄が帰ってくるまでの間に

(1) 弟の時計はどれだけ進むか．

(2) 兄の時計はどれだけ進むか．式 (5.48) の固有時間を積分することで求めよ．

(3) どちらが歳をとっているか．

(4) 兄と弟の運動が等価でない理由を説明せよ．

問題 3　相対論的質点のローレンツ対称性

式 (5.57) の相対論的質点のラグランジアンについて考える．

(1) このラグランジアンがローレンツ対称性をもつことを確認しよう．tx 面内のローレンツ変換 (5.24) に際して式 (4.46) の条件を確かめよ．

(2) ローレンツ対称性も連続対称性なので，ネーターの定理により対応する保存量があるはずである．この保存量 Q を求めよ．

ここでは質点が 1 つの場合を考えたが，$M \ge 2$ の場合に同じことをしようとすると，変換後の時刻 t' が i に依存してしまうため式 (4.46) の条件は非自明になってしまう．それでも (2) で求めた保存量の和 $Q = \sum_{i=1}^{M} Q_i$ が保存されることは運動方程式を用いれば簡単に確かめることができる．

ハミルトン形式の解析力学

第6章 ハミルトン形式の解析力学

ここまで解析力学を議論してきたが，それはラグランジュ形式と呼ばれるものであった．本章ではハミルトン形式の解析力学へと移行する．この移行は形式的にはルジャンドル変換によって独立変数を $q(t), \dot{q}(t)$ から $q(t)$, $p(t)$ へととり直すだけなのだが，これによって座標と運動量とを対等に扱うことが可能になる．表6.1にまとめたラグランジュ形式とハミルトン形式の比較について，これから詳しく見ていこう．

6.1 正準方程式

6.1.1 ハミルトニアンと正準座標

簡単のため1自由度の話から始めよう．ラグランジアン $L(q, \dot{q}, t)$ が与えられたとする．ラグランジアンは $\dot{q}$ の関数として下に凸，より正確には $\frac{\partial^2 L(q,\dot{q},t)}{\partial \dot{q}^2} > 0$

表 6.1 ラグランジュ形式とハミルトン形式の比較

	変数	運動方程式	共変な変換
ラグランジュ形式	一般化座標・速度 $q(t), \dot{q}(t)$	オイラー・ラグランジュ方程式 (1.33)	点変換 (2.28)
ハミルトン形式	正準座標 $q(t), p(t)$	正準方程式 (6.17)	正準変換 (7.75)

であると仮定する．

正準形式へと移行するには，変数 $\dot{q}$ を一般化運動量

$$p := \frac{\partial L(q,\dot{q},t)}{\partial \dot{q}} \tag{6.1}$$

へ取り替える．この p の定義式を逆に解いて，$\dot{q}$ を $\dot{q} = \dot{q}(q,p,t)$ のように q, p および t を用いて表す．これを用いて

$$H(q,p,t) := p\dot{q} - L(q,\dot{q},t)\Big|_{\dot{q}=\dot{q}(q,p,t)} \tag{6.2}$$

と定義したものがハミルトニアンである [1]．ハミルトニアンは変数 $\dot{q}$ についてラグランジアンを**ルジャンドル変換**したものと理解できる．ルジャンドル変換については補遺 A.2 節にまとめた．

多変数の場合も同様である．q_i のそれぞれに対して

$$p_i := \frac{\partial L(q,\dot{q},t)}{\partial \dot{q}_i} \tag{6.3}$$

を定義する．一般化座標 $q_1, q_2, \cdots, q_N$ と一般化運動量 $p_1, p_2, \cdots, p_N$ の組を**正準座標 (canonical coordinate)** という．この文脈では p_i のことを q_i の**正準運動量**とも呼ぶ．$\dot{q}_i$ の代わりに p_i を変数にとり，次のようにする．

ハミルトニアン

ラグランジアン $L(q,\dot{q},t)$ に対応するハミルトニアンを

$$H(q,p,t) := \sum_{i=1}^{N} p_i\dot{q}_i - L(q,\dot{q},t)\Big|_{\dot{q}=\dot{q}(q,p,t)} \tag{6.4}$$

と定義する．

[1] 元々独立な 3 変数 a, b, c の関数 $L(a,b,c)$ があったのだった．いま $A = a$, $B = \frac{\partial L(a,b,c)}{\partial b}$, $C = c$ という変数変換を考える．逆に解くと $a = A$, $b = b(A,B,C)$, $c = C$ となる．これを使って $H(A,B,C) := \frac{\partial L(a,b,c)}{\partial b}b - L(a,b,c)\big|_{a=A,b=b(A,B,C),c=C} = B\,b(A,B,C) - L(A,b(A,B,C),C)$ としたものがハミルトニアンである．この表式を用いればハミルトニアンの偏微分の計算でも混乱しないだろう．

この際，式 (6.3) を逆に解いて $\dot{q}_i$ を (q,p,t) で表すことができるのは，ij 成分が

$$\mathrm{H}_{ij} := \frac{\partial p_i(q,\dot{q},t)}{\partial \dot{q}_j} = \frac{\partial^2 L(q,\dot{q},t)}{\partial \dot{q}_j \partial \dot{q}_i} \quad (i,j=1,2,\cdots,N) \tag{6.5}$$

で与えられる N 次元ヘッセ行列 H が正則である場合だけである [2]．この条件を満たす系を**非特異系**，そうでない系を**特異系**という．本章では主に非特異系を扱い，特異系は 6.5 節や第 12 章で議論する．

ハミルトニアン $H(q,p,t)$ と式 (1.47) のエネルギー $E(t)$ との類似に着目して欲しい．違いは変数だけである．

6.1.2　例：ニュートン力学のハミルトニアン

例として，2.1 節で考察したラグランジアン $L(\boldsymbol{r},\dot{\boldsymbol{r}},t)=\sum_{i=1}^{M}\frac{m_i}{2}\dot{\boldsymbol{r}}_i^2 - U(\boldsymbol{r},t)$ について考えよう．$\boldsymbol{r}_i$ に対応する一般化運動量は

$$\boldsymbol{p}_i = \frac{\partial L(\boldsymbol{r},\dot{\boldsymbol{r}},t)}{\partial \dot{\boldsymbol{r}}_i} = m_i \dot{\boldsymbol{r}}_i \tag{6.6}$$

である．この式を $\dot{\boldsymbol{r}}_i$ について解くと $\dot{\boldsymbol{r}}_i = \frac{1}{m_i}\boldsymbol{p}_i$ となるため，次を得る．

ニュートン力学のハミルトニアン

質量 m_i をもち，ポテンシャル $U(\boldsymbol{r},t)$ 中を運動する質点系のハミルトニアンは

$$H(\boldsymbol{r},\boldsymbol{p},t) = \sum_{i=1}^{M} \frac{\boldsymbol{p}_i^2}{2m_i} + U(\boldsymbol{r},t). \tag{6.7}$$

[2] 旧変数 $x_j = \dot{q}_j$ から新変数 $X_i = p_i = \frac{\partial L(q,\dot{q},t)}{\partial \dot{q}_i}$ への変換が局所的に逆をもつための条件はヤコビ行列 $\frac{\partial X_i}{\partial x_j}$ が正則であることである（0.1.4 項の逆関数定理）．同じことだが，$g_i(q,\dot{q},t) := \frac{\partial L(q,\dot{q},t)}{\partial \dot{q}_i} - p_i = 0$ を満たす $\dot{q}_i$ を解くことができるのは，$\frac{\partial g_i}{\partial \dot{q}_j}$ が正則であるときである（陰関数定理）．

これは運動エネルギーとポテンシャルエネルギーの和であり，系のエネルギーを表す．

同様に，2.1.3 項の相互作用し合う粒子系のラグランジアン $L(\boldsymbol{r},\dot{\boldsymbol{r}},t) = \sum_{i=1}^{M}\frac{m_i}{2}\dot{\boldsymbol{r}}_i^2 - \frac{1}{2}\sum_{i,j=1}^{M}V_{ij}^{(2)}(\boldsymbol{r}_i-\boldsymbol{r}_j)$ の場合には

$$H(\boldsymbol{r},\boldsymbol{p},t) = \sum_{i=1}^{M}\frac{\boldsymbol{p}_i^2}{2m_i} + \frac{1}{2}\sum_{i,j=1}^{M}V_{ij}^{(2)}(\boldsymbol{r}_i-\boldsymbol{r}_j) \tag{6.8}$$

となる．

6.1.3 例：荷電粒子のハミルトニアン

2.5 節で導入した荷電粒子のラグランジアン $L(\boldsymbol{r},\dot{\boldsymbol{r}},t) = \sum_{i=1}^{M}\left(\frac{m_i}{2}\dot{\boldsymbol{r}}_i^2 + e_i\dot{\boldsymbol{r}}_i\cdot\boldsymbol{A}(\boldsymbol{r}_i,t) - e_i\phi(\boldsymbol{r}_i,t)\right)$ に対しては，次のようになる（章末演習問題）．

荷電粒子のハミルトニアン

電磁場中を運動する質量 m_i，電荷 e_i をもつ質点系の一般化運動量とハミルトニアンは

$$\boldsymbol{p}_i = m_i\dot{\boldsymbol{r}}_i + e_i\boldsymbol{A}(\boldsymbol{r}_i,t), \tag{6.9}$$

$$H(\boldsymbol{r},\boldsymbol{p},t) = \sum_{i=1}^{M}\left(\frac{1}{2m_i}\big(\boldsymbol{p}_i - e_i\boldsymbol{A}(\boldsymbol{r}_i,t)\big)^2 + e_i\phi(\boldsymbol{r}_i,t)\right). \tag{6.10}$$

6.1.4 偏微分の計算

以上の定義に基づいて，ハミルトニアンの偏微分を計算しよう[3]．(q,p,t) を独立変数に選んだ場合，$\dot{q}(q,p,t)$ は従属変数となることに注意する．また，式が複雑になるのを避けるためにここでも (t) を省く．

[3] これ以降の式変形ははじめから N 自由度で行うことが多いが，難しく感じる場合は，まず 1 自由度として i,j の添字や和を省略するとよい．

まず p_i での偏微分から始める．ハミルトニアンの定義式 (6.4) より

$$\begin{aligned}
\frac{\partial H(q,p,t)}{\partial p_i} &= \sum_{j=1}^{N}\Bigl(\underbrace{\frac{\partial p_j}{\partial p_i}}_{=\delta_{ij}}\dot{q}_j(q,p,t) + p_j\frac{\partial \dot{q}_j(q,p,t)}{\partial p_i}\Bigr) - \frac{\partial L(q,\dot{q}(q,p,t),t)}{\partial p_i} \\
&= \dot{q}_i(q,p,t) + \sum_{j=1}^{N} p_j \cancel{\frac{\partial \dot{q}_j(q,p,t)}{\partial p_i}} - \sum_{j=1}^{N}\underbrace{\frac{\partial L(q,\dot{q},t)}{\partial \dot{q}_j}}_{=p_j}\cancel{\frac{\partial \dot{q}_j(q,p,t)}{\partial p_i}}\Bigr|_{\dot{q}=\dot{q}(q,p,t)} \\
&= \dot{q}_i(q,p,t)
\end{aligned} \tag{6.11}$$

となる．この結果は補遺 A.2 節の式 (A.9) に対応しており，ルジャンドル変換した変数 $\dot{q}_i$ を新しい変数 (q,p,t) で表している．

t での偏微分もほぼ同様である．

$$\begin{aligned}
\frac{\partial H(q,p,t)}{\partial t} &= \sum_{j=1}^{N}\Bigl(\underbrace{\frac{\partial p_j}{\partial t}}_{=0}\dot{q}_j(q,p,t) + p_j\frac{\partial \dot{q}_j(q,p,t)}{\partial t}\Bigr) - \frac{\partial L(q,\dot{q}(q,p,t),t)}{\partial t} \\
&= \sum_{j=1}^{N} p_j \cancel{\frac{\partial \dot{q}_j(q,p,t)}{\partial t}} - \Bigl(\sum_{j=1}^{N}\underbrace{\frac{\partial L(q,\dot{q},t)}{\partial \dot{q}_j}}_{=p_j}\cancel{\frac{\partial \dot{q}_j(q,p,t)}{\partial t}} + \frac{\partial L(q,\dot{q},t)}{\partial t}\Bigr)\Bigr|_{\dot{q}=\dot{q}(q,p,t)} \\
&= -\frac{\partial L(q,\dot{q},t)}{\partial t}\Bigr|_{\dot{q}=\dot{q}(q,p,t)}
\end{aligned} \tag{6.12}$$

1行目の $\frac{\partial}{\partial t}$ はいずれも q と p を固定して t で微分する操作だが，2行目最後の $\frac{\partial L(q,\dot{q},t)}{\partial t}$ では q と $\dot{q}$ を固定して t で微分する操作である [4]．

最後に q_i による偏微分は

$$\begin{aligned}
\frac{\partial H(q,p,t)}{\partial q_i} &= \sum_{j=1}^{N}\Bigl(\underbrace{\frac{\partial p_j}{\partial q_i}}_{=0}\dot{q}_j(q,p,t) + p_j\frac{\partial \dot{q}_j(q,p,t)}{\partial q_i}\Bigr) - \frac{\partial L(q,\dot{q}(q,p,t),t)}{\partial q_i} \\
&= \sum_{j=1}^{N} p_j \cancel{\frac{\partial \dot{q}_j(q,p,t)}{\partial q_i}} - \Bigl(\frac{\partial L(q,\dot{q},t)}{\partial q_i} + \sum_{j=1}^{N}\underbrace{\frac{\partial L(q,\dot{q},t)}{\partial \dot{q}_j}}_{=p_j}\cancel{\frac{\partial \dot{q}_j(q,p,t)}{\partial q_i}}\Bigr)\Bigr|_{\dot{q}=\dot{q}(q,p,t)}
\end{aligned}$$

---

[4] 脚注 1 の記法では，前者は C での偏微分，後者は c での偏微分である．

$$= -\frac{\partial L(q,\dot{q},t)}{\partial q_i}\bigg|_{\dot{q}=\dot{q}(q,p,t)} \tag{6.13}$$

となる[5]．式 (6.12), (6.13) の結果は「ルジャンドル変換しなかった変数についての偏微分は符号が変わるだけ」という補遺 A.2 節の式 (A.19) と対応している．

6.1.5 正準方程式

ここまではハミルトニアンと一般化運動量の定義に基づいた単なる数学的な式変形であった．ここに停留作用の原理を入れると次が得られる．

正準方程式 (canonical equations)
正準座標 $q_i(t)$ と $p_i(t)$ $(i=1,2,\cdots,N)$ が従う運動方程式は

$$\dot{q}_i(t) = \frac{\partial H(q(t),p(t),t)}{\partial p_i(t)}, \quad \dot{p}_i(t) = -\frac{\partial H(q(t),p(t),t)}{\partial q_i(t)}. \tag{6.17}$$

正準方程式は**ハミルトン方程式**とも呼ばれる．これは時間の 1 階微分を含む $2N$ 本の連立方程式である．

式 (6.17) の第 1 式は式 (6.11) そのもので，数学的な定義だけから従う．一方，第 2 式がオイラー・ラグランジュ方程式 (1.33) と同値であることは，式 (6.13) の両辺に $\dot{p}_i$ を足して

---

[5] 以上の結果を脚注 1 の記法を用いてまとめると

$$\frac{\partial H(A,B,C)}{\partial A} = -\frac{\partial L(a,b,c)}{\partial a}\bigg|_{a=A,b=b(A,B,C),c=C}, \tag{6.14}$$

$$\frac{\partial H(A,B,C)}{\partial B} = b(A,B,C), \tag{6.15}$$

$$\frac{\partial H(A,B,C)}{\partial C} = -\frac{\partial L(a,b,c)}{\partial c}\bigg|_{a=A,b=b(A,B,C),c=C}. \tag{6.16}$$

$$\dot{p}_i + \frac{\partial H(q,p,t)}{\partial q_i} = \frac{\mathrm{d}}{\mathrm{d}t}\underbrace{\frac{\partial L(q,\dot{q},t)}{\partial \dot{q}_i}}_{=p_i} - \frac{\partial L(q,\dot{q},t)}{\partial q_i} \tag{6.18}$$

と書き直せば一目瞭然だろう．

6.1.6　例：ハミルトン形式でのニュートン力学

式 (6.7) のニュートン力学のハミルトニアンに対する正準方程式は

$$\dot{\boldsymbol{r}}_i(t) = \frac{\partial H(\boldsymbol{r}(t),\boldsymbol{p}(t),t)}{\partial \boldsymbol{p}_i(t)} = \frac{1}{m_i}\boldsymbol{p}_i(t), \tag{6.19}$$

$$\dot{\boldsymbol{p}}_i(t) = -\frac{\partial H(\boldsymbol{r}(t),\boldsymbol{p}(t),t)}{\partial \boldsymbol{r}_i(t)} = -\frac{\partial U(\boldsymbol{r}(t),t)}{\partial \boldsymbol{r}_i(t)} = \boldsymbol{f}_i(t) \tag{6.20}$$

である．これらの式から $\boldsymbol{p}_i(t)$ を消去すれば，正しくニュートンの運動方程式 $m_i\ddot{\boldsymbol{r}}_i(t) = \boldsymbol{f}_i(t)$ が再現される．

6.1.7　汎関数の停留値条件による導出

ラグランジュ形式の解析力学を出発点にしなくとも，**停留作用の原理**から直接正準方程式を導くことができる．$q_i(t)$ と $p_i(t)$ $(i=1,\cdots,N)$ という 2N個の独立な関数の汎関数である作用を

$$S[q,p] := \int_{t_\mathrm{i}}^{t_\mathrm{f}} \mathrm{d}t\Big(\sum_{i=1}^{N} p_i(t)\dot{q}_i(t) - H(q(t),p(t),t)\Big) \tag{6.21}$$

と定義し，$q_i(t)+\epsilon_i(t)$, $p_i(t)+\eta_i(t)$ と変化させたときの停留値問題を考える [6]．ただし，ここでの $\dot{q}_i(t)$ は単に関数 $q_i(t)$ の時間微分を表すことに注意する．そのため変化分は $\frac{\mathrm{d}\epsilon_i(t)}{\mathrm{d}t}$ で与えられる．また，$q_i(t)$ に関しては端点の値を固定し $\epsilon_i(t_\mathrm{f}) = \epsilon_i(t_\mathrm{i}) = 0$ とするが，$p_i(t)$には制限を設けず，$\eta_i(t)$の端点での値は任意とする [7]．すると

[6] ラグランジュ形式では N 個の関数の汎関数を考えていたため，自由度が倍になったように感じるが，以下で議論するようにこれで上手くいく．端点の条件の個数も保たれる．

[7] [4] p.64 では，正準変換の表面項との整合性のために $\eta_i(t_\mathrm{f}) = \eta_i(t_\mathrm{i}) = 0$ も要請されている．また [18] p.78 でも，命題 5.3(2) に「運動量に関する端点条件も必要である」と書か

$$\begin{aligned}
\delta S[q,p] &= S[q+\epsilon, p+\eta] - S[q,p] \\
&= \int_{t_\mathrm{i}}^{t_\mathrm{f}} \mathrm{d}t \sum_{i=1}^{N} \left((p_i+\eta_i)\frac{\mathrm{d}}{\mathrm{d}t}(q_i+\epsilon_i) - p_i \frac{\mathrm{d}q_i}{\mathrm{d}t} \right) \\
&\quad - \int_{t_\mathrm{i}}^{t_\mathrm{f}} \mathrm{d}t \Big(H(q+\epsilon, p+\eta, t) - H(q,p,t) \Big) \\
&= \int_{t_\mathrm{i}}^{t_\mathrm{f}} \mathrm{d}t \sum_{i=1}^{N} \left(\eta_i \frac{\mathrm{d}q_i}{\mathrm{d}t} + p_i \frac{\mathrm{d}\epsilon_i}{\mathrm{d}t} - \epsilon_i \frac{\partial H(q,p,t)}{\partial q_i} - \eta_i \frac{\partial H(q,p,t)}{\partial p_i} \right) + O(\epsilon^2, \eta^2, \epsilon\eta) \\
&= \int_{t_\mathrm{i}}^{t_\mathrm{f}} \mathrm{d}t \sum_{i=1}^{N} \left(\eta_i \Big(\frac{\mathrm{d}q_i}{\mathrm{d}t} - \frac{\partial H(q,p,t)}{\partial p_i} \Big) - \epsilon_i \Big(\frac{\mathrm{d}p_i}{\mathrm{d}t} + \frac{\partial H(q,p,t)}{\partial q_i} \Big) \right) \\
&\quad + \sum_{i=1}^{N} \underbrace{\Big[p_i(t)\epsilon_i(t) \Big]_{t_\mathrm{i}}^{t_\mathrm{f}}}_{=0} + O(\epsilon^2, \eta^2, \epsilon\eta)
\end{aligned} \tag{6.22}$$

により，停留値条件から正準方程式 (6.17) が従う．そもそも表面項に $\eta_i(t)$ の寄与がないことに注意して欲しい．

なお，式 (6.21) の作用 $S[q,p]$ の積分の第 1 項は時間 t の任意の変換 $\tau = \tau(t)$（ただし $\frac{\mathrm{d}\tau}{\mathrm{d}t} > 0$）に対して形を変えないというトポロジカルな性質をもち，**ベリー位相項**と呼ばれる．実際，$Q_i(\tau) = q_i(t)$, $P_i(\tau) = p_i(t)$ と定義すると，積分の変数変換 $\mathrm{d}t = \mathrm{d}\tau \frac{\mathrm{d}t}{\mathrm{d}\tau}$ と時間微分の変換 $\frac{\mathrm{d}}{\mathrm{d}t} = \frac{\mathrm{d}\tau}{\mathrm{d}t}\frac{\mathrm{d}}{\mathrm{d}\tau}$ から生じる係数がちょうど打ち消し合い

$$\int_{t_\mathrm{i}}^{t_\mathrm{f}} \mathrm{d}t \sum_{i=1}^{N} p_i(t) \frac{\mathrm{d}q_i(t)}{\mathrm{d}t} = \int_{\tau(t_\mathrm{i})}^{\tau(t_\mathrm{f})} \mathrm{d}\tau \sum_{i=1}^{N} P_i(\tau) \frac{\mathrm{d}Q_i(\tau)}{\mathrm{d}\tau} \tag{6.23}$$

となる．

6.2　相空間

ラグランジュ形式の力学では，一般化座標 $q_1, q_2, \cdots, q_N$ の時間発展に興味

れている．しかし，実際には正準変換を考えてもこの条件は不要であることを 7.1.2 項で見る．

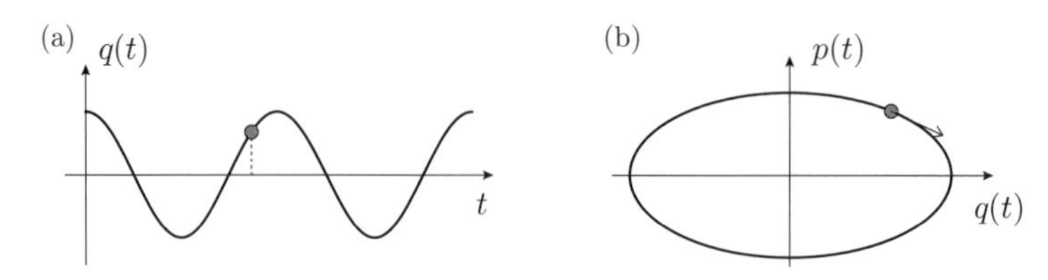

図 6.1　(a) 配位空間での時間発展と (b) 相空間の軌跡

があった．一般化座標からなる空間を**配位空間**と呼ぶ．したがって，横軸に t，縦軸に q をとった図 6.1(a) のような見方が自然であった．

一方，ハミルトン形式では一般化座標 $q_1, q_2, \cdots, q_N$ と一般化運動量 $p_1, p_2, \cdots, p_N$ を合わせた**相空間 (phase space)**[8] という $2N$ 次元空間を考え，時間発展はその中の軌跡（図 6.1(b)）という見方をする．正準方程式 (6.17) はこの軌跡の接ベクトルをハミルトニアンの勾配によって与える式であると解釈できるが，この意味は 8.1.3 項でより明らかになる．より広いクラスの時間発展を考えたとき，時間発展が正準方程式の形で与えられるクラスのことをハミルトン力学系 (Hamiltonian dynamical system) という．

◉例：1 次元調和振動子のハミルトニアン

1 次元調和振動子のハミルトニアンは

$$H(q,p) = \frac{p^2}{2m} + \frac{m\omega^2}{2}q^2 \tag{6.24}$$

である．系のエネルギーを E とすると，相空間内の軌跡は楕円

$$\left(\frac{q}{a}\right)^2 + \left(\frac{p}{b}\right)^2 = 1, \quad a := \sqrt{\frac{2E}{m\omega^2}}, \quad b := \sqrt{2mE} \tag{6.25}$$

となる．

---

[8] 位相空間と呼ぶことも多いが，数学の位相空間 (topological space) と紛らわしいため避けた．

6.3 ポアソン括弧とその性質

ハミルトン形式の力学ではポアソン括弧が非常に重要な役割を果たす[9].

6.3.1 ポアソン括弧の定義

ポアソン括弧

正準座標 q_i, p_i $(i=1,2,\cdots,N)$ と時間 t の関数 $f(q,p,t)$ と $g(q,p,t)$ のポアソン括弧を次のように定義する.

$$\{f,g\} := \sum_{i=1}^{N}\left(\frac{\partial f(q,p,t)}{\partial q_i}\frac{\partial g(q,p,t)}{\partial p_i} - \frac{\partial g(q,p,t)}{\partial q_i}\frac{\partial f(q,p,t)}{\partial p_i}\right). \tag{6.26}$$

この定義により, ただちに**基本ポアソン括弧**

$$\{q_i,p_j\} = \delta_{ij}, \quad \{q_i,q_j\} = \{p_i,p_j\} = 0 \tag{6.27}$$

を得る[10]. また, 正準座標と時間の関数 $f(q(t),p(t),t)$ の時間微分を正準方程式 (6.17) を用いて計算すると

$$\begin{aligned}\frac{\mathrm{d}f(q,p,t)}{\mathrm{d}t} &= \sum_{i=1}^{N}\left(\frac{\partial f(q,p,t)}{\partial q_i}\dot{q}_i + \frac{\partial f(q,p,t)}{\partial p_i}\dot{p}_i\right) + \frac{\partial f(q,p,t)}{\partial t} \\ &= \sum_{i=1}^{N}\left(\frac{\partial f(q,p,t)}{\partial q_i}\frac{\partial H(q,p,t)}{\partial p_i} - \frac{\partial f(q,p,t)}{\partial p_i}\frac{\partial H(q,p,t)}{\partial q_i}\right)\end{aligned}$$

---

[9] ポアソン括弧は量子力学における演算子 $\hat{f},\hat{g}$ の交換関係 $[\hat{f},\hat{g}] := \hat{f}\hat{g} - \hat{g}\hat{f}$ の古典対応物であり, 多くの関係式が量子力学でも再登場する.

[10] **正準量子化**と呼ばれる古典力学から量子力学へ移行する手続きでは, ポアソン括弧 $\{f,g\}$ を交換関係を $\mathrm{i}\hbar$ ($\hbar = 1.05457\cdots\times 10^{-34}$ Js は換算プランク定数) で割った量 $\frac{1}{\mathrm{i}\hbar}[\hat{f},\hat{g}]$ へと置き換える. その結果, 基本ポアソン括弧 $\{q_i,p_j\} = \delta_{ij}$ は**正準交換関係** $[\hat{q}_i,\hat{p}_j] = \mathrm{i}\hbar\delta_{ij}$ に, 時間微分の表式 (6.29) は**ハイゼンベルグの運動方程式** $\frac{\mathrm{d}}{\mathrm{d}t}\hat{f} = \frac{1}{\mathrm{i}\hbar}[\hat{f},\hat{H}] + \frac{\partial}{\partial t}\hat{f}$ になる.

$$
\begin{aligned}
&+\frac{\partial f(q,p,t)}{\partial t} \\
&=\{f,H\}+\frac{\partial f(q,p,t)}{\partial t}.
\end{aligned}
\tag{6.28}
$$

この結果は重要なのでまとめておく．

正準方程式のポアソン括弧を用いた表現

正準座標 $q_i,\ p_i\ (i=1,2,\cdots,N)$ と時間 t の関数 $f(q,p,t)$ の時間微分は

$$
\frac{\mathrm{d}}{\mathrm{d}t}f(q(t),p(t),t)=\{f,H\}+\frac{\partial}{\partial t}f(q(t),p(t),t). \tag{6.29}
$$

特に正準方程式 (6.17) は

$$
\dot{q}_i=\{q_i,H\},\quad \dot{p}_i=\{p_i,H\}\quad ({}^{\forall}i=1,2,\cdots,N) \tag{6.30}
$$

と対称な形で書くことができる．また

$$
\frac{\mathrm{d}H(q,p,t)}{\mathrm{d}t}=\underbrace{\{H,H\}}_{=0}+\frac{\partial H(q,p,t)}{\partial t}\underbrace{=}_{\text{式 (6.12)}}-\left.\frac{\partial L(q,\dot{q},t)}{\partial t}\right|_{\dot{q}=\dot{q}(q,p,t)} \tag{6.31}
$$

により $H(q,p,t)$ が保存されるのはハミルトニアンやラグランジアンが陽に t に依存しないときである．これはまさに 1.5.1 項で議論したエネルギー E が保存されるための条件であった．

6.3.2　ポアソン括弧の性質

ポアソン括弧は以下の性質をもつ．

- 反対称性：

$$
\{f,g\}=-\{g,f\}. \tag{6.32}
$$

- 線型性：定数 α,β に対して

$$\{\alpha f + \beta g, h\} = \alpha\{f, h\} + \beta\{g, h\}. \tag{6.33}$$

- 積の微分：

$$\{fg, h\} = \{f, h\}g + f\{g, h\}. \tag{6.34}$$

- **ヤコビ恒等式**：

$$\{f, \{g, h\}\} + \{g, \{h, f\}\} + \{h, \{f, g\}\} = 0. \tag{6.35}$$

上の 3 つの性質は式 (6.26) の定義および偏微分についてのライプニッツ則 (0.3) により明らかである．

ヤコビ恒等式 (6.35) を示すために左辺第 1 項目を定義通り計算してみると

$$\begin{aligned}
&\{f, \{g, h\}\} \\
&= \sum_{i,j=1}^{N} \left(\frac{\partial f}{\partial q_j} \frac{\partial}{\partial p_j} \left(\frac{\partial g}{\partial q_i} \frac{\partial h}{\partial p_i} - \frac{\partial h}{\partial q_i} \frac{\partial g}{\partial p_i} \right) - \frac{\partial f}{\partial p_j} \frac{\partial}{\partial q_j} \left(\frac{\partial g}{\partial q_i} \frac{\partial h}{\partial p_i} - \frac{\partial h}{\partial q_i} \frac{\partial g}{\partial p_i} \right) \right) \\
&= \sum_{i,j=1}^{N} \left(\frac{\partial f}{\partial q_j} \left(\frac{\partial^2 g}{\partial p_j \partial q_i} \frac{\partial h}{\partial p_i} - \frac{\partial h}{\partial q_i} \frac{\partial^2 g}{\partial p_j \partial p_i} \right) \right. \\
&\qquad\qquad \left. - \frac{\partial f}{\partial p_j} \left(\frac{\partial^2 g}{\partial q_j \partial q_i} \frac{\partial h}{\partial p_i} - \frac{\partial h}{\partial q_i} \frac{\partial^2 g}{\partial q_j \partial p_i} \right) \right) \\
&\quad + \sum_{i,j=1}^{N} \left(\frac{\partial f}{\partial q_j} \left(\underbrace{\frac{\partial g}{\partial q_i} \frac{\partial^2 h}{\partial p_j \partial p_i}}_{(1)} - \underbrace{\frac{\partial^2 h}{\partial p_j \partial q_i} \frac{\partial g}{\partial p_i}}_{(2)} \right) \right. \\
&\qquad\qquad \left. - \frac{\partial f}{\partial p_j} \left(\underbrace{\frac{\partial g}{\partial q_i} \frac{\partial^2 h}{\partial q_j \partial p_i}}_{(3)} - \underbrace{\frac{\partial^2 h}{\partial q_j \partial q_i} \frac{\partial g}{\partial p_i}}_{(4)} \right) \right)
\end{aligned} \tag{6.36}$$

という 8 つの項が得られる．このうち h の 2 階偏微分を含む項を最終行に集めた．h の 2 階偏微分は $\{g, \{h, f\}\} = -\{g, \{f, h\}\}$ にも登場するが，これは $\{f, \{g, h\}\}$ において f と g を入れ替えて -1 倍したものなので

$$
-\sum_{i,j=1}^{N}\Bigg(\frac{\partial g}{\partial q_i}\Big(\underbrace{\frac{\partial f}{\partial q_j}\frac{\partial^2 h}{\partial p_i \partial p_j}}_{(1)}-\underbrace{\frac{\partial^2 h}{\partial p_i \partial q_j}\frac{\partial f}{\partial p_j}}_{(3)}\Big)
+\frac{\partial g}{\partial p_i}\Big(\underbrace{\frac{\partial f}{\partial q_j}\frac{\partial^2 h}{\partial q_i \partial p_j}}_{(2)}-\underbrace{\frac{\partial^2 h}{\partial q_i \partial q_j}\frac{\partial f}{\partial p_j}}_{(4)}\Big)\Bigg) \tag{6.37}
$$

となる．偏微分の順序交換により，確かに数字で示した項同士がキャンセルすることが確認できる．f や g の2階偏微分に関しても同様である．これでヤコビ恒等式が示された．

6.3.3　ポアソン括弧の時間微分の性質

次にポアソン括弧の時間微分について議論しよう．

ポアソン括弧の時間微分の性質とハミルトニアンの存在

ハミルトニアン $H(q,p,t)$ が存在し正準方程式 (6.17) が成り立つこと（つまりハミルトニアン力学系であること）と，任意の f,g に対して

$$
\frac{\mathrm{d}\{f,g\}}{\mathrm{d}t}=\left\{\frac{\mathrm{d}f}{\mathrm{d}t},g\right\}+\left\{f,\frac{\mathrm{d}g}{\mathrm{d}t}\right\} \tag{6.38}
$$

が成り立つことは同値である．

正準方程式 (6.17) を仮定したとき式 (6.38) が成り立つことは，時間微分の表式 (6.29) を用いて

$$
\begin{aligned}
&\frac{\mathrm{d}\{f,g\}}{\mathrm{d}t}-\left\{\frac{\mathrm{d}f}{\mathrm{d}t},g\right\}-\left\{f,\frac{\mathrm{d}g}{\mathrm{d}t}\right\}\\
&=\left(\{\{f,g\},H\}+\frac{\partial\{f,g\}}{\partial t}\right)-\left\{\{f,H\}+\frac{\partial f}{\partial t},g\right\}-\left\{f,\{g,H\}+\frac{\partial g}{\partial t}\right\}\\
&=\underbrace{\{H,\{g,f\}\}+\{g,\{f,H\}\}+\{f,\{H,g\}\}}_{=0}+\underbrace{\frac{\partial\{f,g\}}{\partial t}-\left\{\frac{\partial f}{\partial t},g\right\}-\left\{f,\frac{\partial g}{\partial t}\right\}}_{=0}\\
&=0
\end{aligned} \tag{6.39}
$$

と示される．第1項が0なのはヤコビ恒等式 (6.35)，第2項が0なのは0.1節で復習したライプニッツ則と偏微分の順序交換による [11]．

逆に，式 (6.38) を仮定したときにハミルトニアンが存在することを示すため

$$\dot{q}_i = Y_i(q, p, t), \quad \dot{p}_i = -X_i(q, p, t) \tag{6.40}$$

と仮定する [12]．式 (6.38) で特に f, g として正準座標自身を選ぶことにより

$$0 = \frac{\mathrm{d}\{q_i, q_j\}}{\mathrm{d}t} = \{Y_i, q_j\} + \{q_i, Y_j\} = -\frac{\partial Y_i}{\partial p_j} + \frac{\partial Y_j}{\partial p_i}, \tag{6.41}$$

$$0 = \frac{\mathrm{d}\{q_i, p_j\}}{\mathrm{d}t} = \{Y_i, p_j\} - \{q_i, X_j\} = \frac{\partial Y_i}{\partial q_j} - \frac{\partial X_j}{\partial p_i}, \tag{6.42}$$

$$0 = \frac{\mathrm{d}\{p_i, p_j\}}{\mathrm{d}t} = -\{X_i, p_j\} - \{p_i, X_j\} = -\frac{\partial X_i}{\partial q_j} + \frac{\partial X_j}{\partial q_i}. \tag{6.43}$$

基本ポアソン括弧が定数であることを用いた．これは $X_i = \frac{\partial H}{\partial q_i}$, $Y_i = \frac{\partial H}{\partial p_i}$ を満たす $H(q, p, t)$ が（少なくとも局所的に）存在するための条件（1.6節）である．

式 (6.38) は，f と g が保存されるとき $\{f, g\}$ も保存されることを意味する．例えば角運動量の x 成分と y 成分が保存されるなら z 成分も保存される（章末演習問題）．これは x, y, z のうち2つの軸周りの回転の合成として任意の特殊直交行列が書けること（9.1.3項のオイラー角）と整合している．

6.4　ラグランジュ括弧

ここでラグランジュ括弧と呼ばれる量を導入しよう．

---

[11] $\frac{\partial}{\partial t}$ と $\frac{\partial}{\partial q_i}$ は交換するが，$\frac{\mathrm{d}}{\mathrm{d}t}$ と $\frac{\partial}{\partial q_i}$ は交換しないので，同じロジックで式 (6.38) を示すことはできない．

[12] この議論は [19] 5.1.3項に基づく．

ラグランジュ括弧

$q_1, \cdots, q_N, p_1, \cdots, p_N$ を正準座標とする．q_i, p_i $(i = 1, 2, \cdots, N)$ から x_I $(I = 1, 2, \cdots, 2N)$ への $2N$ 次元相空間の変数変換を考える．このときラグランジュ括弧を次のように定義する．

$$\langle x_I, x_J \rangle \coloneqq \sum_{i=1}^{N} \left(\frac{\partial q_i(x,t)}{\partial x_I} \frac{\partial p_i(x,t)}{\partial x_J} - \frac{\partial q_i(x,t)}{\partial x_J} \frac{\partial p_i(x,t)}{\partial x_I} \right). \tag{6.44}$$

ここでは正準変換（第7章）とは限らない一般的な変数変換を考えている．特に恒等変換 $x_k = q_k$, $x_{N+k} = p_k$ $(k = 1, 2, \cdots, N)$ の場合に得られる

$$\langle q_i, p_j \rangle = -\langle p_i, q_j \rangle = \delta_{ij}, \quad \langle q_i, q_j \rangle = \langle p_i, p_j \rangle = 0 \tag{6.45}$$

を**基本ラグランジュ括弧**という．ラグランジュ括弧は，ポアソン括弧のようにそれ自体の物理的意味付けをすることが難しいが，後に正準変換の性質を示していく際にツールとして使われる [13,14]．ラグランジュ括弧は，次の意味でポアソン括弧の逆行列である．

$$\sum_{K=1}^{2N} \langle x_I, x_K \rangle \{x_J, x_K\} = \delta_{IJ}. \tag{6.46}$$

この関係は

$$\sum_{K=1}^{2N} \langle x_I, x_K \rangle \{x_J, x_K\}$$

---

[13] ラグランジュ括弧の定義には $2N$ 個の変数 x_I $(I = 1, 2, \cdots, 2N)$ を指定する必要があるため，[5] p.125 や [18] p.109 の定義では u, v に関する条件が不十分であるように思われる．本節の定義は [20] p.74 や [3] p.546 の記述を参考にした．

[14] 微分形式を使った記述では正準 1 形式 $\theta = \sum_{i=1} p_i \mathrm{d}q_i$ と正準 2 形式 $\Omega = \mathrm{d}\theta = \sum_{i=1}^{N} \mathrm{d}p_i \wedge \mathrm{d}q_i$ が重要になる．座標変換 $q_i = q_i(x)$, $p_i = p_i(x)$ を考えると $\Omega = \sum_{I,J=1}^{2N} \sum_{i=1}^{N} \frac{\partial p_i}{\partial x_I} \mathrm{d}x_I \wedge \frac{\partial q_i}{\partial x_J} \mathrm{d}x_J = -\sum_{I,J=1}^{2N} \frac{1}{2} \sum_{i=1}^{N} \left(\frac{\partial q_i}{\partial x_I} \frac{\partial p_i}{\partial x_J} - \frac{\partial q_i}{\partial x_J} \frac{\partial p_i}{\partial x_I} \right) \mathrm{d}x_I \wedge \mathrm{d}x_J = -\sum_{I,J=1}^{2N} \frac{1}{2} \langle x_I, x_J \rangle \mathrm{d}x_I \wedge \mathrm{d}x_J$ のように自然にラグランジュ括弧が現れる．

$$
\begin{aligned}
&= \sum_{K=1}^{2N}\sum_{i,j=1}^{N}\left(\frac{\partial q_i}{\partial x_I}\frac{\partial p_i}{\partial x_K} - \frac{\partial q_i}{\partial x_K}\frac{\partial p_i}{\partial x_I}\right)\left(\frac{\partial x_J}{\partial q_j}\frac{\partial x_K}{\partial p_j} - \frac{\partial x_K}{\partial q_j}\frac{\partial x_J}{\partial p_j}\right) \\
&= \sum_{i,j=1}^{N}\left(\frac{\partial q_i}{\partial x_I}\underbrace{\frac{\partial p_i}{\partial p_j}}_{=\delta_{ij}}\frac{\partial x_J}{\partial q_j} - \frac{\partial q_i}{\partial x_I}\underbrace{\frac{\partial p_i}{\partial q_j}}_{=0}\frac{\partial x_J}{\partial p_j} - \frac{\partial p_i}{\partial x_I}\underbrace{\frac{\partial q_i}{\partial p_j}}_{=0}\frac{\partial x_J}{\partial q_j} + \frac{\partial p_i}{\partial x_I}\underbrace{\frac{\partial q_i}{\partial q_j}}_{=\delta_{ij}}\frac{\partial x_J}{\partial p_j}\right) \\
&= \sum_{i=1}^{N}\left(\frac{\partial q_i}{\partial x_I}\frac{\partial x_J}{\partial q_i} + \frac{\partial p_i}{\partial x_I}\frac{\partial x_J}{\partial p_i}\right) = \frac{\partial x_J}{\partial x_I} = \delta_{IJ}
\end{aligned}
\tag{6.47}
$$

のように直接示すことができる．2つ目の等号の変形では $\frac{\partial p_i}{\partial q_j} = \sum_{K=1}^{2N} \frac{\partial p_i}{\partial x_K}\frac{\partial x_K}{\partial q_j}$ などの関係を用いた．

なお，この変数 x_I $(I = 1, 2, \cdots, 2N)$ を用いると，ポアソン括弧は

$$
\begin{aligned}
\{f, g\} &= \sum_{I,J=1}^{2N}\sum_{i=1}^{N}\left(\frac{\partial x_I}{\partial q_i}\frac{\partial x_J}{\partial p_i} - \frac{\partial x_I}{\partial p_i}\frac{\partial x_J}{\partial q_i}\right)\frac{\partial f(x,t)}{\partial x_I}\frac{\partial g(x,t)}{\partial x_J} \\
&= \sum_{I,J=1}^{2N}\frac{\partial f}{\partial x_I}\{x_I, x_J\}\frac{\partial g}{\partial x_J}
\end{aligned}
\tag{6.48}
$$

と $\{x_I, x_J\}$ のポアソン括弧を用いて表現できる．

6.5 ディラックの簡便法 (*)

ここまでは系が非特異であることを仮定していた．仮に系が特異系であっても，系の特異性が時間の 1 階微分のみを含む一般化座標に由来する場合は，特異系としての取り扱いを真面目にせずとも**ディラックの簡便法**という方法で簡単に取り扱うことができる．

6.5.1 例：強磁場極限の荷電粒子

面に垂直な一様外部磁場のもとで xy 平面を運動する 1 つの荷電粒子を考える．ベクトルポテンシャルを $\boldsymbol{A}(\boldsymbol{r}, t) = \frac{1}{2}B(-y, x)^T$ とすると，ラグランジアンは

$$L(x,y,\dot{x},\dot{y},t)=\frac{m}{2}(\dot{x}^2+\dot{y}^2)+\frac{eB}{2}(x\dot{y}-y\dot{x})-e\phi(x,y,t) \tag{6.49}$$

となる．ここで外部磁場 B が非常に強いとして，右辺第2項が第1項よりもとても大きいと考え，第1項を無視しよう．

$$L(x,y,\dot{x},\dot{y},t)=\frac{eB}{2}(x\dot{y}-y\dot{x})-e\phi(x,y,t). \tag{6.50}$$

すると一般化運動量は

$$p_x\coloneqq\frac{\partial L(x,y,\dot{x},\dot{y},t)}{\partial\dot{x}}=-\frac{eB}{2}y,\quad p_y\coloneqq\frac{\partial L(x,y,\dot{x},\dot{y},t)}{\partial\dot{y}}=\frac{eB}{2}x \tag{6.51}$$

となるが，これらの式はそもそも $\dot{x}$ や $\dot{y}$ を含んでいない．したがってこの系は特異系である．明らかに m を無視したことが原因であるが，自由度を減らすために強磁場極限を考えることは多い．

ディラックの簡便法では x のみを一般化座標とみなす．ラグランジアンから $\dot{y}$ を取り除くために，時間微分 $\frac{eB}{2}\frac{\mathrm{d}}{\mathrm{d}t}(xy)$ をラグランジアンの不定性として落とすことで

$$L(x,\dot{x},t)=-yeB\dot{x}-e\phi(x,y,t) \tag{6.52}$$

と書き直す．この結果を $L(x,\dot{x},t)=p\dot{x}-H(x,p,t)$ と比較することで，一般化運動量とハミルトニアンは

$$p=-yeB,\quad H(x,p,t)=e\phi(x,-\tfrac{p}{eB},t) \tag{6.53}$$

と求まる．すると基本ポアソン括弧は

$$\{x,p\}=1\quad\Leftrightarrow\quad\{x,y\}=-\frac{1}{eB}, \tag{6.54}$$

正準方程式は

$$\dot{x}=\{x,H\}=-\frac{e}{eB}\underbrace{\partial_y\phi(x,y,t)}_{=-E_y(x,y,t)}\quad\Rightarrow\quad 0=-eB\dot{x}+eE_y(x,y,t), \tag{6.55}$$

$$\dot{p}=\{p,H\}=-e\underbrace{\partial_x\phi(x,y,t)}_{=-E_x(x,y,t)}\quad\Rightarrow\quad 0=eB\dot{y}+eE_x(x,y,t) \tag{6.56}$$

となり，これは確かに運動方程式 (2.64) で $m = 0$ としたものと一致している．このように，ディラックの簡便法を用いると特異系でないときと同じ取り扱いで済ますことができるのである．

6.5.2 例：スピン

2.6 節で導入したスピンのラグランジアン $L(\theta, \phi, \dot{\theta}, \dot{\phi}, t) = -s\dot{\phi}(1 - \cos\theta) - U(\boldsymbol{s}, t)$ を考える．θ, ϕ を一般化座標として対応する一般化運動量を求めると

$$p_\theta := \frac{\partial L(\theta, \phi, \dot{\theta}, \dot{\phi}, t)}{\partial \dot{\theta}} = 0, \quad p_\phi := \frac{\partial L(\theta, \phi, \dot{\theta}, \dot{\phi}, t)}{\partial \dot{\phi}} = -s(1 - \cos\theta) \tag{6.57}$$

となる．やはり $\dot{\theta}$ や $\dot{\phi}$ について解けないため特異系である．

いま，ϕ のみを一般化座標とし，

$$p = s\cos\theta \tag{6.58}$$

を対応する一般化運動量とみなして，ラグランジアンを

$$L(\phi, \dot{\phi}, t) = s\dot{\phi}\cos\theta - U(\boldsymbol{s}, t) = p\dot{\phi} - U(\boldsymbol{s}, t) \tag{6.59}$$

と書き直す．ただしラグランジアンの不定性として時間微分 $-s\frac{\mathrm{d}}{\mathrm{d}t}\phi$ を落とした．ハミルトニアンと基本ポアソン括弧は

$$H(\phi, p, t) = p\dot{\phi} - L(\phi, \dot{\phi}, t) = U(\boldsymbol{s}, t), \tag{6.60}$$

$$\{\phi, p\} = 1, \quad \{\phi, \phi\} = \{p, p\} = 0 \tag{6.61}$$

となる．

この基本ポアソン括弧と一般化運動量の定義式 (6.58) に基づいて，式 (2.73) のようにパラメトライズされたスピン $\boldsymbol{s}(\theta, \phi)$ のポアソン括弧を計算しよう．

$$\{s^y, s^z\} = \{s\sin\theta\sin\phi, \underbrace{s\cos\theta}_{=p}\} = s\sin\theta\{\sin\phi, p\} = s\sin\theta\cos\phi = s^x, \tag{6.62}$$

$$\{s^z, s^x\} = \{\underbrace{s\cos\theta}_{=p}, s\sin\theta\cos\phi\} = s\sin\theta\{p, \cos\phi\} = s\sin\theta\sin\phi = s^y, \tag{6.63}$$

$$\begin{aligned}\{s^x, s^y\} &= \{s\sin\theta\cos\phi, s\sin\theta\sin\phi\} \\ &= s^2\sin\theta\underbrace{\{\cos\phi, \sin\theta\}}_{=\frac{\partial\cos\phi}{\partial\phi}\frac{\partial\sin\theta}{\partial p}}\sin\phi + s^2\sin\theta\underbrace{\{\sin\theta, \sin\phi\}}_{=-\frac{\partial\sin\phi}{\partial\phi}\frac{\partial\sin\theta}{\partial p}}\cos\phi \\ &= -s^2\sin\theta\frac{\partial\sin\theta}{\partial p} = s\cos\theta = s^z.\end{aligned} \tag{6.64}$$

最後の行では $s\frac{\partial\sin\theta}{\partial p} = \frac{\frac{\mathrm{d}\sin\theta}{\mathrm{d}\theta}}{\frac{\mathrm{d}\cos\theta}{\mathrm{d}\theta}} = -\frac{\cos\theta}{\sin\theta}$ を用いた．以上をまとめると

$$\{s^\alpha, s^\beta\} = \sum_{\gamma=1}^{3}\varepsilon^{\alpha\beta\gamma}s^\gamma \tag{6.65}$$

となる．これは角運動量のポアソン括弧（章末演習問題）とまったく同じ形をしている．より一般に，スピン $\boldsymbol{s}$ の関数 $f(\boldsymbol{s}, t)$, $g(\boldsymbol{s}, t)$ のポアソン括弧は

$$\begin{aligned}\{f, g\} &= \frac{\partial f}{\partial\phi}\frac{\partial g}{\partial p} - \frac{\partial g}{\partial\phi}\frac{\partial f}{\partial p} = \sum_{\alpha,\beta=1}^{3}\frac{\partial f}{\partial s^\alpha}\frac{\partial g}{\partial s^\beta}\underbrace{\left(\frac{\partial s^\alpha}{\partial\phi}\frac{\partial s^\beta}{\partial p} - \frac{\partial s^\beta}{\partial\phi}\frac{\partial s^\alpha}{\partial p}\right)}_{=\{s^\alpha, s^\beta\}} \\ &= \sum_{\alpha,\beta,\gamma=1}^{3}\epsilon^{\alpha\beta\gamma}\frac{\partial f}{\partial s^\alpha}\frac{\partial g}{\partial s^\beta}s^\gamma\end{aligned} \tag{6.66}$$

となる．これを用いると

$$\dot{s}^\alpha = \{s^\alpha, H\} = \{s^\alpha, U(\boldsymbol{s}, t)\} = \sum_{\beta,\gamma=1}^{3}\varepsilon^{\alpha\beta\gamma}\frac{\partial U(\boldsymbol{s}, t)}{\partial s^\beta}s^\gamma \tag{6.67}$$

となり，スピンの運動方程式 (2.79) を再現することができる．

6.6　章末演習問題

問題1　荷電粒子のハミルトニアン

電磁場中の荷電粒子を正準形式で取り扱おう．荷電粒子のラグランジアン $L(\boldsymbol{r},\dot{\boldsymbol{r}},t)=\sum_{i=1}^{M}\left(\frac{m_i}{2}\dot{\boldsymbol{r}}_i^2+e_i\dot{\boldsymbol{r}}_i\cdot\boldsymbol{A}(\boldsymbol{r}_i,t)-e_i\phi(\boldsymbol{r}_i,t)\right)$ に対して

(1) $\dot{\boldsymbol{r}}_i$ を $\boldsymbol{r}_i,\boldsymbol{p}_i,t$ を使って表せ．

(2) ハミルトニアンを求めよ．

(3) 正準方程式を書き下し，それがラグランジュ形式で求めた荷電粒子の運動方程式 (2.64) と一致することを示せ．

問題2　角運動量のポアソン括弧

$L^\beta:=\sum_{\beta',\gamma'=1}^{3}\varepsilon^{\beta\beta'\gamma'}r^{\beta'}p^{\gamma'}$ に対して，ポアソン括弧が次の関係を満たすことを示せ．

(1) $\{r^\alpha,L^\beta\}=\sum_{\gamma=1}^{3}\varepsilon^{\alpha\beta\gamma}r^\gamma$

(2) $\{p^\alpha,L^\beta\}=\sum_{\gamma=1}^{3}\varepsilon^{\alpha\beta\gamma}p^\gamma$

(3) $\{L^\alpha,L^\beta\}=\sum_{\gamma=1}^{3}\varepsilon^{\alpha\beta\gamma}L^\gamma$

これらの関係式は，角運動量が無限小回転の生成子であり，回転群 SO(3) のリー代数をなすことを意味している．

第 7 章

正準変換の基礎

この章では正準変換について考察する．正準変換は点変換よりもずっと広いクラスの変換で，一般化座標 q_i と一般化運動量 p_i を入れ替えたり，(q_i, p_i) 面内の回転も含まれる．正準変換は「母関数による変換」「ポアソン括弧を不変に保つ変換」「運動方程式が共変となる変換」という 3 つの異なる説明がなされるが，これらの定義や関係を 1 つずつ整理し，最終的に図 7.2 を理解することがこの章の目的である．

新しい変数 $Q_1, \cdots, Q_N$，$P_1, \cdots, P_N$ を元の変数 $q_1, \cdots, q_N$，$p_1, \cdots, p_N$ で表すと $Q_i = Q_i(q, p, t)$, $P_i = P_i(q, p, t)$ となるとする．また，これを逆に解くと $q_i = q_i(Q, P, t)$, $p_i = p_i(Q, P, t)$ となるとする．

7.1　母関数による変換

まずは母関数による変換についてまとめる．

7.1.1　母関数の独立変数を (q, Q) にする場合

母関数による変換 1

$q_1, \cdots, q_N, Q_1, \cdots, Q_N, t$ の関数 $\mathcal{F}_1(q, Q, t)$ が存在して

$$\frac{\partial \mathcal{F}_1(q, Q, t)}{\partial q_i} = p_i, \quad \frac{\partial \mathcal{F}_1(q, Q, t)}{\partial Q_i} = -P_i \quad ({}^\forall i = 1, \cdots, N) \tag{7.1}$$

が成り立つとする．式 (7.1) を解くことで $q_i = q_i(Q,P,t)$, $p_i = p_i(Q,P,t)$ が定まる（つまり ij 成分が $\frac{\partial \mathcal{F}_1(q,Q,t)}{\partial q_j \partial Q_i}$ である行列が正則となる）とき，この変換を**母関数** **(generating function)** $\mathcal{F}_1(q,Q,t)$ による変換と呼ぶ．元のハミルトニアンが $H(q,p,t)$ であるとき，変換後のハミルトニアンは

$$K(Q,P,t) = H(q,p,t) + \left.\frac{\partial \mathcal{F}_1(q,Q,t)}{\partial t}\right|_{q=q(Q,P,t),p=p(Q,P,t)}. \tag{7.2}$$

式 (7.1), (7.2) および $\frac{\mathrm{d}}{\mathrm{d}t}\mathcal{F}_1 = \sum_{i=1}^{N}(\frac{\partial \mathcal{F}_1}{\partial q_i}\dot{q}_i + \frac{\partial \mathcal{F}_1}{\partial Q_i}\dot{Q}_i) + \frac{\partial \mathcal{F}_1}{\partial t}$ を用いると

$$\sum_{i=1}^{N} p_i \dot{q}_i - H(q,p,t) = \sum_{i=1}^{N} P_i \dot{Q}_i - K(Q,P,t) + \frac{\mathrm{d}}{\mathrm{d}t}\mathcal{F}_1(q,Q,t) \tag{7.3}$$

という関係が恒等的に成立することが分かる[1]．多くの文献ではこの式をもって母関数による変換を定義しているが，これだと定義がハミルトニアンに依存するという誤解が生じうるので上記のようにした．

ここでは q と Q を母関数の変数に選んでいるが，のちに議論するように他の選び方も可能である．

◉例：座標と運動量の入れ替え

$\mathcal{F}_1(q,Q,t) = -\sum_{i=1}^{N} q_i Q_i$ とすると

$$p_i = \frac{\partial \mathcal{F}_1(q,Q,t)}{\partial q_i} = -Q_i, \quad P_i = -\frac{\partial \mathcal{F}_1(q,Q,t)}{\partial Q_i} = q_i \tag{7.4}$$

となる．これは $(Q_i, P_i) = (-p_i, q_i)$ のように一般化座標と一般化運動量を入れ替えて片方の符号を反転させる変換である．

◉例：相空間内の回転

$\mathcal{F}_1(q,Q,t) = \sum_{i=1}^{N} \frac{1}{\lambda \sin\theta}\left(\frac{1}{2}(q_i^2 + Q_i^2)\cos\theta - q_i Q_i\right)$ とすると

---

[1] 微分形式で書くと $\sum_{i=1}^{N} p_i \mathrm{d}q_i - H(q,p,t)\mathrm{d}t = \sum_{i=1}^{N} P_i \mathrm{d}Q_i - K(Q,P,t)\mathrm{d}t + \mathrm{d}\mathcal{F}$.

$$p_i = \frac{\partial \mathcal{F}_1(q,Q,t)}{\partial q_i} = \frac{1}{\lambda \sin\theta}\big(q_i \cos\theta - Q_i\big), \tag{7.5}$$

$$P_i = -\frac{\partial \mathcal{F}_1(q,Q,t)}{\partial Q_i} = \frac{1}{\lambda \sin\theta}\big(-Q_i \cos\theta + q_i\big) \tag{7.6}$$

となる．これは

$$\begin{pmatrix} Q_i \\ \lambda P_i \end{pmatrix} = \begin{pmatrix} \cos\theta & -\sin\theta \\ \sin\theta & \cos\theta \end{pmatrix} \begin{pmatrix} q_i \\ \lambda p_i \end{pmatrix} \tag{7.7}$$

という座標 q_i と運動量 p_i がなす 2 次元空間内の回転を表す．定数 $\lambda \neq 0$ は次元を合わせるために含めた．$\theta = \pi/2$ が座標と運動量の入れ替えに対応する．$\theta = 0$ は恒等変換になりそうだが，母関数が発散してしまう．実は母関数 $\mathcal{F}_1(q,Q,t)$ を用いた変換では恒等変換を表すことができない．これは $Q_i = q_i$ のとき母関数の変数 (q,Q) が $2N$ 次元の相空間の座標にならないためである．

7.1.2　正準方程式の共変性

(q,p) から (Q,P) への変数変換が母関数による変換の場合には，元の変数 (q,p) に対する正準方程式

$$\dot{q}_i = \frac{\partial H(q,p,t)}{\partial p_i}, \quad \dot{p}_i = -\frac{\partial H(q,p,t)}{\partial q_i} \quad ({}^\forall i = 1,2,\cdots,N) \tag{7.8}$$

が新しい変数 (Q,P) に対する正準方程式

$$\dot{Q}_i = \frac{\partial K(Q,P,t)}{\partial P_i}, \quad \dot{P}_i = -\frac{\partial K(Q,P,t)}{\partial Q_i} \quad ({}^\forall i = 1,2,\cdots,N) \tag{7.9}$$

と同値になる．ただし $K(Q,P,t)$ は式 (7.2) によって定義される．このことを示そう．

6.1.7 項で議論したように，元の変数に対する正準方程式 (7.8) は $q_i(t)$ を $q_i(t) + \epsilon_i(t)$ に，$p_i(t)$ を $p_i(t) + \eta_i(t)$ に変えたときの作用の変分が ϵ, η の 1 次の項を含まないという停留値条件から得られたのだった．ただし $\epsilon_i(t)$ は $\epsilon_i(t_\mathrm{i}) = \epsilon_i(t_\mathrm{f}) = 0$ としたが，$\eta_i(t)$には条件を設けなかった．

この変分操作のもとでの $Q_i(q,p,t)$, $P_i(q,p,t)$ の変化分はそれぞれ

$$\xi_i := \sum_{j=1}^{N}\Big(\frac{\partial Q_i}{\partial q_j}\epsilon_j + \frac{\partial Q_i}{\partial p_j}\eta_j\Big), \quad \zeta_i := \sum_{j=1}^{N}\Big(\frac{\partial P_i}{\partial q_j}\epsilon_j + \frac{\partial P_i}{\partial p_j}\eta_j\Big) \tag{7.10}$$

となる．$\zeta_i(t)$はもとより$\xi_i(t)$も端点で 0 になるとは限らないことに注意する．新しい変数に対する作用を

$$\tilde{S}[Q,P] := \int_{t_\mathrm{i}}^{t_\mathrm{f}} \mathrm{d}t\Big(\sum_{i=1}^{N} P_i\dot{Q}_i - K(Q,P,t)\Big) \tag{7.11}$$

と定義すると

$$\begin{aligned}
\delta\tilde{S}[Q,P] &:= \tilde{S}[Q+\xi, P+\zeta] - \tilde{S}[Q,P] \\
&= \int_{t_\mathrm{i}}^{t_\mathrm{f}} \mathrm{d}t \sum_{i=1}^{N}\Big((P_i+\zeta_i)\frac{\mathrm{d}(Q_i+\xi_i)}{\mathrm{d}t} - P_i\frac{\mathrm{d}Q_i}{\mathrm{d}t}\Big) \\
&\quad - \int_{t_\mathrm{i}}^{t_\mathrm{f}} \mathrm{d}t\Big(K(Q+\xi, P+\zeta, t) - K(Q,P,t)\Big) \\
&= \int_{t_\mathrm{i}}^{t_\mathrm{f}} \mathrm{d}t \sum_{i=1}^{N}\Big(\zeta_i\Big(\frac{\mathrm{d}Q_i}{\mathrm{d}t} - \frac{\partial K(Q,P,t)}{\partial P_i}\Big) - \xi_i\Big(\frac{\mathrm{d}P_i}{\mathrm{d}t} + \frac{\partial K(Q,P,t)}{\partial Q_i}\Big)\Big) \\
&\quad + \sum_{i=1}^{N}\Big[P_i(t)\xi_i(t)\Big]_{t_\mathrm{i}}^{t_\mathrm{f}} + O(\xi^2, \zeta^2, \xi\zeta).
\end{aligned} \tag{7.12}$$

ここで母関数による変換に対して得た関係式 (7.3) より

$$S[q,p] = \tilde{S}[Q,P] + \Big[\mathcal{F}_1(q,Q,t)\Big]_{t_\mathrm{i}}^{t_\mathrm{f}} \tag{7.13}$$

なので

$$\begin{aligned}
\delta S[q,p] &= \delta\tilde{S}[Q,P] + \sum_{i=1}^{N}\Big[\frac{\partial \mathcal{F}_1(q,Q,t)}{\partial q_i}\epsilon_i + \frac{\partial \mathcal{F}_1(q,Q,t)}{\partial Q_i}\xi_i\Big]_{t_\mathrm{i}}^{t_\mathrm{f}} \\
&= \int_{t_\mathrm{i}}^{t_\mathrm{f}} \mathrm{d}t \sum_{i=1}^{N}\Big(\zeta_i\Big(\frac{\mathrm{d}Q_i}{\mathrm{d}t} - \frac{\partial K(Q,P,t)}{\partial P_i}\Big) - \xi_i\Big(\frac{\mathrm{d}P_i}{\mathrm{d}t} + \frac{\partial K(Q,P,t)}{\partial Q_i}\Big)\Big) \\
&\quad + \sum_{i=1}^{N}\Big[\frac{\partial \mathcal{F}_1(q,Q,t)}{\partial q_i}\epsilon_i + \underbrace{\Big(\frac{\partial \mathcal{F}_1(q,Q,t)}{\partial Q_i} + P_i\Big)}_{=0}\xi_i\Big]_{t_\mathrm{i}}^{t_\mathrm{f}} + O(\xi^2, \zeta^2, \xi\zeta).
\end{aligned} \tag{7.14}$$

表面項のうち，第 1 項は $\epsilon(t_{\mathrm{i}}) = \epsilon(t_{\mathrm{f}}) = 0$ の仮定により落ちる．第 2 項に関しては ξ_i の係数の方が式 (7.1) により 0 なので，やはり変分に影響しない．したがって，$\delta S[q,p]$ が ϵ, η の 1 次の項を含まないという停留値条件から，被積分関数内の ϵ_j, η_j の係数が 0 という条件

$$\sum_{i=1}^{N} \frac{\partial Q_i}{\partial q_j}\Big(- \frac{\mathrm{d}P_i}{\mathrm{d}t} - \frac{\partial K(Q,P,t)}{\partial Q_i}\Big) + \sum_{i=1}^{N} \frac{\partial P_i}{\partial q_j}\Big(\frac{\mathrm{d}Q_i}{\mathrm{d}t} - \frac{\partial K(Q,P,t)}{\partial P_i}\Big) = 0, \tag{7.15}$$

$$\sum_{i=1}^{N} \frac{\partial Q_i}{\partial p_j}\Big(- \frac{\mathrm{d}P_i}{\mathrm{d}t} - \frac{\partial K(Q,P,t)}{\partial Q_i}\Big) + \sum_{i=1}^{N} \frac{\partial P_i}{\partial p_j}\Big(\frac{\mathrm{d}Q_i}{\mathrm{d}t} - \frac{\partial K(Q,P,t)}{\partial P_i}\Big) = 0 \tag{7.16}$$

が導かれる．この係数は式 (7.10) から生じる．いま考えている (q,p) から (Q,P) への変数変換に対するヤコビ行列が逆行列をもつならば，新変数 (Q,P) に対する正準方程式 (7.9) が従う．実際，このヤコビ行列は式 (7.43)–(7.45) で与えられ，その行列式は常に 1 であるというリウヴィルの定理（7.4 節）によって逆行列をもつことが分かる．

逆に $\delta\tilde{S}[Q,P]$ が ξ, ζ の 1 次の項を含まないという停留値条件から旧変数 (q,p) に対する正準方程式 (7.8) が従うことは，式 (7.3) で (q,p) と (Q,P) の役割を入れ替え，同様の議論をすれば分かる．これで正準方程式が母関数による変換のもとで共変であることを確認できた．

7.1.3　独立変数を (q,P) にする場合

7.1.1 項では母関数の変数を (q,Q) に選んだが，問題に応じて別の選び方をすると便利なことがある．一般に (q,p,Q,P) の $4N$ 個の変数の中から相空間の座標として $2N$ 個の独立変数を選ぶことができる．特に q,p のうちどちらか 1 つと Q,P のうちどちらか 1 つの計 4 通りの組み合わせを考えることが多い[2]．

---

[2] $i = 1, 2, \cdots, N$ のそれぞれに対して 4 通りなので，4^N 通りの選択肢がある．7.1.4 項ではさらに別の組み合わせの例について考察する．

例えば (q,P) を変数に選んでみよう．$\tilde{\mathcal{F}}_2(q,P,t) := \mathcal{F}_1(q,Q(q,P,t),t)$ として式 (7.3) の関係

$$\sum_{i=1}^{N} p_i\dot{q}_i - H(q,p,t) = \sum_{j=1}^{N} P_j\dot{Q}_j - K(Q,P,t) + \frac{\mathrm{d}}{\mathrm{d}t}\tilde{\mathcal{F}}_2(q,P,t) \tag{7.17}$$

に $\dot{Q}_j = \sum_{i=1}^{N}\left(\frac{\partial Q_j}{\partial q_i}\dot{q}_i + \frac{\partial Q_j}{\partial P_i}\dot{P}_i\right) + \frac{\partial Q_j}{\partial t}$ および $\frac{\mathrm{d}}{\mathrm{d}t}\tilde{\mathcal{F}}_2(q,P,t) = \sum_{i=1}^{N}\left(\frac{\partial \tilde{\mathcal{F}}_2}{\partial q_i}\dot{q}_i + \frac{\partial \tilde{\mathcal{F}}_2}{\partial P_i}\dot{P}_i\right) + \frac{\partial \tilde{\mathcal{F}}_2}{\partial t}$ を代入し，$\dot{q}_i$, $\dot{P}_i$ の係数を比較することで

$$p_i = \frac{\partial \tilde{\mathcal{F}}_2(q,P,t)}{\partial q_i} + \sum_{j=1}^{N} P_j \frac{\partial Q_j(q,P,t)}{\partial q_i}, \tag{7.18}$$

$$0 = \frac{\partial \tilde{\mathcal{F}}_2(q,P,t)}{\partial P_i} + \sum_{j=1}^{N} P_j \frac{\partial Q_j(q,P,t)}{\partial P_i}, \tag{7.19}$$

$$K(Q,P,t) = H(q,p,t) + \frac{\partial \tilde{\mathcal{F}}_2(q,P,t)}{\partial t} + \sum_{j=1}^{N} P_j \frac{\partial Q_j(q,P,t)}{\partial t} \tag{7.20}$$

を得る．これらの関係は $\mathcal{F}_2(q,P,t) = \tilde{\mathcal{F}}_2(q,P,t) + \sum_{j=1}^{N} P_j Q_j(q,P,t)$ と書き直すと綺麗にまとまる．

母関数による変換 2

$q_1,\cdots,q_N$, $P_1,\cdots,P_N$, t の関数 $\mathcal{F}_2(q,P,t)$ が存在して

$$\frac{\partial \mathcal{F}_2(q,P,t)}{\partial q_i} = p_i, \qquad \frac{\partial \mathcal{F}_2(q,P,t)}{\partial P_i} = Q_i \tag{7.21}$$

が成り立つとする．式 (7.21) を解くことで $q_i = q_i(Q,P,t)$, $p_i = p_i(Q,P,t)$ が定まる（つまり ij 成分が $\frac{\partial \mathcal{F}_2(q,P,t)}{\partial q_j \partial P_i}$ である行列が正則となる）とき，この変換を母関数 $\mathcal{F}_2(q,P,t)$ による変換と呼ぶ．元のハミルトニアンが $H(q,p,t)$ であるとき，母関数 $\mathcal{F}_2(q,P,t)$ による変換後のハミルトニアンは

$$K(Q,P,t) = H(q,p,t) + \left.\frac{\partial \mathcal{F}_2(q,P,t)}{\partial t}\right|_{q=q(Q,P,t),p=p(Q,P,t)}. \tag{7.22}$$

結局ここで行ったことは $\mathcal{F}_1(q,Q,t)$ の変数を Q_i から $P_i = -\frac{\partial \mathcal{F}_1(q,Q,t)}{\partial Q_i}$ へとルジャンドル変換（補遺 A.2 節）したことと等価である．

同様に母関数の変数を (p,Q) や (p,P) にもできるが，今後の議論で使わないので省略する．

◉例：恒等変換

$\mathcal{F}_2(q,P,t) \coloneqq \sum_{i=1}^{N} q_i P_i$ とすると

$$p_i = \frac{\partial \mathcal{F}_2(q,P,t)}{\partial q_i} = P_i, \quad Q_i = \frac{\partial \mathcal{F}_2(q,P,t)}{\partial P_i} = q_i \tag{7.23}$$

となる．これは恒等変換 $(Q_i = q_i,\ P_i = p_i)$ である．

◉例：スケール変換

$\mathcal{F}_2(q,P,t) \coloneqq \sum_{i=1}^{N} \lambda q_i P_i\ (\lambda \neq 0)$ とすると

$$p_i = \frac{\partial \mathcal{F}_2(q,P,t)}{\partial q_i} = \lambda P_i, \quad Q_i = \frac{\partial \mathcal{F}_2(q,P,t)}{\partial P_i} = \lambda q_i \tag{7.24}$$

となる．これは座標を $Q_i = \lambda q_i$ と λ 倍するスケール変換であるが，このとき運動量は $P_i = \frac{1}{\lambda} p_i$ と $\frac{1}{\lambda}$ 倍されることに注意する．

◉例：点変換

より一般に，$\mathcal{F}_2(q,P,t) \coloneqq \sum_{i=1}^{N} Q_i(q,t) P_i$ とすると

$$p_i = \frac{\partial \mathcal{F}_2(q,P,t)}{\partial q_i} = \sum_{j=1}^{N} \frac{\partial Q_j(q,t)}{\partial q_i} P_j, \quad Q_i = \frac{\partial \mathcal{F}_2(q,P,t)}{\partial P_i} = Q_i(q,t), \tag{7.25}$$

$$K(Q,P,t) = H(q,p,t) + \sum_{i=1}^{N} \frac{\partial Q_i(q,t)}{\partial t} P_i. \tag{7.26}$$

これはラグランジュ形式で考察した点変換 $Q_i = Q_i(q,t)$ である．

◉例：相空間内の回転

p.165 で与えた相空間内の回転の母関数 $\mathcal{F}_1(q,Q)$ をルジャンドル変換して

$\mathcal{F}_2(q,P)$ に直すと

$$\mathcal{F}_2(q,P) = \sum_{i=1}^{N} \frac{1}{\cos\theta}\left(P_i q_i - \left(\frac{\lambda P_i^2}{2} + \frac{q_i^2}{2\lambda}\right)\sin\theta\right) \tag{7.27}$$

となる．

$$p_i = \frac{\partial \mathcal{F}_2(q,P,t)}{\partial q_i} = \frac{1}{\cos\theta}\left(P_i - \frac{q_i}{\lambda}\sin\theta\right), \tag{7.28}$$

$$Q_i = \frac{\partial \mathcal{F}_2(q,P,t)}{\partial P_i} = \frac{1}{\cos\theta}(q_i - \lambda P_i \sin\theta). \tag{7.29}$$

これを整理すると式 (7.7) の相空間内の回転と一致する．今回は恒等変換 $\theta = 0$ の近傍で母関数には特異性はない．

7.1.4　独立変数を (q,p) にする場合

母関数の独立変数として元の変数 q,p を選ぶとどうなるのだろうか．$\tilde{\mathcal{F}}(q,p,t) \coloneqq \mathcal{F}_1(q,Q(q,p,t),t)$ と定義して 7.1.3 項と同様の考察をすると

$$\frac{\partial \tilde{\mathcal{F}}(q,p,t)}{\partial q_i} = p_i - \sum_{j=1}^{N} P_j \frac{\partial Q_j(q,p,t)}{\partial q_i}, \tag{7.30}$$

$$\frac{\partial \tilde{\mathcal{F}}(q,p,t)}{\partial p_i} = -\sum_{j=1}^{N} P_j \frac{\partial Q_j(q,p,t)}{\partial p_i}, \tag{7.31}$$

$$K(Q,P,t) = H(q,p,t) + \sum_{j=1}^{N} P_j \frac{\partial Q_j(q,p,t)}{\partial t} + \frac{\partial \tilde{\mathcal{F}}(q,p,t)}{\partial t} \tag{7.32}$$

を得る．式 (7.30), (7.31) を解くことで $Q_i = Q_i(q,p,t)$, $P_i = P_i(q,p,t)$ が定まればよいが，実際これを実行することは容易ではない．これがこの変数の組を用いることが少ない要因である．

例として $\tilde{\mathcal{F}}(q,p,t) = \sum_{i=1}^{N} p_i q_i$ としてみよう．このとき式 (7.30), (7.31) は

$$0 = -\sum_{j=1}^{N} P_j \frac{\partial Q_j}{\partial q_i}, \quad q_i = -\sum_{j=1}^{N} P_j \frac{\partial Q_j}{\partial p_i} \tag{7.33}$$

となる．$Q_j = -p_j$, $P_j = q_j$ が解であることは容易に確認できるが，解を知ら

ない場合に求めることは難しい．

一方，式 (7.30)–(7.32) は変数が変換前の (q,p) に統一されている点が便利である．これを用いると，例えば[3]

$$
\begin{aligned}
\frac{\partial K}{\partial P_i} &= \frac{\partial H}{\partial P_i} + \underbrace{\frac{\partial}{\partial P_i}\Big(\sum_{j=1}^{N} P_j \frac{\partial Q_j}{\partial t} + \frac{\partial \tilde{\mathcal{F}}}{\partial t}\Big)}_{=\frac{\partial Q_i}{\partial t}} \\
&= \sum_{j=1}^{N}\Big(\underbrace{\frac{\partial p_j}{\partial P_i}}_{=\frac{\partial Q_i}{\partial q_j}}\frac{\partial H}{\partial p_j} + \underbrace{\frac{\partial q_j}{\partial P_i}}_{=-\frac{\partial Q_i}{\partial p_j}}\frac{\partial H}{\partial q_j}\Big) + \frac{\partial Q_i}{\partial t} \\
&= \underbrace{\sum_{j=1}^{N}\Big(\frac{\partial Q_i}{\partial q_j}\frac{\partial H}{\partial p_j} - \frac{\partial Q_i}{\partial p_j}\frac{\partial H}{\partial q_j}\Big)}_{=\{Q_i,H\}} + \frac{\partial Q_i}{\partial t} = \dot{Q}_i,
\end{aligned}
\tag{7.34}
$$

$$
\begin{aligned}
\frac{\partial K}{\partial Q_i} &= \frac{\partial H}{\partial Q_i} + \underbrace{\frac{\partial}{\partial Q_i}\Big(\sum_{j=1}^{N} P_j \frac{\partial Q_j}{\partial t} + \frac{\partial \tilde{\mathcal{F}}}{\partial t}\Big)}_{=-\frac{\partial P_i}{\partial t}} \\
&= \sum_{j=1}^{N}\Big(\underbrace{\frac{\partial p_j}{\partial Q_i}}_{=-\frac{\partial P_i}{\partial q_j}}\frac{\partial H}{\partial p_j} + \underbrace{\frac{\partial q_j}{\partial Q_i}}_{=\frac{\partial P_i}{\partial p_j}}\frac{\partial H}{\partial q_j}\Big) - \frac{\partial P_i}{\partial t} \\
&= -\underbrace{\sum_{j=1}^{N}\Big(\frac{\partial P_i}{\partial q_j}\frac{\partial H}{\partial p_j} - \frac{\partial P_i}{\partial p_j}\frac{\partial H}{\partial q_j}\Big)}_{=\{P_i,H\}} - \frac{\partial P_i}{\partial t} = -\dot{P}_i
\end{aligned}
\tag{7.35}
$$

のように，正準方程式の共変性を変分原理を経由せずに直接示すことができる．ただし，式 (7.34)，式 (7.35) それぞれの 2 行目の変形では，後述するシンプレクティック条件から従う式 (7.50), (7.51) を用いた．

[3] 少し計算過程を省略しているが，式 (7.30)–(7.32) を用いて計算するだけである．

7.2 ポアソン括弧を不変に保つ変換

次に，母関数のことは一旦忘れて，ポアソン括弧について考察しよう．

7.2.1 ポアソン括弧の不変性

6.3.1 項でポアソン括弧を定義したが，これからは変数を明示して

$$\{f, g\}_{(q,p)} \coloneqq \sum_{i=1}^{N}\left(\frac{\partial f(q,p,t)}{\partial q_i}\frac{\partial g(q,p,t)}{\partial p_i} - \frac{\partial g(q,p,t)}{\partial q_i}\frac{\partial f(q,p,t)}{\partial p_i}\right), \tag{7.36}$$

$$\{f, g\}_{(Q,P)} \coloneqq \sum_{i=1}^{N}\left(\frac{\partial f(Q,P,t)}{\partial Q_i}\frac{\partial g(Q,P,t)}{\partial P_i} - \frac{\partial g(Q,P,t)}{\partial Q_i}\frac{\partial f(Q,P,t)}{\partial P_i}\right) \tag{7.37}$$

と表記する．

ポアソン括弧を不変に保つ変換

関数 $f(q,p,t)$, $g(q,p,t)$ が与えられたとき，$\tilde{f}(Q,P,t)$, $\tilde{g}(Q,P,t)$ を

$$\tilde{f}(Q,P,t) \coloneqq f(q(Q,P,t),\ p(Q,P,t),\ t), \tag{7.38}$$

$$\tilde{g}(Q,P,t) \coloneqq g(q(Q,P,t),\ p(Q,P,t),\ t) \tag{7.39}$$

と定義する．任意の f, g に対して

$$\{\tilde{f}, \tilde{g}\}_{(Q,P)} = \{f, g\}_{(q,p)} \tag{7.40}$$

であるとき，この変数変換は**ポアソン括弧を不変に保つ**という．この条件は基本ポアソン括弧の不変性と同値である．

$$\{Q_i, Q_j\}_{(q,p)} = \{P_i, P_j\}_{(q,p)} = 0, \quad \{Q_i, P_j\}_{(q,p)} = \delta_{ij}. \tag{7.41}$$

実際,「式 (7.40)⇒ 式 (7.41)」は, $\tilde{f} = Q_i$, $\tilde{g} = Q_j$ などと選ぶことにより明らかである. 逆に「式 (7.41)⇒ 式 (7.40)」は, 連鎖律を用いて

$$\begin{aligned}\{f, g\}_{(q,p)} &\underbrace{=}_{\text{式 (7.36)}} \sum_{i,j,k=1}^{N} \Bigg(\Big(\underbrace{\frac{\partial Q_j}{\partial q_i} \frac{\partial \tilde{f}}{\partial Q_j}}_{(1)} + \underbrace{\frac{\partial P_j}{\partial q_i} \frac{\partial \tilde{f}}{\partial P_j}}_{(2)} \Big) \Big(\underbrace{\frac{\partial Q_k}{\partial p_i} \frac{\partial \tilde{g}}{\partial Q_k}}_{(3)} + \underbrace{\frac{\partial P_k}{\partial p_i} \frac{\partial \tilde{g}}{\partial P_k}}_{(4)} \Big) \\ &\qquad - \Big(\underbrace{\frac{\partial Q_k}{\partial q_i} \frac{\partial \tilde{g}}{\partial Q_k}}_{(5)} + \underbrace{\frac{\partial P_k}{\partial q_i} \frac{\partial \tilde{g}}{\partial P_k}}_{(6)} \Big) \Big(\underbrace{\frac{\partial Q_j}{\partial p_i} \frac{\partial \tilde{f}}{\partial Q_j}}_{(7)} + \underbrace{\frac{\partial P_j}{\partial p_i} \frac{\partial \tilde{f}}{\partial P_j}}_{(8)} \Big) \Bigg) \\ &= \sum_{j,k=1}^{N} \Bigg(\underbrace{\{Q_j, Q_k\}_{(q,p)} \frac{\partial \tilde{f}}{\partial Q_j} \frac{\partial \tilde{g}}{\partial Q_k}}_{(1),(3),(5),(7)\text{ より}} + \underbrace{\{Q_j, P_k\}_{(q,p)} \frac{\partial \tilde{f}}{\partial Q_j} \frac{\partial \tilde{g}}{\partial P_k}}_{(1),(4),(6),(7)\text{ より}} \\ &\qquad + \underbrace{\{P_j,\ Q_k\}_{(q,p)} \frac{\partial \tilde{f}}{\partial P_j} \frac{\partial \tilde{g}}{\partial Q_k}}_{(2),(3),(5),(8)\text{ より}} + \underbrace{\{P_j,\ P_k\}_{(q,p)} \frac{\partial \tilde{f}}{\partial P_j} \frac{\partial \tilde{g}}{\partial P_k}}_{(2),(4),(6),(8)\text{ より}} \Bigg) \end{aligned} \tag{7.42}$$

と基本ポアソン括弧を使って書き直すことで示される.

実は 7.1 節で議論した座標と運動量の入れ替え, 相空間内の回転, スケール変換, 点変換の例はいずれもポアソン括弧を不変に保つ. 各自式 (7.41) の条件を確かめて欲しい.

ポアソン括弧の不変性の条件をさらに別の形に書き換えることもできる. (q, p) から (Q, P) への変換のヤコビ行列（$2N$ 次元正方行列）は

$$J := \begin{pmatrix} J_{Qq} & J_{Qp} \\ J_{Pq} & J_{Pp} \end{pmatrix}. \tag{7.43}$$

ただし, J の 4 つの部分行列はそれぞれ ij 成分が

$$(J_{Qq})_{ij} := \frac{\partial Q_i(q, p, t)}{\partial q_j}, \quad (J_{Qp})_{ij} := \frac{\partial Q_i(q, p, t)}{\partial p_j}, \tag{7.44}$$

$$(J_{Pq})_{ij} := \frac{\partial P_i(q, p, t)}{\partial q_j}, \quad (J_{Pp})_{ij} := \frac{\partial P_i(q, p, t)}{\partial p_j} \tag{7.45}$$

で定義される N 次元正方行列である. さらに

$$\Omega := \begin{pmatrix} 0 & \mathrm{I}_N \\ -\mathrm{I}_N & 0 \end{pmatrix} \tag{7.46}$$

という $2N$ 次元反対称行列を定義すると，これらは

$$J\Omega J^T = \begin{pmatrix} J_{Qq} & J_{Qp} \\ J_{Pq} & J_{Pp} \end{pmatrix} \begin{pmatrix} J_{Qp}^T & J_{Pp}^T \\ -J_{Qq}^T & -J_{Pq}^T \end{pmatrix} = \begin{pmatrix} \{Q,Q\}_{(q,p)} & \{Q,P\}_{(q,p)} \\ \{P,Q\}_{(q,p)} & \{P,P\}_{(q,p)} \end{pmatrix} \tag{7.47}$$

を満たす．ただし $\{Q,P\}_{(q,p)}$ は ij 成分が $\{Q_i,P_j\}_{(q,p)} = \delta_{ij}$ で与えられる N 次元正方行列で，$\{Q,Q\}_{(q,p)}$ なども同様に定義した．また 2 つ目の等号への変形において，例えば右上の部分行列の ij 成分の計算は

$$\begin{aligned} \left(J_{Qq}J_{Pp}^T - J_{Qp}J_{Pq}^T\right)_{ij} &= \sum_{k=1}^{N} \Big((J_{Qq})_{ik}(J_{Pp})_{jk} - (J_{Qp})_{ik}(J_{Pq})_{jk}\Big) \\ &= \sum_{k=1}^{N} \left(\frac{\partial Q_i}{\partial q_k}\frac{\partial P_j}{\partial p_k} - \frac{\partial Q_i}{\partial p_k}\frac{\partial P_j}{\partial q_k}\right) = \{Q_i,P_j\}_{(q,p)} \end{aligned} \tag{7.48}$$

のように行った．したがって

シンプレクティック条件 1

ポアソン括弧が不変に保たれることは次の**シンプレクティック条件**と同値．

$$J\Omega J^T = \Omega. \tag{7.49}$$

数学書ではこのような変換を**シンプレクティック同相写像 (symplectomorphism)** と呼ぶ [4]．

[4] 式 (7.49) より $J^{-1} = -\Omega J^T \Omega$ を用いると，以下の関係を得る．

7.2.2 ラグランジュ括弧の不変性

ラグランジュ括弧も変数を明示して

$$\langle x_I, x_J\rangle_{(q,p)} = \sum_{i=1}^{N}\Big(\frac{\partial q_i}{\partial x_I}\frac{\partial p_i}{\partial x_J} - \frac{\partial q_i}{\partial x_J}\frac{\partial p_i}{\partial x_I}\Big), \tag{7.52}$$

$$\langle x_I, x_J\rangle_{(Q,P)} = \sum_{i=1}^{N}\Big(\frac{\partial Q_i}{\partial x_I}\frac{\partial P_i}{\partial x_J} - \frac{\partial Q_i}{\partial x_J}\frac{\partial P_i}{\partial x_I}\Big) \tag{7.53}$$

と書く．6.4 節で議論したように，ラグランジュ括弧はポアソン括弧の逆行列であるため，ポアソン括弧が不変であればラグランジュ括弧も不変となる．つまり

$$\langle x_I, x_J\rangle_{(q,p)} = \langle x_I, x_J\rangle_{(Q,P)} \tag{7.54}$$

である．したがって，$x_k = q_k$, $x_{N+k} = p_k$ $(k = 1, 2, \cdots, N)$ とした場合の基本ラグランジュ括弧に対して

$$\langle q_i, p_j\rangle_{(Q,P)} = -\langle p_i, q_j\rangle_{(Q,P)} = \delta_{ij}, \tag{7.55}$$

$$\langle q_i, q_j\rangle_{(Q,P)} = \langle p_i, p_j\rangle_{(Q,P)} = 0 \tag{7.56}$$

が成り立つ．

ラグランジュ括弧の不変性も式 (7.43)–(7.45) のヤコビ行列 J や式 (7.46) の Ω を用いて言い換えることができる．ij 成分が $\langle q_i, p_j\rangle_{(Q,P)} = \delta_{ij}$ で与えられる N 次元正方行列を $\langle q, p\rangle_{(Q,P)}$ などと表記すると

$$J^T\Omega J = \begin{pmatrix} J_{Qq}^T & J_{Pq}^T \\ J_{Qp}^T & J_{Pp}^T \end{pmatrix}\begin{pmatrix} J_{Pq} & J_{Pp} \\ -J_{Qq} & -J_{Qp} \end{pmatrix} = \begin{pmatrix} \langle q,q\rangle_{(Q,P)} & \langle q,p\rangle_{(Q,P)} \\ \langle p,q\rangle_{(Q,P)} & \langle p,p\rangle_{(Q,P)} \end{pmatrix} \tag{7.57}$$

$$\frac{\partial q_j(Q,P,t)}{\partial Q_i} = \frac{\partial P_i(q,p,t)}{\partial p_j}, \quad \frac{\partial q_j(Q,P,t)}{\partial P_i} = -\frac{\partial Q_i(q,p,t)}{\partial p_j}, \tag{7.50}$$

$$\frac{\partial p_j(Q,P,t)}{\partial Q_i} = -\frac{\partial P_i(q,p,t)}{\partial q_j}, \quad \frac{\partial p_j(Q,P,t)}{\partial P_i} = \frac{\partial Q_i(q,p,t)}{\partial q_j}. \tag{7.51}$$

を得る．したがって [5,6]

シンプレクティック条件 2
ラグランジュ括弧が不変に保たれることは次の**シンプレクティック条件**と同値．

$$J^T \Omega J = \Omega. \tag{7.58}$$

7.2.3　正準方程式の共変性

元の変数 (q,p) に対するハミルトニアンを $H(q,p,t)$ とすると，正準方程式

$$\dot{q}_i = \{q_i, H\}_{(q,p)}, \quad \dot{p}_i = \{p_i, H\}_{(q,p)} \quad ({}^\forall i = 1, 2, \cdots, N) \tag{7.59}$$

が成り立つ．(q,p) から (Q,P) への変数変換がポアソン括弧を不変に保つとき [7]，新しい変数 (Q,P) に対して正準方程式

$$\dot{Q}_i = \{Q_i, K\}_{(Q,P)}, \quad \dot{P}_i = \{P_i, K\}_{(Q,P)} \quad ({}^\forall i = 1, 2, \cdots, N) \tag{7.60}$$

が成立する [8]．このことは 6.3.3 項で紹介した時間微分に関するポアソン括弧

---

[5] この条件は正準 2 形式 $\Omega_{(q,p)} := \sum_{i=1}^{N} \mathrm{d}p_i \wedge \mathrm{d}q_i$ の不変性と等価である．$(z_1, \cdots, z_{2N}) := (q_1, \cdots, q_N, p_1, \cdots, p_N)$ と定義すると，$\Omega_{(q,p)} = -\frac{1}{2}\sum_{I,J=1}^{2N} \Omega_{IJ} \mathrm{d}z_I \wedge \mathrm{d}z_J$ と書ける．同様に，$(Z_1, \cdots, Z_{2N}) := (Q_1, \cdots, Q_N, P_1, \cdots, P_N)$ と定義すると $\Omega_{(Q,P)} := \sum_{i=1}^{N} \mathrm{d}P_i \wedge \mathrm{d}Q_i = -\frac{1}{2}\sum_{K,L=1}^{2N} \Omega_{KL} \mathrm{d}Z_K \wedge \mathrm{d}Z_L$ である．変数変換を行うと $\Omega_{(Q,P)} = -\frac{1}{2}\sum_{I,J=1}^{2N} \left(\sum_{K,L=1}^{2N} \frac{\partial Z_K}{\partial z_I} \Omega_{KL} \frac{\partial Z_L}{\partial z_J}\right) \mathrm{d}z_I \wedge \mathrm{d}z_J$ となる．したがって，この変換が正準変換であり，$\Omega_{(Q,P)} = \Omega_{(q,p)}$ であれば $\sum_{K,L=1}^{2N} \frac{\partial Z_K}{\partial z_I} \Omega_{KL} \frac{\partial Z_L}{\partial z_J} = \Omega_{IJ}$ となる．ヤコビ行列は $J_{KL} = \frac{\partial Z_K}{\partial z_L}$ と書けるので，これは式 (7.58) と同じである．

[6] 式 (7.49) に左から ΩJ^{-1}，右から Ω をかけると $\Omega^2 J^T \Omega = \Omega J^{-1} \Omega^2$．ここで $\Omega^2 = -\mathrm{I}_{2N}$ を用いると $J^T \Omega = \Omega J^{-1}$．最後に右から J をかけても式 (7.58) となる．

[7] 以下の議論はポアソン括弧が不変でなくとも $\{f, g\}_{(q,p)} = \rho\{\tilde{f}, \tilde{g}\}_{(Q,P)}$ $(\rho \neq 0)$ であれば成立することが容易に確かめられる．その意味は 7.5.2 項で再び議論する．

[8] [12] 45 節や [21] 2.4 節，[22] 5.3 節では正準方程式 (7.60) が成り立つことを正準変換の定義の 1 つにしているが，脚注 7 の事情によって $\rho \neq 1$ の場合が例外となる．

の性質からただちに従う[9]．すなわち，正準方程式 (7.59) により，(q,p) を変数としたポアソン括弧の時間微分に対して式 (6.38) が成立する．するとポアソン括弧が不変であるため

$$\frac{\mathrm{d}\{\tilde{f},\tilde{g}\}_{(Q,P)}}{\mathrm{d}t} \underbrace{=}_{\text{式 (7.40)}} \frac{\mathrm{d}\{f,g\}_{(q,p)}}{\mathrm{d}t}$$
$$\underbrace{=}_{\text{式 (6.38)}} \left\{\frac{\mathrm{d}f}{\mathrm{d}t},g\right\}_{(q,p)} + \left\{f,\frac{\mathrm{d}g}{\mathrm{d}t}\right\}_{(q,p)}$$
$$\underbrace{=}_{\text{式 (7.40)}} \left\{\frac{\mathrm{d}\tilde{f}}{\mathrm{d}t},\tilde{g}\right\}_{(Q,P)} + \left\{\tilde{f},\frac{\mathrm{d}\tilde{g}}{\mathrm{d}t}\right\}_{(Q,P)}. \tag{7.61}$$

つまり，(Q,P) を変数としたポアソン括弧に対しても式 (6.38) が成立する．したがって，式 (7.60) を満たす $K(Q,P,t)$ が存在することが分かる．

ただし，与えられたハミルトニアン $H(q,p,t)$ に対して，変換後のハミルトニアン $K(Q,P,t)$ は以下のように構成される．元の変数 (q,p) に対する正準方程式 (7.59) は任意の関数 $f(q,p,t)$ の時間微分が式 (6.29) で与えられることを意味するため，$Q_i = Q_i(q,p,t)$, $P_i = P_i(q,p,t)$ に対して

$$\dot{Q}_i = \{Q_i, H\}_{(q,p)} + \frac{\partial Q_i}{\partial t} = \{Q_i, \tilde{H}\}_{(Q,P)} + \frac{\partial Q_i}{\partial t}, \tag{7.62}$$
$$\dot{P}_i = \{P_i, H\}_{(q,p)} + \frac{\partial P_i}{\partial t} = \{P_i, \tilde{H}\}_{(Q,P)} + \frac{\partial P_i}{\partial t} \tag{7.63}$$

が成り立つ．$\tilde{H}(Q,P,t)$ は $\tilde{H}(Q,P,t) := H(q(Q,P,t),p(Q,P,t),t)$ と定義した．2つ目の等号はポアソン括弧の不変性である．もし $Q_i(q,p,t)$ と $P_i(q,p,t)$ がいずれも t に陽に依存しないならば，$K(Q,P,t) = \tilde{H}(Q,P,t)$ として正準方程式 (7.60) が成立する．

◉より一般の場合 (*)

(q,p) から (Q,P) への変換が陽に時間に依存するときは

[9] この議論は [19] 5.3.1 項に基づく．

$$\frac{\partial Q_i}{\partial t} = \frac{\partial \tilde{\mathcal{W}}}{\partial P_i}, \quad \frac{\partial P_i}{\partial t} = -\frac{\partial \tilde{\mathcal{W}}}{\partial Q_i} \tag{7.64}$$

を満たす $\tilde{\mathcal{W}}(Q,P,t)$ を構成する必要がある．仮にこのような $\tilde{\mathcal{W}}$ が得られれば

$$K(Q,P,t) = \tilde{H}(Q,P,t) + \tilde{\mathcal{W}}(Q,P,t) \tag{7.65}$$

として (Q,P) に対する正準方程式 (7.60) が成立することが式 (7.62), (7.63) から分かるためである．この定義から明らかなように，$\tilde{\mathcal{W}}$ には元のハミルトニアンが $H=0$ の場合の新ハミルトニアンという意味がある．

実際に $\tilde{\mathcal{W}}$ を構成するために [10]

$$A_i(q,p,t) \coloneqq \sum_{k=1}^{N} \left(\frac{\partial P_k}{\partial q_i} \frac{\partial Q_k}{\partial t} - \frac{\partial Q_k}{\partial q_i} \frac{\partial P_k}{\partial t} \right), \tag{7.66}$$

$$B_i(q,p,t) \coloneqq \sum_{k=1}^{N} \left(\frac{\partial P_k}{\partial p_i} \frac{\partial Q_k}{\partial t} - \frac{\partial Q_k}{\partial p_i} \frac{\partial P_k}{\partial t} \right) \tag{7.67}$$

と定義すると

$$\frac{\partial A_j}{\partial q_i} - \frac{\partial A_i}{\partial q_j} = \frac{\partial}{\partial t} \sum_{k=1}^{N} \left(\frac{\partial Q_k}{\partial q_i} \frac{\partial P_k}{\partial q_j} - \frac{\partial P_k}{\partial q_i} \frac{\partial Q_k}{\partial q_j} \right) = \frac{\partial}{\partial t} \langle q_i, q_j \rangle_{(Q,P)} = 0, \tag{7.68}$$

$$\frac{\partial B_j}{\partial p_i} - \frac{\partial B_i}{\partial p_j} = \frac{\partial}{\partial t} \sum_{k=1}^{N} \left(\frac{\partial Q_k}{\partial p_i} \frac{\partial P_k}{\partial p_j} - \frac{\partial P_k}{\partial p_i} \frac{\partial Q_k}{\partial p_j} \right) = \frac{\partial}{\partial t} \langle p_i, p_j \rangle_{(Q,P)} = 0, \tag{7.69}$$

$$\frac{\partial B_j}{\partial q_i} - \frac{\partial A_i}{\partial p_j} = \frac{\partial}{\partial t} \sum_{k=1}^{N} \left(\frac{\partial Q_k}{\partial q_i} \frac{\partial P_k}{\partial p_j} - \frac{\partial P_k}{\partial q_i} \frac{\partial Q_k}{\partial p_j} \right) = \frac{\partial}{\partial t} \langle q_i, p_j \rangle_{(Q,P)} = 0 \tag{7.70}$$

が成立する．式 (7.55) や式 (7.56) により基本ラグランジュ括弧は定数で時間微分が 0 になることを用いた．これらの関係式は $2N$ 次元相空間のベクトル場

[10] 以下の議論は [1] 4.6.3 項，[18] 命題 6.1 を参考にした．

A, B について

$$\frac{\partial \mathcal{W}(q,p,t)}{\partial q_i} = A_i(q,p,t), \quad \frac{\partial \mathcal{W}(q,p,t)}{\partial p_j} = B_j(q,p,t) \tag{7.71}$$

を満たす関数 $\mathcal{W}(q,p,t)$ が（少なくとも局所的に）存在するための条件（1.6 節）である．この $\mathcal{W}$ を (Q,P,t) の関数として書き直したものが求める $\tilde{\mathcal{W}}(Q,P,t)$ である．実際，

$$\begin{aligned}
\frac{\partial \tilde{\mathcal{W}}}{\partial P_i} &= \sum_{j=1}^{N}\Big(\frac{\partial q_j}{\partial P_i}\underbrace{\frac{\partial \mathcal{W}}{\partial q_j}}_{=A_j} + \frac{\partial p_j}{\partial P_i}\underbrace{\frac{\partial \mathcal{W}}{\partial p_j}}_{=B_j}\Big) \\
&= \sum_{j,k=1}^{N}\Big(\frac{\partial q_j}{\partial P_i}\Big(\frac{\partial P_k}{\partial q_j}\frac{\partial Q_k}{\partial t} - \frac{\partial Q_k}{\partial q_j}\frac{\partial P_k}{\partial t}\Big) + \frac{\partial p_j}{\partial P_i}\Big(\frac{\partial P_k}{\partial p_j}\frac{\partial Q_k}{\partial t} - \frac{\partial Q_k}{\partial p_j}\frac{\partial P_k}{\partial t}\Big)\Big) \\
&= \sum_{k=1}^{N}\Big(\underbrace{\frac{\partial P_k}{\partial P_i}}_{=\delta_{ik}}\frac{\partial Q_k}{\partial t} - \underbrace{\frac{\partial Q_k}{\partial P_i}}_{=0}\frac{\partial P_k}{\partial t}\Big) = \frac{\partial Q_i}{\partial t},
\end{aligned} \tag{7.72}$$

$$\begin{aligned}
\frac{\partial \tilde{\mathcal{W}}}{\partial Q_i} &= \sum_{j=1}^{N}\Big(\frac{\partial q_j}{\partial Q_i}\underbrace{\frac{\partial \mathcal{W}}{\partial q_j}}_{=A_j} + \frac{\partial p_j}{\partial Q_i}\underbrace{\frac{\partial \mathcal{W}}{\partial p_j}}_{=B_j}\Big) \\
&= \sum_{j,k=1}^{N}\Big(\frac{\partial q_j}{\partial Q_i}\Big(\frac{\partial P_k}{\partial q_j}\frac{\partial Q_k}{\partial t} - \frac{\partial Q_k}{\partial q_j}\frac{\partial P_k}{\partial t}\Big) + \frac{\partial p_j}{\partial Q_i}\Big(\frac{\partial P_k}{\partial p_j}\frac{\partial Q_k}{\partial t} - \frac{\partial Q_k}{\partial p_j}\frac{\partial P_k}{\partial t}\Big)\Big) \\
&= \sum_{k=1}^{N}\Big(\underbrace{\frac{\partial P_k}{\partial Q_i}}_{=0}\frac{\partial Q_k}{\partial t} - \underbrace{\frac{\partial Q_k}{\partial Q_i}}_{=\delta_{ik}}\frac{\partial P_k}{\partial t}\Big) = -\frac{\partial P_i}{\partial t}
\end{aligned} \tag{7.73}$$

のように式 (7.64) が満たされることが分かる．

式 (7.65) と式 (7.2) や式 (7.32) を比較すると，$\mathcal{W}$ は母関数 $\mathcal{F}_1$ や $\tilde{\mathcal{F}}$ を用いて

$$\mathcal{W}(q,p,t) = \frac{\partial \mathcal{F}_1(q,Q,t)}{\partial t}\Big|_{Q_i=Q_i(q,p,t)}$$

$$= \sum_{k=1}^{N} P_k(q,p,t)\frac{\partial Q_k(q,p,t)}{\partial t} + \frac{\partial \tilde{\mathcal{F}}(q,p,t)}{\partial t} \tag{7.74}$$

と表されることが分かる．実際この最後の表式と式 (7.30), (7.31) を用いると，$\mathcal{W}$ の定義式 (7.71) が成立することを直接示すことができる．

7.3 正準変換

これから示すように，実は「母関数による変換」と「ポアソン括弧を不変に保つ変換」は同じものを指している [11]．

正準変換 (canonical transformation)
母関数による変換はポアソン括弧を不変に保ち，逆にポアソン括弧を不変に保つ変換には母関数が存在する．つまり

$$\text{母関数による変換} \quad \Leftrightarrow \quad \text{ポアソン括弧を不変に保つ変換} \tag{7.75}$$

この変換のことを正準変換という．

ただし相空間が単連結でない場合，ポアソン括弧が不変に保たれていても母関数が大域的には存在しないこともある．具体例を 7.3.3 項で議論する．

前節までの結果より，

$$\text{正準変換} \quad \Rightarrow \quad \text{正準方程式が共変} \tag{7.76}$$

ということになる．より正確には，与えられた任意のハミルトニアン $H(q,p,t)$ に対して，新旧の正準方程式が同値となるような $K(Q,P,t)$ が存在するということである．ただし，この逆は成り立たず，正準方程式が共変であっても必ずしも正準変換とは言えない [12]．

[11] [1,3] では母関数による変換を正準変換の定義にしている．[23] は正準 2 形式を不変に保つ変換を正準変換の定義にしている．

[12] 正準方程式が共変であれば拡張された正準変換であることは言える（7.5.2 項）．

例えば

$$Q_i = \tilde{\lambda} q_i, \quad P_i = \tilde{\lambda} p_i \quad (\tilde{\lambda} \neq -1, 0, 1) \tag{7.77}$$

という変換を考える．このとき $K(Q, P, t) = \tilde{\lambda}^2 H(q, p, t)$ とすれば (Q, P) に対する運動方程式は (q, p) に対する運動方程式と同値になるが，$\{Q_i, P_j\}_{(q,p)} = \tilde{\lambda}^2 \delta_{ij} \neq \delta_{ij}$ であるため，これは正準変換ではない．なお，与えられた変換が正準変換かどうかを判定するには，母関数を実際に構成できるかどうかを検討するより，このように基本ポアソン括弧が不変に保たれるかどうかを調べる方が容易である．

7.3.1　母関数による変換はポアソン括弧を保つことの証明

7.1.1 項で議論した母関数 $\mathcal{F}_1(q, Q, t)$ による変換が，ラグランジュ括弧やポアソン括弧を不変に保つことを示す．

まずはラグランジュ括弧から始める．独立変数を q, Q と選んでいることを思い出し，連鎖律を用いると

$$\begin{aligned}
\langle x_I, x_J \rangle_{(q,p)} &= \sum_{i=1}^{N} \Big(\frac{\partial q_i}{\partial x_I} \frac{\partial p_i}{\partial x_J} - \frac{\partial q_i}{\partial x_J} \frac{\partial p_i}{\partial x_I} \Big) \\
&= \sum_{i,j=1}^{N} \bigg(\frac{\partial q_i}{\partial x_I} \Big(\frac{\partial q_j}{\partial x_J} \frac{\partial p_i(q, Q, t)}{\partial q_j} + \frac{\partial Q_j}{\partial x_J} \frac{\partial p_i(q, Q, t)}{\partial Q_j} \Big) \\
&\qquad - \frac{\partial q_i}{\partial x_J} \Big(\frac{\partial q_j}{\partial x_I} \frac{\partial p_i(q, Q, t)}{\partial q_j} + \frac{\partial Q_j}{\partial x_I} \frac{\partial p_i(q, Q, t)}{\partial Q_j} \Big) \bigg) \\
&= \sum_{i,j=1}^{N} \bigg(\frac{\partial q_i}{\partial x_I} \frac{\partial q_j}{\partial x_J} \frac{\partial^2 \mathcal{F}_1(q, Q, t)}{\partial q_j \partial q_i} + \frac{\partial q_i}{\partial x_I} \frac{\partial Q_j}{\partial x_J} \frac{\partial^2 \mathcal{F}_1(q, Q, t)}{\partial Q_j \partial q_i} \\
&\qquad - \frac{\partial q_i}{\partial x_J} \frac{\partial q_j}{\partial x_I} \frac{\partial^2 \mathcal{F}_1(q, Q, t)}{\partial q_j \partial q_i} - \frac{\partial q_i}{\partial x_J} \frac{\partial Q_j}{\partial x_I} \frac{\partial^2 \mathcal{F}_1(q, Q, t)}{\partial Q_j \partial q_i} \bigg)
\end{aligned} \tag{7.78}$$

を得る．最後の行への変形で母関数 $\mathcal{F}_1(q, Q, t)$ による変換の定義式 (7.1) を用いた．斜線で打ち消し合っている部分では i と j を入れ替え，偏微分の順序が交換することを用いた．同様に

$$
\begin{aligned}
\langle x_I, x_J\rangle_{(Q,P)} &= \sum_{j=1}^{N}\Big(\frac{\partial Q_j}{\partial x_I}\frac{\partial P_j}{\partial x_J} - \frac{\partial Q_j}{\partial x_J}\frac{\partial P_j}{\partial x_I}\Big) \\
&= \sum_{i,j=1}^{N}\left(\frac{\partial Q_j}{\partial x_I}\Big(\frac{\partial q_i}{\partial x_J}\frac{\partial P_j(q,Q,t)}{\partial q_i} + \frac{\partial Q_i}{\partial x_J}\frac{\partial P_j(q,Q,t)}{\partial Q_i}\Big)\right. \\
&\qquad \left. - \frac{\partial Q_j}{\partial x_J}\Big(\frac{\partial q_i}{\partial x_I}\frac{\partial P_j(q,Q,t)}{\partial q_i} + \frac{\partial Q_i}{\partial x_I}\frac{\partial P_j(q,Q,t)}{\partial Q_i}\Big)\right) \\
&= \sum_{i,j=1}^{N}\left(- \frac{\partial Q_j}{\partial x_I}\frac{\partial q_i}{\partial x_J}\frac{\partial^2 \mathcal{F}_1(q,Q,t)}{\partial q_i \partial Q_j} - \cancel{\frac{\partial Q_j}{\partial x_I}\frac{\partial Q_i}{\partial x_J}\frac{\partial^2 \mathcal{F}_1(q,Q,t)}{\partial Q_i \partial Q_j}}\right. \\
&\qquad \left. + \frac{\partial Q_j}{\partial x_J}\frac{\partial q_i}{\partial x_I}\frac{\partial^2 \mathcal{F}_1(q,Q,t)}{\partial q_i \partial Q_j} + \cancel{\frac{\partial Q_j}{\partial x_J}\frac{\partial Q_i}{\partial x_I}\frac{\partial^2 \mathcal{F}_1(q,Q,t)}{\partial Q_i \partial Q_j}}\right)
\end{aligned}
\tag{7.79}
$$

である．これらの式の最後の表式は等しいため，母関数による変換のもとでラグランジュ括弧の不変性が従う [13]．すると 6.4 節で議論したラグランジュ括弧とポアソン括弧の逆行列の関係から x_I，x_J に対するポアソン括弧の不変性 $\{x_I, x_J\}_{(q,p)} = \{x_I, x_J\}_{(Q,P)}$ も示されたことになる．これをポアソン括弧の表式 (6.48) に適用すれば，任意の f，g に対するポアソン括弧の不変性が従う．

7.3.2　ポアソン括弧を保つ変換には母関数が存在することの証明

変換がポアソン括弧を不変に保てば母関数が存在することを示すため，$x_k = q_k$，$x_{k+N} = Q_k$ $(k = 1, 2, \cdots, N)$ と選んだ場合のラグランジュ括弧を計算する．例えば

$$
\langle q_i, Q_j\rangle_{(q,p)} = \sum_{k=1}^{N}\Big(\underbrace{\frac{\partial q_k}{\partial q_i}}_{=\delta_{ik}}\frac{\partial p_k(q,Q,t)}{\partial Q_j} - \underbrace{\frac{\partial q_k}{\partial Q_j}}_{=0}\frac{\partial p_k(q,Q,t)}{\partial q_i}\Big), \tag{7.80}
$$

[13] 脚注 1 の 1 形式の外微分をとると $\mathrm{d}^2\mathcal{F} = 0$ より $\sum_{i=1}^{N}\mathrm{d}p_i \wedge \mathrm{d}q_i - \mathrm{d}H(q,p,t)\wedge \mathrm{d}t = \sum_{i=1}^{N}\mathrm{d}P_i \wedge \mathrm{d}Q_i - \mathrm{d}K(Q,P,t)\wedge \mathrm{d}t$．両辺の $\mathrm{d}t$ を含まない項を比較すると正準 2 形式の不変性 $\sum_{i=1}^{N}\mathrm{d}p_i \wedge \mathrm{d}q_i = \sum_{i=1}^{N}\mathrm{d}P_i \wedge \mathrm{d}Q_i$ が従う．

$$\langle q_i, Q_j\rangle_{(Q,P)} = \sum_{k=1}^{N}\Big(\underbrace{\frac{\partial Q_k}{\partial q_i}}_{=0}\frac{\partial P_k(q,Q,t)}{\partial Q_j} - \underbrace{\frac{\partial Q_k}{\partial Q_j}}_{=\delta_{jk}}\frac{\partial P_k(q,Q,t)}{\partial q_i}\Big). \tag{7.81}$$

ポアソン括弧が不変に保たれるときラグランジュ括弧も不変（7.2.2 項）なので，これらを等置して

$$\frac{\partial p_i(q,Q,t)}{\partial Q_j} = -\frac{\partial P_j(q,Q,t)}{\partial q_i} \tag{7.82}$$

を得る．同様に

$$\langle Q_i, Q_j\rangle_{(q,p)} = \langle Q_i, Q_j\rangle_{(Q,P)} \quad \Rightarrow \quad \frac{\partial P_i(q,Q,t)}{\partial Q_j} = \frac{\partial P_j(q,Q,t)}{\partial Q_i}, \tag{7.83}$$

$$\langle q_i, q_j\rangle_{(q,p)} = \langle q_i, q_j\rangle_{(Q,P)} \quad \Rightarrow \quad \frac{\partial p_i(q,Q,t)}{\partial q_j} = \frac{\partial p_j(q,Q,t)}{\partial q_i} \tag{7.84}$$

となる．式 (7.82)–(7.84) は式 (7.1) を満たす $\mathcal{F}_1(q,Q,t)$ が（少なくとも局所的に）存在するための条件（1.6 節）であるため，母関数の存在が示された．

7.3.3　大域的な母関数が存在しない例

ポアソン括弧は不変だが大域的な母関数が存在しない例を議論しよう[14]．半径 r の円周を運動する質点を考えよう．一般化座標を極座標 θ に選んでラグランジアンを

$$L(\theta,\dot\theta) = \frac{1}{2}mr^2\dot\theta^2 + \phi\dot\theta \tag{7.85}$$

としよう．ただし ϕ は円周を貫く磁束 $\Phi = \int \mathrm{d}\boldsymbol{S}\cdot\boldsymbol{B}$ と $\phi = \frac{e\Phi}{2\pi}$ の関係で結び付く定数である．一般化運動量（角運動量）とハミルトニアンは

$$p := \frac{\partial L(\theta,\dot\theta)}{\partial\dot\theta} = mr^2\dot\theta + \phi, \tag{7.86}$$

$$H(\theta,p) := p\dot\theta - L(\theta,\dot\theta) = \frac{1}{2mr^2}(p-\phi)^2 \tag{7.87}$$

[14] この例は補遺 A.1 節に基づいて構成した．

となる．θ と $\theta+2\pi$ は同一視されており，p は $\mathbb{R}$ に値をとるため，相空間は円筒 $S^1\times\mathbb{R}$ に同相であり単連結ではない．

ϵ をパラメータとする変換

$$\Theta(\theta,p)=\theta,\quad P(\theta,p)=p-\epsilon \tag{7.88}$$

は，$\{\Theta,P\}_{(\theta,p)}=1$ により，ポアソン括弧を不変に保つ．一方，この変換の母関数の候補としては

$$\mathcal{F}_2(\theta,P)=\theta P+\epsilon\theta \tag{7.89}$$

が考えられる．実際，式 (7.88) の変換を仮定するとこの $\mathcal{F}_2$ が式 (7.21) を満たすことは容易に確認できる．しかし θ は大域的には定義されないので母関数は局所的にしか存在しない [15,16]．

7.4 リウヴィルの定理

(q,p) から (Q,P) への変数変換に対して，相空間の体積要素は

$$\mathrm{d}Q_1\cdots\mathrm{d}Q_N\mathrm{d}P_1\cdots\mathrm{d}P_N=|\det J|\mathrm{d}q_1\cdots\mathrm{d}q_N\mathrm{d}p_1\cdots\mathrm{d}p_N \tag{7.90}$$

と変換される（0.1.4 項）．ヤコビ行列 J の表式は式 (7.43)–(7.45) に与えた．特に正準変換に対しては次の定理が成り立つ．

リウヴィル (Liouville) の定理

(q,p) から (Q,P) への変換が正準変換であるとき，そのヤコビ行列 J の行列式は常に 1 で，相空間の体積要素は不変に保たれる．

---

[15] 1 形式 $A=p\mathrm{d}\theta-P\mathrm{d}\Theta$ を考える．式 (7.88) の変換のもとでの正準 2 形式の不変性により，$\mathrm{d}A=\mathrm{d}p\wedge\mathrm{d}\theta-\mathrm{d}P\wedge\mathrm{d}\Theta=0$ なので，A は閉形式である．一方，$A=\mathrm{d}(\epsilon\theta)$ だが θ は大域的には定義されないので A は完全形式ではないということである．

[16] 母関数がないことは量子力学ではこの変換がユニタリ変換でないことを意味する．ただし ϵ が整数 n ならば $\hat{U}=\mathrm{e}^{in\hat{\theta}}$ がよく定義でき，$\hat{P}'=\hat{U}\hat{p}\hat{U}^\dagger=\hat{p}-n\hbar$ というユニタリ変換ができる．これは磁束 Φ のうち磁束量子 $\Phi_0:=\frac{2\pi\hbar}{e}$ の整数倍はゲージ変換で消去できることを意味する．

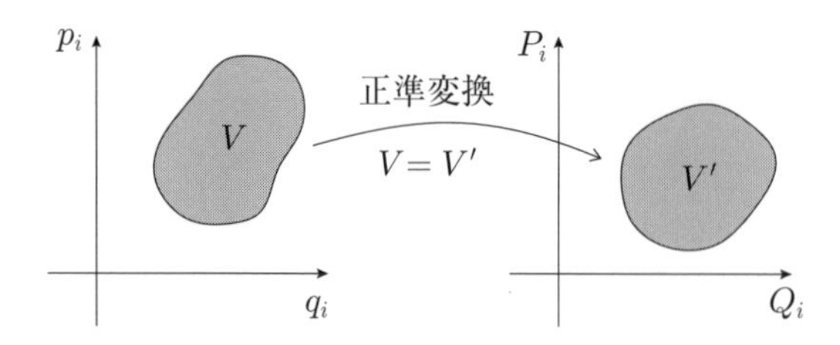

図 7.1　リウヴィルの定理

これは正準変換で互いに移り変わる領域の体積が不変ということで，絵で描くと図 7.1 のようになる．第 8 章で見るように時間発展も正準変換の 1 つであるため，時間発展のもとで体積要素は不変であり，相空間の各部分が非圧縮性流体のように振る舞う．

この定理はシンプレクティック条件からただちに従う．0.2.1 項にまとめた行列式の性質により，式 (7.49) は

$$(\det J)^2 \det \Omega = \det \Omega \tag{7.91}$$

を意味するが，$\det \Omega \neq 0$ から $(\det J)^2 = 1$ が従う．

さらに偶数次元の反対称行列に対して定義されるパフィアン (Pfaffian) と呼ばれる量 [17] がもつ一般的性質 $\mathrm{pf}(J^T \Omega J) = \det J\, \mathrm{pf}(\Omega)$ と $\mathrm{pf}(\Omega) \neq 0$ を用いると，シンプレクティック条件から

$$\det J\, \mathrm{pf}(\Omega) = \mathrm{pf}(\Omega) \quad \Rightarrow \quad \det J = +1 \tag{7.93}$$

が従う [18]．

リウヴィルの定理の逆は成り立たないことに注意する．つまり，相空間の体

---

[17] $2N$ 次元交代行列 A のパフィアンは

$$\mathrm{pf}A := \frac{1}{2^N N!} \sum_{\sigma \in S_{2N}} \mathrm{sgn}(\sigma) A_{\sigma(1),\sigma(2)} A_{\sigma(3),\sigma(4)} \cdots A_{\sigma(2N-1),\sigma(2N)} \tag{7.92}$$

と定義される．$\det A = (\mathrm{pf}A)^2$ という関係がある．

[18] リウヴィルの定理を無限小変換の場合に対してのみ証明している文献もあるが，7.5.3 項で例を見るように正準変換は必ずしも無限小変換の合成で書けない．

積要素が不変というのは非常に弱い条件であって，これだけでは正準変換または反正準変換（7.5.1 項）とは言えない．反例を章末演習問題で見る．

7.5　時間反転と拡張された正準変換

7.5.1　時間反転

第 4 章で紹介した変換のうち，点変換や時間並進は正準変換の例である（8.1.1 項参照）．しかし時間反転（4.5.4 項）は

$$t' = -t, \quad Q_i(t') = q_i(t), \quad P_i(t') = -p_i(t) \tag{7.94}$$

と定義され，ポアソン括弧の符号が反転されるため正準変換ではない．

$$\{Q_i, P_j\}_{(q,p)} = -\delta_{ij}, \quad \{Q_i, Q_j\}_{(q,p)} = \{P_i, P_j\}_{(q,p)} = 0. \tag{7.95}$$

このように，ポアソン括弧が不変に保たれはしないものの符号が反転するだけの変換は**反正準変換 (anti-canonical transformation)** と呼ばれる [19,20]．

新しいハミルトニアンを

$$K(Q(t'), P(t'), t') := H(q(t), p(t), t) = H(Q(t'), -P(t'), -t') \tag{7.96}$$

と定義すると

$$\frac{\mathrm{d}Q_i(t')}{\mathrm{d}t'} = -\frac{\mathrm{d}q_i(t)}{\mathrm{d}t} = -\frac{\partial H(q,p,t)}{\partial p_i} = \frac{\partial K(Q,P,t')}{\partial P_i}, \tag{7.97}$$

$$\frac{\mathrm{d}P_i(t')}{\mathrm{d}t'} = \frac{\mathrm{d}p_i(t)}{\mathrm{d}t} = -\frac{\partial H(q,p,t)}{\partial q_i} = -\frac{\partial K(Q,P,t')}{\partial Q_i} \tag{7.98}$$

であるため，正準方程式は共変である．反正準変換に対しては，シンプレクティック条件は $J\Omega J^T = -\Omega$ となる．この場合も $\det J = (-1)^N$ となるため，リウヴィルの定理の結論はそのまま成り立つ．

---

[19] 例えば [24, 25].

[20] 量子力学では正準変換はユニタリ演算子，反正準変換は反ユニタリ演算子で表される．

7.5.2 拡張された正準変換

より一般に，正準変数 (q,p) から (Q,P) への変数変換で

$$\{Q_i,P_j\}_{(q,p)}=\rho\delta_{ij},\quad \{Q_i,Q_j\}_{(q,p)}=\{P_i,P_j\}_{(q,p)}=0,\quad \rho\neq 0 \quad (7.99)$$

を満たすものを**拡張された正準変換 (extended canonical transformation)** と呼ぶことにしよう[21]．シンプレクティック条件の形で書くと $J^T\Omega J=\rho\Omega$ となり，$\rho=+1$ が通常の正準変換である．普通は時間 t の変更を伴わない場合を考えるが，時間反転を $\rho=-1$ の場合と考えることもできる．$|\rho|\neq 1$ の代表的な例としては $Q_i(q,p,t)=\rho q_i(t)$, $P_i(q,p,t)=p_i(t)$ がある．

脚注 7 で述べたように，拡張された正準変換に対しても正準方程式が共変となる．実はこの逆も成り立つ[22]．

拡張された正準変換と正準方程式の共変性

(q,p) が正準座標であり，正準方程式 (7.59) を満たすとする．このとき「(q,p) から (Q,P) への変換が式 (7.99) を満たすこと」と「任意の $H(q,p,t)$ に対して (Q,P) の正準方程式 (7.60) が成立するような $K(Q,P,t)$ が存在すること」は同値．つまり

$$\text{拡張された正準変換} \quad \Leftrightarrow \quad \text{正準方程式が共変} \qquad (7.101)$$

以下では正準方程式が共変であることを用いて式 (7.99) と等価な

---

[21] [3] 9.1 節では式 (7.3) の代わりに

$$\rho\Big(\sum_{i=1}^{N}p_i\dot{q}_i-H(q,p,t)\Big)=\sum_{i=1}^{N}P_i\dot{Q}_i-K(Q,P,t)+\frac{\mathrm{d}}{\mathrm{d}t}\mathcal{F}_1 \qquad (7.100)$$

となる変換を拡張された正準変換と呼んでいる．これは $\rho\sum_{i=1}^{N}\mathrm{d}p_i\wedge\mathrm{d}q_i=\sum_{i=1}^{N}\mathrm{d}P_i\wedge\mathrm{d}Q_i$，つまり脚注 5 の正準 2 形式が $\Omega_{(Q,P)}=\rho\Omega_{(q,p)}$ $(\rho\neq 0)$ を満たし，ポアソン括弧が $\{Z_I,Z_J\}_{(q,p)}=\rho\Omega_{IJ}$ となることを意味する．

[22] [18] 命題.5.5 は [26] の主張を不正確に引用しており，$\rho<0$ となるケースが抜けている．

$$\{q_i, p_j\}_{(Q,P)} = (1/\rho)\delta_{ij}, \quad \{q_i, q_j\}_{(Q,P)} = \{p_i, p_j\}_{(Q,P)} = 0 \tag{7.102}$$

を示す [23]．このために

$$\begin{aligned} A_{ij}(q,p,t) &:= \{q_i, p_j\}_{(Q,P)} \\ &= \sum_{k=1}^{N} \left(\frac{\partial q_i}{\partial Q_k} \frac{\partial p_j}{\partial P_k} - \frac{\partial p_j}{\partial Q_k} \frac{\partial q_i}{\partial P_k} \right) \Big|_{Q=Q(q,p,t),\ P=P(q,p,t)} \end{aligned} \tag{7.103}$$

と定義しよう．最後の表式から明らかなように，この量は (q,p) から (Q,P) への変換だけで決まっており，ハミルトニアン $H(q,p,t)$ の具体的な選び方には依存しない．時間微分に式 (6.29) を用いると

$$\frac{\mathrm{d}A_{ij}(q,p,t)}{\mathrm{d}t} = \{A_{ij}, H\}_{(q,p)} + \frac{\partial A_{ij}(q,p,t)}{\partial t}. \tag{7.104}$$

一方，(Q,P) に対する正準方程式により式 (6.38) が特に $f = q_i, g = p_j$ に対して成立するため

$$\frac{\mathrm{d}A_{ij}(q,p,t)}{\mathrm{d}t} = \{\dot{q}_i, p_j\}_{(Q,P)} + \{q_i, \dot{p}_j\}_{(Q,P)}. \tag{7.105}$$

したがって任意の $H(q,p,t)$ に対して

$$\begin{aligned} &\{A_{ij}, H\}_{(q,p)} + \frac{\partial A_{ij}(q,p,t)}{\partial t} \\ &= \big\{\{q_i, H\}_{(q,p)}, p_j\big\}_{(Q,P)} + \big\{q_i, \{p_j, H\}_{(q,p)}\big\}_{(Q,P)} \end{aligned} \tag{7.106}$$

が成り立つ．これをいくつかの H の例に対して適用し，A_{ij} に関する条件式を導こう．まず $H(q,p,t) = 0$ とすると，式 (7.106) は

$$0 + \frac{\partial A_{ij}(q,p,t)}{\partial t} = 0 + 0 \quad \Rightarrow \quad \frac{\partial A_{ij}(q,p,t)}{\partial t} = 0. \tag{7.107}$$

---

[23] [1,3] などでは，運動方程式が共変ならば変分原理により式 (7.100) が成り立つことを導出なしで認めているが，その議論に納得できなかったため，本書では以下に [19] 第 5 章の補遺に基づいた導出を与えている．

つまり A_{ij} は t に陽には依存しない．この結果は H の選び方に依らない．

次に a_i, b_i を定数として $H(q,p,t)=\sum_{k=1}^N(a_kq_k+b_kp_k)$ とおくと

$$\underbrace{\{A_{ij},H\}_{(q,p)}}_{=\sum_{k=1}^N\left(\frac{\partial A_{ij}}{\partial q_k}b_k-a_k\frac{\partial A_{ij}}{\partial p_k}\right)}+\underbrace{\frac{\partial A_{ij}}{\partial t}}_{=0}$$
$$=\Big\{\underbrace{\{q_i,H\}_{(q,p)}}_{=b_i},p_j\Big\}_{(Q,P)}+\Big\{q_i,\underbrace{\{p_j,H\}_{(q,p)}}_{=-a_j}\Big\}_{(Q,P)}. \tag{7.108}$$

定数とのポアソン括弧は 0 なので右辺は 0 である．これが任意の a_i, b_i について成立するので

$$\frac{\partial A_{ij}}{\partial q_k}=\frac{\partial A_{ij}}{\partial p_k}=0 \quad ({}^\forall k=1,2,\cdots,N). \tag{7.109}$$

つまり A_{ij} は q や p にも依存しないため，実は定数である．

最後に $M_{k\ell}$ を定数として $H(q,p,t)=\sum_{k,\ell=1}^N M_{k\ell}p_kq_\ell$ とおくと

$$\underbrace{\{A_{ij},H\}_{(q,p)}}_{=0}+\underbrace{\frac{\partial A_{ij}}{\partial t}}_{=0}=\Big\{\underbrace{\{q_i,H\}_{(q,p)}}_{=\sum_{\ell=1}^N M_{i\ell}q_\ell},p_j\Big\}_{(Q,P)}+\Big\{q_i,\underbrace{\{p_j,H\}_{(q,p)}}_{=-\sum_{k=1}^N M_{kj}p_k}\Big\}_{(Q,P)}. \tag{7.110}$$

したがって任意の $M_{k\ell}$ に対して $\sum_{\ell=1}^N M_{i\ell}A_{\ell j}=\sum_{k=1}^N A_{ik}M_{kj}$ となる．これを行列で書くと $MA=AM$，つまり A は任意の行列と交換する．したがって A は単位行列に比例するため，式 (7.102) の第 1 式が示された．第 2, 3 式の証明も同様である．

相空間の変数変換に関してこれまで示してきたことを図 7.2 にまとめた．

7.5.3　正準変換がなす群とその非連結性 (*)

正準変換全体からなる集合は群をなす．これは正準変換の合成も正準変換であり，また恒等変換や逆変換も存在するためである．

点変換では恒等変換と連続的に繋がらないもの（つまり恒等変換の連結成分に含まれないもの）の例が簡単に見つかった．例えば自由度 1 の系での空間反転 $Q(q)=-q$ は $\frac{\mathrm{d}Q(q)}{\mathrm{d}q}=-1<0$ であり，$\frac{\mathrm{d}Q(q)}{\mathrm{d}q}=1>0$ である恒等変換

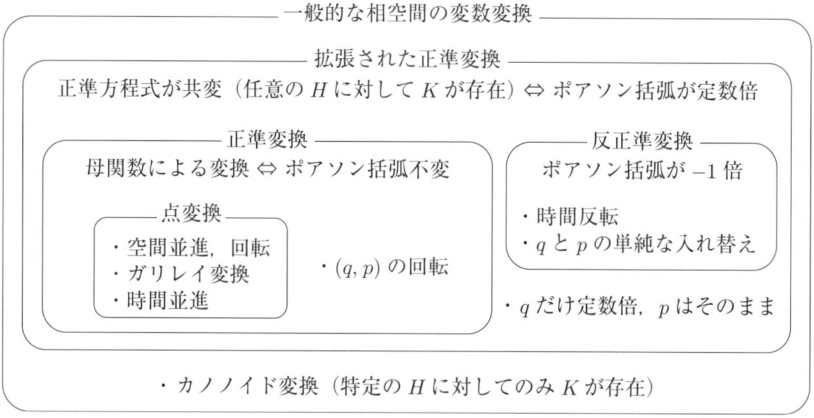

一般的な相空間の変数変換

拡張された正準変換

正準方程式が共変（任意の H に対して K が存在）⇔ ポアソン括弧が定数倍

正準変換

母関数による変換 ⇔ ポアソン括弧不変

点変換

- 空間並進，回転
- ガリレイ変換
- 時間並進

- (q,p) の回転

反正準変換

ポアソン括弧が -1 倍

- 時間反転
- q と p の単純な入れ替え

- q だけ定数倍，p はそのまま

- カノノイド変換（特定の H に対してのみ K が存在）

図 7.2 様々なクラスの変換の関係．ここでは簡単のため相空間が単連結であるとした．カノノイド変換については章末演習問題を参照のこと．

$Q(q) = +q$ と連続的に繋げることはできない．

一方，正準変換は恒等変換と連続的に繋がっているものが多い．実際，正準変換に対しては一般に $\det J = +1$ なのだった（7.4 節）．空間反転 $Q(q,p) = -q$ も式 (7.7) の相空間内の回転で回転角 θ が π の場合と見ることができる．θ を π から 0 へと連続的に変化させることで，空間反転 $(Q,P) = (-q,-p)$ を恒等変換 $(Q,P) = (q,p)$ へと結ぶことができる．

しかし，相空間が非自明なトポロジーをもつ場合には恒等変換と繋がらない正準変換の例を構成できる．これを見るために，強磁場極限の荷電粒子を考えよう．ここでは x, y それぞれの方向に周期境界条件を仮定し，$x + L_x$ と x を，$y + L_y$ と y を同一視する．この系は特異系だが，6.5.1 項で議論したようにディラックの簡便法で取り扱うと相空間は x と $p = -yeB$ の 2 次元空間となるのだった．以下では x を q と書く．周期境界条件によってこの相空間はトーラスと同相であり，$q + L_x$ と q, $p + eBL_y$ と p が同一視される．

いま

$$Q(q,p) = q + n\frac{L_x}{eBL_y}p, \quad P(q,p) = p \tag{7.111}$$

という変換を考えよう．ただし n は整数であり，$n=0$ が恒等変換である．周期境界条件を反映して，$Q+L_x$ と Q, $P+eBL_y$ と P が同一視される．

$$\{Q,P\}_{(q,p)}=1 \tag{7.112}$$

であるため，これは正準変換である．しかし周期境界条件との整合性のために n を連続的に変化させることができず，$n \neq 0$ の変換は恒等変換には繋がらない．

7.6　章末演習問題

問題1　拡張された正準変換の例

座標と運動量を単に入れ替えるだけの変換 $Q=p$, $P=q$ を考える．旧変数 (q,p) に対するハミルトニアンを $H(q,p,t)$ とする．

(1) この変換は正準変換か．

(2) この変換のヤコビ行列を求め，その行列式を計算し，相空間の体積要素が保たれることを示せ．

(3) 新変数 (Q,P) に対する正準方程式が，旧変数 (q,p) に対する正準方程式と同値となるような，新変数 (Q,P) に対するハミルトニアン $K(Q,P,t)$ を $H(q,p,t)$ を用いて表せ．

問題2　カノノイド変換の例

一般化座標 q_1,q_2 に対応する一般化運動量を p_1,p_2 とする．変換

$$(Q_1,Q_2,P_1,P_2)=(\lambda q_1,\tfrac{1}{\lambda}q_2,\lambda p_1,\tfrac{1}{\lambda}p_2) \tag{7.113}$$

を考える．ただし λ は0でない実数とする．

(1) この変換が正準変換となる λ の値を求めよ．以下の設問ではこれ以外の λ の値を仮定せよ．

(2) この変換は相空間の体積要素を不変に保つかどうか調べよ．

(3) 旧変数 (q_1,q_2,p_1,p_2) のハミルトニアンを

$$H(q_1, q_2, p_1, p_2) = \frac{1}{2}(q_1^2 + q_2^2 + p_1^2 + p_2^2) \tag{7.114}$$

とする．新変数 (Q_1, Q_2, P_1, P_2) についての正準方程式が旧変数 (q_1, q_2, p_1, p_2) について正準方程式と同値となるような新変数 (Q_1, Q_2, P_1, P_2) のハミルトニアン $K(Q_1, Q_2, P_1, P_2)$ を求めよ．

(4) 旧変数 (q_1, q_2, p_1, p_2) のハミルトニアンが (3) とは異なる場合を考える．新旧の正準方程式が同値になるような新ハミルトニアン $K(Q_1, Q_2, P_1, P_2)$ が存在するための $H(q_1, q_2, p_1, p_2)$ に対する条件を求めよ．

このように，特定の H に対して正準方程式が同値となる K が存在するような変換は，その H について**カノノイド (canonoid)** であるという．任意の H についてカノノイドな変換が拡張された正準 (canonical) 変換である．

第 8 章

正準変換の応用

第 4 章では，連続対称性には対応する保存量が存在するというネーターの定理を紹介した．実はこのネーター保存量にはその連続対称性の無限小正準変換の生成子という役割があることを示す．これにより対称性と保存量の関係の議論が完結する．

8.1 無限小変換と生成子

8.1.1 無限小変換の定義

p.170 で見たように，(q, P) を独立変数にとった母関数 $\mathcal{F}_2(q, P, t)$ は恒等変換を表すことができる．ϵ を微小なパラメータとし，恒等変換の母関数からわずかにずらしたものを考える．

$$\mathcal{F}_2(q, P, t) = \sum_{i=1}^{N} q_i P_i + \epsilon \mathcal{G}(q, P, t) + O(\epsilon^2). \tag{8.1}$$

母関数 $\mathcal{F}_2(q, P, t)$ による変換の定義式 (7.21) を用いると

$$Q_i = \frac{\partial \mathcal{F}_2(q, P, t)}{\partial P_i} = q_i + \epsilon \frac{\partial \mathcal{G}(q, P, t)}{\partial P_i} + O(\epsilon^2), \tag{8.2}$$

$$p_i = \frac{\partial \mathcal{F}_2(q, P, t)}{\partial q_i} = P_i + \epsilon \frac{\partial \mathcal{G}(q, P, t)}{\partial q_i} + O(\epsilon^2) \tag{8.3}$$

となる．ここで P_i と p_i の違いは $O(\epsilon)$ であることに注意すると，すでに ϵ が

かかっている項では P_i を p_i に置き換えることができるのでこの変換は次の形にまとめることができる.

無限小正準変換

次の形の正準変換を無限小正準変換という.

$$Q_i = q_i + \epsilon \frac{\partial \mathcal{G}(q,p,t)}{\partial p_i} + O(\epsilon^2) = q_i + \epsilon\{q_i, \mathcal{G}\}_{(q,p)} + O(\epsilon^2), \tag{8.4}$$

$$P_i = p_i - \epsilon \frac{\partial \mathcal{G}(q,p,t)}{\partial q_i} + O(\epsilon^2) = p_i + \epsilon\{p_i, \mathcal{G}\}_{(q,p)} + O(\epsilon^2). \tag{8.5}$$

この $\mathcal{G}(q,p,t)$ を無限小正準変換の**生成子 (generator)** という. 正準座標と時間の関数 $f(q,p,t)$ は

$$f(Q,P,t) = f(q,p,t) + \epsilon\{f,\ \mathcal{G}\}_{(q,p)} + O(\epsilon^2) \tag{8.6}$$

と変換される.

式 (8.6) は式 (8.4), (8.5) を左辺に代入してテイラー展開すればただちに従う.

無限小正準変換に対して, 基本ポアソン括弧は

$$\{Q_i, P_j\}_{(q,p)} = \delta_{ij} + \epsilon \underbrace{\left(\frac{\partial^2 \mathcal{G}}{\partial q_j \partial p_i} - \frac{\partial^2 \mathcal{G}}{\partial p_i \partial q_j} \right)}_{=0} + O(\epsilon^2) \tag{8.7}$$

のように $O(\epsilon^2)$ の誤差を生じる.

特に生成子としてハミルトニアンを採用してみよう. $O(\epsilon^2)$ の項を無視すると, 式 (8.4), (8.5) は

$$Q_i(t) = q_i(t) + \epsilon\{q_i, H\}_{(q,p)} = q_i(t) + \epsilon\dot{q}_i(t) = q_i(t+\epsilon), \tag{8.8}$$

$$P_i(t) = p_i(t) + \epsilon\{p_i, H\}_{(q,p)} = p_i(t) + \epsilon\dot{p}_i(t) = p_i(t+\epsilon) \tag{8.9}$$

となる. つまり, 時間発展も正準変換の1つであり, ハミルトニアンは時間発展の生成子だったのである.

8.1.2　ネーター保存量を生成子とする無限小変換

第 4 章で求めたネーター保存量は無限小変換の生成子となることを議論しよう．まず，時間の変更を伴わない連続対称性のネーター保存量 (4.36) を，正準変数 (q,p) を使って書き直すと

$$\mathcal{Q}(q,p,t) = \sum_{i=1}^{N} F_i(q,t)p_i - \Lambda(q,t) \tag{8.10}$$

となる．これよりただちに

$$\{q_i, \mathcal{Q}\} = F_i(q,t) \tag{8.11}$$

が従う．これはまさに式 (4.32) の右辺に現れる変化分そのものである．この結果はネーター保存量$\mathcal{Q}$は無限小変換$Q_i = q_i + \epsilon F_i(q,t)$の生成子であることを意味する．

より一般の時間の変更を伴う連続対称性の場合でも，ネーター保存量 (4.52) を正準変数 (q,p) やハミルトニアンを使って書くと

$$\mathcal{Q}(q,p,t) = \sum_{i=1}^{N} F_i(q,t)p_i - \Lambda(q,t) - T(q,t)H(q,p,t) \tag{8.12}$$

となる．したがって正準方程式 (6.30) により

$$\{q_i, \mathcal{Q}\} = F_i(q,t) - T(q,t)\dot{q}_i \tag{8.13}$$

となり，確かに式 (4.57) の無限小変換を再現する．これで対称性と保存量の 2 つ目の関係が明らかになった．1 つ目の関係と共にまとめると

対称性と保存量の関係

ネーターの定理により，連続対称性があればネーター保存量が得られる．逆に，ネーター保存量はその連続対称性の無限小変換の生成子となる．

無限小変換が
$Q_i = q_i + \epsilon F_i(q,t)$　$\underset{\text{無限小変換の生成子}}{\overset{\text{ネーターの定理}}{\rightleftharpoons}}$　ネーター保存量 $\mathcal{Q}$
となる連続対称性

この行ったり来たりする関係を理解することが非常に大切である．

8.1.3　無限小でない変換への拡張 (*)

8.1.1 項，8.1.2 項ではパラメータ ϵ が無限小である場合を考えたが，この ϵ を必ずしも小さくない値 s へと増やしていくとしよう．これは微分方程式

$$\frac{\mathrm{d}Q_i(s)}{\mathrm{d}s} = \frac{\partial \mathcal{G}(q,p,t)}{\partial p_i}\Big|_{q=Q(s),p=P(s)}, \quad \frac{\mathrm{d}P_i(s)}{\mathrm{d}s} = -\frac{\partial \mathcal{G}(q,p,t)}{\partial q_i}\Big|_{q=Q(s),p=P(s)} \tag{8.14}$$

を初期条件 $Q_i(0) = q_i$, $P_i(0) = p_i$ のもとで解くことに対応する [1]．$s = \epsilon$ として $O(\epsilon)$ まで残したものは式 (8.4), (8.5) と一致する．任意の関数 $f(q,p,t)$ に対して

$$\begin{aligned} &\frac{\mathrm{d}f(Q(s),P(s),t)}{\mathrm{d}s} \\ &= \sum_{i=1}^{N} \Big(\frac{\partial f(q,p,t)}{\partial q_i}\frac{\mathrm{d}Q_i(s)}{\mathrm{d}s} + \frac{\partial f(q,p,t)}{\partial p_i}\frac{\mathrm{d}P_i(s)}{\mathrm{d}s} \Big)\Big|_{q=Q(s),p=P(s)} \\ &= \{f, \mathcal{G}\}_{(q,p)}\big|_{q=Q(s),p=P(s)} \end{aligned} \tag{8.15}$$

が成り立つが，この最後の表式も (q,p,t) の関数に $q_i = Q_i(s)$, $p_i = P_i(s)$ を代入したものなので，$f \to \{f, \mathcal{G}\}_{(q,p)}$ として

$$\frac{\mathrm{d}^2 f(Q(s),P(s),t)}{\mathrm{d}s^2} = \{\{f,\mathcal{G}\}_{(q,p)}, \mathcal{G}\}_{(q,p)}\big|_{q=Q(s),p=P(s)} \tag{8.16}$$

を得る．同様に

$$\frac{\mathrm{d}^n f(Q(s),P(s),t)}{\mathrm{d}s^n}\Big|_{s=0} = \{\{\cdots\{\{f,\underbrace{\mathcal{G}\},\mathcal{G}\},\cdots\mathcal{G}\},\mathcal{G}\}}_{n\text{ 個}} \tag{8.17}$$

となる．煩雑になるためポアソン括弧の添え字を省いた．したがって

---

[1] 多様体の言葉では，ベクトル場 $X_{\mathcal{G}} = \sum_{i=1}^{N}\big(\frac{\partial \mathcal{G}}{\partial p_i}\frac{\partial}{\partial q_i} - \frac{\partial \mathcal{G}}{\partial q_i}\frac{\partial}{\partial p_i}\big)$ に生成される流れ (flow) と言われる．この $\mathcal{G}$ が系のハミルトニアンと関係なくとも $X_{\mathcal{G}}$ はハミルトニアンベクトル場 (Hamiltonian vector field) と呼ばれる．詳細は [1] 1.4.6，6.1.2 項を参照のこと．

$$f(Q(s),P(s),t)=\sum_{n=0}^{\infty}\frac{1}{n!}s^n\frac{\mathrm{d}^n f}{\mathrm{d}s^n}\Big|_{s=0}=\sum_{n=0}^{\infty}\frac{1}{n!}s^n\{\cdots\{\{f,\underbrace{\mathcal{G}\},\mathcal{G}\},\cdots\mathcal{G}}_{n\text{ 個}}\}\tag{8.18}$$

とテイラー展開の形で表示することができる．特に $f=q_i$ や p_i として，解

$$Q_i(s)\coloneqq\sum_{n=0}^{\infty}\frac{1}{n!}s^n\{\cdots\{\{q_i,\underbrace{\mathcal{G}\},\mathcal{G}\},\cdots\mathcal{G}}_{n\text{ 個}}\},\tag{8.19}$$

$$P_i(s)\coloneqq\sum_{n=0}^{\infty}\frac{1}{n!}s^n\{\cdots\{\{p_i,\underbrace{\mathcal{G}\},\mathcal{G}\},\cdots\mathcal{G}}_{n\text{ 個}}\}\tag{8.20}$$

を得る．(q,p) から $(Q(s),P(s))$ への変換はポアソン括弧を厳密に保ち，正準変換となる．この変換を $(Q,P)=\phi_s(q,p)$ と書くと，これは $\phi_{s'}(\phi_s(q,p))=\phi_{s'+s}(q,p)$（積の結合則）や $\phi_0(q,p)=(q,p)$（単位元の存在），$\phi_{-s}(Q,P)=(q,p)$（逆元の存在）を満たすため群構造をもち，$\mathcal{G}$ によって生成される 1 パラメータ変換群と呼ばれる [2]．指数関数との類似性から指数写像とも呼ばれる．

以前注意したように時間発展はハミルトニアンを生成子とする正準変換であった．特にハミルトニアンが時間に依存しない場合はポアソン括弧さえ計算できれば運動方程式の解が求まる．例えば a を定数としてハミルトニアンが $H(q,p)=\frac{p^2}{2m}-maq$ で与えられるとき，式 (8.19), (8.20) で $s\to t,\ \mathcal{G}\to H$ として

$$Q(t)=q+t\underbrace{\{q,H\}}_{=\frac{p}{m}}+\frac{1}{2}t^2\underbrace{\{\{q,H\},H\}}_{=a}=q+\frac{p}{m}t+\frac{1}{2}at^2,\tag{8.21}$$

$$P(t)=p+t\underbrace{\{p,H\}}_{=ma}+\frac{1}{2}t^2\underbrace{\{\{p,H\},H\}}_{=0}=p+mat\tag{8.22}$$

と求まる．定数とのポアソン括弧は 0 であるため，3 つ以上 H を含むポアソン括弧が 0 になることを用いた．これは式 (2.80) の等加速度運動と同じである．

---

[2] 量子力学ではユニタリ演算子 $\hat{U}=\mathrm{e}^{\frac{\mathrm{i}}{\hbar}s\hat{\mathcal{G}}}$ を用いて $\hat{Q}(s)=\hat{U}\hat{q}\hat{U}^{\dagger}$ とするが，これを s に関してテイラー展開したものと式 (8.19) が対応している．

8.2 ハミルトニアンの対称性

8.2.1 対称性の定義

正準変数 (q, p) に対するハミルトニアンを $H(q, p, t)$ とする．母関数 $\mathcal{F}_1(q, Q, t)$ や $\mathcal{F}_2(q, P, t)$ を用いて (q, p) から (Q, P) への正準変換を行ったとしよう．正準変換の一般論により，新しい正準変数 (Q, P) に対するハミルトニアンは，式 (7.2), (7.22) より

$$K(Q, P, t) = H(q, p, t) + \frac{\partial \mathcal{F}_1(q, Q, t)}{\partial t} = H(q, p, t) + \frac{\partial \mathcal{F}_2(q, P, t)}{\partial t} \quad (8.23)$$

となる．ただしこの式に現れる (q, p) は変換を逆に解いた $q_i = q_i(Q, P, t)$, $p_i = p_i(Q, P, t)$ という関係式を用いて新しい変数 (Q, P) で書かれているとする．

ハミルトン形式での対称性の条件

新しい正準変数 (Q, P) に対するハミルトニアン $K(Q, P, t)$ が元のハミルトニアン $H(q, p, t)$ と同一の関数であるとき，この正準変換に対する**対称性をもつ**という．

$$K(Q, P, t) = H(Q, P, t). \quad (8.24)$$

特に母関数が陽に時間に依存しない場合の条件は

$$H(Q, P, t) = H(q, p, t). \quad (8.25)$$

式 (8.24) の右辺は $H(q, p, t)$ の q_i に Q_i を，p_i に P_i を代入したものである．式 (8.24) が成立している時，母関数 $\mathcal{F}_1(q, Q, t)$ による変換に対して得た関係式 (7.3) は

$$\underbrace{\sum_{i=1}^{N} p_i \dot{q}_i - H(q,p,t)}_{=L(q,\dot{q},t)} = \underbrace{\sum_{i=1}^{N} P_i \dot{Q}_i - H(Q,P,t)}_{=L(Q,\dot{Q},t)} + \frac{\mathrm{d}}{\mathrm{d}t}\mathcal{F}_1(q,Q,t) \tag{8.26}$$

となる．$\sum_{i=1}^{N} p_i \dot{q}_i - H(q,p,t)$ がラグランジアン $L(q,\dot{q},t)$ を表すことを思い出すと，特に点変換 $Q_i = Q_i(q,t)$ の場合にはラグランジュ形式での対称性の定義式 (4.1) で $f(q,t) = -\mathcal{F}_1(q,Q(q,t),t)$ としたものと同じになる．

8.2.2　ハミルトン形式でのネーターの定理

$\mathcal{G}(q,p,t)$ を無限小変換の生成子とする．変換後のハミルトニアンは，式 (8.23) に式 (8.1)，(8.6) を用いると

$$\begin{aligned} K(Q,P,t) &= \underbrace{H(q,p,t)}_{=H(Q,P,t)-\epsilon\{H,\ \mathcal{G}\}_{(q,p)}+O(\epsilon^2)} + \underbrace{\frac{\partial \mathcal{F}_2(q,P,t)}{\partial t}}_{=\epsilon\frac{\partial \mathcal{G}(q,p,t)}{\partial t}+O(\epsilon^2)} \\ &= H(Q,P,t) + \epsilon\left(\{\mathcal{G},H\}_{(q,p)} + \frac{\partial \mathcal{G}(q,p,t)}{\partial t}\right) + O(\epsilon^2) \end{aligned} \tag{8.27}$$

となる．したがって，対称性の要請である式 (8.24) を無限小変換に翻訳すると次のようになる．

無限小変換に対する対称性の条件

$\mathcal{G}(q,p,t)$ を生成子とする無限小変換が系の対称性であるための条件は

$$\{\mathcal{G},H\} + \frac{\partial \mathcal{G}(q,p,t)}{\partial t} = 0. \tag{8.28}$$

特に生成子 $\mathcal{G}$ が陽に時間に依存しない場合の条件は，$\mathcal{G}$ がポアソン括弧の意味でハミルトニアンと交換すること，つまり

$$\{\mathcal{G},H\} = 0. \tag{8.29}$$

これは生成子 $\mathcal{G}(q,p,t)$ が保存されること

$$\frac{\mathrm{d}}{\mathrm{d}t}\mathcal{G}(q,p,t) = \{\mathcal{G}, H\} + \frac{\partial \mathcal{G}(q,p,t)}{\partial t} = 0 \tag{8.30}$$

を意味しており，ハミルトン形式での**ネーターの定理**と理解できる．

必ずしも時空間の並進や回転に対する性質とは関係しない偶発的な保存量が存在する場合も，それを $\mathcal{G}(q,p,t)$ として用いた無限小変換を考えることができる．そのような変換に対する系の対称性は**隠れた対称性**と呼ばれる（4.6 節）．8.2.5 項で調和振動子の例，章末演習問題でケプラー問題の例を扱う．

8.2.3　例：空間並進対称性

空間並進

$$\boldsymbol{r}'_i = \boldsymbol{r}_i + \boldsymbol{a}, \tag{8.31}$$

$$\boldsymbol{p}'_i = \boldsymbol{p}_i \tag{8.32}$$

に対応する母関数は

$$\mathcal{F}_2(\boldsymbol{r}, \boldsymbol{p}', t) \coloneqq \sum_{i=1}^{M} (\boldsymbol{r}_i + \boldsymbol{a}) \cdot \boldsymbol{p}'_i + g(t) \tag{8.33}$$

で与えられる．$g(t)$ は t の任意関数である．実際

$$\boldsymbol{p}_i = \frac{\partial \mathcal{F}_2(\boldsymbol{r}, \boldsymbol{p}', t)}{\partial \boldsymbol{r}_i} = \boldsymbol{p}'_i, \tag{8.34}$$

$$\boldsymbol{r}'_i = \frac{\partial \mathcal{F}_2(\boldsymbol{r}, \boldsymbol{p}', t)}{\partial \boldsymbol{p}'_i} = \boldsymbol{r}_i + \boldsymbol{a}, \tag{8.35}$$

$$K(\boldsymbol{r}', \boldsymbol{p}', t) = H(\boldsymbol{r}, \boldsymbol{p}, t) + \frac{\partial \mathcal{F}_2(\boldsymbol{r}, \boldsymbol{p}', t)}{\partial t} = H(\boldsymbol{r}, \boldsymbol{p}, t) + g'(t) \tag{8.36}$$

となる．したがって，空間並進対称性をもつための条件式 (8.24) は

$$H(\boldsymbol{r}', \boldsymbol{p}', t) = H(\boldsymbol{r}' - \boldsymbol{a}, \boldsymbol{p}', t) + g'(t) \tag{8.37}$$

である．$g(t) = 0$ と選ぶと式 (6.8) の相互作用し合う粒子系のハミルトニアン

$H(\boldsymbol{r},\boldsymbol{p},t)=\sum_{i=1}^{M}\frac{\boldsymbol{p}_i^2}{2m_i}+\frac{1}{2}\sum_{i,j=1}^{M}V_{ij}^{(2)}(\boldsymbol{r}_i-\boldsymbol{r}_j)$ はこの条件を満たす．$\mathcal{F}_2$ の表式から生成子を読み取ることで，$\boldsymbol{\mathcal{G}}=\sum_{i=1}^{M}\boldsymbol{p}_i=\boldsymbol{P}$ が保存されることが分かる．

第 4 章の演習問題では一様な力のもとでの空間並進対称性を考えた．式 (4.93) のラグランジアンに対応するハミルトニアンは

$$H(\boldsymbol{r},\boldsymbol{p})=\sum_{i=1}^{M}\left(\frac{\boldsymbol{p}_i^2}{2m_i}-\boldsymbol{F}_i\cdot\boldsymbol{r}_i\right)+\frac{1}{2}\sum_{i,j=1}^{M}V\big(\boldsymbol{r}_i-\boldsymbol{r}_j\big) \tag{8.38}$$

である．$g(t)=-t\sum_{i=1}^{M}\boldsymbol{F}_i\cdot\boldsymbol{a}$ と選べば式 (8.37) の条件が満たされ，$\boldsymbol{\mathcal{G}}=\boldsymbol{P}-t\sum_{i=1}^{M}\boldsymbol{F}_i$ が保存される．実際

$$\frac{\mathrm{d}}{\mathrm{d}t}\boldsymbol{\mathcal{G}}=\{\boldsymbol{\mathcal{G}},H\}+\frac{\partial\boldsymbol{\mathcal{G}}}{\partial t}=\sum_{i=1}^{M}\big\{\boldsymbol{p}_i,-\boldsymbol{F}_i\cdot\boldsymbol{r}_i\big\}-\sum_{i=1}^{M}\boldsymbol{F}_i=\boldsymbol{0} \tag{8.39}$$

である．この $\boldsymbol{\mathcal{G}}$ はハミルトニアンと交換しないが，保存されていることに注意して欲しい．

8.2.4　例：ガリレイ対称性

ガリレイ変換は

$$\boldsymbol{r}_i'=\boldsymbol{r}_i-\boldsymbol{v}_0t \tag{8.40}$$

によって与えられる．このとき $\dot{\boldsymbol{r}}_i'=\dot{\boldsymbol{r}}_i-\boldsymbol{v}_0$ となるので，運動量は

$$\boldsymbol{p}_i'=\boldsymbol{p}_i-m_i\boldsymbol{v}_0 \tag{8.41}$$

となる．この変換に対応する母関数は

$$\mathcal{F}_2(\boldsymbol{r},\boldsymbol{p}',t)\coloneqq\sum_{i=1}^{M}\Big((\boldsymbol{r}_i-\boldsymbol{v}_0t)\cdot\boldsymbol{p}_i'+m_i\boldsymbol{v}_0\cdot\boldsymbol{r}_i\Big)+g(t) \tag{8.42}$$

で与えられる．$g(t)$ は t の任意関数である．実際

$$\boldsymbol{p}_i=\frac{\partial\mathcal{F}_2(\boldsymbol{r},\boldsymbol{p}',t)}{\partial\boldsymbol{r}_i}=\boldsymbol{p}_i'+m_i\boldsymbol{v}_0, \tag{8.43}$$

$$\boldsymbol{r}_i' = \frac{\partial \mathcal{F}_2(\boldsymbol{r}, \boldsymbol{p}', t)}{\partial \boldsymbol{p}_i'} = \boldsymbol{r}_i - \boldsymbol{v}_0 t, \tag{8.44}$$

$$\begin{aligned} K(\boldsymbol{r}', \boldsymbol{p}', t) &= H(\boldsymbol{r}, \boldsymbol{p}, t) + \frac{\partial \mathcal{F}_2(\boldsymbol{r}, \boldsymbol{p}', t)}{\partial t} \\ &= H(\boldsymbol{r}, \boldsymbol{p}, t) - \sum_{i=1}^{M} \boldsymbol{v}_0 \cdot \boldsymbol{p}_i' + g'(t) \end{aligned} \tag{8.45}$$

である．したがって，ガリレイ対称性をもつための条件は

$$H(\boldsymbol{r}', \boldsymbol{p}', t) = H(\boldsymbol{r}' + \boldsymbol{v}_0 t, \boldsymbol{p}' + m\boldsymbol{v}_0, t) - \sum_{i=1}^{M} \boldsymbol{v}_0 \cdot \boldsymbol{p}_i' + g'(t) \tag{8.46}$$

である．$g(t) = -\sum_{i=1}^{M} \frac{1}{2} m_i \boldsymbol{v}_0^2 t$ と選べば，式 (6.8) の相互作用し合う粒子系のハミルトニアンはガリレイ対称性をもつ．

$\mathcal{F}_2$ の表式から生成子を読み取ることにより，$\boldsymbol{\mathcal{G}} = \sum_{i=1}^{M} m_i \boldsymbol{r}_i - \boldsymbol{P}t$ が保存されることが導かれる．実際

$$\frac{\mathrm{d}}{\mathrm{d}t}\boldsymbol{\mathcal{G}} = \{\boldsymbol{\mathcal{G}}, H\} + \frac{\partial \boldsymbol{\mathcal{G}}}{\partial t} = \sum_{i=1}^{M} \left\{\boldsymbol{r}_i, \frac{\boldsymbol{p}_i^2}{2}\right\} - \boldsymbol{P} = \boldsymbol{0} \tag{8.47}$$

である．この場合も $\boldsymbol{\mathcal{G}}$ はハミルトニアンと交換しないが，保存される．

8.2.5 例：2 次元調和振動子

2 次元調和振動子を考えよう．この系のハミルトニアンは

$$H = \frac{p_x^2 + p_y^2}{2m} + \frac{k}{2}(x^2 + y^2) \tag{8.48}$$

で与えられる．4.6.2 項で見たように，この場合

$$H' := \frac{p_x^2 - p_y^2}{2m} + \frac{k}{2}(x^2 - y^2), \quad H'' := \frac{p_x p_y}{m} + kxy \tag{8.49}$$

という量はどちらも保存される．例えば H'' については

$$\{H'', H\} = kx \underbrace{\{y, H\}}_{=\frac{p_y}{m}} + ky \underbrace{\{x, H\}}_{=\frac{p_x}{m}} + \frac{p_x}{m} \underbrace{\{p_y, H\}}_{=-ky} + \frac{p_y}{m} \underbrace{\{p_x, H\}}_{=-kx} = 0 \tag{8.50}$$

のように確かめられる．H' は x, y 方向のハミルトニアンの差であり，

$$\{x, H'\} = \frac{p_x}{m}, \quad \{p_x, H'\} = -kx, \tag{8.51}$$

$$\{y, H'\} = -\frac{p_y}{m}, \quad \{p_y, H'\} = ky \tag{8.52}$$

という (x, p_x) 面の無限小逆回転および (y, p_y) 面の無限小回転の生成子である（同じ向きの回転は H によって生成される）．一方 H'' は

$$\{x, H''\} = \frac{p_y}{m}, \quad \{p_y, H''\} = -kx, \tag{8.53}$$

$$\{y, H''\} = \frac{p_x}{m}, \quad \{p_x, H''\} = -ky \tag{8.54}$$

という (x, p_y) 面および (y, p_x) 面の無限小逆回転の生成子である．これらの面は同じ角度回さないとポアソン括弧が不変に保たれない．

H', H'' は 4.3.3 項で考えたラグランジアン L', L'' に対するハミルトニアンと見ることもできるが，H にとっては時空間の対称性と直接は結び付かないため隠れた対称性と理解できる．

8.3 ハミルトン・ヤコビ理論

8.3.1 ハミルトン・ヤコビ方程式

(q, p) から (Q, P) への母関数 $\mathcal{F}_1(q, Q, t)$ による正準変換の結果，ハミルトニアンが 0 になったとしよう [3]．つまり

$$K(Q, P, t) \underbrace{=}_{\text{式 (7.2)}} H(q, p, t) + \frac{\partial \mathcal{F}_1(q, Q, t)}{\partial t} = 0. \tag{8.55}$$

このような母関数 $\mathcal{F}_1(q, Q, t)$ を $\mathcal{S}(q, Q, t)$ と書くことにする．すると，Q_i や P_i に対する正準方程式は $\dot{Q}_i = \dot{P}_i = 0$ となるので，これらの変数は時間に依存しない運動の定数になる．

[3] $\mathcal{F}_2(q, P, t)$ を使うことも多いが，どちらでも同じである．

式 (7.1) を用いて p_i を偏微分で表し式 (8.55) を書き直すことで以下を得る.

ハミルトン・ヤコビ方程式

$\mathcal{S}(q, Q, t)$ は次の微分方程式の解として与えられる.

$$-\frac{\partial \mathcal{S}(q, Q, t)}{\partial t} = H\Big(q, \frac{\partial \mathcal{S}(q, Q, t)}{\partial q}, t\Big). \tag{8.56}$$

これは $q_1, \cdots, q_N$ と t という $N+1$ 変数についての 1 階の偏微分方程式であり, これを解くことで q_i および t 依存性が決定される. ただしハミルトン・ヤコビ方程式は $\mathcal{S}$ に対して非線形であり, 一般解を解の重ね合わせで表現することはできない[4].

一般に, ハミルトン・ヤコビ方程式の解には $N+1$ 個の任意定数が含まれるが, そのうち 1 つの定数は $\mathcal{S}(q, Q, t)$ の定数部分に対応（式 (8.56) は $\mathcal{S}$ の偏微分しか含まれておらず, $\mathcal{S}$ に定数を足しても不変）するので無視する. 残りの N 個の定数が $Q_1, \cdots, Q_N$ を与える. すると式 (7.1) より

$$P_i = -\frac{\partial \mathcal{S}(q, Q, t)}{\partial Q_i} \quad ({}^\forall i = 1, 2, \cdots, N) \tag{8.58}$$

も定数になる. この関係を逆に解くことで, $q_i(t)$ を $2N$ 個の定数 $Q_1, \cdots, Q_N$, $P_1, \cdots, P_N$ と t で表す式が得られる. q_i に対応する一般化運動量は

$$p_i(t) = \frac{\partial \mathcal{S}(q, Q, t)}{\partial q_i} \tag{8.59}$$

---

[4] ハミルトン・ヤコビ方程式と量子力学のシュレディンガー方程式との間には形式上の類似が見られる. 例えば $H(q,p,t) = \frac{p^2}{2m} + U(q,t)$ のとき, シュレディンガー方程式 $\mathrm{i}\hbar \frac{\partial}{\partial t}\psi(q,t) = H\big(q, \frac{\hbar}{\mathrm{i}}\frac{\partial}{\partial q}, t\big)\psi(q,t)$ に $\psi(q,t) = \mathrm{e}^{\frac{\mathrm{i}}{\hbar}\mathcal{S}(q,Q,t)}$ を代入すると

$$-\frac{\partial}{\partial t}\mathcal{S}(q,Q,t) = \frac{1}{2m}\Big(\frac{\partial \mathcal{S}(q,Q,t)}{\partial q}\Big)^2 + \frac{\hbar}{2m\mathrm{i}}\frac{\partial^2 \mathcal{S}(q,Q,t)}{\partial q^2} + U(q,t) \tag{8.57}$$

となり, $\hbar \to 0$ の極限でハミルトン・ヤコビ方程式に一致する. 量子力学の黎明期である前期量子論では重要視されたが, 現代では正準量子化または経路積分量子化と呼ばれる手続きが主流となっている.

により求まり，これで問題が解けたことになる．定数 Q_i の選び方には任意性があり，対称性から定まる保存量がある場合にはそれを用いることができる．

8.3.2　ハミルトニアンが時間に依存しない場合

いまハミルトニアンが t に陽に依存しないと仮定しよう．このとき，$\mathcal{S}(q,Q,t) = \mathcal{W}(q,Q) - V(t)$ という解の形を仮定してみる．するとハミルトン・ヤコビ方程式 (8.56) は

$$H\Big(q, \frac{\partial \mathcal{W}(q,Q)}{\partial q}\Big) = \frac{\mathrm{d}V(t)}{\mathrm{d}t} \tag{8.60}$$

となる．この左辺は q, Q の関数，右辺は t の関数であるため，この式が恒等的に成立するには左辺も右辺も同じ定数である必要がある．ハミルトニアンがエネルギーを表していたことを思い出してそれを E と書こう．すると

$$H\Big(q, \frac{\partial \mathcal{W}(q,Q)}{\partial q}\Big) = E, \quad \frac{\mathrm{d}V(t)}{\mathrm{d}t} = E \tag{8.61}$$

という 2 つの独立な微分方程式となる[5]．特に第 2 式の解は $V(t) = Et$ で与えられ，$\mathcal{S}(q,Q,t)$ の t 依存性が決定される．このように偏微分方程式を解く手法を変数分離法という．

E は定数であるから，これを Q_i $(i = 1, \cdots, N)$ の 1 つとして採用し $Q_1 = E$ としよう．Q_1 に対応する一般化運動量

$$P_1 := -\frac{\partial \mathcal{S}(q,Q,t)}{\partial Q_1} = t - \frac{\partial \mathcal{W}(q,Q)}{\partial Q_1} \tag{8.62}$$

も定数だが，この式を $\frac{\partial \mathcal{W}(q,Q)}{\partial Q_1} = t - P_1$ と書き直すとこれは時間の原点（t_i とは異なる）の任意性に対応する定数であることが分かる．以下の例ではこれを $P_1 = t_0$ と書くことにする．

◉例：自由な質点

$N = 1$, $d = 1$ の例を 2 つ見てみよう．まずは自由な質点を考える．ハミル

[5] 第 1 式は時間に依存しないシュレディンガー方程式に対応する．

トニアンは $H(q,p,t)=\frac{p^2}{2m}$ なので，ハミルトン・ヤコビ方程式は

$$-\frac{\partial\mathcal{S}(q,Q,t)}{\partial t}=\frac{1}{2m}\Big(\frac{\partial\mathcal{S}(q,Q,t)}{\partial q}\Big)^2 \tag{8.63}$$

となる．変数分離した式 (8.60) は

$$\frac{1}{2m}\Big(\frac{\partial\mathcal{W}(q,E)}{\partial q}\Big)^2=E \quad\Rightarrow\quad \frac{\partial\mathcal{W}(q,E)}{\partial q}=\sqrt{2mE} \tag{8.64}$$

と変形できる．この解は $\mathcal{W}(q,E)=\sqrt{2mE}q$ なので，ハミルトン・ヤコビ方程式の解は

$$\mathcal{S}(q,E,t)=\sqrt{2mE}q-Et+(\text{定数}) \tag{8.65}$$

である[6]．$t_0=-\frac{\partial\mathcal{S}(q,E,t)}{\partial E}=-\sqrt{\frac{m}{2E}}q+t$ を q について解けば

$$q(t)=\sqrt{\frac{2E}{m}}(t-t_0) \tag{8.66}$$

と求まる．運動量は $p(t)=\frac{\partial\mathcal{S}(q,E,t)}{\partial q}=\sqrt{2mE}$ となる．

◉例：調和振動子

次に調和振動子を考えよう．ハミルトニアンは $H(q,p,t)=\frac{p^2}{2m}+\frac{m\omega^2q^2}{2}$ なので，ハミルトン・ヤコビ方程式は

$$-\frac{\partial\mathcal{S}(q,Q,t)}{\partial t}=\frac{1}{2m}\Big(\frac{\partial\mathcal{S}(q,Q,t)}{\partial q}\Big)^2+\frac{m\omega^2q^2}{2} \tag{8.67}$$

となる．変数分離した式 (8.60) は

$$\frac{1}{2m}\Big(\frac{\partial\mathcal{W}(q,E)}{\partial q}\Big)^2+\frac{m\omega^2}{2}q^2=E \quad\Rightarrow\quad \frac{\partial\mathcal{W}(q,E)}{\partial q}=\sqrt{2mE-(m\omega)^2q^2} \tag{8.68}$$

---

[6] なお，$E(p)=\frac{p^2}{2m}$ に注意すれば $\mathcal{S}=pq-E(p)t$ となり，前の注で述べた波動関数は $\psi(q,t)=\mathrm{e}^{\frac{\mathrm{i}}{\hbar}(pq-E(p)t)}$ という自由粒子のシュレディンガー方程式の平面波解となる．

と変形できる．$z := \sqrt{\frac{m\omega^2}{2E}}q$ とおくと，$\frac{\partial \mathcal{W}(q,E)}{\partial z} = \frac{2E}{\omega}\sqrt{1-z^2}$ と書き換えられる．この解は $\mathcal{W}(q,E) = \frac{2E}{\omega}\int \mathrm{d}z\sqrt{1-z^2} = \frac{E}{\omega}\Big(\arcsin z + z\sqrt{1-z^2}\Big)$ なので

$$\mathcal{S}(q,E,t) = \frac{E}{\omega}\Big(\arcsin z + z\sqrt{1-z^2}\Big)\Big|_{z=\sqrt{\frac{m\omega^2}{2E}}q} - Et + (\text{定数}) \quad (8.69)$$

である．

$$t_0 = -\frac{\partial \mathcal{S}(q,E,t)}{\partial E} = -\frac{1}{\omega}\arcsin\left(\sqrt{\frac{m\omega^2}{2E}}q\right) + t \quad (8.70)$$

を q について解けば

$$q(t) = \sqrt{\frac{2E}{m\omega^2}}\sin\big(\omega(t-t_0)\big) \quad (8.71)$$

と求まる．運動量は $q(t)$ を t 微分して m をかける方が早いが，

$$\begin{aligned} p(t) &= \frac{\partial \mathcal{S}(q,E,t)}{\partial q} = \frac{\partial \mathcal{W}(q,E)}{\partial q} = \sqrt{2mE - (m\omega)^2 q^2} \\ &= \sqrt{2mE}\cos\big(\omega(t-t_0)\big) \end{aligned} \quad (8.72)$$

とも求まる．

8.3.3　ハミルトン・ヤコビ方程式の解としてのハミルトンの主関数

4.7.1 項ではラグランジュ形式の解析力学において，$q(t_\mathrm{f}), q(t_\mathrm{i}), t_\mathrm{f}, t_\mathrm{i}$ の関数としてのハミルトンの主関数を導入した．ハミルトン形式でのハミルトンの主関数は

$$S(q(t_\mathrm{f}), q(t_\mathrm{i}), t_\mathrm{f}, t_\mathrm{i}) := \int_{t_\mathrm{i}}^{t_\mathrm{f}} \mathrm{d}t\Big(\sum_{i=1}^{N} p_i(t)\dot{q}_i(t) - H(q(t), p(t), t)\Big) \quad (8.73)$$

と定義される．6.1.7 項で議論したようにハミルトン形式での作用 $S[q,p]$ は $q_i(t)$ と $p_i(t)$ という $2N$ 個の関数の汎関数だが，変分をとる際に $p_i(t)$ の端点の値は指定しないため，主関数の変数に $p_i(t_\mathrm{i}), p_i(t_\mathrm{f})$ は含まれない．式 (4.84), (4.87)–(4.89) に対応して

$$\frac{\partial S(q(t_\mathrm{f}), q(t_\mathrm{i}), t_\mathrm{f}, t_\mathrm{i})}{\partial q_i(t_\mathrm{f})} = p_i(t_\mathrm{f}) \quad ({}^\forall i = 1, 2, \cdots, N), \tag{8.74}$$

$$\frac{\partial S(q(t_\mathrm{f}), q(t_\mathrm{i}), t_\mathrm{f}, t_\mathrm{i})}{\partial q_i(t_\mathrm{i})} = -p_i(t_\mathrm{i}) \quad ({}^\forall i = 1, 2, \cdots, N), \tag{8.75}$$

$$\frac{\partial S(q(t_\mathrm{f}), q(t_\mathrm{i}), t_\mathrm{f}, t_\mathrm{i})}{\partial t_\mathrm{f}} = -H(q(t_\mathrm{f}), p(t_\mathrm{f}), t_\mathrm{f}), \tag{8.76}$$

$$\frac{\partial S(q(t_\mathrm{f}), q(t_\mathrm{i}), t_\mathrm{f}, t_\mathrm{i})}{\partial t_\mathrm{i}} = H(q(t_\mathrm{i}), p(t_\mathrm{i}), t_\mathrm{i}) \tag{8.77}$$

が成立する．

ここで $S(q(t_\mathrm{f}), q(t_\mathrm{i}), t_\mathrm{f}, t_\mathrm{i})$ の t_f に t を，$q_i(t_\mathrm{f})$ に $q_i(t)$ を代入した関数を考えよう．t_i は固定することにして変数から外す．この関数を

$$\mathcal{S}(q(t), q(t_\mathrm{i}), t) := S(q(t), q(t_\mathrm{i}), t, t_\mathrm{i}) \tag{8.78}$$

と書くことにする．このとき式 (8.74)–(8.76) は

$$\frac{\partial \mathcal{S}(q(t), q(t_\mathrm{i}), t)}{\partial q_i(t)} = p_i(t), \quad \frac{\partial \mathcal{S}(q(t), q(t_\mathrm{i}), t)}{\partial q_i(t_\mathrm{i})} = -p_i(t_\mathrm{i}), \tag{8.79}$$

$$\frac{\partial \mathcal{S}(q(t), q(t_\mathrm{i}), t)}{\partial t} = -H(q(t), p(t), t) \tag{8.80}$$

と読み替えられる．最初の式を母関数による変換の定義式 (7.1) と比較すると，$\mathcal{S}(q(t), q(t_\mathrm{i}), t)$ は $(q(t), p(t))$ を初期時刻 t_i における $(q(t_\mathrm{i}),\ p(t_\mathrm{i}))$ へと移す正準変換の母関数になっていることが分かる．2 行目の式はハミルトン・ヤコビ方程式 (8.56) の形をしている．つまり，ハミルトンの主関数は，初期位置$Q_i = q(t_\mathrm{i})$と初期運動量$P_i = p(t_\mathrm{i})$を定数に選んだ場合のハミルトン・ヤコビ方程式の解だったのである．

実は，ハミルトン・ヤコビ方程式の解がハミルトンの主関数であるという事情は，定数 Q_i, P_i の選択に依らず一般的に成立する．実際，$\dot{Q}_i = 0$ であることを用いると $\mathcal{S}(q, Q, t)$ の時間微分は

$$\frac{\mathrm{d}}{\mathrm{d}t}\mathcal{S}(q, Q, t) = \sum_{i=1}^{N} \underbrace{\frac{\partial \mathcal{S}(q, Q, t)}{\partial q_i}}_{= p_i} \dot{q}_i(t) + \underbrace{\frac{\partial \mathcal{S}(q, Q, t)}{\partial t}}_{= -H(q, p, t)}$$

$$= \sum_{i=1}^{N} p_i(t)\dot{q}_i(t) - H(q(t), p(t), t) \tag{8.81}$$

なので $\mathcal{S}(q, Q, t)$ は主関数

$$\mathcal{S}(q(t), Q, t) = \int^t \mathrm{d}t' \Big(\sum_{i=1}^{N} p_i(t')\dot{q}_i(t') - H(q(t'), p(t'), t') \Big) + (\text{定数}) \tag{8.82}$$

となる．

◉例：自由な質点

4.7.2 項で求めた主関数 $\mathcal{S}(q(t), q(t_\mathrm{i}), t) = \frac{m}{2}\frac{(q(t)-q(t_\mathrm{i}))^2}{t-t_\mathrm{i}}$ を式 (8.63) に代入すると

$$\frac{m}{2}\frac{(q(t) - q(t_\mathrm{i}))^2}{(t - t_\mathrm{i})^2} = \frac{1}{2m}\Big(m\frac{q(t) - q(t_\mathrm{i})}{t - t_\mathrm{i}}\Big)^2 \tag{8.83}$$

と，確かに $Q = q(t_\mathrm{i})$ の場合の解になっている．$q(t_\mathrm{i})$ に対応する一般化運動量は式 (8.79) から

$$p(t_\mathrm{i}) = -\frac{\partial \mathcal{S}(q(t), q(t_\mathrm{i}), t)}{\partial q(t_\mathrm{i})} = m\frac{q(t) - q(t_\mathrm{i})}{t - t_\mathrm{i}}. \tag{8.84}$$

これを $q(t)$ について解けば

$$q(t) = q(t_\mathrm{i}) + \frac{p(t_\mathrm{i})}{m}(t - t_\mathrm{i}) \tag{8.85}$$

と求まる．

◉例：調和振動子

同様に，4.7.3 項で求めた主関数

$$\mathcal{S}(q(t), q(t_\mathrm{i}), t) = \frac{m\omega}{2}\frac{(q(t)^2 + q(t_\mathrm{i})^2)\cos(\omega(t - t_\mathrm{i})) - 2q(t)q(t_\mathrm{i})}{\sin(\omega(t - t_\mathrm{i}))} \tag{8.86}$$

は $Q = q(t_\mathrm{i})$ の場合の式 (8.67) の解になっている．$q(t_\mathrm{i})$ に対応する一般化運

動量は式 (8.79) から

$$p(t_{\mathrm{i}}) = -\frac{\partial \mathcal{S}(q(t), q(t_{\mathrm{i}}), t)}{\partial q(t_{\mathrm{i}})} = -m\omega \frac{q(t_{\mathrm{i}})\cos(\omega(t - t_{\mathrm{i}})) - q(t)}{\sin(\omega(t - t_{\mathrm{i}}))}. \tag{8.87}$$

これを $q(t)$ について解けば

$$q(t) = q(t_{\mathrm{i}})\cos(\omega(t - t_{\mathrm{i}})) + \frac{p(t_{\mathrm{i}})}{m\omega}\sin(\omega(t - t_{\mathrm{i}})) \tag{8.88}$$

と求まる.

8.4 章末演習問題

問題 1 角運動量が生成する変換

座標 x, y に対応する運動量を p_x, p_y とする. 角運動量 $\mathcal{G} = xp_y - yp_x$ を生成子とする無限小変換を考える.

(1) $\{x, \mathcal{G}\}$, $\{y, \mathcal{G}\}$, $\{\{x, \mathcal{G}\}, \mathcal{G}\}$, $\{\{y, \mathcal{G}\}, \mathcal{G}\}$ を計算せよ.

(2) $X_n = \{\{\cdots\{\{x, \underbrace{\mathcal{G}\}, \mathcal{G}\}, \cdots \mathcal{G}\}, \mathcal{G}}_{n\text{ 個}}\}$ と $Y_n = \{\{\cdots\{\{y, \underbrace{\mathcal{G}\}, \mathcal{G}\}, \cdots \mathcal{G}\}, \mathcal{G}}_{n\text{ 個}}\}$ を求めよ. ただし n の偶奇で場合分けせよ.

(3) 無限級数

$$X = \sum_{n=0}^{\infty} \frac{\epsilon^n}{n!} X_n = \sum_{n=0}^{\infty} \frac{\epsilon^n}{n!} \{\{\cdots\{\{x, \underbrace{\mathcal{G}\}, \mathcal{G}\}, \cdots \mathcal{G}\}, \mathcal{G}}_{n\text{ 個}}\}, \tag{8.89}$$

$$Y = \sum_{n=0}^{\infty} \frac{\epsilon^n}{n!} Y_n = \sum_{n=0}^{\infty} \frac{\epsilon^n}{n!} \{\{\cdots\{\{y, \underbrace{\mathcal{G}\}, \mathcal{G}\}, \cdots \mathcal{G}\}, \mathcal{G}}_{n\text{ 個}}\} \tag{8.90}$$

を求めよ. ただし $\sin\theta = \sum_{n=0}^{\infty} \frac{(-1)^n}{(2n+1)!}\theta^{2n+1}$, $\cos\theta = \sum_{n=0}^{\infty} \frac{(-1)^n}{(2n)!}\theta^{2n}$ が任意の実数 θ に対して成立することを用いてよい.

(4) 同様に, 以下を求めよ.

$$P_X = \sum_{n=0}^{\infty} \frac{\epsilon^n}{n!} \{\{\cdots\{\{p_x, \underbrace{\mathcal{G}\}, \mathcal{G}\}, \cdots \mathcal{G}\}, \mathcal{G}}_{n\text{ 個}}\}, \tag{8.91}$$

$$P_Y = \sum_{n=0}^{\infty} \frac{\epsilon^n}{n!} \{\{\cdots\{\{p_y, \underbrace{\mathcal{G}\}, \mathcal{G}\}, \cdots \mathcal{G}\}, \mathcal{G}\}}_{n\text{ 個}}. \tag{8.92}$$

(5) この (x, y, p_x, p_y) から (X, Y, P_X, P_Y) への変換はどのような変換か．また，これが正準変換であることを示せ．

問題 2　1 次元タイトバインディング模型

タイトバインディング模型は固体中を運動する電子のバンド構造を説明するためのもっとも基本的な模型である．ラグランジアンは

$$L = \sum_{j=1}^{N} \mathrm{i}\hbar c_j^*(t)\dot{c}_j(t) + t_0 \sum_{j=1}^{N} \left(c_{j+1}^*(t)c_j(t) + c_j^*(t)c_{j+1}(t)\right) \tag{8.93}$$

で与えられる．ただし $c_j(t) \in \mathbb{C}$ で，$c_j^*(t)$ は $c_j(t)$ の複素共役を表す[7]．$\hbar$ は換算プランク定数，t_0 は飛び移り積分と呼ばれる定数である．周期境界条件を仮定し，$c_{N+1}(t) = c_1(t)$ と定義する．

(1) $p_j(t) = \mathrm{i}\hbar c_j^*(t)$ を一般化座標 $c_j(t)$ に対する一般化運動量とみなす簡便法（6.5 節）により取り扱う．ハミルトニアンを求めよ．

(2) $c_j(t)$ に対する正準方程式を書き下せ．また $p_j(t)$ に対する正準方程式がこれと等価であることを示せ．

(3) 解の形 $c_j(t) = c_k \mathrm{e}^{-\mathrm{i}\omega(k)t + \mathrm{i}kj}$ を仮定して分散関係 $\omega(k)$ を求めよ[8]．ただし $k = 2\pi n/N$ $(n = 1, 2, \cdots, N)$ とする．

(4) この模型は $c_j'(t) = \mathrm{e}^{-\frac{\mathrm{i}}{\hbar}\theta} c_j(t)$ と変換する U(1) 対称性をもつ．対応するネーター保存量を求めよ．

(5) ネーター保存量が U(1) 対称性の生成子となることを確かめよ．

---

[7] c_j と c_j^* による偏微分の独立性については第 11 章の脚注 10 を参照のこと．

[8] このような解の形を思いつくのは補遺 A.3 節で紹介したフーリエ変換やフーリエ級数展開からの動機付けがある．

問題3 ルンゲ・レンツベクトル

第4章の演習問題ではポテンシャル $U(\boldsymbol{r}) = -k/r$ 中を運動する非相対論質点を考えた．これをハミルトン形式で取り扱おう．

(1) ハミルトニアン $H(\boldsymbol{r}, \boldsymbol{p})$ を求めよ．

(2) 角運動量ベクトル $\boldsymbol{L} := \boldsymbol{r} \times \boldsymbol{p}$ が保存されることを $\{\boldsymbol{L}, H\}$ を計算することで確かめよ．また，質点の運動が原点を含み $\boldsymbol{L}$ に直交する平面内に留まることを示せ．

(3) ルンゲ・レンツベクトル $\boldsymbol{R} := \boldsymbol{p} \times \boldsymbol{L} - mk\frac{\boldsymbol{r}}{r}$ が保存されることを $\{\boldsymbol{R}, H\}$ を計算することで確かめよ．

(4) $\boldsymbol{R} \cdot \boldsymbol{L} = 0$ を示せ．したがって $\boldsymbol{R}$ は質点が運動する平面内を向く．

(5) $\boldsymbol{R} \cdot \boldsymbol{r} = \boldsymbol{L}^2 - mkr$ を示せ．$\boldsymbol{R}$ と $\boldsymbol{r}$ のなす角を θ として $\boldsymbol{R} \cdot \boldsymbol{r} = Rr\cos\theta$, $R := |\boldsymbol{R}|$ と書いたとき，軌道が2次曲線 $r = \frac{\frac{\boldsymbol{L}^2}{mk}}{1+e\cos\theta}$（ただし $e := \frac{R}{mk} \geq 0$ は離心率）の方程式となることを示せ．この結果からルンゲ・レンツベクトルが原点から近日点へ向かうベクトルであることが分かる．

(6) $\boldsymbol{R}^2 = m^2k^2 + 2mH\boldsymbol{L}^2$ を示せ．したがって離心率は $e = \frac{R}{mk} = \sqrt{1 + \frac{2H\boldsymbol{L}^2}{mk^2}}$ で与えられ，双曲線 $(e > 1)$，放物線 $(e = 1)$，楕円 $(1 > e \geq 0)$ はエネルギー H の符号で決まっている．

(7) $\boldsymbol{R}$ が生成する無限小変換が第4章で考えた変換と一致することを示せ．

ハミルトニアンが回転対称性 SO(3) をもつことは明らかだが，ここで見たようにポテンシャルが r^{-1} に比例する場合にはルンゲ・レンツベクトル $\boldsymbol{R}$ が保存される．$\tilde{\boldsymbol{R}} := \frac{\boldsymbol{R}}{\sqrt{-2mH}}$ と定義すると，これらの保存量は $[L^\alpha, L^\beta] = \sum_{\gamma=1}^{3} \varepsilon^{\alpha\beta\gamma} L^\gamma$, $[\tilde{R}^\alpha, L^\beta] = \sum_{\gamma=1}^{3} \varepsilon^{\alpha\beta\gamma} \tilde{R}^\gamma$, $[\tilde{R}^\alpha, \tilde{R}^\beta] = \sum_{\gamma=1}^{3} \varepsilon^{\alpha\beta\gamma} L^\gamma$ という SO(4) のリー代数をなす．

第 IV 部

発展的内容

第9章

剛体運動

コマを回して遊んだときのことを思い出そう．はじめはほぼ真っ直ぐに立ったまま回転するが，次第に軸が傾いたまま回るようになり，最後は頭をグラグラと揺らしながら回ったのち倒れただろう．この章では剛体の運動の一般的な取り扱いについて学び，コマの運動を解析力学の手法を用いて解析できるようになることを目標とする．

9.1 剛体の運動

剛体とは有限の大きさをもつが変形しない物体のことである．剛体の運動も微小要素の集まりとみなせば質点の力学がそのまま適用できる．

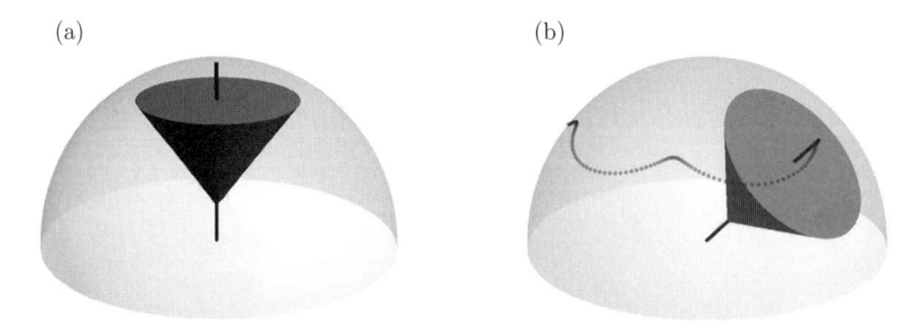

図 9.1 先端が固定されたコマの運動．(a) 眠りゴマ，(b) 章動を伴う歳差運動．球面上に先端の軌跡を点で示している．

9.1.1　剛体に固定された基底

剛体を取り扱う際には，図 9.2 に示すように剛体に固定された基底ベクトル $\bar{\boldsymbol{e}}^1(t)$, $\bar{\boldsymbol{e}}^2(t)$, $\bar{\boldsymbol{e}}^3(t)$ を導入すると便利である．これらは（右手系の）正規直交基底をなすと仮定する．つまり

$$\bar{\boldsymbol{e}}^\alpha(t)\cdot\bar{\boldsymbol{e}}^\beta(t)=\delta^{\alpha\beta}, \tag{9.1}$$

$$\bar{\boldsymbol{e}}^\alpha(t)\times\bar{\boldsymbol{e}}^\beta(t)=\sum_{\gamma=1}^{3}\varepsilon^{\alpha\beta\gamma}\bar{\boldsymbol{e}}^\gamma(t) \tag{9.2}$$

である．実験室系の基底ベクトル $\boldsymbol{e}^1 := (1,0,0)^T$, $\boldsymbol{e}^2 := (0,1,0)^T$, $\boldsymbol{e}^3 := (0,0,1)^T$ を用いて

$$\bar{\boldsymbol{e}}^\beta(t)=\sum_{\alpha=1}^{3}\boldsymbol{e}^\alpha R(t)^{\alpha\beta}\quad(\beta=1,2,3) \tag{9.3}$$

と展開すると，展開係数 $R(t)^{\alpha\beta}$ を $\alpha\beta$ 成分とする行列 $R(t)$ は特殊直交行列になる．$\bar{\boldsymbol{e}}^\alpha(t)$ $(\alpha=1,2,3)$ は 3 成分の縦ベクトルなので，これを横に並べてできる $\left(\bar{\boldsymbol{e}}^1(t),\bar{\boldsymbol{e}}^2(t),\bar{\boldsymbol{e}}^3(t)\right)$ は 3 次元正方行列となる．すると式 (9.3) は

$$\left(\bar{\boldsymbol{e}}^1(t),\bar{\boldsymbol{e}}^2(t),\bar{\boldsymbol{e}}^3(t)\right)=(\boldsymbol{e}^1,\boldsymbol{e}^2,\boldsymbol{e}^3)R(t)=R(t) \tag{9.4}$$

を意味する．最後の等号には $(\boldsymbol{e}^1,\boldsymbol{e}^2,\boldsymbol{e}^3)$ が単位行列 I_3 であることを用いた．

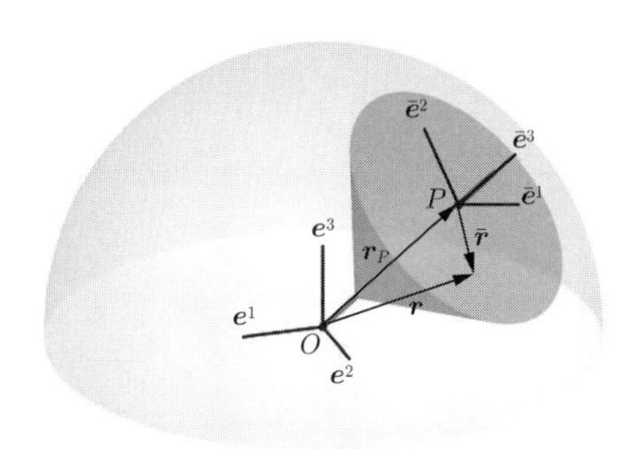

図 9.2　剛体に固定された基底の例

9.1.2 剛体を特徴付ける量

剛体の 1 点 P に着目し，その位置ベクトルを $\boldsymbol{r}_P(t)$ と書く（図 9.2）．点 P は剛体の**重心** G に選ぶと便利なことが多いが，固定点をもつ剛体運動を考える際にはその点にとった方が便利である．

点 P を基準に測った i 番目の微小要素の位置ベクトルを $\bar{\boldsymbol{r}}_i(t)$ と書く．

$$\boldsymbol{r}_i(t) = \boldsymbol{r}_P(t) + \bar{\boldsymbol{r}}_i(t). \tag{9.5}$$

$\bar{\boldsymbol{r}}_i(t)$ を

$$\bar{\boldsymbol{r}}_i(t) = \sum_{\alpha=1}^{3} \bar{\boldsymbol{e}}^\alpha(t)\bar{r}_i^\alpha = \left(\bar{\boldsymbol{e}}^1(t), \bar{\boldsymbol{e}}^2(t), \bar{\boldsymbol{e}}^3(t)\right)\begin{pmatrix}\bar{r}_i^1\\ \bar{r}_i^2\\ \bar{r}_i^3\end{pmatrix} \underbrace{=}_{\text{式 (9.4)}} R(t)\begin{pmatrix}\bar{r}_i^1\\ \bar{r}_i^2\\ \bar{r}_i^3\end{pmatrix} \tag{9.6}$$

と展開すると，剛体は変形しないため $\bar{r}_i^\alpha$ は時間に依らない定数になる．これが剛体に固定された基底ベクトルを導入した最大の理由である．したがって剛体の運動の自由度は，位置ベクトル $\boldsymbol{r}_P(t)$ の 3 成分と，$\bar{\boldsymbol{e}}^\alpha(t)$ $(\alpha = 1, 2, 3)$ を定める行列 $R(t)$ に含まれる 3 パラメータの計 6 自由度になる．

i 番目の微小要素の質量を $m_i = \Delta V \rho(\bar{\boldsymbol{r}}_i)$ とし，i での和を積分で置き換えると，剛体の質量 M と重心 G の位置ベクトル $\boldsymbol{r}_G$ は

$$M := \sum_i m_i = \int \mathrm{d}^3 r \rho(\bar{\boldsymbol{r}}), \tag{9.7}$$

$$\begin{aligned}\boldsymbol{r}_G(t) &:= \frac{1}{M}\sum_i m_i \boldsymbol{r}_i = \frac{1}{M}\sum_i m_i(\boldsymbol{r}_P(t) + \bar{\boldsymbol{r}}_i(t))\\ &= \frac{1}{M}\underbrace{\sum_i m_i}_{=M} \boldsymbol{r}_P(t) + \frac{1}{M}\underbrace{\sum_i m_i \bar{\boldsymbol{r}}_i(t)}_{=M\bar{\boldsymbol{r}}_G(t)} = \boldsymbol{r}_P(t) + \bar{\boldsymbol{r}}_G(t)\end{aligned} \tag{9.8}$$

と表すことができる[1]．ただし $\boldsymbol{r}_P$ を基準に測った剛体の重心の位置ベクトルを

$$\bar{\boldsymbol{r}}_G(t) := \frac{1}{M}\sum_i m_i \bar{\boldsymbol{r}}_i(t) = \frac{1}{M}\int \mathrm{d}^3 r \rho(\bar{\boldsymbol{r}})\bar{\boldsymbol{r}}(t) \tag{9.9}$$

[1] 本章では M は粒子数ではなく剛体の質量を表す．

と定義した．この量も

$$\bar{\boldsymbol{r}}_G(t) = \sum_{\alpha=1}^{3} \bar{\boldsymbol{e}}^\alpha(t)\bar{r}_G^\alpha = \left(\bar{\boldsymbol{e}}^1(t), \bar{\boldsymbol{e}}^2(t), \bar{\boldsymbol{e}}^3(t)\right)\begin{pmatrix}\bar{r}_G^1 \\ \bar{r}_G^2 \\ \bar{r}_G^3\end{pmatrix} = R(t)\begin{pmatrix}\bar{r}_G^1 \\ \bar{r}_G^2 \\ \bar{r}_G^3\end{pmatrix} \quad (9.10)$$

と展開すれば，$\bar{r}_G^\alpha$ は時間に依らない定数となる．特に点 P を剛体の重心 G に選んだ場合には $\boldsymbol{r}_P = \boldsymbol{r}_G$ なので式 (9.8) により $\bar{\boldsymbol{r}}_G = \boldsymbol{0}$ となる．また，式 (9.7) や式 (9.9) に現れた $\rho(\bar{\boldsymbol{r}})$ は剛体を連続体と見たときの**質量分布**で，これも $\bar{r}_i^\alpha$ の関数とみなせば時間に依存しない．

以上の準備に基づいて，点 P 周りの**慣性モーメント**テンソルを

$$I_P^{\alpha\beta} := \sum_i m_i(\delta^{\alpha\beta}|\bar{\boldsymbol{r}}_i|^2 - \bar{r}_i^\alpha \bar{r}_i^\beta) = \int \mathrm{d}^3 r \rho(\bar{\boldsymbol{r}})(\delta^{\alpha\beta}|\bar{\boldsymbol{r}}|^2 - \bar{r}^\alpha \bar{r}^\beta) \quad (9.11)$$

と定義する．これも $\bar{r}_i^\alpha$ で書かれているために時間に依存せず，剛体を特徴付ける量になる．実対称行列は特殊直交行列を用いて対角化可能なので，$\bar{\boldsymbol{e}}^\alpha(t)$ $(\alpha = 1, 2, 3)$ ははじめから I_P が対角になるように選ばれていたとしても一般性を失わない．このように選ばれているときの $\bar{\boldsymbol{e}}^\alpha(t)$ の方向を**慣性主軸**という．

9.1.3 オイラー角とオイラーの速度公式

さて $R(t)$ を具体的に表現するためにオイラー角を導入しよう [2].

オイラー角

特殊直交行列 R は (ψ, θ, ϕ) $(0 \leq \psi < 2\pi,\ 0 \leq \theta \leq \pi,\ 0 \leq \phi < 2\pi)$ を用いて次のようにパラメトライズできる．

$$R = R_z(\phi)R_y(\theta)R_z(\psi). \quad (9.12)$$

ただし R_α は式 (4.10)–(4.12) で定義される α 軸周りの回転行列を表す．

これを用いて，$\bar{\boldsymbol{e}}^\alpha$ の成分を式 (9.4) から求めると

$$\bar{\boldsymbol{e}}^1 = \cos\psi \begin{pmatrix} \cos\theta\cos\phi \\ \cos\theta\sin\phi \\ -\sin\theta \end{pmatrix} + \sin\psi \begin{pmatrix} -\sin\phi \\ \cos\phi \\ 0 \end{pmatrix}, \tag{9.13}$$

$$\bar{\boldsymbol{e}}^2 = -\sin\psi \begin{pmatrix} \cos\theta\cos\phi \\ \cos\theta\sin\phi \\ -\sin\theta \end{pmatrix} + \cos\psi \begin{pmatrix} -\sin\phi \\ \cos\phi \\ 0 \end{pmatrix}, \tag{9.14}$$

$$\bar{\boldsymbol{e}}^3 = \begin{pmatrix} \sin\theta\cos\phi \\ \sin\theta\sin\phi \\ \cos\theta \end{pmatrix} \tag{9.15}$$

となる．(θ, ϕ) は $\bar{\boldsymbol{e}}^3$ の極座標表示と同じ役割であり，ψ は $\bar{\boldsymbol{e}}^3$ 軸周りの回転角を表すことが見てとれる．この表示を用いて $R(t)^T \dot{R}(t)$ という量を計算すると

$$R(t)^T \dot{R}(t) = \begin{pmatrix} 0 & -\bar{\omega}^3(t) & \bar{\omega}^2(t) \\ \bar{\omega}^3(t) & 0 & -\bar{\omega}^1(t) \\ -\bar{\omega}^2(t) & \bar{\omega}^1(t) & 0 \end{pmatrix} \tag{9.16}$$

となる．ただし

$$\bar{\omega}^1 := \dot{\theta}\sin\psi - \dot{\phi}\cos\psi\sin\theta, \tag{9.17}$$

$$\bar{\omega}^2 := \dot{\theta}\cos\psi + \dot{\phi}\sin\psi\sin\theta, \tag{9.18}$$

$$\bar{\omega}^3 := \dot{\psi} + \dot{\phi}\cos\theta \tag{9.19}$$

と定義した[3]．剛体に固定された基底に対する成分を $\bar{\omega}^\alpha(t)$ とするベクトル

---

[2] 定義が x, y, z に関して非対称だが，これで正しい定義の 1 つである．オイラー角にはいくつかの流儀があり，ここでは z, y, z 軸周りの回転を使った定義（[20, 28, 29] で使われている）を採用した．極座標との対応で理解しやすいことが長所である．この定義の場合，$\psi = -\phi = \pi/2$ のとき x 軸周りの回転 $R = R_x(\theta)$，$\psi = \phi = 0$ のとき y 軸周りの回転 $R = R_y(\theta)$，$\theta = 0$ のとき z 軸周りの回転 $R = R_z(\phi + \psi)$ に対応する．[1, 3, 12, 27] では z, x, z 軸周りの回転を使ったものが採用されている．

[3] このような計算を手で行うのは大変だが，例えば Mathematica というソフトウェアを使うと解析的に実行することができ，結果を LaTeX 形式で出力させることもできる．本書に含まれている図の多くも Mathematica でプロットした．

$$\boldsymbol{\omega} = \sum_{\alpha=1}^{3} \bar{\omega}^\alpha \bar{\boldsymbol{e}}^\alpha = (\bar{\boldsymbol{e}}^1, \bar{\boldsymbol{e}}^2, \bar{\boldsymbol{e}}^3) \begin{pmatrix} \bar{\omega}^1 \\ \bar{\omega}^2 \\ \bar{\omega}^3 \end{pmatrix} = R \begin{pmatrix} \bar{\omega}^1 \\ \bar{\omega}^2 \\ \bar{\omega}^3 \end{pmatrix} \tag{9.20}$$

を剛体の $\boldsymbol{r}_P$ 周りの角速度ベクトル $\boldsymbol{\omega}(t)$ と定義する．いま

$$\boldsymbol{X}(t) = \sum_{\alpha=1}^{3} \bar{X}^\alpha(t) \bar{\boldsymbol{e}}^\alpha(t) = R(t) \begin{pmatrix} \bar{X}^1(t) \\ \bar{X}^2(t) \\ \bar{X}^3(t) \end{pmatrix} \tag{9.21}$$

という量の時間微分を考えよう．

$$\begin{aligned} \dot{\boldsymbol{X}} &= R \begin{pmatrix} \dot{\bar{X}}^1 \\ \dot{\bar{X}}^2 \\ \dot{\bar{X}}^3 \end{pmatrix} + \dot{R} \begin{pmatrix} \bar{X}^1 \\ \bar{X}^2 \\ \bar{X}^3 \end{pmatrix} = R \begin{pmatrix} \dot{\bar{X}}^1 \\ \dot{\bar{X}}^2 \\ \dot{\bar{X}}^3 \end{pmatrix} + R \underbrace{R^T \dot{R}}_{\text{式 (9.16)}} \begin{pmatrix} \bar{X}^1 \\ \bar{X}^2 \\ \bar{X}^3 \end{pmatrix} \\ &= R \begin{pmatrix} \dot{\bar{X}}^1 \\ \dot{\bar{X}}^2 \\ \dot{\bar{X}}^3 \end{pmatrix} + R \begin{pmatrix} \bar{\omega}^2 \bar{X}^3 - \bar{\omega}^3 \bar{X}^2 \\ \bar{\omega}^3 \bar{X}^1 - \bar{\omega}^1 \bar{X}^3 \\ \bar{\omega}^1 \bar{X}^2 - \bar{\omega}^2 \bar{X}^1 \end{pmatrix}. \end{aligned} \tag{9.22}$$

一方，式 (9.20), (9.21) を用いると

$$\begin{aligned} \boldsymbol{\omega} \times \boldsymbol{X} &= \sum_{\alpha,\beta=1}^{3} \bar{\omega}^\alpha \bar{X}^\beta \underbrace{\bar{\boldsymbol{e}}^\alpha \times \bar{\boldsymbol{e}}^\beta}_{=\sum_{\gamma=1}^{3} \varepsilon^{\alpha\beta\gamma} \bar{\boldsymbol{e}}^\gamma} = \sum_{\gamma=1}^{3} \Bigl(\sum_{\alpha,\beta=1}^{3} \varepsilon^{\alpha\beta\gamma} \bar{\omega}^\alpha \bar{X}^\beta \Bigr) \bar{\boldsymbol{e}}^\gamma \\ &= (\bar{\boldsymbol{e}}^1, \bar{\boldsymbol{e}}^2, \bar{\boldsymbol{e}}^3) \begin{pmatrix} \bar{\omega}^2 \bar{X}^3 - \bar{\omega}^3 \bar{X}^2 \\ \bar{\omega}^3 \bar{X}^1 - \bar{\omega}^1 \bar{X}^3 \\ \bar{\omega}^1 \bar{X}^2 - \bar{\omega}^2 \bar{X}^1 \end{pmatrix} = R \begin{pmatrix} \bar{\omega}^2 \bar{X}^3 - \bar{\omega}^3 \bar{X}^2 \\ \bar{\omega}^3 \bar{X}^1 - \bar{\omega}^1 \bar{X}^3 \\ \bar{\omega}^1 \bar{X}^2 - \bar{\omega}^2 \bar{X}^1 \end{pmatrix} \end{aligned} \tag{9.23}$$

である．外積の計算には式 (9.2) を用いた．式 (9.22) と式 (9.23) を比べて

時間微分の公式

式 (9.21) の $\boldsymbol{X}(t)$ の時間微分は式 (9.20) の $\boldsymbol{\omega}$ を用いて以下のように表される．

$$\dot{\boldsymbol{X}}(t) = R(t)\begin{pmatrix}\dot{\bar{X}}^1(t)\\ \dot{\bar{X}}^2(t)\\ \dot{\bar{X}}^3(t)\end{pmatrix} + \boldsymbol{\omega}(t)\times\boldsymbol{X}(t)$$
$$= R(t)\left[\begin{pmatrix}\dot{\bar{X}}^1(t)\\ \dot{\bar{X}}^2(t)\\ \dot{\bar{X}}^3(t)\end{pmatrix} + \begin{pmatrix}\bar{\omega}^1(t)\\ \bar{\omega}^2(t)\\ \bar{\omega}^3(t)\end{pmatrix}\times\begin{pmatrix}\bar{X}^1(t)\\ \bar{X}^2(t)\\ \bar{X}^3(t)\end{pmatrix}\right]. \tag{9.24}$$

以前注意したように式 (2.63) の結果はこの公式の例になっている．特に $\boldsymbol{X} = \bar{\boldsymbol{r}}_i$ や $\boldsymbol{X} = \boldsymbol{r}_i$ の場合を考えると次を得る．

オイラーの速度公式

剛体の i 番目の微小要素の速度ベクトルは

$$\dot{\bar{\boldsymbol{r}}}_i(t) = \boldsymbol{\omega}(t)\times\bar{\boldsymbol{r}}_i(t), \tag{9.25}$$
$$\dot{\boldsymbol{r}}_i(t) = \dot{\boldsymbol{r}}_P(t) + \boldsymbol{\omega}(t)\times\bar{\boldsymbol{r}}_i(t). \tag{9.26}$$

9.2　剛体の物理量

オイラーの速度公式を用いて剛体に関する各種の物理量を書き換えよう．

9.2.1　運動量

運動量は簡単で

$$\boldsymbol{P} := \sum_i m_i\dot{\boldsymbol{r}}_i = \sum_i m_i(\dot{\boldsymbol{r}}_P + \boldsymbol{\omega}\times\bar{\boldsymbol{r}}_i) = \underbrace{\sum_i m_i}_{=M}\dot{\boldsymbol{r}}_P + \boldsymbol{\omega}\times\underbrace{\sum_i m_i\bar{\boldsymbol{r}}_i}_{=M\bar{\boldsymbol{r}}_G}$$
$$= M\dot{\boldsymbol{r}}_P + M\boldsymbol{\omega}\times\bar{\boldsymbol{r}}_G \tag{9.27}$$

となる．特に点 P を剛体の重心に選んだ場合には

$$\boldsymbol{P} = M\dot{\boldsymbol{r}}_G \tag{9.28}$$

つまり，剛体の運動量は質量と重心の速度の積となる．

9.2.2 運動エネルギー

次に運動エネルギーを書き換える．

$$\begin{aligned}
K &:= \sum_i \frac{1}{2} m_i \dot{\boldsymbol{r}}_i^2 = \sum_i \frac{1}{2} m_i (\dot{\boldsymbol{r}}_P + \boldsymbol{\omega} \times \bar{\boldsymbol{r}}_i)^2 \\
&= \frac{1}{2} \underbrace{\sum_i m_i}_{=M} \dot{\boldsymbol{r}}_P^2 + \frac{1}{2} \sum_i m_i \underbrace{(\boldsymbol{\omega} \times \bar{\boldsymbol{r}}_i)^2}_{=|\boldsymbol{\omega}|^2 |\bar{\boldsymbol{r}}_i|^2 - (\boldsymbol{\omega} \cdot \bar{\boldsymbol{r}}_i)^2} + \dot{\boldsymbol{r}}_P \cdot \Big(\boldsymbol{\omega} \times \underbrace{\sum_i m_i \bar{\boldsymbol{r}}_i}_{=M\bar{\boldsymbol{r}}_G}\Big) \\
&= \frac{1}{2} M \dot{\boldsymbol{r}}_P^2 + \frac{1}{2} \sum_{\alpha,\beta=1}^{3} \underbrace{\sum_i m_i (\delta^{\alpha\beta} |\bar{\boldsymbol{r}}_i|^2 - \bar{r}_i^\alpha \bar{r}_i^\beta)}_{I_P^{\alpha\beta}} \bar{\omega}^\alpha \bar{\omega}^\beta + M \dot{\boldsymbol{r}}_P \cdot (\boldsymbol{\omega} \times \bar{\boldsymbol{r}}_G) \\
&= \frac{1}{2} M \dot{\boldsymbol{r}}_P^2 + \frac{1}{2} \sum_{\alpha,\beta=1}^{3} I_P^{\alpha\beta} \bar{\omega}^\alpha \bar{\omega}^\beta + M \boldsymbol{\omega} \cdot (\bar{\boldsymbol{r}}_G \times \dot{\boldsymbol{r}}_P).
\end{aligned} \tag{9.29}$$

2 行目ではベクトル解析の公式 (0.32) を用いた．3 行目では慣性モーメントテンソルの定義式 (9.11) を用いた．特に点 P を剛体の重心に選んだ場合には次のようになる．

剛体の運動エネルギー

剛体の運動エネルギーは，重心の運動のエネルギーと重心周りの回転運動のエネルギーの和で与えられる．

$$K = \frac{1}{2} M \dot{\boldsymbol{r}}_G^2 + \frac{1}{2} \sum_{\alpha,\beta=1}^{3} I_G^{\alpha\beta} \bar{\omega}^\alpha \bar{\omega}^\beta. \tag{9.30}$$

9.2.3　角運動量

最後に角運動量について調べる．

$$\begin{aligned}\boldsymbol{L} &:= \sum_i m_i \boldsymbol{r}_i \times \dot{\boldsymbol{r}}_i = \sum_i m_i (\boldsymbol{r}_P + \bar{\boldsymbol{r}}_i) \times (\dot{\boldsymbol{r}}_P + \boldsymbol{\omega} \times \bar{\boldsymbol{r}}_i) \\ &= \underbrace{\sum_i m_i}_{=M} \boldsymbol{r}_P \times \dot{\boldsymbol{r}}_P + \underbrace{\sum_i m_i \bar{\boldsymbol{r}}_i}_{=M\bar{\boldsymbol{r}}_G} \times \dot{\boldsymbol{r}}_P + \boldsymbol{r}_P \times \Big(\boldsymbol{\omega} \times \underbrace{\sum_i m_i \bar{\boldsymbol{r}}_i}_{=M\bar{\boldsymbol{r}}_G}\Big) \\ &\quad + \sum_i m_i \underbrace{\bar{\boldsymbol{r}}_i \times (\boldsymbol{\omega} \times \bar{\boldsymbol{r}}_i)}_{=|\bar{\boldsymbol{r}}_i|^2 \boldsymbol{\omega} - (\bar{\boldsymbol{r}}_i \cdot \boldsymbol{\omega})\bar{\boldsymbol{r}}_i} \\ &= M\boldsymbol{r}_P \times \dot{\boldsymbol{r}}_P + M\bar{\boldsymbol{r}}_G \times \dot{\boldsymbol{r}}_P + \boldsymbol{r}_P \times (\boldsymbol{\omega} \times M\bar{\boldsymbol{r}}_G) + \sum_{\alpha,\beta=1}^{3} \bar{\boldsymbol{e}}^\alpha I_P^{\alpha\beta} \bar{\omega}^\beta. \end{aligned} \tag{9.31}$$

2 行目への変形では公式 (0.31) を用いた．また，最後の行への変形では

$$\begin{aligned}\sum_i m_i \big(|\bar{\boldsymbol{r}}_i|^2 \bar{\omega}^\alpha - (\bar{\boldsymbol{r}}_i \cdot \boldsymbol{\omega}) \bar{r}_i^\alpha\big) &= \sum_{\beta=1}^{3} \sum_i m_i (\delta^{\alpha\beta} |\bar{\boldsymbol{r}}_i|^2 - \bar{r}_i^\alpha \bar{r}_i^\beta) \bar{\omega}^\beta \\ &= \sum_{\beta=1}^{3} I_P^{\alpha\beta} \bar{\omega}^\beta \end{aligned} \tag{9.32}$$

とした．つまり，$\sum_{\beta=1}^{3} I_P^{\alpha\beta} \bar{\omega}^\beta$ は点 P 周りの回転運動による角運動量の剛体に固定された基底における成分を表している．特に点 P を剛体の重心に選んだ場合には

$$\boldsymbol{L} = M\boldsymbol{r}_G \times \dot{\boldsymbol{r}}_G + \sum_{\alpha,\beta=1}^{3} \bar{\boldsymbol{e}}^\alpha I_G^{\alpha\beta} \bar{\omega}^\beta \tag{9.33}$$

となり，重心運動に起因する角運動量と重心周りの回転による角運動量の和になる．

9.3 軸対称なコマの運動

例題として，先端が固定された軸対称なコマの運動を考える[4]．点 P を固定点であるコマの先端とし，P は実験室系の座標の原点 O と一致するとする[5]．慣性モーメントテンソルは対角行列で $I_P^{11} = I_P^{22} = I_1$, $I_P^{33} = I_3$ とする．また，剛体の重心の位置ベクトルは $\bar{\boldsymbol{r}}_G = \ell\,\bar{\boldsymbol{e}}^3$ で与えられるとする．これは粗い床の上でコマを回した状況（先端が床の上で動かない）に対応する．

9.3.1 コマのラグランジアンと保存量

P を固定点に選んでいるため，$\dot{\boldsymbol{r}}_P = \boldsymbol{0}$ であり，式 (9.29) の運動エネルギーは

$$\begin{aligned} K &= \frac{1}{2}M\underbrace{\dot{\boldsymbol{r}}_P^2}_{=0} + \frac{1}{2}\sum_{\alpha,\beta=1}^{3} I_P^{\alpha\beta}\bar{\omega}^\alpha\bar{\omega}^\beta + M\boldsymbol{\omega}\cdot(\bar{\boldsymbol{r}}_G \times \underbrace{\dot{\boldsymbol{r}}_P}_{=\boldsymbol{0}}) \\ &= \frac{I_1}{2}(\dot{\theta}^2 + \dot{\phi}^2\sin^2\theta) + \frac{I_3}{2}(\dot{\psi} + \dot{\phi}\cos\theta)^2 \end{aligned} \tag{9.34}$$

となる．2 行目への変形では $\boldsymbol{\omega}$ の表式 (9.17)–(9.19) を用いた．また式 (9.15) を用いると，ポテンシャルエネルギーは

$$U = Mg\bar{\boldsymbol{r}}_G\cdot\boldsymbol{e}_3 = Mg\ell\cos\theta \tag{9.35}$$

となる．したがってこの系のラグランジアンは

$$L = K - U = \frac{I_1}{2}(\dot{\theta}^2 + \dot{\phi}^2\sin^2\theta) + \frac{I_3}{2}(\dot{\psi} + \dot{\phi}\cos\theta)^2 - Mg\ell\cos\theta \tag{9.36}$$

で与えられる．ψ と ϕ は循環座標なので

$$p_\psi := \frac{\partial L}{\partial\dot{\psi}} = I_3(\dot{\psi} + \dot{\phi}\cos\theta), \tag{9.37}$$

---

[4] ここでの解析は [3] を参考にした．

[5] 図 9.2 では見やすくするために P を O から離して描いたが，以降の解析では P を O に選ぶ．

$$p_\phi := \frac{\partial L}{\partial \dot{\phi}} = I_1 \dot{\phi} \sin^2\theta + I_3(\dot{\psi} + \dot{\phi}\cos\theta)\cos\theta = I_1\dot{\phi}\sin^2\theta + p_\psi \cos\theta \tag{9.38}$$

が保存される (1.5.3 項)．p_ϕ は剛体の角運動量の z 成分 (L_P^3)，p_ψ は $\bar{e}^3$ 軸成分 $(\bar{L}_P^3)$ である．これらの式を用いると $\dot{\psi}$ と $\dot{\phi}$ を

$$\dot{\psi} = \frac{p_\psi}{I_3} - \frac{p_\phi - p_\psi\cos\theta}{I_1\sin^2\theta}\cos\theta, \quad \dot{\phi} = \frac{p_\phi - p_\psi\cos\theta}{I_1\sin^2\theta} \tag{9.39}$$

と表すことができる．したがって系のエネルギー E は

$$\begin{aligned} E = K + U &= \frac{I_1}{2}(\dot{\theta}^2 + \dot{\phi}^2\sin^2\theta) + \frac{I_3}{2}(\dot{\psi} + \dot{\phi}\cos\theta)^2 + Mg\ell\cos\theta \\ &= \frac{I_1}{2}\dot{\theta}^2 + \frac{(p_\phi - p_\psi\cos\theta)^2}{2I_1\sin^2\theta} + \frac{p_\psi^2}{2I_3} + Mg\ell\cos\theta \\ &= \frac{I_1}{2}\frac{\dot{q}^2}{1-q^2} + \frac{(p_\phi - p_\psi q)^2}{2I_1(1-q^2)} + \frac{p_\psi^2}{2I_3} + Mg\ell q \end{aligned} \tag{9.40}$$

のように，保存量 p_ψ, p_ϕ と θ だけを用いて書くことができる．最後の行では $q = \cos\theta$ と変数変換した．コマの側面の一部が床と接する角度を $0 < \theta_0 < \pi/2$ とすると，床の上を回るコマの運動では $q = \cos\theta$ は $1 \geq q > q_0 = \cos\theta_0$ の範囲に限定されるが，ここでは仮想的にコマの先端を固定したとし，以下では $1 \geq q \geq -1$ の全範囲を考える．

9.3.2　ポテンシャル中の 1 次元運動との対応

式 (9.40) を $\dot{q}$ について解くと

$$\dot{q}^2 = F(q). \tag{9.41}$$

ただし

$$\begin{aligned} F(q) &:= \Big(\underbrace{\frac{2Mg\ell}{I_1}}_{=\beta} q - \Big(\underbrace{\frac{2E}{I_1} - \frac{p_\psi^2}{I_1 I_3}}_{=\alpha}\Big)\Big)(q^2-1) - \Big(\underbrace{\frac{p_\phi}{I_1}}_{=b} - \underbrace{\frac{p_\psi}{I_1}}_{=a} q\Big)^2 \\ &= (\beta q - \alpha)(q^2-1) - (b - aq)^2 \end{aligned} \tag{9.42}$$

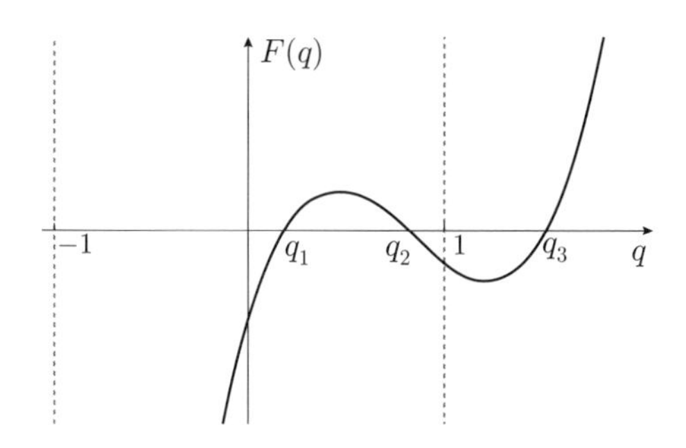

図 9.3 典型的な $F(q)$ の振る舞い

となる．式中で定義した α, β, a, b は初期条件から決まる定数である．$F(q)$ は q の 3 次関数で q^3 の係数 β は定義により正であり，典型的には図 9.3 のように振る舞う．式 (9.41) を用いると，2.7.2 項で行ったポテンシャル中の 1 次元運動とまったく同じ解析を行うことができ，原理的には $q(t)$ の具体形を求めることができる．ここでは定性的な振る舞いにのみ興味があるため，$F(q)=0$ となる点に着目しよう．$F(\pm 1)=-(b\mp a)^2\leq 0$ なので，$b\neq a$ である限りは $F(q)=0$ の解のうち少なくとも 1 個は $q>1$ にある．運動は $F(q)\geq 0$ の領域に制限され，もし $-1<q_1<q_2\leq 1$ かつ $F(q_1)=F(q_2)=0$ となる区間 $[q_1,q_2]$ があれば q はその間を周期運動する．q が決定されれば $\dot{\psi}$ と $\dot{\phi}$ は

$$\dot{\psi}=\frac{I_1}{I_3}a-\frac{b-aq}{1-q^2}q,\quad \dot{\phi}=\frac{b-aq}{1-q^2} \tag{9.43}$$

から求めることができる．

◉θ 一定の歳差運動

図 9.4(a) のように $q=\cos\theta$ 一定の歳差運動をするためには $q_1=q_2$，すなわち $q=q_1$ が $F(q)=0$ の重根である必要がある [6]．このための条件は

$$F(q_1)=(\beta q_1-\alpha)(q_1^2-1)-(b-aq_1)^2=0, \tag{9.44}$$

[6] $\dot{q}^2=F(q)$ を t で微分すると $\ddot{q}=\frac{1}{2}F'(q)$ となるから，q が一定値に留まり続けるためには $F(q)=0$ だけでなく $F'(q)=0$ も必要となる．

$$F'(q_1) = \beta(q_1^2 - 1) + (\beta q_1 - \alpha)2q_1 + 2a(b - aq_1) = 0 \tag{9.45}$$

である．式 (9.44) より $\alpha = \beta q_1 + \frac{(b-aq_1)^2}{1-q_1^2}$ を式 (9.45) に入れると歳差運動の角速度 $\dot{\phi}$ が従う方程式

$$2q_1\dot{\phi}^2 - 2a\dot{\phi} + \beta = 0 \tag{9.46}$$

を得る．これを解くと

$$\dot{\phi} = \frac{a \pm \sqrt{a^2 - 2\beta q_1}}{2q_1} \tag{9.47}$$

と求まる．ただしこれが実数解となるのは

$$a^2 \geq 2\beta q_1 \quad \Leftrightarrow \quad p_\psi^2 \geq 4Mg\ell I_1 q_1 \tag{9.48}$$

の場合のみで，これが θ 一定の歳差運動が起こるための条件になる．

◉眠りゴマ

式 (9.44), (9.45) で $q_1 = q_2 \to 1$ とすると，$a = b$ かつ $\alpha = \beta$ となる．式 (9.48) の条件は

$$a^2 \geq 2\beta \quad \Leftrightarrow \quad p_\psi^2 \geq 4Mg\ell I_1 \tag{9.49}$$

となる．図 9.1(a) のようにこれはまっすぐ立ったまま止まったように回転している状態を表す[7].

◉章動

より一般の $b \neq \pm a$ の場合には

$$F(q) = \beta(q - q_1)(q - q_2)(q - q_3), \quad -1 < q_1 < q_2 \leq 1 < q_3 \tag{9.50}$$

のようになり，$F(q) = 0$ は 3 つの異なる解をもち，$q = \cos\theta$ は $q = q_1$ と

[7] $q_1 < q_2 = q_3 = 1$ となる重解は不安定であり実現されない．

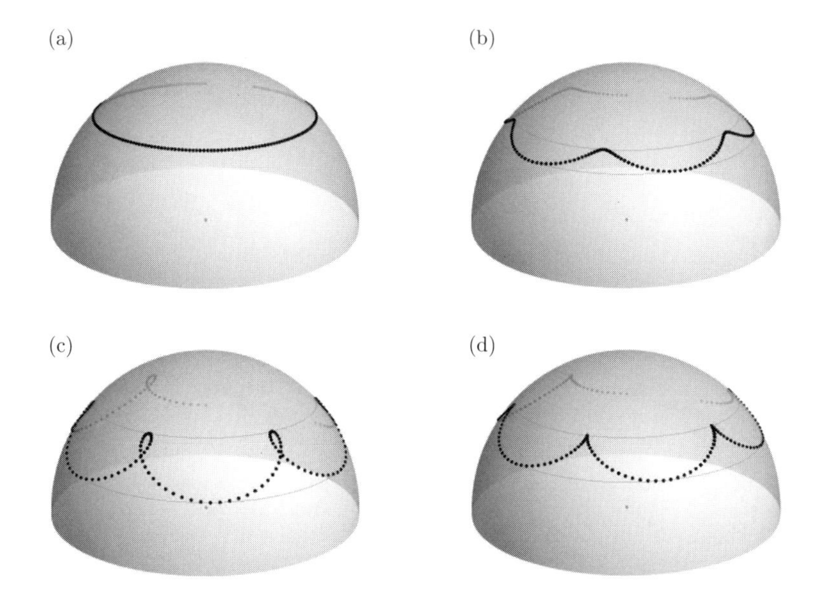

図 9.4　(a) θ 一定の歳差運動，(b) $b-aq_2 \neq 0$ と $b-aq_1$ が同符号の場合，(c) $b-aq_2 \neq 0$ と $b-aq_1$ が異符号の場合，(d) $b-aq_2=0$ の場合．いずれの場合も $\beta=1$, $q_2=1/\sqrt{2}$, $a=\sqrt{3(1+\sqrt{2})/2}=1.90298\cdots$ と設定し，さらに (b) では $b=1.05\times aq_2$，(c) では $b=0.95\times aq_2$ (d) では $b=aq_2$ とした．この a は (d) の場合に $q_1=1/2$ となるように選んだ．

$q=q_2$ の間を振動する．この θ の振動を章動と呼ぶ．$b-aq_2$ が 0 でなく $b-aq_1$ と同符号の場合には，図 9.4(b) のように ϕ は単調に変化する．$b-aq_2$ と $b-aq_1$ が異符号の場合には，図 9.4(c) のように ϕ の変化は非単調になる．$b-aq_2=0$ のときは図 9.4(d) のようにカスプが生じる．

9.4　オイラーの方程式

より一般に，剛体の点 P 周りの回転運動について考えよう．内力が強い意味での作用・反作用の法則に従うとすれば，点 P 周りの力のモーメントを

$$\boldsymbol{N}_P(t) = R(t)\begin{pmatrix} \bar{N}_P^1(t) \\ \bar{N}_P^2(t) \\ \bar{N}_P^3(t) \end{pmatrix} \tag{9.51}$$

として，角運動量の時間変化は

$$\dot{\boldsymbol{L}}_P(t) = \boldsymbol{N}_P(t) = \sum_i \bar{\boldsymbol{r}}_i(t) \times \boldsymbol{f}_i(t) \tag{9.52}$$

で与えられる．

いま慣性モーメントが対角となるように主軸を選んで $\bar{L}_P^\alpha = I_\alpha \bar{\omega}^\alpha$ とする．すると式 (9.24) で $\boldsymbol{X} = \boldsymbol{L}_P$ とすることにより次を得る．

オイラーの方程式

角速度ベクトルの成分 $\bar{\omega}^\alpha(t)$ が従う微分方程式は

$$\begin{pmatrix} I_1\dot{\bar{\omega}}^1(t) \\ I_2\dot{\bar{\omega}}^2(t) \\ I_3\dot{\bar{\omega}}^3(t) \end{pmatrix} - \begin{pmatrix} (I_2 - I_3)\bar{\omega}^2(t)\bar{\omega}^3(t) \\ (I_3 - I_1)\bar{\omega}^3(t)\bar{\omega}^1(t) \\ (I_1 - I_2)\bar{\omega}^1(t)\bar{\omega}^2(t) \end{pmatrix} = \begin{pmatrix} \bar{N}_P^1(t) \\ \bar{N}_P^2(t) \\ \bar{N}_P^3(t) \end{pmatrix}. \tag{9.53}$$

左辺第 2 項は等方的な場合 $(I_1 = I_2 = I_3)$ の場合には 0 になる．

9.5　章末演習問題

問題 1　重心周りの慣性モーメント

球と円柱の重心周りの慣性モーメント $I_G^{\alpha\beta}$ を求めよう．密度は $\rho(\boldsymbol{r}) = \rho_0$ で一定とする．式 (9.11) を用いて

(1) 半径 R の球体の質量 M と慣性モーメント $I_G^{\alpha\beta}$ を求めよ．

(2) 半径 R，高さ L の円柱の質量 M と慣性モーメント $I_G^{\alpha\beta}$ を求めよ．

第 10 章
自発的対称性の破れ

「自発的対称性の破れ」というフレーズをどこかで耳にしたことがあるのではないだろうか．この現象は結晶や磁石などの身の回りのいたるところで起こっているにもかかわらず，解析力学の教科書ではあまり触れられない．本章では，前章までに強調してきた対称性が実は勝手に破れることがあるということを，古典力学の題材を用いて分かりやすく説明する．連続対称性が自発的に破れた場合に登場する「南部・ゴールドストーン粒子」についても詳しく議論する．

10.1　対称性の自発的破れとは

10.1.1　例：2 つの底をもつポテンシャル

もっとも簡単な例から始めよう．図 10.1(a), (b) に示すような，$x = \pm x_0$ という 2 つの最小点をもつポテンシャルを考える．空間反転対称性 $x \to x' = -x$（4.2.2 項）を仮定し $U(-x) = U(x)$ とする．例えば $U(-x) = ax^4 + bx^2$ とし，$a > 0, b < 0$ とすればよい．

このポテンシャル中を運動する質点を考えたとき，もっともエネルギーが低いのはどのような場合だろうか．まず運動エネルギー $m\dot{x}(t)^2/2$ を最小にするために，質点は静止している必要がある．また，ポテンシャルエネルギー $U(x)$

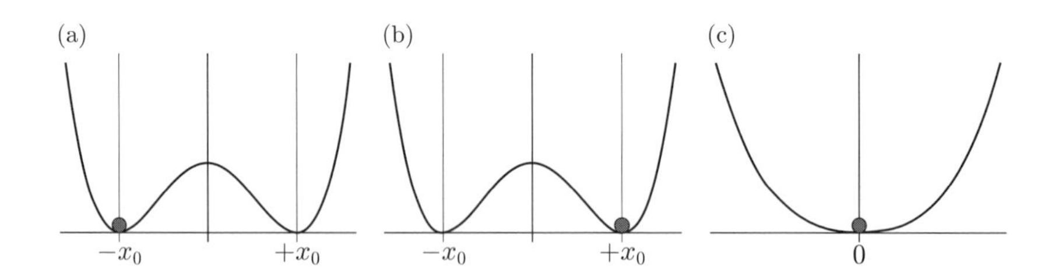

図 10.1　反転対称性をもつポテンシャル．2 つの最小点をもつ場合 (a, b) と 1 つだけの場合 (c) の比較．

を最小にするために，質点は $\pm x_0$ のどちらかに一方に位置する必要がある [1]．

いま仮に右側のポテンシャルの底 $x = +x_0$ にあったとしよう（図 10.1(b)）．ここに空間反転操作を行うと，左側のポテンシャルの底 $x = -x_0$ にいる状況（図 10.1(a)）へと移ってしまう．つまり，ラグランジアンが空間反転対称性をもっていたとしても，エネルギーを最小にする配位はその変換に対して不変とならないことがある．このことを，**空間反転対称性が自発的に破れた**，と表現する．

比較のため，図 10.1(c) のように最小点を 1 つしかもたないようなポテンシャル（例えば上記の $U(x)$ で $b > 0$ とした場合）を考えよう．この場合は，エネルギーを最小にする配位 $x = 0$ は空間反転操作の前後で不変に保たれるので，空間反転対称性は破れない．

10.1.2　例：バネに繋がれた 2 つの質点

2 つの質点がバネに繋がれているとしよう．バネ定数を k，バネの自然長を ℓ とするとポテンシャルエネルギーは $U(x) = k(x_2 - x_1 - \ell)^2/2$ で与えられ

---

[1] この「どちらか一方」というところがポイントである．量子力学では $\pm x_0$ 近傍にいる状態の重ね合わせ状態が最低エネルギー状態になるため，対称性の破れは起こらない．量子論の世界では（一部の特殊な例外を除いて）熱力学的に多くの自由度が含まれるときのみ自発的対称性の破れが起こる．自由度が多くなったときに質的に異なる振る舞いを見せることを表現した P. W. Anderson（1977 年ノーベル物理学賞受賞）の “More is different” という言葉（出典は [30]）は有名である．

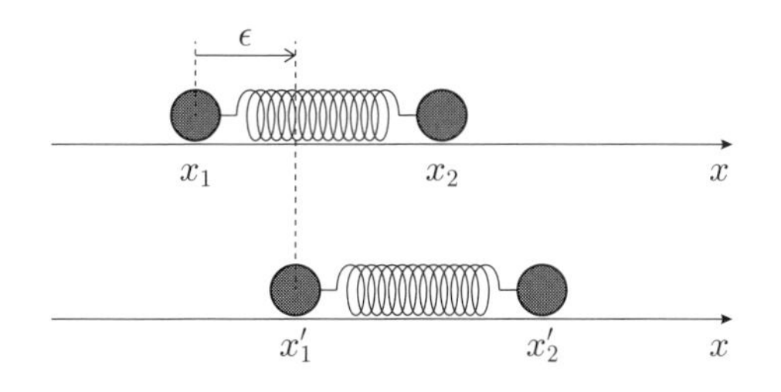

図 10.2　バネに繋がれた 2 つの質点

る．この系は空間並進対称性 $x \to x' = x + \epsilon$（4.2.3 項）をもつ．この系のエネルギーを最小にするには，2 つの質点の位置を ℓ だけずらしてどこかに固定し，$x_1 = x_0, x_2 = x_0 + \ell$ とすればよい[2]．しかし，この配位は空間並進の操作によって $x'_1 = x_0 + \epsilon, x'_2 = x_0 + \ell + \epsilon$ へと移るため，空間並進対称性は自発的に破れている．

10.1.3　例：身の回りの例

対称性の自発的破れを，「物理法則のもつ対称性の変換に対して，実現されている状態が不変に保たれないこと」のように少し拡大解釈すると

- 左右はどちらも等価なはず（鏡映対称性）[3] なのに，心臓は左についている人が多く，右利きの人が多い（鏡映対称性の破れ）
- 空間のどの点もどの方向も特別ではないはず（空間並進・回転対称性）なのに，銀河があり，太陽，地球がある（空間並進・回転対称性の破れ）

などもその例ということになる．そもそも初期の宇宙ではあらゆるものがバラバラに飛び交っていたはずで，それが冷える過程で独りでに構造が生まれて我々

[2] 量子力学では，2 つの質点の重心位置は存在確率が空間全体に一様に分布する重ね合わせ状態となり，やはり対称性の破れは起こらない．

[3] 素粒子物理学の弱い相互作用の理論ではそもそも空間反転は対称性ではないが，ミクロに見たときの破れは無視して考える．

の世界があるという意味では，身の回りのあらゆるものは対称性の破れに起因している．4.5.4 項で述べた時間の矢の問題も時間反転対称性の自発的破れの一種と解釈できる．

10.1.4　一般的な定義

前項で説明したことを一般的な形で言い直してみよう．ラグランジアンが対称性をもつことの定義は 4.2.1 項や 4.5 節で述べた．ラグランジアンのもつ対称性を集めてできる群を G とする．

いま，系は時間並進対称性をもちエネルギー E が保存されると仮定しよう．エネルギーを最小にするような $q_1, \cdots, q_N$ の配位を考え，その 1 つを $q_1^{(0)}, \cdots, q_N^{(0)}$ と書く．G の元 g が $q_i^{(0)}$ $(i = 1, 2, \cdots, N)$ の対称性であるとは，g に対応する点変換が

$$q_i^{(0)} = Q_i(q^{(0)}, t) \quad ({}^{\forall}i = 1, 2, \cdots, N) \tag{10.1}$$

を満たすこと，つまり，この変換の前後で $q_1^{(0)}, \cdots, q_N^{(0)}$ が不変に保たれること，と定義する．エネルギーを最小にする配位はもっとも安定な状態なので，これは極低温において実現される状態と考えることができる．このように安定な状態を不変に保つ操作の集合を考える．いま $g \in G$ と $g' \in G$ が $q_i^{(0)}$ の対称性であるとき，積 gg' や逆元 g^{-1} も $q_i^{(0)}$ の対称性であるので，$q_i^{(0)}$ の対称性も群をなす．それを H と書くと，H は G の部分群（4.1 節）となる．H は G 自身であることもあり，このときは対称性の破れは起こらない．逆に，G の元 g で H に含まれないものがあるとき，その対称性は**自発的に破れた**という．

10.2　南部・ゴールドストーンボソン

これだけだと，単によくある現象に名前を付けただけにも思われるが，こんなことをして何が嬉しいのだろうか．実は連続的対称性が自発的に破れると面白いことが起こる．自発的に破れた連続対称性 1 つごと [4] に，**南部・ゴールド**

---

[4] 連続対称性の数は，含まれる実数パラメータの数で与えられるとする．

ストーンボソンという質量 0 のボース粒子が 1 種類現れるのである．これは南部・ゴールドストーン定理として知られており，現代物理学の諸分野の礎になっている．南部陽一郎氏は，素粒子物理学における対称性の自発的破れの機構の発見[5]の業績により 2008 年にノーベル物理学賞を受賞したが，この南部・ゴールドストーンボソンの理論が主な業績の 1 つである．

「質量 0 のボース粒子」というと素粒子物理学や場の量子論の言葉遣いだが，古典力学の言葉では「エネルギーが 0 の基準振動」と言い換えることができる．粒子ではなく**基準振動 (normal mode)** になるので，以降では**南部・ゴールドストーンモード**と呼ぶ．

10.2.1　例：ワインボトル型ポテンシャル

もっとも簡単な例を議論するために，再びポテンシャル中を運動する質点を考える．今度は連続対称性を議論したいので，2 次元の問題を考え，z 軸周りに連続的回転対称性があるとしよう．いま仮に，ポテンシャル $U(x, y)$ の底の部分がワインボトルのように盛り上がっているとする（図 10.3(a)）．例えば $U(x, y) = a(x^2 + y^2)^2 + b(x^2 + y^2)$ とし，$a > 0$, $b < 0$ とする．

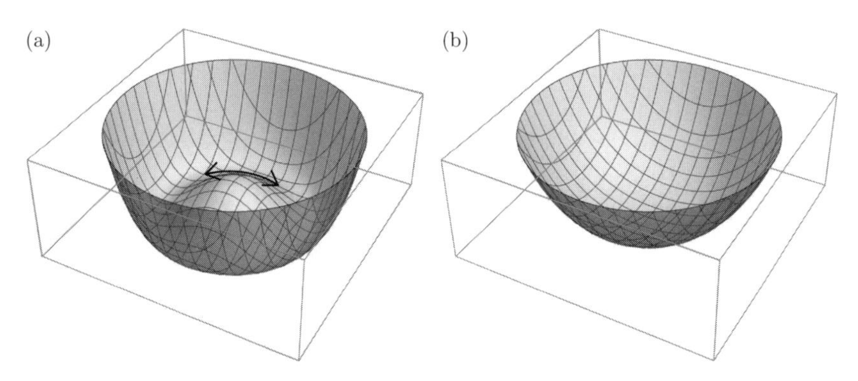

図 10.3　(a) ワインボトル型のポテンシャルと (b) 放物線型のポテンシャル

[5] 原文は “for the discovery of the mechanism of spontaneous broken symmetry in subatomic physics”.

この場合，もっともエネルギーが低い配位は，ポテンシャルの最下点である円周のどこかに質点が静止している場合である．この配位は z 軸周りの連続的回転対称性を破る．このとき，ポテンシャルの最下点の円周を回る方向の運動（図 10.3(a) の矢印）にはポテンシャルエネルギーはかからない．この低エネルギーの運動が南部・ゴールドストーンモードである．一方，ポテンシャルが図 10.3(b) のような放物線型の場合には，最下点からどの方向に運動してもポテンシャルエネルギーが必要になる．

1 つの質点の例では何が不思議なのか伝わりにくいかもしれないが，同様の現象が，自由度が多く集まり互いに相互作用する「多体系」でも起こることが重要である．その場合，「エネルギーが 0 の励起モード」というのは，「**分散関係** $\omega(\boldsymbol{k})$ が $|\boldsymbol{k}| \to 0$ の極限で 0 になるような微小振動モード」のことなのだが，一般的に議論することは難しいので例を見てみよう．

10.2.2　例：連成振動子

ポテンシャルが式 (2.18) のように座標の差の関数の形で与えられる場合，系は空間並進対称性をもつのだった．一方，**結晶**中では，分子の平衡位置が定まっており，分子がある位置と無い位置の明確な差が生じているために，連続的な空間並進対称性は自発的に破れている．残っている対称性は，結晶の格子定数分ずらす離散的な並進対称性だけである．この連続的並進対称性の破れに伴う南部・ゴールドストーンモードは結晶の**格子振動 (phonon)** であることが知られている．このことを簡単な模型を通して見てみよう．

M 個の質点が順に並んでいるとする．i 番目の質点は $i-1$ 番目と $i+1$ 番目の質点とバネで結ばれているとする．**周期境界条件**を仮定し，M 番目の質点は $M-1$ 番目と 1 番目の質点とバネで結ばれているとする（図 10.4）．実は直

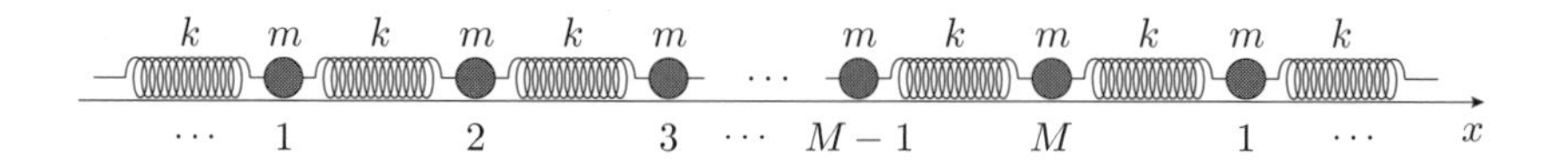

図 10.4　連成振動子

線上ではなく円周上に並んでいると考えればイメージしやすいかもしれない．

座標の原点をうまく取り直し，$x_i(t) = 0$ のときすべてのバネが自然長であるとする．簡単のため，質点の質量はすべて m に等しく，バネ定数もすべて $k = m\omega_0^2$ であるとする．この系のラグランジアンは

$$L(x, \dot{x}) = \sum_{i=1}^{M} \frac{1}{2} m \dot{x}_i(t)^2 - \sum_{i=1}^{M} \frac{1}{2} m\omega_0^2 \big(x_{i+1}(t) - x_i(t)\big)^2 \tag{10.2}$$

で与えられる．ただし $x_{M+1}(t) = x_1(t)$ とした．i 番目の質点の運動方程式は

$$\ddot{x}_i(t) = -\omega_0^2(2x_i(t) - x_{i-1}(t) - x_{i+1}(t)) \tag{10.3}$$

である．ここで $x_i(t) = \tilde{x}_k(t)\cos(ki + \phi)$ という解の形を仮定する．ただし k は**波数**で，周期境界条件と整合するように $2\pi j/M$ $(j = 1, 2, \cdots, M)$ の値をとる．加法定理を用いて $\cos(k(i \pm 1) + \phi) = \cos(ki + \phi)\cos k \mp \sin(ki + \phi)\sin k$ とすると

$$2x_i(t) - x_{i-1}(t) - x_{i+1}(t) = 2(1 - \cos k)x_i(t) \tag{10.4}$$

なので，運動方程式 (10.3) は

$$\ddot{\tilde{x}}_k(t) = -\omega(k)^2 \tilde{x}_k(t), \tag{10.5}$$

$$\omega(k) = \omega_0\sqrt{2(1 - \cos k)} = 2\omega_0 |\sin(k/2)| \tag{10.6}$$

と簡略化され，$\tilde{x}_k(t)$ は角振動数 $\omega(k)$ の単振動をする．この $\omega(k)$ は**分散関係**と呼ばれる．$\tilde{x}_k(t) = A_k \cos(\omega(k)t + \phi_k)$ という解に対してエネルギーを計算してみると

$$E = \frac{1}{4} M m \omega(k)^2 A_k^2 \tag{10.7}$$

となり，同じ振幅の振動を作るなら $\omega(k)$ が小さいほど小さなエネルギーで済むことが分かる．$|k|$ が小さいとき $\omega(k) \propto |k|$ という線形分散のモード（図 10.5(a)）であり，特に $k = 0$ において $\omega(k) = 0$ である．これが並進対称性の自発的破れに伴う南部・ゴールドストーンモードである．

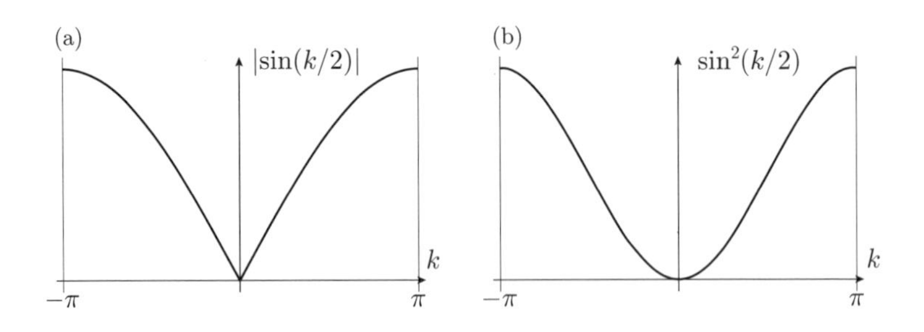

図 10.5　線形分散と二乗分散

簡単のために 1 次元の場合を扱ったが，3 次元の結晶では 3 方向への並進対称性の破れに起因して，$\lim_{|\boldsymbol{k}|\to 0}\omega(\boldsymbol{k})=0$ となる格子振動モードが 3 個ある．構成元素や構造などの詳細に依らず，結晶の低温領域の比熱 $C(T)$ は T^3 に比例するというデバイの T^3 則が知られているが，これは比熱への南部・ゴールドストーンモードの寄与を統計力学で扱うことによって示される．

10.2.3　例：強磁性スピン波

4.2.6 項で調べたように，外部磁場がかかっていない場合，スピンのラグランジアン (2.74), (2.75) はスピン空間の回転対称性をもつ．一方，**磁石**の内部ではスピンの向きが揃っており，N 極と S 極という方向が生じているためにスピン空間の回転対称性は自発的に破れている．この場合の南部・ゴールドストーンモードである**スピン波**について，簡単な模型を使って調べよう．

M 個のスピンが順に並んでおり，i 番目のスピンは $i-1$ 番目と $i+1$ 番目のスピンと相互作用しているとする．今回も周期境界条件を仮定し，M 番目のスピンは $M-1$ 番目と 1 番目のスピンと相互作用する．簡単のため，スピンの大きさはすべて s に等しいとする．

このスピン系のラグランジアンが

$$L(\theta,\phi,\dot{\theta},\dot{\phi}) = -\sum_{i=1}^{M} s\dot{\phi}_i(1-\cos\theta_i) + J\sum_{i=1}^{M}\boldsymbol{s}_{i+1}\cdot\boldsymbol{s}_i \tag{10.8}$$

で与えられるとしよう．相互作用定数 J が $J>0$ であるとすると，すべてのス

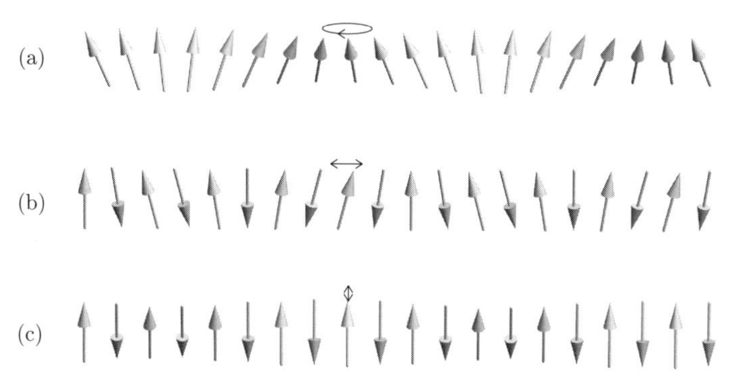

図 10.6　強磁性スピン波 (a) と反強磁性スピン波 (b, c)

ピンがある特定の方向を向いたとき一番エネルギーが低くなるので，仮にその向きを z 軸方向とする．すると x,y 軸周りのスピン回転対称性が自発的に破れるが，z 軸周りのスピン回転対称性は破れずに残る．

i 番目のスピンの運動方程式は，式 (2.79) より

$$\dot{\boldsymbol{s}}_i(t) = J\boldsymbol{s}_i(t) \times \big(\boldsymbol{s}_{i-1}(t) + \boldsymbol{s}_{i+1}(t)\big) \tag{10.9}$$

となる．ただし $\boldsymbol{s}_{M+1}(t) = \boldsymbol{s}_1(t)$ とした．いま各スピンの z 成分がどれも s^z という共通の定数をとると仮定し

$$\boldsymbol{s}_i(t) = \begin{pmatrix} s_i^x(t) \\ s_i^y(t) \\ s^z \end{pmatrix} \tag{10.10}$$

という表式を運動方程式に代入すると

$$\dot{s}_i^x(t) = s^z J(2s_i^y(t) - s_{i-1}^y(t) - s_{i+1}^y(t)), \tag{10.11}$$

$$\dot{s}_i^y(t) = -s^z J(2s_i^x(t) - s_{i-1}^x(t) - s_{i+1}^x(t)) \tag{10.12}$$

を得る．これは残る $s_i^x(t)$, $s_i^y(t)$ の自由度に関する線型の運動方程式である．$s_i^x(t) = \tilde{s}_k^x(t)\cos(ki + \phi_k)$, $s_i^y(t) = \tilde{s}_k^y(t)\cos(ki + \phi_k)$ という解の形を仮定してみると

$$\dot{\tilde{s}}_k^x(t) = \omega(k)\tilde{s}_k^y(t), \tag{10.13}$$

$$\dot{\tilde{s}}_k^y(t) = -\omega(k)\tilde{s}_k^x(t), \tag{10.14}$$

$$\omega(k) = 2s^z J(1-\cos k) = 4s^z J \sin^2(k/2) \tag{10.15}$$

となる．この微分方程式の解は

$$\tilde{s}_k^x(t) = c_k \sin\bigl(\omega(k)t + \phi_k'\bigr), \tag{10.16}$$

$$\tilde{s}_k^y(t) = c_k \cos\bigl(\omega(k)t + \phi_k'\bigr) = c_k \sin\bigl(\omega(k)t + \phi_k' + \tfrac{\pi}{2}\bigr) \tag{10.17}$$

で与えられる．x 成分と y 成分の位相は $\pi/2$ ずれているため，これは歳差運動で，x,y 軸方向の運動は独立ではない（図 10.6(a)）．今度は $|k|$ が小さいとき $\omega(k) \propto |k|^2$ という二乗分散のモード（図 10.5(b)）になっている．これが x,y 軸回りのスピン回転対称性の破れに伴う南部・ゴールドストーンモードである．

以上の解析はスピンの $|\boldsymbol{s}_i(t)| = s$ という規格化を正しく取り入れていないため，振動の振幅が小さい場合のみ正当化される．そこで $s^z \to s$ とすると，$\tilde{s}_k^x(t) = A_k \cos(\omega(k)t + \phi_k)$ とした場合のエネルギーは

$$E = -Ms^2 J + \frac{M}{4s} A_k^2 \omega(k) + O(A_k^4) \tag{10.18}$$

と求まる．第1項はスピンがすべて同じ向きに揃っている状態のエネルギーを表しているので，第2項が励起に必要なエネルギーということになる．

10.2.4　例：反強磁性スピン波

前項では $J > 0$ と仮定したが，今度は $J < 0$ としてみよう．単に符号を変えただけで大した違いはないだろうと思われるかもしれないが，この場合隣り合うスピンは互いに逆向きになった方がエネルギーが低くなり，図 10.6(b,c) に示したようにスピンが並ぶことになる．周期境界条件と整合するように M は偶数とする．x,y 軸周りのスピン回転対称性は自発的に破れるが，z 軸周りのスピン回転対称性は破れずに残る点は前項同様である．

詳細は章末演習問題にまわしたが，前項と同じアイディアで計算すると，反強磁性体の場合は

$$\omega(k) = 2s^z|J||\sin k| \tag{10.19}$$

という線形分散のモードになる．ここで k は $2\pi j'/M$ $(j' = 1, 2, \cdots, M/2)$ の値をとる．さらに強磁性体の場合と異なり x, y 軸方向の振動が独立なため，モードの数は 2 つである．これが反強磁性体の場合の x,y 軸周りのスピン回転対称性の自発的破れに伴う南部・ゴールドストーンモードである．

10.2.5　南部・ゴールドストーンモードの数と分散関係の一般則

これまで見てきた例を表 10.1 にまとめた．特に強磁性体と反強磁性体は同じ連続的対称性の破れのパターンを示すのにもかかわらず南部・ゴールドストーンモードの個数や分散関係はまったく異なっていた．こうなると，モードの数や分散関係を予言する一般的な法則はないのだろうか？と気になる．本章で扱った例題は簡単に解くことができるものばかりだったが，より一般の系が複雑な相互作用をしていて厳密に解くことが困難な場合に，対称性の破れのパターンだけから低エネルギー励起が予言できれば強力な足がかりとなるだろう．

元々ラグランジアンがもっていた連続対称性 G がその部分群 H へと自発的に破れたとする．G に含まれる実数パラメータの数 N_G と H に含まれる実数パラメータの数 N_H との差を

$$\Delta N := N_G - N_H \tag{10.20}$$

とする [6]．このとき南部・ゴールドストーンモードの個数は一般に

表 10.1　連続対称性の自発的破れと南部・ゴールドストーンモードの例．d は空間次元，ΔN は対称性の破れによって減少した実数パラメータの個数を表す．

例	元の対称性 G	残る対称性 H	ΔN	モードの数	rankρ
結晶	連続空間並進 $\mathbb{R}^d$	離散空間並進 $\mathbb{Z}^d$	d	線形分散 d 個	0
強磁性	スピン回転 SO(3)	スピン回転 SO(2)	2	二乗分散 1 個	2
反強磁性	スピン回転 SO(3)	スピン回転 SO(2)	2	線形分散 2 個	0

[6] これは商空間と呼ばれる多様体 G/H の次元 $\dim(G/H)$ である．

$$\Delta N - \frac{1}{2}\mathrm{rank}\rho \tag{10.21}$$

で与えられる[7]．行列 ρ の ab 成分は，破れた対称性に対応するネーター保存量 $\mathcal{Q}_a$ のポアソン括弧 $\{\mathcal{Q}_a, \mathcal{Q}_b\}$（6.3節）を用いて

$$\rho_{ab} := \frac{1}{V}\{\mathcal{Q}_a, \mathcal{Q}_b\} \tag{10.22}$$

と定義される．rank は行列の階数で，V は系の体積を表す．ポアソン括弧にはいま着目しているエネルギーを最小にする配位での値を用いる．ローレンツ対称性をもつ理論では破れた保存量1つあたり1つの南部・ゴールドストーンモードが現れることが知られているが，ローレンツ不変な系では常に $\rho = 0$ となる[8]ため，上の公式でも確かに南部・ゴールドストーンモードの個数は ΔN になる．しかし上述のスピン系や結晶の例はローレンツ対称性をもたないため，ρ が有限になり，南部・ゴールドストーンモードの個数が減少することがある．通常，この減少分と同じだけのモードが二乗分散，残りのモードは線形分散になる．

10.3　より発展的な話題

10.3.1　対称性の破れに基づく相の分類

中学の理科の授業などで物質の三態について学んだ際，固体相，液体相，気体相は互いに異なる相として教わったのではないだろうか．実際，図10.7の相図において圧力一定で温度を上げていくと，破線のように一次相転移線を2回横切り，その度に一次相転移を経る（白丸）．しかし，液体相と気体相を隔てる一次相転移線は臨界点で途切れているため，実は温度と圧力をうまくコント

[7] この式の量子論版は [31] で予想・提案し，[32] で証明を与えた．[33] という別の証明もある．自分の証明のアイディアは，自発的に対称性を破る相の「低エネルギー有効場の理論」のラグランジアン密度を対称性に基づいて決定し，それを解析することによりモードの数や分散関係を決める，というまさに本書でこれまで議論してきたことそのものであった．[34] に日本語の解説がある．場の理論やラグランジアン密度については第11章を参照のこと．

[8] ρ はローレンツテンソルの00成分なので，ρ が値をもつとローレンツ対称性を破る．

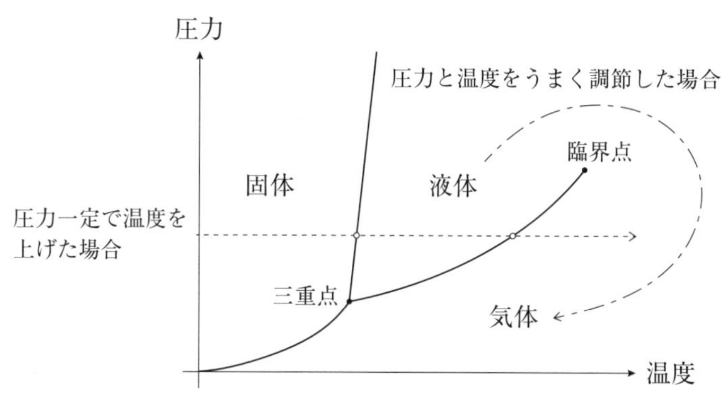

図 10.7　物質の三態の相図の概略図

ロールすることによって液体相と気体相は相転移を経ずに滑らかに行き来できる（図 10.7 の一点鎖線）．このため，液体相と気体相は実は本質的に同じ相であるということができる．

一方，固体相では分子の位置が固定されているために空間並進対称性が自発的に破れており，分子が乱雑に動き回っている液体相や気体相と明確に区別することが可能である．実際，固体相と液体相を隔てる一次相転移線はずっと続いており，相転移なしに行き来することはできない．

この「対称性の破れのパターンによって物質の相を分類する」という考え方は**ランダウパラダイム**として知られてきた．しかし近年では，1980,90 年代の整数および分数量子ホール効果の発見や 2005〜2010 年のトポロジカル絶縁体の発見を契機として，対称性の破れのパターンが同じ相の中をトポロジーの観点からさらに詳細に分類する研究が急速に進んでいる [9]．

10.3.2　時間結晶

ウィルチェック（2004 年ノーベル物理学賞）は，2012 年に，空間ではなく時間の並進対称性を破る**時間結晶（time crystal）**の可能性を理論的に提案し

[9] 詳細は拙著 [35]『量子多体系の対称性とトポロジー —統一的な理解を目指して—(SGC ライブラリ 179)』，サイエンス社，2022 を参照していただければ幸甚である．

た[10]．10.1.4 項で対称性の破れを定義した際にはエネルギーを最小にする状態を考えたが，これには連続的な時間並進対称性の仮定が必要であった．この時間並進対称性自体を自発的に破る非自明な最低エネルギー状態もしくは平衡状態が存在するのではないか，という提案である．

我々の知覚としては空間と時間はまったくの別物だが，第 5 章で特殊相対性理論を議論した際に，時空にはローレンツ対称性があり，時間と空間はローレンツ変換で互いに移り変わるということを見た．そのため，空間方向に可能なことは時間方向にも可能であるように思われる．

この提案は物議を醸したが，実はウィルチェックが考えたような時間結晶は存在しないことが判明した[11]．つまり，連続的時間並進対称性は自発的に破れることはあり得ないのである．代わりに，周期的に駆動された非平衡状態における時間結晶の存在が理論提案され，実際に実験でも実現されて話題となった．この時間結晶は，周期 T で駆動される系が周期 nT（n は 2 以上の自然数）の応答を示すことにより，離散的な時間並進対称性を自発的に破った状態である．以上のように，自発的対称性の破れという古くから研究されてきたトピックに関しても，まだ最先端で研究が進展しているのである[12]．

10.4　章末演習問題

問題 1　反強磁性スピン波

スピン系のラグランジアン (10.8) において，隣り合うスピン間に反強磁性的な相互作用 $J < 0$ を仮定する．外部磁場はないものとする．この場合の微小振動モードを調べよう．

(1) z 軸方向への反強磁性秩序を仮定し，$j = 1, 2, \cdots, N/2$ に対して

---

[10] [36] F. Wilczek: *Physical Review Letters* **109**, 160401, 2012.
[11] [37] H. Watanabe, M. Oshikawa: *Physical Review Letters* **114**, 251603, 2015.
[12] 時間結晶についてのより詳細は [38] にまとめた．

$$\boldsymbol{s}_{2j-1}(t) = \begin{pmatrix} s^x_{2j-1}(t) \\ s^y_{2j-1}(t) \\ s^z \end{pmatrix}, \quad \boldsymbol{s}_{2j}(t) = \begin{pmatrix} s^x_{2j}(t) \\ s^y_{2j}(t) \\ -s^z \end{pmatrix} \tag{10.23}$$

とする．この表式をスピンの運動方程式 (10.9) へ代入することで

$$\dot{s}^x_{2j-1}(t) = -s^z J\big(2s^y_{2j-1}(t) + s^y_{2(j-1)}(t) + s^y_{2j}(t)\big), \tag{10.24}$$

$$\dot{s}^y_{2j-1}(t) = s^z J\big(2s^x_{2j-1}(t) + s^x_{2(j-1)}(t) + s^x_{2j}(t)\big), \tag{10.25}$$

$$\dot{s}^x_{2j}(t) = s^z J\big(2s^y_{2j}(t) + s^y_{2j-1}(t) + s^y_{2j+1}(t)\big), \tag{10.26}$$

$$\dot{s}^y_{2j}(t) = -s^z J\big(2s^x_{2j}(t) + s^x_{2j-1}(t) + s^x_{2j+1}(t)\big) \tag{10.27}$$

を示せ．

(2) 解の形

$$s^x_{2j-1}(t) = \tilde{s}^x_{k,1}(t)\cos(k(2j-1) + \phi_k), \tag{10.28}$$

$$s^y_{2j-1}(t) = \tilde{s}^y_{k,1}(t)\cos(k(2j-1) + \phi_k), \tag{10.29}$$

$$s^x_{2j}(t) = \tilde{s}^x_{k,2}(t)\cos(2kj + \phi_k), \tag{10.30}$$

$$s^y_{2j}(t) = \tilde{s}^y_{k,2}(t)\cos(2kj + \phi_k) \tag{10.31}$$

を仮定する．これを運動方程式に代入して整理すると

$$\dot{\tilde{s}}^x_{k,1}(t) = -2s^z J\big(\tilde{s}^y_{k,1}(t) + \tilde{s}^y_{k,2}(t)\cos k\big), \tag{10.32}$$

$$\dot{\tilde{s}}^y_{k,1}(t) = 2s^z J\big(\tilde{s}^x_{k,1}(t) + \tilde{s}^x_{k,2}(t)\cos k\big), \tag{10.33}$$

$$\dot{\tilde{s}}^x_{k,2}(t) = 2s^z J\big(\tilde{s}^y_{k,2}(t) + \tilde{s}^y_{k,1}(t)\cos k\big), \tag{10.34}$$

$$\dot{\tilde{s}}^y_{k,2}(t) = -2s^z J\big(\tilde{s}^x_{k,2}(t) + \tilde{s}^x_{k,1}(t)\cos k\big) \tag{10.35}$$

となることを示せ．ただし k は $2\pi j'/N$ ($j' = 1, 2, \cdots, N/2$) の値をとる．

(3) これをさらに整理することで

$$\ddot{\tilde{s}}^x_{k,1}(t) = -\omega(k)^2 \tilde{s}^x_{k,1}(t) \tag{10.36}$$

を示せ．ただし $\omega(k) = 2s^z|J||\sin k|$ とした．$\tilde{s}^y_{k,1}(t)$, $\tilde{s}^x_{k,2}(t)$, $\tilde{s}^y_{k,2}(t)$ も

同じ微分方程式を満たす．

(4) (3) の微分方程式の解を求めよ．定数は何個含まれるか．結果を解釈せよ．

(5) k の範囲が $2\pi j'/N$ $(j' = 1, 2, \cdots, N/2)$ に限定されるのは，$k' = k + \pi$ と k が同一の運動を記述するためである．このことを確かめよ．

第 11 章

古典場の理論

これまでは質点やスピンが集まった有限の自由度をもつ系の力学を議論してきた．この章では「場」の理論を扱う．場の理論は質点の力学における自由度 N を無限大にした極限と捉えることができる．場の理論に対しても解析力学の手法はそのまま適用することができる．5.1.1 項や 5.5 節ではマクスウェル方程式が与えられたものとして理論を展開したが，それはまさに 1.1 節においてニュートンの運動方程式を与えられたものとして出発することに対応する．これまで質点の解析力学において，対称性の制約によっていかにラグランジアンを構成し，運動方程式を導くかを議論してきた．同じことを電磁場に対しても行い，マクスウェル方程式や電磁場のエネルギー・運動量テンソルの表式が自然に導かれることを議論する．

11.1 場の解析力学

11.1.1 多自由度系から場の理論へ

10.2.2 項で扱った 1 次元連成振動子の系を例に場の理論を導入しよう．設定を振り返っておくと，この系では質量 m の質点 N 個が直線上に並んでおり，i 番目の質点は $i-1$ 番目と $i+1$ 番目の質点とバネで結ばれている．ただし N 番目の質点は $N-1$ 番目と 1 番目の質点とバネで結ばれているとする．バネ定数を $k=m\omega_0^2$，バネの自然長を a，系の全長を $L=Na$ とする．すべてのバネが自然長となっている配位を 1 つとり，i 番目の質点の位置のこの配位からの変化分（変位）を $u_i(t)$ と書く [1]．するとこの系の作用とラグランジアンは

$$S[u] = \int_{t_\mathrm{i}}^{t_\mathrm{f}} \mathrm{d}t\, L(u(t), \dot{u}(t)), \tag{11.1}$$

$$L(u(t), \dot{u}(t)) = \sum_{i=1}^{N} \frac{1}{2} m \dot{u}_i(t)^2 - \sum_{i=1}^{N} \frac{1}{2} k \big(u_{i+1}(t) - u_i(t)\big)^2 \tag{11.2}$$

で与えられる．ただし $u_{N+1}(t) = u_1(t)$ とした．

さて，ここで $\phi(x,t)$ という x と t の 2 変数関数があり，その $x = ia$ における値が $u_i(t)$ で与えられるとする．$\phi(x,t)$ は x と t を指定すると変位を与える**場 (field)** であると考える．

系の全長 $L = Na$ や質量密度 $\rho = m/a$, $\lambda = ka$ を一定に保ちながら $a \to 0$ とする．このためには $N \propto a^{-1}$, $m \propto a$, $k \propto a^{-1}$ とする必要がある．質点同士の間隔が小さくなり，それに伴って質点の数が増え，滑らかなゴムひものようになることを想像して欲しい．

$\phi(x,t)$ が連続微分可能であると仮定すると変位の差は

$$u_{i+1}(t) - u_i(t) = \phi(x+a, t) - \phi(x,t) = a\partial_x \phi(x,t) + O(a^2) \tag{11.3}$$

のように近似され，i の和は

$$\sum_{i=1}^{N} a\,(\cdots) = \int_0^L \mathrm{d}x\,(\cdots) + O(a) \tag{11.4}$$

のように x 積分で置き換えることができる．以降，スペース削減のため $\frac{\partial \phi(x,t)}{\partial x} = \partial_x \phi(x,t)$, $\frac{\partial \phi(x,t)}{\partial t} = \partial_t \phi(x,t)$ などと表記する．すると $a \to +0$ の極限における系の作用は

$$S[\phi] = \int_{t_\mathrm{i}}^{t_\mathrm{f}} \mathrm{d}t \int_0^L \mathrm{d}x\, \mathcal{L}(\phi, \partial\phi), \tag{11.5}$$

$$\mathcal{L}(\phi, \partial\phi) = \frac{1}{2}\rho\big(\partial_t \phi(x,t)\big)^2 - \frac{1}{2}\lambda\big(\partial_x \phi(x,t)\big)^2 \tag{11.6}$$

[1] 都合上，10.2.2 項と記法を変えて $M \to N$, $x_i(t) \to u_i(t)$ としている．

と，**ラグランジアン密度** $\mathcal{L}$ の積分として表現できる．これが変位の場 $\phi(x,t)$ についての場の理論の作用である．この停留値条件としてオイラー・ラグランジュ方程式が得られる．

11.1.2　場の理論のオイラー・ラグランジュ方程式

より一般に，M 種類の場 $\phi_i(\boldsymbol{r},t)$ $(i=1,2,\cdots,M)$ からなる系を考える．ϕ_i, $\partial_t\phi_i$, $\partial_\alpha\phi_i := \frac{\partial\phi_i(\boldsymbol{r},t)}{\partial r^\alpha}$ $(\alpha=1,\cdots,d)$ の関数であるラグランジアン密度 $\mathcal{L}(\phi,\partial\phi)$ を考え，これをある空間領域 V で積分することで作用を

$$S[\phi]=\int_{t_\mathrm{i}}^{t_\mathrm{f}}\mathrm{d}t\int_V \mathrm{d}^d r\,\mathcal{L}(\phi,\partial\phi) \tag{11.7}$$

と定義する．ここでは簡単のためラグランジアンは $\boldsymbol{r}$ や t に陽には依存しないとしたが，より一般の場合へ拡張することもできる．また，以下では V が直方体領域 $[x_\mathrm{min},x_\mathrm{max}]\times[y_\mathrm{min},y_\mathrm{max}]\times\cdots$ であるとし，$\int_V \mathrm{d}^d r=\int_{x_\mathrm{min}}^{x_\mathrm{max}}\mathrm{d}x\int_{y_\mathrm{min}}^{y_\mathrm{max}}\mathrm{d}y\cdots$ とするが，これもより一般の場合へと拡張できる．

さて $\phi_i(\boldsymbol{r},t)$ を $\epsilon_i(\boldsymbol{r},t)$ だけ変化させたときの作用の変化は

$$\begin{aligned}
S[\phi+\epsilon]-S[\phi]&=\int_{t_\mathrm{i}}^{t_\mathrm{f}}\mathrm{d}t\int_V \mathrm{d}^d r\Big(\mathcal{L}(\phi+\epsilon,\partial\phi+\partial\epsilon)-\mathcal{L}(\phi,\partial\phi)\Big)\\
&=\int_{t_\mathrm{i}}^{t_\mathrm{f}}\mathrm{d}t\int_V \mathrm{d}^d r\sum_{i=1}^{M}\Big(\frac{\partial\mathcal{L}}{\partial\phi_i}\epsilon_i+\frac{\partial\mathcal{L}}{\partial(\partial_t\phi_i)}\partial_t\epsilon_i+\sum_{\alpha=1}^{d}\frac{\partial\mathcal{L}}{\partial(\partial_\alpha\phi_i)}\partial_\alpha\epsilon_i\Big)+O(\epsilon^2)\\
&=\int_{t_\mathrm{i}}^{t_\mathrm{f}}\mathrm{d}t\int_V \mathrm{d}^d r\sum_{i=1}^{M}\Big(\frac{\partial\mathcal{L}}{\partial\phi_i}-\partial_t\frac{\partial\mathcal{L}}{\partial(\partial_t\phi_i)}-\sum_{\alpha=1}^{d}\partial_\alpha\frac{\partial\mathcal{L}}{\partial(\partial_\alpha\phi_i)}\Big)\epsilon_i\\
&\quad+\Big[\int_V \mathrm{d}^d r\sum_{i=1}^{M}\frac{\partial\mathcal{L}}{\partial(\partial_t\phi_i)}\epsilon_i\Big]_{t_\mathrm{i}}^{t_\mathrm{f}}+\sum_{\alpha=1}^{d}\int_{t_\mathrm{i}}^{t_\mathrm{f}}\mathrm{d}t\int_{\partial V}\mathrm{d}S_\alpha\sum_{i=1}^{M}\frac{\partial\mathcal{L}}{\partial(\partial_\alpha\phi_i)}\epsilon_i+O(\epsilon^2)
\end{aligned} \tag{11.8}$$

である．3 つ目の等号では部分積分を実行し，空間については α 方向の境界上の表面積分 $\int_{\partial V}\mathrm{d}S_\alpha$ に書き換えた [2]．時間の端点や空間領域の境界 ∂V では

---

[2] 例えば空間 2 次元の場合，y についての部分積分は

$\epsilon_i(\boldsymbol{r},t)=0$ であると仮定すると次が得られる [3].

場の理論のオイラー・ラグランジュ方程式

時空の境界で $\epsilon_i(\boldsymbol{r},t)=0$ となる変分に対する作用 $S[\phi]$ の停留条件は

$$\partial_t \frac{\partial \mathcal{L}}{\partial(\partial_t \phi_i)} + \sum_{\alpha=1}^{d} \partial_\alpha \frac{\partial \mathcal{L}}{\partial(\partial_\alpha \phi_i)} = \frac{\partial \mathcal{L}}{\partial \phi_i} \quad ({}^\forall i = 1, \cdots, M). \tag{11.10}$$

11.1.3　例：1 次元連成振動子

ラグランジアン密度が式 (11.6) で与えられるとする．このとき

$$\frac{\partial \mathcal{L}}{\partial(\partial_t \phi)} = \rho \partial_t \phi, \quad \frac{\partial \mathcal{L}}{\partial(\partial_x \phi)} = -\lambda \partial_x \phi, \quad \frac{\partial \mathcal{L}}{\partial \phi} = 0 \tag{11.11}$$

なので，オイラー・ラグランジュ方程式は変位の場 $\phi(x,t)$ に対する波動方程式

$$\rho \partial_t^2 \phi(x,t) - \lambda \partial_x^2 \phi(x,t) = 0 \tag{11.12}$$

となる．ここで解の形を $\phi(x,t)=\phi_q(t)\mathrm{e}^{\mathrm{i}qx}$ と仮定し，代入すると

$$\ddot{\phi}_q(t) = -\frac{\lambda}{\rho} q^2 \phi_q(t) = -\omega(q)^2 \phi_q(t) \tag{11.13}$$

を得る．これは振幅 $\phi_q(t)$ が角振動数 $\omega(q)=\sqrt{\frac{\lambda}{\rho}}|q|$ の単振動をすることを意味する．この分散関係は式 (10.6) の $\omega(k)=2\omega_0|\sin(k/2)|$ において $k=qa$, $\omega_0=\sqrt{\frac{k}{m}}=\sqrt{\frac{\lambda}{a^2\rho}}$ として $a\to 0$ の極限をとったものと一致する．いまは x

---

$$\int_{x_{\min}}^{x_{\max}} \mathrm{d}x \int_{y_{\min}}^{y_{\max}} \mathrm{d}y \, \partial_y f(x,y) = \int_{x_{\min}}^{x_{\max}} \mathrm{d}x \, f(x,y_{\max}) - \int_{x_{\min}}^{x_{\max}} \mathrm{d}x \, f(x,y_{\min}) \tag{11.9}$$

であり，これを $\int \mathrm{d}^2 r \, \partial_y f(x,y) = \int \mathrm{d}S_y \, f(x,y)$ と略記した．

[3] 質点の力学では，$\frac{\partial}{\partial t}L(q,\dot{q},t)$ は q や $\dot{q}$ を固定して t で微分することを意味していた．ここでの ∂_t の意味は $\boldsymbol{r}$ は固定して t で微分することを意味しており，$\mathcal{L}(\phi,\partial\phi)$ は $\phi(\boldsymbol{r},t)$ や $\partial_t\phi(\boldsymbol{r},t)$, $\partial_\alpha\phi(\boldsymbol{r},t)$ の t 依存性を介して連鎖律により微分される．

と $x+L$ を同一視する周期境界条件を仮定しているため q は $2\pi j/L$ $(j\in\mathbb{Z})$ の範囲を動く．一般解は平面波の重ね合わせとして $\phi(x,t)=\sum_q \phi_q \mathrm{e}^{-\mathrm{i}\omega(q)t+\mathrm{i}qx}$ $(\phi_q\in\mathbb{C})$ と表現できる．

このように問題を調和振動子に帰着できるのは，ラグランジアンが場 ϕ_i に関して 2 次形式の場合に限られる．11.4 節ではより複雑な模型を取り扱う．

11.1.4　ラグランジアン密度の不定性

2.3 節の議論と同様に，ラグランジアン密度にも次の形の不定性がある．

$$\delta\mathcal{L}\coloneqq\partial_t f^t(\phi,\partial\phi)+\sum_{\alpha=1}^{d}\partial_\alpha f^\alpha(\phi,\partial\phi) \tag{11.14}$$

場の理論では時間微分だけでなく空間微分の項も許されており，これらはまとめて表面項と呼ばれる．また，関数 f^t, f^α の引数には ϕ_i だけでなくその偏微分 $\partial_t\phi_i$, $\partial_\beta\phi_i$ が含まれてもよい（例えば式 (11.45)）．ただしラグランジアンが 2 階以上の偏微分を含まないように，$\alpha,\beta=1,\cdots,d$ と $i=1,\cdots,M$ に対して

$$\frac{\partial f^t}{\partial(\partial_t\phi_i)}=\frac{\partial f^t}{\partial(\partial_\alpha\phi_i)}+\frac{\partial f^\alpha}{\partial(\partial_t\phi_i)}=\frac{\partial f^\alpha}{\partial(\partial_\beta\phi_i)}+\frac{\partial f^\beta}{\partial(\partial_\alpha\phi_i)}=0 \tag{11.15}$$

を要求することにする [4]．このとき $\delta\mathcal{L}$ は

$$\delta\mathcal{L}=\sum_{i=1}^{M}\frac{\partial f^t}{\partial\phi_i}\partial_t\phi_i+\sum_{i=1}^{M}\sum_{\alpha=1}^{d}\frac{\partial f^\alpha}{\partial\phi_i}\partial_\alpha\phi_i \tag{11.16}$$

となり，これをラグランジアンとみなした場合のオイラー・ラグランジュ方程式

$$\partial_t\frac{\partial\delta\mathcal{L}}{\partial(\partial_t\phi_i)}+\sum_{\alpha=1}^{d}\partial_\alpha\frac{\partial\delta\mathcal{L}}{\partial(\partial_\alpha\phi_i)}=\frac{\partial\delta\mathcal{L}}{\partial\phi_i} \tag{11.17}$$

は恒等的に成立する [5]．したがってラグランジアン密度 $\mathcal{L}$ に $\delta\mathcal{L}$ を足してもオ

---

[4] この条件がないと高階の微分が含まれてしまうが，場の理論の文献ではあまり気にしないようである．

[5] 長くなるので繰り返される添字についての和の記号を省略し，時間成分を $\mu=0$ に含めて $\delta\mathcal{L}=\partial_\mu f^\mu=\frac{\partial f^\mu}{\partial\phi_i}\partial_\mu\phi_i$ と略記すると，式 (11.17) は

イラー・ラグランジュ方程式は一切の変更を受けない．

別の言い方をすると，$\mathcal{L}$ に $\delta\mathcal{L}$ を足した後の作用は

$$\tilde{S}[\phi] = S[\phi] + \Big[\int_V \mathrm{d}^d r f^t(\phi, \partial\phi)\Big]_{t_\mathrm{i}}^{t_\mathrm{f}} + \sum_{\alpha=1}^{d} \int_{t_\mathrm{i}}^{t_\mathrm{f}} \mathrm{d}t \int_{\partial V} \mathrm{d}S_\alpha f^\alpha(\phi, \partial\phi) \tag{11.19}$$

となる．ここで式 (11.15) の条件により，$f^t(\phi, \partial\phi)$ には $\partial_t\phi_i$ は含まれず，$f^\alpha(\phi, \partial\phi)$ には $\partial_\alpha\phi_i$ は含まれない．時空の境界での変分 $\epsilon_i(\boldsymbol{r}, t)$ は 0 と仮定しているので $\delta\tilde{S}[\phi] = \delta S[\phi]$ となり，同じ運動方程式が導かれる．

11.2　場の理論の対称性とネーターの定理

第 4 章で行った対称性の考察は場の理論に対しても有効である．この節では場の理論に対する対称性の条件を明らかにし，ネーターの定理を導く．

11.2.1　場の理論の対称性

式 (4.44), (4.45) に対応させて

$$t' = t'(\boldsymbol{r}, t), \tag{11.20}$$

$$\boldsymbol{r}' = \boldsymbol{r}'(\boldsymbol{r}, t), \tag{11.21}$$

$$\Phi_i(\boldsymbol{r}', t') = \Phi_i(\phi(\boldsymbol{r}, t)) \tag{11.22}$$

という変換を考える．この変換のもとでの対称性の条件は次のようになる．

$$\partial_\mu \frac{\partial\delta\mathcal{L}}{\partial(\partial_\mu\phi_i)} = \partial_\mu\Big(\frac{\partial f^\mu}{\partial\phi_i} + \frac{\partial^2 f^\nu}{\partial\phi_j\partial(\partial_\mu\phi_i)}\partial_\nu\phi_j\Big) = \frac{\partial^2 f^\mu}{\partial\phi_j\partial\phi_i}\partial_\mu\phi_j = \frac{\partial\delta\mathcal{L}}{\partial\phi_i} \tag{11.18}$$

のように示せる．ただし，2 つ目の等号では $\frac{\partial f^\mu}{\partial(\partial_\nu\phi_i)} + \frac{\partial f^\nu}{\partial(\partial_\mu\phi_i)} = 0$ より $\frac{\partial^2 f^\mu}{\partial(\partial_\nu\phi_j)\partial\phi_i}\partial_\mu(\partial_\nu\phi_j)$, $\frac{\partial^2 f^\nu}{\partial\phi_j\partial(\partial_\mu\phi_i)}\partial_\mu(\partial_\nu\phi_j)$, $\frac{\partial^3 f^\nu}{\partial\phi_k\partial\phi_j\partial(\partial_\mu\phi_i)}\partial_\mu\phi_k\partial_\nu\phi_j$, $\frac{\partial^3 f^\nu}{\partial(\partial_\rho\phi_k)\partial\phi_j\partial(\partial_\mu\phi_i)}\partial_\mu(\partial_\rho\phi_k)\partial_\nu\phi_j$ $= -\frac{\partial^3 f^\rho}{\partial(\partial_\nu\phi_k)\partial\phi_j\partial(\partial_\mu\phi_i)}\partial_\mu(\partial_\rho\phi_k)\partial_\nu\phi_j$ などがすべて 0 になることを用いた．

場の理論の対称性の条件

式 (11.20)–(11.22) の変換のもとでラグランジアンの変化分が高々不定性であるとき，この変換に対する**対称性をもつ**という．

$$
\begin{aligned}
&\left|\det J\right|\mathcal{L}(\Phi(\boldsymbol{r}',t'),\partial\Phi(\boldsymbol{r}',t')) \\
&= \mathcal{L}(\phi(\boldsymbol{r},t),\partial\phi(\boldsymbol{r},t)) + \partial_t f^t + \sum_{\alpha=1}^{d}\partial_\alpha f^\alpha.
\end{aligned} \tag{11.23}
$$

ただし J は時空の変換 $(\boldsymbol{r},t)\to(\boldsymbol{r}',t')$ に伴うヤコビ行列である．

11.2.2　場の理論のネーターの定理

連続対称性に含まれるパラメータ 1 つあたりに 1 つ保存量があるというネーターの定理もそのまま場の理論に拡張できる．系が連続対称性をもつと仮定し，その無限小変換を

$$
t' = t + \epsilon T(\boldsymbol{r},t), \tag{11.24}
$$

$$
\boldsymbol{r}' = \boldsymbol{r} + \epsilon \boldsymbol{R}(\boldsymbol{r},t), \tag{11.25}
$$

$$
\Phi_i(\boldsymbol{r}',t') = \phi_i(\boldsymbol{r},t) + \epsilon F_i(\phi(\boldsymbol{r},t)) \tag{11.26}
$$

と書く．この変換のもとでの同一時空点で比較したラグランジアンの変化分 $\mathcal{L}(\Phi(\boldsymbol{r},t),\partial\Phi(\boldsymbol{r},t)) - \mathcal{L}(\phi(\boldsymbol{r},t),\partial\phi(\boldsymbol{r},t))$ を 2 通りの方法で計算することで，ネーターの定理を示そう．導出の過程は 4.5.2 項と完全に同じ流れになる．

まず，対称性の条件式から始める．時空点 $(\boldsymbol{r}',t')$ におけるラグランジアンの値をテイラー展開によって

$$
\begin{aligned}
\mathcal{L}(\Phi(\boldsymbol{r}',t'),\partial\Phi(\boldsymbol{r}',t')) &= \mathcal{L}(\Phi(\boldsymbol{r},t),\partial\Phi(\boldsymbol{r},t)) + \epsilon\big(T\partial_t\mathcal{L} + \boldsymbol{R}\cdot\boldsymbol{\nabla}_{\boldsymbol{r}}\mathcal{L}\big) \\
&\quad + O(\epsilon^2)
\end{aligned} \tag{11.27}
$$

と近似する．また，時空の変換に伴うヤコビ行列の行列式は

$$
\det J = 1 + \epsilon\big(\partial_t T + \boldsymbol{\nabla}_{\boldsymbol{r}}\cdot\boldsymbol{R}\big) + O(\epsilon^2) \tag{11.28}
$$

と近似できる．最後にラグランジアン密度の不定性も

$$f^t = \epsilon \Lambda^t + O(\epsilon^2), \quad f^\alpha = \epsilon \Lambda^\alpha + O(\epsilon^2) \tag{11.29}$$

と展開することで，式 (11.23) を

$$\begin{aligned}&\mathcal{L}(\Phi(\boldsymbol{r},t), \partial\Phi(\boldsymbol{r},t)) - \mathcal{L}(\phi(\boldsymbol{r},t), \partial\phi(\boldsymbol{r},t))\\&= \epsilon\partial_t\big(\Lambda^t - T\mathcal{L}\big) + \epsilon\sum_{\alpha=1}^{d}\partial_\alpha\big(\Lambda^\alpha - R^\alpha\mathcal{L}\big) + O(\epsilon^2)\end{aligned} \tag{11.30}$$

と書き換える．一方，式 (11.24)–(11.26) の変換のもとで，同一時空点で比較した $\Phi_i(\boldsymbol{r},t)$ の変化分は

$$\Phi_i(\boldsymbol{r},t) = \phi_i(\boldsymbol{r},t) + \epsilon\big(F_i - T\partial_t\phi_i - \boldsymbol{R}\cdot\boldsymbol{\nabla}_{\boldsymbol{r}}\phi_i\big) + O(\epsilon^2) \tag{11.31}$$

と表される．この変換のもとでのラグランジアンの変化分を，式 (4.35) と同様オイラー・ラグランジュ方程式を用いて計算すると

$$\begin{aligned}&\mathcal{L}(\Phi(\boldsymbol{r},t), \partial\Phi(\boldsymbol{r},t)) - \mathcal{L}(\phi(\boldsymbol{r},t), \partial\phi(\boldsymbol{r},t))\\&= \epsilon\partial_t\left(\sum_{i=1}^{M}\big(F_i - T\partial_t\phi_i - \boldsymbol{R}\cdot\boldsymbol{\nabla}_{\boldsymbol{r}}\phi_i\big)\frac{\partial\mathcal{L}}{\partial(\partial_t\phi_i)}\right)\\&\quad + \sum_{\alpha=1}^{d}\epsilon\partial_\alpha\left(\sum_{i=1}^{M}\big(F_i - T\partial_t\phi_i - \boldsymbol{R}\cdot\boldsymbol{\nabla}_{\boldsymbol{r}}\phi_i\big)\frac{\partial\mathcal{L}}{\partial(\partial_\alpha\phi_i)}\right) + O(\epsilon^2)\end{aligned} \tag{11.32}$$

となる．式 (11.30) と式 (11.32) を比較することで，ネーターの定理を得る[6]．

場の理論のネーターの定理

無限小変換が式 (11.24)–(11.26) で与えられる連続対称性があるとき

$$\rho(\boldsymbol{r},t) := \sum_{i=1}^{M} F_i\frac{\partial\mathcal{L}}{\partial(\partial_t\phi_i)} - \Lambda^t - T\mathcal{E} + \sum_{\beta=1}^{d} R^\beta\mathcal{P}^\beta, \tag{11.33}$$

[6] この形のネーターの定理は [39] 1.6 節や [3] 13.7 節に書かれている．

$$j^\alpha(\boldsymbol{r},t) \coloneqq \sum_{i=1}^{M} F_i \frac{\partial \mathcal{L}}{\partial(\partial_\alpha \phi_i)} - \Lambda^\alpha - T j_{\mathcal{E}}^\alpha + \sum_{\beta=1}^{d} R^\beta j_{\mathcal{P}}^{\beta\alpha}(\boldsymbol{r},t) \tag{11.34}$$

は連続の方程式

$$\partial_t \rho(\boldsymbol{r},t) + \boldsymbol{\nabla}_{\boldsymbol{r}} \cdot \boldsymbol{j}(\boldsymbol{r},t) = 0 \tag{11.35}$$

を満たす**ネーターカレント**となり，**ネーター保存量**は空間積分

$$\mathcal{Q} \coloneqq \int_V \mathrm{d}^d r \rho(\boldsymbol{r},t) \tag{11.36}$$

で与えられる．ただし Λ^t, Λ^α は式 (11.29) で定義され，$\mathcal{E}$, $j_{\mathcal{E}}^\alpha$, $\mathcal{P}^\beta$, $j_{\mathcal{P}}^{\beta\alpha}$ は式 (11.37)–(11.40) で定義される．

時空の変換を含まない内部対称性に対しては $T=0$, $\boldsymbol{R}=\boldsymbol{0}$ であり，場の内部自由度の変換 F_i だけが問題になる．

一方，連続時間並進対称性は $T=1$, $F_i=0$, $\boldsymbol{R}=\boldsymbol{0}$ の場合に相当する．ラグランジアンが陽に t を含まないという仮定から，系は連続時間並進対称性をもつため，次のエネルギー保存則が成り立つ．

場の理論のエネルギー保存則

エネルギー密度と**エネルギー流**は

$$\mathcal{E}(\boldsymbol{r},t) \coloneqq \sum_{i=1}^{M} \partial_t \phi_i \frac{\partial \mathcal{L}}{\partial(\partial_t \phi_i)} - \mathcal{L}, \tag{11.37}$$

$$j_{\mathcal{E}}^\alpha(\boldsymbol{r},t) \coloneqq \sum_{i=1}^{M} \partial_t \phi_i \frac{\partial \mathcal{L}}{\partial(\partial_\alpha \phi_i)} \tag{11.38}$$

で与えられ，連続の方程式 $\partial_t \mathcal{E} + \boldsymbol{\nabla}_{\boldsymbol{r}} \cdot \boldsymbol{j}_{\mathcal{E}} = 0$ を満たす．

同様に，α 方向の空間並進対称性は $R^\beta = \delta^{\beta\alpha}$, $F_i = T = 0$ の場合に相当す

る．ラグランジアンが陽に r^α を含まないという仮定から，系は連続空間並進対称性をもつため，次の運動量保存則が成り立つ．

場の理論の運動量保存則

運動量密度と**運動量流**は

$$\mathcal{P}^\beta(\boldsymbol{r},t) := -\sum_{i=1}^{M} \partial_\beta \phi_i \frac{\partial \mathcal{L}}{\partial(\partial_t \phi_i)}, \tag{11.39}$$

$$j_{\mathcal{P}}^{\beta\alpha}(\boldsymbol{r},t) := -\sum_{i=1}^{M} \partial_\beta \phi_i \frac{\partial \mathcal{L}}{\partial(\partial_\alpha \phi_i)} + \delta^{\alpha\beta}\mathcal{L} \tag{11.40}$$

で与えられ，連続の方程式 $\partial_t \mathcal{P}^\beta + \boldsymbol{\nabla}_{\boldsymbol{r}} \cdot \boldsymbol{j}_{\mathcal{P}}^\beta = 0$ を満たす．

連続の方程式 (11.35) のもとで式 (11.36) の $\mathcal{Q}$ が保存されることは

$$\begin{aligned}\frac{\mathrm{d}}{\mathrm{d}t}\mathcal{Q} &= \int_V \mathrm{d}^d r\, \partial_t \rho(\boldsymbol{r},t) \underbrace{=}_{\text{式 (11.35)}} -\int_V \mathrm{d}^d r\, \boldsymbol{\nabla}_{\boldsymbol{r}} \cdot \boldsymbol{j}(\boldsymbol{r},t) \\ &= -\int_{\partial V} \mathrm{d}\boldsymbol{S} \cdot \boldsymbol{j}(\boldsymbol{r},t) = 0 \end{aligned} \tag{11.41}$$

のように示される．ただし最後の等号には，考えている領域 V の境界 ∂V からの流出がゼロであるという仮定を用いている．

最後に，一般にネーターカレントは一意には定まらず，脚注9に述べる不定性があることに注意する．

11.3　マクスウェル電磁場

場の理論の例として電磁場について詳しく議論しよう．

11.3.1　対称性に基づくラグランジアンの決定

まず電荷，電流密度が存在しない真空中の電磁場について考察する．この系

の基本的な場は式 (5.78) で定義される四元ベクトルポテンシャル $\mathsf{A}_\mu(\mathsf{r})$ である．電磁場のラグランジアンを対称性に基づいて決定しよう．

空間並進対称性（時空間の一様性）

ラグランジアンは r に陽には依存せず，$\mathcal{L}(\mathsf{A}(\mathsf{r}), \partial\mathsf{A}(\mathsf{r}))$ と書かれる．

ローレンツ対称性（時空間の等方性・慣性系の取り替え）

$\mathsf{A}(\mathsf{r})$ はローレンツ不変量となるように縮約をとった

$$\sum_{\mu=0}^{3} \mathsf{A}_\mu \mathsf{A}^\mu, \quad \sum_{\mu,\nu=0}^{3} \mathsf{F}_{\mu\nu}\mathsf{F}^{\mu\nu} \tag{11.42}$$

などの形で現れる．$\mathsf{F}_{\mu\nu}$ は電磁場テンソルの成分で式 (5.80) で定義される．また，p.122 で説明した添字の上げ下げを行って $\mathsf{A}^\mu := \sum_{\nu=0}^{3} \bar{\mathsf{g}}^{\mu\nu}\mathsf{A}_\nu$, $\mathsf{F}^{\mu\nu} := \sum_{\rho,\sigma=0}^{3} \bar{\mathsf{g}}^{\mu\rho}\bar{\mathsf{g}}^{\nu\sigma}\mathsf{F}_{\rho\sigma}$ などと書いた．

ゲージ不変性（ゲージの取り替えに対する不変性）

ラグランジアンは式 (5.83) のゲージ変換に対してたかだか式 (11.14) の不定性の分しか変化しない．例えば式 (11.42) の 1 つ目の組み合わせはこのゲージ不変性の要求により禁止される．

以上により自由電磁場のラグランジアンは

$$\mathcal{L}(\mathsf{A}, \partial\mathsf{A}) = -\frac{1}{4\mu_0}\sum_{\mu,\nu=0}^{3} \mathsf{F}_{\mu\nu}\mathsf{F}^{\mu\nu} \underbrace{=}_{\text{式 (5.86)}} \frac{\varepsilon_0}{2}\boldsymbol{E}^2 - \frac{1}{2\mu_0}\boldsymbol{B}^2 \tag{11.43}$$

と決定される．比例係数 $-\frac{1}{4\mu_0}$ はオイラー・ラグランジュ方程式がマクスウェル方程式 (5.99) を再現するように決めた．実はこの他に

$$\frac{1}{4}\sum_{\mu,\nu,\rho,\sigma=0}^{3} \epsilon^{\mu\nu\rho\sigma}\mathsf{F}_{\mu\nu}\mathsf{F}_{\rho\sigma} = -\frac{2}{c}\boldsymbol{E}\cdot\boldsymbol{B} \tag{11.44}$$

という完全反対称テンソル $\epsilon^{\mu\nu\rho\sigma}$ を使った形が許されるが，この項は

$$\sum_{\mu,\nu,\rho,\sigma=0}^{3} \epsilon^{\mu\nu\rho\sigma}\partial_\mu \mathsf{A}_\nu \partial_\rho \mathsf{A}_\sigma = \sum_{\mu=0}^{3}\partial_\mu\Big(\sum_{\nu,\rho,\sigma=0}^{3}\epsilon^{\mu\nu\rho\sigma}\mathsf{A}_\nu\partial_\rho\mathsf{A}_\sigma\Big) \tag{11.45}$$

と書き直せるため，ラグランジアン密度の不定性 (11.14) に吸収される [7].

電流密度が 0 でない場合への拡張は簡単である．式 (5.64) の四元電流密度と四元ベクトルポテンシャルの縮約

$$\sum_{\mu=0}^{3} \mathsf{j}^\mu(\mathsf{r})\mathsf{A}_\mu(\mathsf{r}) \tag{11.46}$$

もローレンツ不変である．特に荷電粒子によって生じる式 (5.6), (5.7) の電荷・電流密度の場合を考えよう．この場合，ゲージ変換 $\mathsf{A}'_\mu(\mathsf{r}) = \mathsf{A}_\mu(\mathsf{r}) + \partial_\mu\chi(\mathsf{r})$ に対して

$$\sum_{\mu=0}^{3}\mathsf{j}^\mu\partial_\mu\chi = \sum_{\mu=0}^{3}\partial_\mu(\mathsf{j}^\mu\chi) - \underbrace{\Big(\sum_{\mu=0}^{3}\partial_\mu\mathsf{j}^\mu\Big)}_{=0}\chi \tag{11.47}$$

だけ変化するが，連続の方程式 (5.66) により変化分はラグランジアン密度の不定性 (11.14) の形になる．空間積分を実行すると

$$\begin{aligned}\int_V \mathrm{d}^3r\sum_{\mu=0}^{3}\mathsf{j}^\mu\mathsf{A}_\mu &= \int_V \mathrm{d}^3r\Big(\boldsymbol{j}(\boldsymbol{r},t)\cdot\boldsymbol{A}(\boldsymbol{r},t) - \rho(\boldsymbol{r},t)\phi(\boldsymbol{r},t)\Big)\\ &= \sum_{i=1}^{M}\int_V \mathrm{d}^3r\,\delta^3(\boldsymbol{r}-\boldsymbol{r}_i(t))\Big(e_i\dot{\boldsymbol{r}}_i(t)\cdot\boldsymbol{A}(\boldsymbol{r},t) - e_i\phi(\boldsymbol{r},t)\Big)\\ &= \sum_{i=1}^{M}\Big(e_i\dot{\boldsymbol{r}}_i(t)\cdot\boldsymbol{A}(\boldsymbol{r}_i(t),t) - e_i\phi(\boldsymbol{r}_i(t),t)\Big)\end{aligned} \tag{11.48}$$

となるが，これはまさに式 (2.71) で考察した荷電粒子と電磁場の相互作用である．したがってこの項の比例係数は 1 と決まる．以上により次の結果を得る [8].

---

[7] 空間次元が $d=2$ のときは $\sum_{\mu,\nu,\rho=0}^{2}\varepsilon^{\mu\nu\rho}\mathsf{A}_\mu\partial_\nu\mathsf{A}_\rho$ というチャーン・サイモンズ項も許されるが，ここでは議論しない．

[8] 第 5 章の脚注 13, 15 の記法を用いると，これらの項は $\frac{1}{2\mu_0}F\wedge *F = \frac{1}{4\mu_0}\sum_{\mu,\nu=0}^{d}\mathsf{F}_{\mu\nu}\mathsf{F}^{\mu\nu}\mathrm{d}^{d+1}\mathsf{r}$, $\mathsf{A}\wedge\mathsf{j} = \sum_{\mu=0}^{d}\mathsf{A}_\mu\mathsf{j}^\mu\mathrm{d}^{d+1}\mathsf{r}$ と書ける．このような微分形式を用いた取り扱いは，例えば [2, 40] に詳しい．

電磁場のラグランジアン

四元電流密度 j(r) と結合する電磁場のラグランジアンは

$$\mathcal{L}(\mathsf{A}, \partial\mathsf{A}) = -\frac{1}{4\mu_0}\sum_{\mu,\nu=0}^{3}\mathsf{F}_{\mu\nu}\mathsf{F}^{\mu\nu} + \sum_{\mu=0}^{3}\mathsf{j}^{\mu}\mathsf{A}_{\mu} \tag{11.49}$$

で与えられる.

このラグランジアンに対応するオイラー・ラグランジュ方程式

$$\sum_{\nu=0}^{3}\partial_\nu \underbrace{\frac{\partial\mathcal{L}}{\partial(\partial_\nu\mathsf{A}_\mu)}}_{=\frac{1}{\mu_0}\mathsf{F}^{\mu\nu}} = \underbrace{\frac{\partial\mathcal{L}}{\partial\mathsf{A}_\mu}}_{=\mathsf{j}^\mu} \quad ({}^\forall\mu = 0, 1, 2, 3) \tag{11.50}$$

はマクスウェル方程式 (5.99) に他ならない.

11.3.2 電磁場のエネルギーと運動量

次に式 (11.37)–(11.40) の電磁場のエネルギー・運動量を計算しよう. 純粋な電磁場からの寄与を調べるため, 四元電流密度 j^μ は 0 とする.

電磁場のようにローレンツ対称性をもつ系の場合は四元エネルギー流と四元運動量流をまとめた**エネルギー・運動量テンソル**

$$\mathcal{T}^{\mu\nu} := -\sum_{\sigma=0}^{3}\bar{\mathsf{g}}^{\mu\sigma}\left(\sum_{\rho=0}^{3}\partial_\sigma\mathsf{A}_\rho\frac{\partial\mathcal{L}}{\partial(\partial_\nu\mathsf{A}_\rho)} - \delta^\nu_\sigma\mathcal{L}\right) + \sum_{\rho=0}^{3}\partial_\rho\psi^{\mu\nu\rho} \tag{11.51}$$

を扱うのが便利である. エネルギーは $\mu = 0$, 運動量の β 成分は $\mu = \beta$ に対応し, それらの密度や流れは

$$\mathcal{E} = \mathcal{T}^{00}, \quad j^\alpha_{\mathcal{E}} = c\mathcal{T}^{0\alpha}, \quad \mathcal{P}^\beta = \frac{1}{c}\mathcal{T}^{\beta 0}, \quad j^{\beta\alpha}_{\mathcal{P}} = \mathcal{T}^{\beta\alpha} \tag{11.52}$$

によって与えられる. 対応する連続の方程式は $\sum_{\nu=0}^{3}\partial_\nu\mathcal{T}^{\mu\nu} = 0$ である.

式 (11.51) の $\psi^{\mu\nu\rho}$ は ν と ρ に関して反対称, つまり $\psi^{\mu\nu\rho} = -\psi^{\mu\rho\nu}$ を満たすと仮定される. その具体的な形は以下で定めるが, 可能であれば $\mathcal{T}^{\mu\nu}$ が対

称かつトレースレス（つまり $\mathcal{T}^{\mu\nu} = \mathcal{T}^{\nu\mu}$ かつ $\sum_{\mu,\nu=0}^{3} \mathsf{g}_{\mu\nu}\mathcal{T}^{\mu\nu} = 0$）となるように選ぶ[9]．式 (11.49) のラグランジアンで $\mathsf{j}^\mu = 0$ とした場合に具体的に計算すると

$$
\begin{aligned}
\mathcal{T}^{\mu\nu} &= -\sum_{\sigma=0}^{3} \bar{\mathsf{g}}^{\mu\sigma}\Bigl(\sum_{\rho=0}^{3} \underbrace{\partial_\sigma \mathsf{A}_\rho}_{=-\mathsf{F}_{\rho\sigma}+\partial_\rho \mathsf{A}_\sigma} \underbrace{\frac{\partial \mathcal{L}}{\partial(\partial_\nu \mathsf{A}_\rho)}}_{=\frac{1}{\mu_0}\mathsf{F}^{\rho\nu}} - \delta^\nu_\sigma \mathcal{L}\Bigr) + \sum_{\rho=0}^{3} \partial_\rho \psi^{\mu\nu\rho} \\
&= \frac{1}{\mu_0}\sum_{\rho,\sigma=0}^{3} \bar{\mathsf{g}}^{\mu\sigma}\mathsf{F}_{\rho\sigma}\mathsf{F}^{\rho\nu} + \bar{\mathsf{g}}^{\mu\nu}\mathcal{L} - \frac{1}{\mu_0}\sum_{\rho=0}^{3} \underbrace{\partial_\rho \mathsf{A}^\mu \mathsf{F}^{\rho\nu}}_{=\partial_\rho(\mathsf{A}^\mu \mathsf{F}^{\rho\nu}) - \mathsf{A}^\mu \partial_\rho \mathsf{F}^{\rho\nu}} \\
&\quad + \sum_{\rho=0}^{3} \partial_\rho \psi^{\mu\nu\rho} \\
&= \frac{1}{\mu_0}\sum_{\rho,\sigma=0}^{3} \bar{\mathsf{g}}^{\mu\sigma}\mathsf{F}_{\rho\sigma}\mathsf{F}^{\rho\nu} + \bar{\mathsf{g}}^{\mu\nu}\mathcal{L} + \mathsf{A}^\mu \underbrace{\frac{1}{\mu_0}\sum_{\rho=0}^{3} \partial_\rho \mathsf{F}^{\rho\nu}}_{=-\mathsf{j}^\nu=0} \\
&\quad - \sum_{\rho=0}^{3} \partial_\rho \Bigl(\frac{1}{\mu_0}\mathsf{A}^\mu \mathsf{F}^{\rho\nu} - \psi^{\mu\nu\rho}\Bigr)
\end{aligned}
\tag{11.53}
$$

となる．最後の項は $\psi^{\mu\nu\rho} = \mathsf{A}^\mu \mathsf{F}^{\rho\nu}/\mu_0$ と選ぶことによって消すことができる．また，最後から 2 番目の項はマクスウェル方程式 (5.99) によって 0 になる．したがってはじめの 2 項だけに着目すると

$$
\mathcal{T}^{\mu\nu} = \frac{1}{\mu_0}\sum_{\rho,\sigma=0}^{3} \bar{\mathsf{g}}^{\mu\sigma}\mathsf{F}_{\rho\sigma}\mathsf{F}^{\rho\nu} - \frac{1}{4\mu_0}\bar{\mathsf{g}}^{\mu\nu}\sum_{\rho,\sigma=0}^{3} \mathsf{F}_{\rho\sigma}\mathsf{F}^{\rho\sigma}. \tag{11.54}
$$

具体的に成分を書き下せば

9　一般にネーターカレント j^ν には不定性があり，$\mathsf{j}'^\nu = \mathsf{j}^\nu + \sum_{\rho=0}^{d} \partial_\rho \psi^{\nu\rho}$ としても $\psi^{\nu\rho} = -\psi^{\rho\nu}$ である限り同じ保存則 $\sum_{\nu=0}^{d} \partial_\nu \mathsf{j}'^\nu = 0$ が満たされる．

$$\mathcal{T} = \begin{pmatrix} \mathcal{E} & \frac{1}{c}\mathcal{S}^x & \frac{1}{c}\mathcal{S}^y & \frac{1}{c}\mathcal{S}^z \\ \frac{1}{c}\mathcal{S}^x & -\sigma^{xx} & -\sigma^{xy} & -\sigma^{xz} \\ \frac{1}{c}\mathcal{S}^y & -\sigma^{yx} & -\sigma^{yy} & -\sigma^{yz} \\ \frac{1}{c}\mathcal{S}^z & -\sigma^{zx} & -\sigma^{zy} & -\sigma^{zz} \end{pmatrix} \tag{11.55}$$

となる．ここで電磁場のエネルギー密度は

$$\mathcal{E} = \frac{\varepsilon_0}{2}\boldsymbol{E}^2 + \frac{1}{2\mu_0}\boldsymbol{B}^2, \tag{11.56}$$

エネルギー流 $\boldsymbol{j}_{\mathcal{E}}$ を表す**ポインティングベクトル (Poynting vector)** は

$$\boldsymbol{\mathcal{S}} := \frac{1}{\mu_0}\boldsymbol{E}\times\boldsymbol{B} \tag{11.57}$$

で与えられる．運動量密度も $\boldsymbol{\mathcal{S}}$ によって $\boldsymbol{\mathcal{P}} = \boldsymbol{\mathcal{S}}/c^2 = \varepsilon_0\boldsymbol{E}\times\boldsymbol{B}$ と与えられる．さらに運動量流の -1 倍を表す**マクスウェルの応力テンソル** σ は，$\alpha\beta$ 成分が

$$\sigma^{\alpha\beta} := \varepsilon_0\Big(E^\alpha E^\beta - \frac{1}{2}\delta^{\alpha\beta}\boldsymbol{E}^2\Big) + \frac{1}{\mu_0}\Big(B^\alpha B^\beta - \frac{1}{2}\delta^{\alpha\beta}\boldsymbol{B}^2\Big) \tag{11.58}$$

によって与えられる．

11.4 種々の複素スカラー場

最後に，少し雑多になるが，1 成分の複素スカラー場 $\psi(\boldsymbol{r},t)\in\mathbb{C}$ について議論しよう．一般的な形として次のラグランジアンを考える．

$$\mathcal{L} = a\partial_t\psi^*\partial_t\psi + \frac{\mathrm{i}b}{2}(\psi^*\partial_t\psi - \partial_t\psi^*\psi) - c\boldsymbol{\nabla}_{\boldsymbol{r}}\psi^*\cdot\boldsymbol{\nabla}_{\boldsymbol{r}}\psi + \alpha\psi^*\psi - \frac{\beta}{2}(\psi^*\psi)^2. \tag{11.59}$$

以下に現れる $\hbar = 1.05457\cdots\times 10^{-34}$ Js は換算プランク定数である．$\phi_1,\phi_2\in\mathbb{R}$ を用いて $\psi=\phi_1+\mathrm{i}\phi_2$ と書き直すと明らかなように，複素場 1 つは実数場 2 つに対応する．

ψ についてのオイラー・ラグランジュ方程式 (11.10) は，ψ^* について偏微分した

$$\partial_t \frac{\partial \mathcal{L}}{\partial(\partial_t \psi^*)} + \boldsymbol{\nabla}_{\boldsymbol{r}} \cdot \frac{\partial \mathcal{L}}{\partial(\boldsymbol{\nabla}_{\boldsymbol{r}} \psi^*)} = \frac{\partial \mathcal{L}}{\partial \psi^*} \tag{11.60}$$

によって与えられる [10]．この模型には，$\psi'(\boldsymbol{r}, t) = \psi(\boldsymbol{r}, t)\mathrm{e}^{-\frac{\mathrm{i}}{\hbar}\theta}$ という位相回転の対称性があり，これに対応してネーターカレント

$$\rho = \frac{\mathrm{i}\psi^*}{\hbar} \frac{\partial \mathcal{L}}{\partial(\partial_t \psi^*)} - \frac{\partial \mathcal{L}}{\partial(\partial_t \psi)} \frac{\mathrm{i}\psi}{\hbar}, \tag{11.62}$$

$$\boldsymbol{j} = \frac{\mathrm{i}\psi^*}{\hbar} \frac{\partial \mathcal{L}}{\partial(\boldsymbol{\nabla}_{\boldsymbol{r}} \psi^*)} - \frac{\partial \mathcal{L}}{\partial(\boldsymbol{\nabla}_{\boldsymbol{r}} \psi)} \frac{\mathrm{i}\psi}{\hbar} \tag{11.63}$$

が連続の方程式を満たす．保存量 $\mathcal{Q} = \int \mathrm{d}^3 r \rho$ は粒子数と解釈される (表 4.1).

考えている粒子が電荷 q をもつ場合には

$$\begin{aligned}\mathcal{L} = & a\left(\partial_t - \mathrm{i}\frac{q}{\hbar}\phi\right)\psi^*\left(\partial_t + \mathrm{i}\frac{q}{\hbar}\phi\right)\psi + \frac{\mathrm{i}b}{2}\left(\psi^*\left(\partial_t + \mathrm{i}\frac{q}{\hbar}\phi\right)\psi - \left(\partial_t - \mathrm{i}\frac{q}{\hbar}\phi\right)\psi^*\psi\right) \\ & - c\left(\boldsymbol{\nabla}_{\boldsymbol{r}} + \mathrm{i}\frac{q}{\hbar}\boldsymbol{A}\right)\psi^* \cdot \left(\boldsymbol{\nabla}_{\boldsymbol{r}} - \mathrm{i}\frac{q}{\hbar}\boldsymbol{A}\right)\psi + \alpha\psi^*\psi - \frac{\beta}{2}(\psi^*\psi)^2\end{aligned} \tag{11.64}$$

とすればよい．このとき $\psi'(\boldsymbol{r}, t) = \psi(\boldsymbol{r}, t)\mathrm{e}^{\mathrm{i}\frac{q}{\hbar}\chi(\boldsymbol{r}, t)}$ とし，同時にスカラーポテンシャル ϕ とベクトルポテンシャル $\boldsymbol{A}$ を式 (2.69), (2.70) に従って変換するゲージ変換に対する不変性（冗長性）をもつ.

この模型は物理の様々な分野で使われている．以下に重要な例を 3 つ紹介する.

---

[10] 0.1.3 項で説明した q と $\dot{q}$ の独立性と似た例として，$z \coloneqq x + \mathrm{i}y$ $(x, y \in \mathbb{R})$ とその複素共役 $z^* = x - \mathrm{i}y$ を独立変数とした偏微分 $\frac{\partial f(z, z^*)}{\partial z}$ がある．一般に a, b, c, d を定数として x, y から $X = ax + by$, $Y = cx + dy$ へ変数変換（ただし $ad \neq bc$）したとしよう．単なる線型変換なので偏微分 $\frac{\partial \tilde{f}(X, Y)}{\partial X}$, $\frac{\partial \tilde{f}(X, Y)}{\partial Y}$ は問題なく定義できている．ここで特に $a = 1, b = \mathrm{i}, c = 1, d = -\mathrm{i}$ として，$X = x + \mathrm{i}y$ を z, $Y = x - \mathrm{i}y$ を z^* と書いたものが $\frac{\partial f}{\partial z}$, $\frac{\partial f}{\partial z^*}$ である．元の x, y での偏微分で表すと次のようになる.

$$\frac{\partial f}{\partial z} = \frac{1}{2}\left(\frac{\partial f(x, y)}{\partial x} - \mathrm{i}\frac{\partial f(x, y)}{\partial y}\right), \quad \frac{\partial f}{\partial z^*} = \frac{1}{2}\left(\frac{\partial f(x, y)}{\partial x} + \mathrm{i}\frac{\partial f(x, y)}{\partial y}\right). \tag{11.61}$$

11.4.1 ゴールドストーン模型

$a = \frac{1}{c^2}$, $b = 0$, $c = 1$, $q = 0$ の場合は相対論的な複素ボソン場の理論で，**ゴールドストーン模型**[11] と呼ばれる．

$$\mathcal{L} = -\sum_{\mu,\nu=0}^{3} \bar{\mathrm{g}}^{\mu\nu}\partial_\mu\psi^*\partial_\nu\psi + \alpha\psi^*\psi - \frac{\beta}{2}(\psi^*\psi)^2 \tag{11.65}$$

ポテンシャル $V = -\alpha|\psi|^2 + \frac{\beta}{2}|\psi|^4$ は $\alpha, \beta > 0$ の場合，図 10.3(a) のようなワインボトル型をしており，エネルギーを最小にする場の配位は絶対値が $|\psi| = \sqrt{\alpha/\beta}$ で位相は任意である．例えば $\psi^{(0)} = \sqrt{\alpha/\beta}$ と選ぶと位相回転対称性が自発的に破れる．

この配位の周りの微小なゆらぎの性質を調べるために，2.7.1 項の議論を参考にして $\psi = \psi^{(0)}(1 + \epsilon(h + \mathrm{i}\theta))$ としてみよう．問題を調和振動子に帰着させるため $O(\epsilon^2)$ までを残す近似をすると，ラグランジアンは

$$\mathcal{L} = \epsilon^2|\psi^{(0)}|^2\left(\left(\frac{1}{c^2}(\partial_t\theta)^2 - (\boldsymbol{\nabla}_{\boldsymbol{r}}\theta)^2\right) + \left(\frac{1}{c^2}(\partial_t h)^2 - (\boldsymbol{\nabla}_{\boldsymbol{r}} h)^2 - 2\alpha h^2\right)\right) + O(\epsilon^3) \tag{11.66}$$

となる．式 (11.6) のラグランジアンと比較すると分かるように，θ は $\omega(\boldsymbol{q}) = c|\boldsymbol{q}|$ という線形分散をもつ南部・ゴールドストーンモードである．これは第 10 章で紹介した南部・ゴールドストーン定理のもっとも初期の例の 1 つである．一方，h は $\omega(\boldsymbol{q}) = c\sqrt{2\alpha + |\boldsymbol{q}|^2}$ というギャップが開いたモード（ヒッグスモード）である．

逆に，例えば $\alpha < 0$, $\beta = 0$ としてみるとポテンシャルは図 10.3(b) のようになり，エネルギーを最小にする配位は $\psi^{(0)} = 0$ である．2 つのモードの分散関係はどちらも $\omega(\boldsymbol{q}) = c\sqrt{|\alpha| + |\boldsymbol{q}|^2}$ でギャップが開いている．

11.4.2 グロス・ピタエフスキー模型

$a = 0$, $b = \hbar$, $c = \frac{\hbar^2}{2m}$, $q = 0$, $\alpha > 0$, $\beta > 0$ の場合は非相対論的なボース

[11] [41] J. Goldstone: *Nuovo Cimento* **19**, 154, 1961.

粒子の多体系におけるボース・アインシュタイン凝縮体の理論に登場する．

$$\mathcal{L} = \frac{\mathrm{i}\hbar}{2}\big(\psi^*\partial_t\psi - \partial_t\psi^*\psi\big) - \frac{\hbar^2}{2m}\boldsymbol{\nabla}_{\boldsymbol{r}}\psi^*\cdot\boldsymbol{\nabla}_{\boldsymbol{r}}\psi + \alpha\psi^*\psi - \frac{\beta}{2}(\psi^*\psi)^2 \tag{11.67}$$

ボース粒子の多体系なので元来とても大きな自由度をもつが，ボース・アインシュタイン凝縮体になると 1 つの巨視的波動関数 ψ で記述できるようになる．

オイラー・ラグランジュ方程式 (11.60) は**グロス・ピタエフスキー方程式**：

$$\mathrm{i}\hbar\partial_t\psi = \Big(-\frac{\hbar^2}{2m}\boldsymbol{\nabla}_{\boldsymbol{r}}^2 - \alpha + \beta|\psi|^2\Big)\psi \tag{11.68}$$

を与える．定常状態に興味がある場合はエネルギー固有値 E を用いて左辺を $E\psi$ とすることが多い．この式に基づいて超流動密度 $\rho = \psi^*\psi$ や超流動流 $\boldsymbol{j} = \frac{\hbar}{2m\mathrm{i}}(\psi^*\boldsymbol{\nabla}_{\boldsymbol{r}}\psi - \boldsymbol{\nabla}_{\boldsymbol{r}}\psi^*\psi)$ の振る舞いが議論される [12]．

この場合も前項同様，位相回転対称性の自発的破れにより南部・ゴールドストーンモードが生じる．ここでも $\psi = \psi^{(0)}(1+\epsilon(h+\mathrm{i}\theta))$ として揺らぎについて $O(\epsilon^2)$ までを残す近似をすると，ラグランジアンは不定性を除いて

$$\mathcal{L} = \hbar\epsilon^2|\psi^{(0)}|^2\Big(\theta\partial_t h - h\partial_t\theta - \frac{\hbar}{2m}\big((\boldsymbol{\nabla}_{\boldsymbol{r}}h)^2 + (\boldsymbol{\nabla}_{\boldsymbol{r}}\theta)^2\big) - \frac{2\alpha}{\hbar}h^2\Big) + O(\epsilon^3) \tag{11.69}$$

となる．h と θ についてのオイラー・ラグランジュ方程式を連立して解くと (章末演習問題)，分散関係が

$$\omega(\boldsymbol{q}) = \sqrt{\frac{\alpha}{m}|\boldsymbol{q}|^2 + \Big(\frac{\hbar\boldsymbol{q}^2}{2m}\Big)^2} \tag{11.70}$$

で与えられ，$|\boldsymbol{q}|$ が小さい範囲では線形分散 $\omega(\boldsymbol{q}) \simeq \sqrt{\frac{\alpha}{m}}|\boldsymbol{q}|$, $|\boldsymbol{q}|$ が大きい範囲では自由ボソンの二乗分散 $\omega(\boldsymbol{q}) \simeq \frac{\hbar\boldsymbol{q}^2}{2m}$ で近似されることが分かる．ラグランジアン密度に時間微分の二乗の項がないために，モードはこの 1 つしかない．

11.4.3　ギンツブルグ・ランダウ理論

$a > 0$, $c = \frac{\hbar^2}{2m^*}$, $q = 2e < 0$ の場合のオイラー・ラグランジュ方程式 (11.60)

[12] 詳細は [42, 43] などを参照のこと．

は，超伝導の現象論である**ギンツブルグ・ランダウ方程式**を与える[13].

$$-a\Big(\partial_t + \mathrm{i}\frac{2e}{\hbar}\phi\Big)^2\psi = \Big(-\frac{\hbar^2}{2m^*}\Big(\boldsymbol{\nabla}_{\boldsymbol{r}} - \mathrm{i}\frac{2e}{\hbar}\boldsymbol{A}\Big)^2 - \alpha + \beta|\psi|^2\Big)\psi \quad (11.71)$$

ここでは簡単のため $b = 0$ とした．ψ は超伝導オーダーパラメータと呼ばれる量で，2 つの電子がペアになって凝縮した場合の巨視的波動関数を表している．電荷が $2e$ になっているのも電子がペアを組んでいるためである．右辺の空間微分 $\frac{\hbar^2}{2m^*}\boldsymbol{\nabla}_{\boldsymbol{r}}^2$ とポテンシャル α を比較して得られる長さスケール $\xi = \sqrt{\frac{\hbar^2}{2m^*|\alpha|}}$ は，コヒーレンス長と呼ばれ，ψ の変調に要する典型的な長さを表す．

このラグランジアン密度に対応するネーターカレントは

$$\rho = \mathrm{i}\frac{a}{\hbar}\Big(\psi^*\Big(\partial_t + \mathrm{i}\frac{2e}{\hbar}\phi\Big)\psi - \Big(\partial_t - \mathrm{i}\frac{2e}{\hbar}\phi\Big)\psi^*\psi\Big), \quad (11.72)$$

$$\boldsymbol{j} = \frac{\hbar}{2m^*\mathrm{i}}\Big(\psi^*\Big(\boldsymbol{\nabla}_{\boldsymbol{r}} - \mathrm{i}\frac{2e}{\hbar}\boldsymbol{A}\Big)\psi - \Big(\boldsymbol{\nabla}_{\boldsymbol{r}} + \mathrm{i}\frac{2e}{\hbar}\boldsymbol{A}\Big)\psi^*\psi\Big) \quad (11.73)$$

で与えられる．特に $\boldsymbol{j}_s := 2e\boldsymbol{j}$ は超伝導電流と解釈される．対応して ρ を超伝導密度 n_s と解釈したくなるが，文献によると $n_s := \psi^*\psi = |\psi|^2$ とするようだ[14].

いま超伝導の内部で ψ が一定になっているとしよう．すると超伝導電流に関する**ロンドン方程式**

$$\boldsymbol{j}_s(\boldsymbol{r}, t) = -\frac{n_s(2e)^2}{m^*}\boldsymbol{A}(\boldsymbol{r}, t) \quad (11.74)$$

が得られる．この式をマクスウェル方程式を変形して得られた式 (5.12) に代入すると

$$\Big(\frac{1}{c^2}\frac{\partial^2}{\partial t^2} - \boldsymbol{\nabla}_{\boldsymbol{r}}^2\Big)\boldsymbol{B}(\boldsymbol{r}, t) = -\frac{\mu_0 n_s(2e)^2}{m^*}\boldsymbol{B}(\boldsymbol{r}, t) \quad (11.75)$$

となる．いま $z > 0$ の領域が超伝導体で満たされているとし，そこに外から（時間 t や x, y 座標に依存しない）z 方向の磁場 $\boldsymbol{B}(\boldsymbol{r}, t) = (0, 0, B^z(z))^T$ をかけ

---

[13] 元々は自由エネルギーに基づいて定常状態を記述する理論だが，ここでは [44] にあるような時間依存バージョンを考えている．

[14] 例えば [45] などを参照のこと．

たとしよう．すると $B^z(z)$ が従う微分方程式は

$$\frac{\mathrm{d}^2}{\mathrm{d}z^2}B^z(z)=\frac{1}{\lambda^2}B^z(z),\quad \lambda:=\sqrt{\frac{m^*}{\mu_0 n_s(2e)^2}} \tag{11.76}$$

となる．これは超伝導体の内部の磁場は $B(z)=B(0)\mathrm{e}^{-z/\lambda}$ のように指数関数的に減衰することを意味しており，超伝導体内部に磁束が侵入しないという**マイスナー効果**を示している．この長さスケール λ はロンドンの侵入長と呼ばれる．

2つの長さスケールの比 $\kappa:=\lambda/\xi$ はギンツブルグ・ランダウパラメータと呼ばれる無次元量である．$0<\kappa<1/\sqrt{2}$ のときタイプIの超伝導，$\kappa>1/\sqrt{2}$ のときタイプIIの超伝導に分類される．タイプIIの超伝導に磁場をかけていくと，一定の強さになったところで超伝導内部に磁束が渦として侵入していき渦格子が生じる，といった面白い性質があるが，詳細は先に挙げた専門書に譲る．

これら超流動や超伝導といった現象を微視的な立場から理解するには量子力学の枠組みが必要だが，ここで議論した場の理論（有効場の理論）を用いると古典論の取り扱いでも多くの興味深い性質を説明できるのである．

11.5 章末演習問題

問題1 荷電粒子と電磁場からなる系のエネルギー保存

荷電粒子と電磁場からなる系の全エネルギーは

$$E_{\mathrm{tot}}(t)=\sum_{i=1}^{M}\frac{m_i}{2}\dot{\boldsymbol{r}}_i(t)^2+\int \mathrm{d}^3r\left(\frac{\varepsilon_0}{2}\boldsymbol{E}(\boldsymbol{r},t)^2+\frac{1}{2\mu_0}\boldsymbol{B}(\boldsymbol{r},t)^2\right) \tag{11.77}$$

で与えられる．

(1) 時間微分をとることで

$$\frac{\mathrm{d}}{\mathrm{d}t}E_{\mathrm{tot}}=\sum_{i=1}^{M}\dot{\boldsymbol{r}}_i\cdot\frac{\mathrm{d}\boldsymbol{p}_i}{\mathrm{d}t}+\int \mathrm{d}^3r\left(\varepsilon_0\boldsymbol{E}\cdot\partial_t\boldsymbol{E}+\frac{1}{\mu_0}\boldsymbol{B}\cdot\partial_t\boldsymbol{B}\right) \tag{11.78}$$

を示せ．ただし $\boldsymbol{p}_i=m\dot{\boldsymbol{r}}_i$ とした．

(2) この結果に式 (2.64), (5.2), (5.4), (5.7) を用いることで

$$\frac{\mathrm{d}}{\mathrm{d}t}E_{\mathrm{tot}} = \frac{1}{\mu_0}\int \mathrm{d}^3r\Big(\boldsymbol{E}\cdot\boldsymbol{\nabla}_{\boldsymbol{r}}\times\boldsymbol{B} - \boldsymbol{B}\cdot\boldsymbol{\nabla}_{\boldsymbol{r}}\times\boldsymbol{E}\Big) = -\int \mathrm{d}^3r\boldsymbol{\nabla}_{\boldsymbol{r}}\cdot\boldsymbol{\mathcal{S}} \tag{11.79}$$

を示せ．ただし $\boldsymbol{\mathcal{S}}$ は式 (11.57) で定義されるポインティングベクトルである．必要であればベクトル解析の公式 (0.40) を用いよ．

(3) 粒子のエネルギーに式 (5.60) の相対論的な表式 $\sum_{i=1}^{M}\frac{m_i c^2}{\sqrt{1-\dot{\boldsymbol{r}}_i(t)^2/c^2}}$ を使った場合，以上の議論はどのように変更されるか．

問題2　荷電粒子と電磁場からなる系の運動量保存

荷電粒子と電磁場からなる系の全運動量は

$$\boldsymbol{P}_{\mathrm{tot}}(t) = \sum_{i=1}^{M} m_i\dot{\boldsymbol{r}}_i(t) + \int \mathrm{d}^3r\,\varepsilon_0\boldsymbol{E}(\boldsymbol{r},t)\times\boldsymbol{B}(\boldsymbol{r},t) \tag{11.80}$$

で与えられる．

(1) 時間微分をとることで

$$\frac{\mathrm{d}}{\mathrm{d}t}\boldsymbol{P}_{\mathrm{tot}} = \sum_{i=1}^{M}\frac{\mathrm{d}\boldsymbol{p}_i}{\mathrm{d}t} + \int \mathrm{d}^3r\,\varepsilon_0\big(\partial_t\boldsymbol{E}\times\boldsymbol{B} + \boldsymbol{E}\times\partial_t\boldsymbol{B}\big) \tag{11.81}$$

を示せ．

(2) この結果に式 (2.64), (5.2), (5.4), (5.7) を用いることで

$$\frac{\mathrm{d}}{\mathrm{d}t}\boldsymbol{P}_{\mathrm{tot}} = \sum_{i=1}^{M} e_i\boldsymbol{E}(\boldsymbol{r}_i,t) - \int \mathrm{d}^3r\Big(\frac{1}{\mu_0}\boldsymbol{B}\times\boldsymbol{\nabla}_{\boldsymbol{r}}\times\boldsymbol{B} + \varepsilon_0\boldsymbol{E}\times\boldsymbol{\nabla}_{\boldsymbol{r}}\times\boldsymbol{E}\Big) \tag{11.82}$$

を示せ．

(3) さらに式 (5.6), (5.1), (5.3) を用いることで

$$\frac{\mathrm{d}}{\mathrm{d}t}\boldsymbol{P}_{\mathrm{tot}} = \int \mathrm{d}^3r\varepsilon_0\Big(\boldsymbol{E}(\boldsymbol{\nabla}_{\boldsymbol{r}}\cdot\boldsymbol{E}) - \boldsymbol{E}\times\boldsymbol{\nabla}_{\boldsymbol{r}}\times\boldsymbol{E}\Big)$$

$$+\int \mathrm{d}^3 r \frac{1}{\mu_0}\Big(\boldsymbol{B}(\boldsymbol{\nabla}_{\boldsymbol{r}}\cdot\boldsymbol{B}) - \boldsymbol{B}\times\boldsymbol{\nabla}_{\boldsymbol{r}}\times\boldsymbol{B}\Big) \tag{11.83}$$

を示せ.

(4) この結果の第 α 成分は

$$\frac{\mathrm{d}}{\mathrm{d}t}P_{\mathrm{tot}}^{\alpha} = \int \mathrm{d}^3 r \sum_{\beta=1}^{3} \partial_\beta \sigma^{\alpha\beta} \tag{11.84}$$

と書き直せることを示せ．ただし σ は式 (11.58) で定義されるマクスウェルの応力テンソルである.

(5) 粒子の運動量に式 (5.61) の相対論的な表式 $\sum_{i=1}^{M} \frac{m_i \dot{\boldsymbol{r}}_i(t)}{\sqrt{1-\dot{\boldsymbol{r}}_i(t)^2/c^2}}$ を使った場合，以上の議論はどのように変更されるか.

問題 3　ボース・アインシュタイン凝縮体の南部・ゴールドストーンモード

式 (11.69) のラグランジアンを考える．ただし $O(\epsilon^3)$ の項は無視する.

(1) h についてのオイラー・ラグランジュ方程式を書き下せ.

(2) θ についてのオイラー・ラグランジュ方程式を書き下せ.

(3) これらを連立することで，式 (11.70) の分散関係を導出せよ.

第 12 章

特異系の取り扱い

6.1.1 項でラグランジアンのルジャンドル変換としてハミルトニアンを得た際には，$\dot{q}_1, \cdots, \dot{q}_N$ の各々を $q_1, \cdots, q_N$ と $p_1, \cdots, p_N$ を用いて表すことができると仮定しており，このためには式 (6.5) で定義されるヘッセ行列 H が正則であることが必要であった．この最終章では，この仮定が満たされていない特異系の取り扱いを学ぶ．抽象的な議論だけだと難解になってしまうので，これまでに見てきたスピン，単振り子，ゲージ理論という 3 つの具体例と一般論を行ったり来たりしながら少しずつ進もう [1]．

12.1 特異系の例

実は特異系というのはそんなに珍しいものではない．6.5.2 項でスピンのラグランジアンが特異系であることを見たが，この他の具体例を見てみよう．

12.1.1 例：単振り子

3.2.2 項では，単振り子を拘束条件を用いて扱った．r, θ, λ を対等な一般化座標とみなし，未定乗数を導入した後のラグランジアンを改めて

---

[1] この方法論の提案者自身による名著 [46] に簡潔かつ明快にまとまっている．日本語の文献としては [1] 第 10 章や [21] 第 4 章，[11] 第 8 章，[47] 5–2 節を参考にした．

$$L(r,\theta,\lambda,\dot{r},\dot{\theta},\dot{\lambda}) = \frac{m}{2}(\dot{r}^2 + r^2\dot{\theta}^2) + mgr\cos\theta + \lambda(r-\ell) \tag{12.1}$$

としてみる．すると

$$\mathrm{H} = \begin{pmatrix} m & 0 & 0 \\ 0 & mr^2 & 0 \\ 0 & 0 & 0 \end{pmatrix} \tag{12.2}$$

で $\det \mathrm{H} = 0$ であり，これは特異系である．実際

$$p_r \coloneqq \frac{\partial L}{\partial \dot{r}} = m\dot{r}, \quad p_\theta \coloneqq \frac{\partial L}{\partial \dot{\theta}} = mr^2\dot{\theta}, \quad p_\lambda \coloneqq \frac{\partial L}{\partial \dot{\lambda}} = 0 \tag{12.3}$$

の 3 つ目の式が拘束条件 $\varphi_1 \coloneqq p_\lambda = 0$ を表している．

12.1.2　例：電磁場

ラグランジアンが式 (11.49) で与えられる電磁場の理論も実は拘束系である．$\frac{\partial \mathcal{L}}{\partial(\partial_t \mathsf{A}_\mu)} = \frac{1}{c\mu_0}\mathsf{F}^{\mu 0}$ なので，ϕ と $\boldsymbol{A}$ に対応する一般化運動量は

$$\Pi_\phi = 0, \tag{12.4}$$

$$\Pi^\alpha = \frac{1}{c\mu_0}\mathsf{F}^{\alpha 0} = \frac{1}{c^2\mu_0}\big(\partial_\alpha \phi + \partial_t A^\alpha\big) = -\varepsilon_0 E^\alpha \quad (\alpha = 1,2,3) \tag{12.5}$$

となる．この 1 つ目の式が拘束条件

$$\varphi_1 \coloneqq \Pi_\phi(\boldsymbol{r}, t) = 0 \tag{12.6}$$

である．

12.2　特異系の取り扱い

$q_1, \cdots, q_N$ と $p_1, \cdots, p_N$ からなる相空間全体を $\mathcal{M}$ と書く．拘束条件はこの空間を部分空間へと制限する．

12.2.1　一次拘束条件

式 (6.5) の行列 H のランクが N' であったとする．

$$\operatorname{rank} \mathrm{H} = N' \tag{12.7}$$

すると

$$\varphi_m(q,p) \approx 0 \quad (m = 1, 2, \cdots, M) \tag{12.8}$$

という**一次拘束条件 (primary constraints)** が $M := N - N'$ 個が得られる[2]．ここで $=$ ではなく $\approx$ という記号を使ったのは，相空間 $\mathcal{M}$ 上で恒等的に 0 になる式と区別するためである．≈ 0 は弱等号と呼ばれ，拘束条件が成立する部分空間上でのみ成立することを意味する．ここでは簡単のため拘束条件は t に陽に依存しないと仮定する．

拘束条件を気にせず，ハミルトニアンを

$$H(q,p,t) := \sum_{i=1}^{N} p_i \dot{q}_i - L(q, \dot{q}, t) \tag{12.9}$$

によって定め，式 (2.33) の一般化運動量の定義を用いて $\dot{q}$ を消去すると，これは q と p の関数になる．

式 (12.8) の拘束条件のもとで，作用 (6.21) の停留条件を考える．$q_i(t)$ を $q_i(t) + \epsilon_i(t)$ に，$p_i(t)$ を $p_i(t) + \eta_i(t)$ へと変化させたときの作用の変化分は式 (6.22) より

$$\begin{aligned}\delta S[q,p] = \int_{t_\mathrm{i}}^{t_\mathrm{f}} \mathrm{d}t \sum_{i=1}^{N} \left(\eta_i \Big(\dot{q}_i - \frac{\partial H}{\partial p_i} \Big) - \epsilon_i \Big(\dot{p}_i + \frac{\partial H}{\partial q_i} \Big) \right) \\ + \Big[\sum_{i=1}^{N} p_i \epsilon_i \Big]_{t_\mathrm{i}}^{t_\mathrm{f}} + O(\epsilon^2, \eta^2, \epsilon\eta)\end{aligned} \tag{12.10}$$

だが，$\epsilon_1, \cdots, \epsilon_N$ や $\eta_1, \cdots, \eta_N$ は独立ではなく，拘束条件のために

$$\delta\varphi_m = \sum_{i=1}^{N} \left(\frac{\partial \varphi_m}{\partial q_i} \epsilon_i + \frac{\partial \varphi_m}{\partial p_i} \eta_i \right) \approx 0 \tag{12.11}$$

[2] 本章では 12.4 節を除いて M は粒子数ではなく一次拘束条件の数を表す．

という条件が課される．そのため，停留値条件である正準方程式は u_m $(m = 1, 2, \cdots, M)$ を未定乗数として

$$\dot{q}_i = \frac{\partial H}{\partial p_i} + \sum_{m=1}^{M} \frac{\partial \varphi_m}{\partial p_i} u_m, \tag{12.12}$$

$$\dot{p}_i = -\frac{\partial H}{\partial q_i} - \sum_{m=1}^{M} \frac{\partial \varphi_m}{\partial q_i} u_m \tag{12.13}$$

で与えられる．したがって正準座標と時間の関数 $f(q, p, t)$ の時間発展は

$$\frac{\mathrm{d}}{\mathrm{d}t} f = \{f, H\} + \sum_{m=1}^{M} \{f, \varphi_m\} u_m + \frac{\partial f}{\partial t} \tag{12.14}$$

で与えられる．

12.2.2　二次拘束条件

時間発展した後も拘束条件 $\varphi_m(q, p) \approx 0$ $(m = 1, \cdots, M)$ が成立し続けるためには**整合性の条件 (consistency condition)**

$$\frac{\mathrm{d}}{\mathrm{d}t} \varphi_m = \{\varphi_m, H\} + \sum_{m'=1}^{M} \{\varphi_m, \varphi_{m'}\} u_{m'} \approx 0 \tag{12.15}$$

が必要になる．この条件式は未定乗数 u_m を決定するだけの場合もあるが，新しい拘束条件が得られることもある．これらの新しい条件を**二次拘束条件 (secondary constraints)** と呼ぶ．新しい拘束条件が得られた場合，それについても時間微分が 0 という条件を考えるとまた新たな条件が得られることがあるが，これらも二次拘束条件と呼ぶ．この手順を繰り返した結果，合計で K 個の二次拘束条件

$$\varphi_k(q, p) \approx 0 \quad ({}^{\forall} k = M+1, M+2, \cdots, M+K) \tag{12.16}$$

が得られたとしよう．

一次拘束条件と二次拘束条件を合わせて

$$\varphi_j(q, p) \approx 0 \quad ({}^{\forall} j = 1, 2, \cdots, \mathcal{J} := M+K) \tag{12.17}$$

と書く．この構成により

$$\frac{\mathrm{d}}{\mathrm{d}t}\varphi_j(q,p) = \{\varphi_j, H\} + \sum_{m'=1}^{M}\{\varphi_j, \varphi_{m'}\}u_{m'} \approx 0 \tag{12.18}$$

はこれまでに得られた拘束条件のもとで必ず成立する．これらの合計 $\mathcal{J}$ 個の拘束条件により，元々の $2N$ 次元相空間 $\mathcal{M}$ は $2N-\mathcal{J}$ 次元の部分相空間 $\mathcal{M}^*$ へと制限される．

少し抽象的になったので，再び具体例を通して理解を深めよう．

12.2.3　例：スピン

まずはスピンの例を考えよう．6.5.2 項で見たように，スピンのラグランジアン

$$L(\theta, \phi, \dot{\theta}, \dot{\phi}, t) = -s\dot{\phi}(1-\cos\theta) - U(\boldsymbol{s}, t) \tag{12.19}$$

で θ, ϕ を一般化座標と見た場合は特異系なのだった．この場合

$$\mathrm{H} = \begin{pmatrix} 0 & 0 \\ 0 & 0 \end{pmatrix} \tag{12.20}$$

なので $\operatorname{rank}\mathrm{H} = 0$ であり拘束条件が 2 つ生じる．実際，一般化運動量は

$$p_\theta \coloneqq \frac{\partial L}{\partial \dot{\theta}} = 0, \quad p_\phi \coloneqq \frac{\partial L}{\partial \dot{\phi}} = -s(1-\cos\theta) \tag{12.21}$$

となり，これらが 2 つの拘束条件

$$\varphi_1 \coloneqq p_\theta \approx 0, \quad \varphi_2 \coloneqq p_\phi + s(1-\cos\theta) \approx 0 \tag{12.22}$$

を与える．ハミルトニアンは

$$H(\theta, \phi, p_\theta, p_\phi, t) \coloneqq p_\theta\dot{\theta} + p_\phi\dot{\phi} - L = U(\boldsymbol{s}, t) \tag{12.23}$$

である．φ_1 と φ_2 に対する整合性の条件は

$$\frac{\mathrm{d}}{\mathrm{d}t}\varphi_1 = \{\varphi_1, H\} + \sum_{m=1}^{2}\{\varphi_1, \varphi_m\}u_m = -\frac{\partial U}{\partial \theta} - s\sin\theta\, u_2 \approx 0, \tag{12.24}$$

$$\frac{\mathrm{d}}{\mathrm{d}t}\varphi_2 = \{\varphi_2, H\} + \sum_{m=1}^{2}\{\varphi_2, \varphi_m\}u_m = -\frac{\partial U}{\partial \phi} + s\sin\theta\, u_1 \approx 0 \qquad (12.25)$$

であり，これは未定乗数 u_1, u_2 を決定するだけで二次拘束条件は生じない.

以上により，元々 $\theta, \phi, p_\theta, p_\phi$ の 4 次元だった相空間 $\mathcal{M}$ は，拘束条件を加味することで $4-2=2$ 次元の部分相空間 $\mathcal{M}^*$ へと制限される.

12.2.4　例：単振り子

単振り子の系の一次拘束条件は 12.1.1 項で導出した．ハミルトニアンは

$$\begin{aligned} H(r, \theta, \lambda, p_r, p_\theta, p_\lambda) &= p_r\dot{r} + p_\theta\dot{\theta} + p_\lambda\dot{\lambda} - L \\ &= \frac{p_r^2}{2m} + \frac{p_\theta^2}{2mr^2} - mgr\cos\theta - \lambda(r-\ell) \qquad (12.26) \end{aligned}$$

となる．$\varphi_1 = p_\lambda$ の時間微分は

$$\frac{\mathrm{d}}{\mathrm{d}t}\varphi_1 = \{\varphi_1, H\} + \{\varphi_1, \varphi_1\}u_1 = r - \ell \qquad (12.27)$$

なので，整合性の条件から二次拘束条件 $\varphi_2 = r - \ell \approx 0$ が得られた．この時間微分は

$$\frac{\mathrm{d}}{\mathrm{d}t}\varphi_2 = \{\varphi_2, H\} + \{\varphi_2, \varphi_1\}u_1 = \frac{p_r}{m} \qquad (12.28)$$

なので，さらなる二次拘束条件 $\varphi_3 = p_r \approx 0$ が得られる．同様に

$$\frac{\mathrm{d}}{\mathrm{d}t}\varphi_3 = \{\varphi_3, H\} + \{\varphi_3, \varphi_1\}u_1 = \frac{p_\theta^2}{mr^3} + mg\cos\theta + \lambda \qquad (12.29)$$

なので，$\varphi_4 = \frac{p_\theta^2}{mr^3} + mg\cos\theta + \lambda$ とする．ところが

$$\frac{\mathrm{d}}{\mathrm{d}t}\varphi_4 = \{\varphi_4, H\} + \{\varphi_4, \varphi_1\}u_1 = u_1 - 3\frac{p_\theta^2}{mr^4}\frac{p_r}{m} - 3g\sin\theta\frac{p_\theta}{r^2} \qquad (12.30)$$

なので，$\frac{\mathrm{d}}{\mathrm{d}t}\varphi_4 \approx 0$ からは u_1 が決定されるだけで，新しい拘束条件は生じない.

元々 $r, \theta, \lambda, p_r, p_\theta, p_\lambda$ の 6 次元だった相空間 $\mathcal{M}$ が，一次拘束条件 $\varphi_1 \approx 0$ と二次拘束条件 $\varphi_k \approx 0$ $(k = 2, 3, 4)$ の合計 4 つの拘束条件が課されたことで

$6-4=2$ 次元部分空間 $\mathcal{M}^*$ へと制限される．これは運動の真の自由度である θ, p_θ に相当する．

12.2.5 例：電磁場

12.1.2 項で見たように電磁場の系も拘束系である．式 (11.49) の電磁場のラグランジアン密度に対応するハミルトニアンは

$$H := \int \mathrm{d}^3 r \mathcal{H}(\boldsymbol{r}, t), \tag{12.31}$$

$$\begin{aligned}\mathcal{H} &:= \underbrace{\Pi_\phi}_{=0} \partial_t \phi + \boldsymbol{\Pi} \cdot \underbrace{\partial_t \boldsymbol{A}}_{=-\boldsymbol{E}-\boldsymbol{\nabla}_{\boldsymbol{r}}\phi} - \mathcal{L} \\ &= \frac{\varepsilon_0}{2}\boldsymbol{E}^2 + \frac{1}{2\mu_0}\boldsymbol{B}^2 - \boldsymbol{\Pi} \cdot \boldsymbol{\nabla}_{\boldsymbol{r}}\phi - \sum_{\mu=0}^{3} \mathsf{j}^\mu \mathsf{A}_\mu \\ &= \frac{1}{2\varepsilon_0}\boldsymbol{\Pi}^2 + \frac{1}{2\mu_0}\left(\boldsymbol{\nabla}_{\boldsymbol{r}} \times \boldsymbol{A}\right)^2 - \boldsymbol{\Pi} \cdot \boldsymbol{\nabla}_{\boldsymbol{r}}\phi + \rho\phi - \boldsymbol{j} \cdot \boldsymbol{A}\end{aligned} \tag{12.32}$$

で与えられる．0 でない基本ポアソン括弧は

$$\{\phi(\boldsymbol{r}, t), \Pi_\phi(\boldsymbol{r}', t)\} = \delta^3(\boldsymbol{r}-\boldsymbol{r}'), \tag{12.33}$$

$$\{A^\alpha(\boldsymbol{r}, t), \Pi^\beta(\boldsymbol{r}', t)\} = \delta^{\alpha\beta}\delta^3(\boldsymbol{r}-\boldsymbol{r}') \quad (\alpha, \beta = 1, 2, 3) \tag{12.34}$$

である．

一次拘束条件 $\varphi_1 = \Pi_\phi \approx 0$ の時間微分を基本ポアソン括弧 (12.33), (12.34) に基づいて計算すると

$$\begin{aligned}\partial_t \varphi_1(\boldsymbol{r}, t) &= \{\varphi_1(\boldsymbol{r}, t), H\} + \int \mathrm{d}^3 r' \{\varphi_1(\boldsymbol{r}, t), \varphi_1(\boldsymbol{r}', t)\} u_1(\boldsymbol{r}', t) \\ &= \int \mathrm{d}^3 r' \Big\{\Pi_\phi(\boldsymbol{r}, t), -\boldsymbol{\Pi}(\boldsymbol{r}', t) \cdot \boldsymbol{\nabla}_{\boldsymbol{r}'}\phi(\boldsymbol{r}', t) + \rho(\boldsymbol{r}', t)\phi(\boldsymbol{r}', t)\Big\} \\ &= \int \mathrm{d}^3 r' \Big(\boldsymbol{\Pi}(\boldsymbol{r}', t) \cdot \boldsymbol{\nabla}_{\boldsymbol{r}'}\delta^3(\boldsymbol{r}-\boldsymbol{r}') - \rho(\boldsymbol{r}', t)\delta^3(\boldsymbol{r}-\boldsymbol{r}')\Big) \\ &= -\boldsymbol{\nabla}_{\boldsymbol{r}} \cdot \boldsymbol{\Pi}(\boldsymbol{r}, t) - \rho(\boldsymbol{r}, t)\end{aligned} \tag{12.35}$$

なので，整合性の条件から二次拘束条件としてガウスの法則 (5.1)

$$\varphi_2 = -\boldsymbol{\nabla}_{\boldsymbol{r}} \cdot \boldsymbol{\Pi}(\boldsymbol{r},t) - \rho(\boldsymbol{r},t) = \varepsilon_0 \boldsymbol{\nabla}_{\boldsymbol{r}} \cdot \boldsymbol{E}(\boldsymbol{r},t) - \rho(\boldsymbol{r},t) \approx 0 \tag{12.36}$$

が得られる．一方，φ_2 の時間微分は

$$\begin{aligned}
&\partial_t \varphi_2(\boldsymbol{r},t) \\
&= \{\varphi_2(\boldsymbol{r},t), H\} + \int \mathrm{d}^3 r' \{\varphi_2(\boldsymbol{r},t), \varphi_1(\boldsymbol{r}',t)\} u_1(\boldsymbol{r}',t) \\
&= \int \mathrm{d}^3 r' \Big\{ -\boldsymbol{\nabla}_{\boldsymbol{r}} \cdot \boldsymbol{\Pi}(\boldsymbol{r},t), \frac{1}{2\mu_0}\big(\boldsymbol{\nabla}_{\boldsymbol{r}'} \times \boldsymbol{A}(\boldsymbol{r}',t)\big)^2 - \boldsymbol{j}(\boldsymbol{r}',t) \cdot \boldsymbol{A}(\boldsymbol{r}',t) \Big\} \\
&\quad - \partial_t \rho(\boldsymbol{r},t) \\
&= -\frac{1}{\mu_0} \underbrace{\boldsymbol{\nabla}_{\boldsymbol{r}} \cdot \Big(\boldsymbol{\nabla}_{\boldsymbol{r}} \times \big(\boldsymbol{\nabla}_{\boldsymbol{r}} \times \boldsymbol{A}(\boldsymbol{r},t)\big)\Big)}_{=0} - \Big(\partial_t \rho(\boldsymbol{r},t) + \boldsymbol{\nabla}_{\boldsymbol{r}} \cdot \boldsymbol{j}(\boldsymbol{r},t)\Big).
\end{aligned} \tag{12.37}$$

これは連続の方程式 (5.5) より自動的に 0 なのでこれ以上の二次拘束条件は得られない．特に，整合性の条件から未定乗数$u_1(\boldsymbol{r},t)$が決定されなかったことに注意する．

なお，$\boldsymbol{\Pi} = -\varepsilon_0 \boldsymbol{E}$ の時間微分は

$$\begin{aligned}
&\partial_t \boldsymbol{\Pi}(\boldsymbol{r},t) \\
&= \{\boldsymbol{\Pi}(\boldsymbol{r},t), H\} + \int \mathrm{d}^3 r' \{\boldsymbol{\Pi}(\boldsymbol{r},t), \varphi_1(\boldsymbol{r}',t)\} u_1(\boldsymbol{r}',t) \\
&= \int \mathrm{d}^3 r' \Big\{ \boldsymbol{\Pi}(\boldsymbol{r},t), \frac{1}{2\mu_0}\big(\boldsymbol{\nabla}_{\boldsymbol{r}'} \times \boldsymbol{A}(\boldsymbol{r}',t)\big)^2 - \boldsymbol{j}(\boldsymbol{r}',t) \cdot \boldsymbol{A}(\boldsymbol{r}',t) \Big\} \\
&= -\frac{1}{\mu_0} \boldsymbol{\nabla}_{\boldsymbol{r}} \times \big(\boldsymbol{\nabla}_{\boldsymbol{r}} \times \boldsymbol{A}(\boldsymbol{r},t)\big) + \boldsymbol{j}(\boldsymbol{r},t)
\end{aligned} \tag{12.38}$$

で，これはまさにマクスウェル方程式の 1 つである式 (5.2) と同値である．

12.3　第一類と第二類の拘束条件

一次拘束条件と二次拘束条件を合わせた合計 $\mathcal{J}$ 個の拘束条件 (12.17) に対し，これらのポアソン括弧からなる反対称行列 C を考える．つまり C の jj'

成分は

$$C_{j\,j'} \coloneqq \{\varphi_j, \varphi_{j'}\} \tag{12.39}$$

で与えられるとする．

この行列が正則，つまり $\det C \neq 0$ であるとしよう．このとき拘束条件 $\varphi_j \approx 0$ $(j = 1, \cdots, \mathcal{J})$ は**第二類の拘束条件 (second-class constraints)** であるという．このとき $\mathcal{J}$ は偶数である．

一方，ある拘束条件 $\varphi_j \approx 0$ が他のすべての拘束条件とポアソン括弧がゼロ，つまり

$$\{\varphi_j, \varphi_{j'}\} \approx 0 \quad (j' = 1, 2, \cdots, \mathcal{J}) \tag{12.40}$$

である場合，$\varphi_j \approx 0$ を**第一類の拘束条件 (first-class constraints)** という．式 (12.39) の行列が $\det C = 0$ を満たす場合，系には第一類の拘束条件が存在する．

12.3.1　ディラック括弧

まず，すべての拘束条件が第二類であると仮定しよう．この場合の取り扱いにおいてはディラック括弧がポアソン括弧に代わる役割を果たす[3]．

ディラック括弧

拘束条件 $\varphi_j \approx 0$ $(j = 1, \cdots, \mathcal{J})$ がすべて第二類であるとき，ディラック括弧を

$$\{f, g\}_D \coloneqq \{f, g\} - \sum_{j,j'=1}^{\mathcal{J}} \{f, \varphi_j\}(C^{-1})_{j,j'}\{\varphi_{j'}, g\} \tag{12.41}$$

と定義する．ディラック括弧は任意の関数 $f(q, p, t)$ に対して $\mathcal{M}$ 全体で

$$\{f, \varphi_j\}_D = 0 \quad ({}^\forall j = 1, 2, \cdots, \mathcal{J}) \tag{12.42}$$

[3] 正準量子化の手続きではディラック括弧 $\{f, g\}_D$ が交換関係 $\frac{1}{i\hbar}[\hat{f}, \hat{g}]$ へと置き換えられる．

を満たす．また $f(q,p,t)$ の時間発展は以下で与えられる．

$$\frac{\mathrm{d}}{\mathrm{d}t}f \approx \{f,H\}_D + \frac{\partial f}{\partial t}. \tag{12.43}$$

ポアソン括弧の場合には拘束条件 $\varphi_j \approx 0$ に対しても $\{f,\varphi_j\} \approx 0$ になるとは限らないが，ディラック括弧の場合には $\mathcal{M}$ 全体で

$$\{f,\varphi_j\}_D = \{f,\varphi_j\} - \sum_{j',j''=1}^{\mathcal{J}} \{f,\varphi_{j'}\}(C^{-1})_{j',j''}C_{j'',j} = 0 \tag{12.44}$$

を満たす．これが式 (12.42) である．また，これまで $f(q,p,t)$ の時間微分には未定乗数を含む式 (12.14) を使っていたが，式 (12.18) により

$$\sum_{j=1}^{\mathcal{J}}(C^{-1})_{m,j}\{\varphi_j,H\} \approx -u_m \quad (m=1,2,\cdots,M), \tag{12.45}$$

$$\sum_{j=1}^{\mathcal{J}}(C^{-1})_{k,j}\{\varphi_j,H\} \approx 0 \quad (k=M+1,M+2,\cdots,\mathcal{J}) \tag{12.46}$$

となることを用いると

$$\begin{aligned}\{f,H\}_D + \frac{\partial f}{\partial t} &= \{f,H\} - \sum_{j,j'=1}^{\mathcal{J}}\{f,\varphi_j\}(C^{-1})_{j,j'}\{\varphi_{j'},H\} + \frac{\partial f}{\partial t} \\ &\approx \{f,H\} + \sum_{m=1}^{M}\{f,\varphi_m\}u_m + \frac{\partial f}{\partial t} \underbrace{=}_{\text{式 (12.14)}} \frac{\mathrm{d}}{\mathrm{d}t}f\end{aligned} \tag{12.47}$$

と，未定乗数を含まない式 (12.43) が得られる．これは非特異系の時間発展を記述する式(6.29)においてポアソン括弧をディラック括弧で置き換えたものになっている．なお，ディラック括弧も 6.3.2 項で紹介したポアソン括弧の性質と同じ性質をもつ[4]．

[4] このうちヤコビ恒等式の証明だけが非自明だが，のちに議論するようにディラック括弧は制限された相空間上のポアソン括弧であることにより納得できるだろう．

以上をまとめると次のようになる.

第二類の拘束条件の取り扱い

第二類の拘束条件を含む系を取り扱う手順は以下の通りである.

1. 一次拘束条件（式 (12.8)）を求める.
2. ハミルトニアン（式 (12.9)）を求める.
3. 整合性の条件から二次拘束条件（式 (12.16)）を求める.
4. 行列 C（式 (12.39)）を計算し，正則であることを確かめる.
5. ディラック括弧（式 (12.41)）を求める.
6. 正準方程式のポアソン括弧をディラック括弧で置き換えて運動方程式 (12.43) を導く.

12.3.2　例：スピン

式 (12.22) の拘束条件のポアソン括弧からなる行列は

$$C = s\sin\theta\begin{pmatrix}0 & -1\\ 1 & 0\end{pmatrix} \tag{12.48}$$

となる．この行列は正則なので φ_1, φ_2 は第二類拘束条件である．逆行列は

$$C^{-1} = \frac{1}{s\sin\theta}\begin{pmatrix}0 & 1\\ -1 & 0\end{pmatrix} \tag{12.49}$$

なので，ディラック括弧 (12.41) は，例えば

$$\begin{aligned}\{\theta, p_\theta\}_D &= \{\theta, p_\theta\} - \{\theta, \varphi_1\}(C^{-1})_{12}\{\varphi_2, p_\theta\}\\ &= 1 - \{\theta, p_\theta\}\frac{1}{s\sin\theta}\{-s\cos\theta, p_\theta\} = 1 - 1 = 0,\end{aligned} \tag{12.50}$$

$$\begin{aligned}\{\phi, \theta\}_D &= \{\phi, \theta\} - \{\phi, \varphi_2\}(C^{-1})_{21}\{\varphi_1, \theta\}\\ &= 0 - \{\phi, p_\phi\}\frac{-1}{s\sin\theta}\{p_\theta, \theta\} = -\frac{1}{s\sin\theta}\end{aligned} \tag{12.51}$$

のように計算できる．この他

$$\{\phi, p_\phi\}_D = 1, \quad \{\phi, p_\theta\}_D = \{\theta, p_\phi\}_D = \{p_\phi, p_\theta\}_D = 0 \tag{12.52}$$

も成立する．この結果は，ディラックの簡便法で取り扱った 6.5 節の結果と整合している．

式 (12.23) のハミルトニアンを用いると，θ と ϕ の時間微分は

$$\dot{\theta} \approx \{\theta, H\}_D = \frac{1}{s\sin\theta}\frac{\partial U}{\partial \phi}, \quad \dot{\phi} \approx \{\phi, H\}_D = -\frac{1}{s\sin\theta}\frac{\partial U}{\partial \theta} \tag{12.53}$$

となり，これは正しく運動方程式 (2.76),(2.77) を再現している．

12.3.3　例：単振り子

拘束条件のポアソン括弧からなる行列は

$$C = \begin{pmatrix} 0 & 0 & 0 & -1 \\ 0 & 0 & 1 & 0 \\ 0 & -1 & 0 & \frac{3p_\theta^2}{mr^4} \\ 1 & 0 & -\frac{3p_\theta^2}{mr^4} & 0 \end{pmatrix} \tag{12.54}$$

であり，この行列は正則なので φ_j $(j = 1, \cdots, 4)$ は第二類拘束条件である．逆行列は

$$C^{-1} = \begin{pmatrix} 0 & \frac{3p_\theta^2}{mr^4} & 0 & 1 \\ -\frac{3p_\theta^2}{mr^4} & 0 & -1 & 0 \\ 0 & 1 & 0 & 0 \\ -1 & 0 & 0 & 0 \end{pmatrix} \tag{12.55}$$

である．したがってディラック括弧は

$$\{\theta, p_\theta\}_D = 1, \tag{12.56}$$

$$\{r, p_r\}_D = 1 - \{r, \varphi_3\}(C^{-1})_{32}\{\varphi_2, p_r\} = 1 - 1 = 0, \tag{12.57}$$

$$\{\lambda, p_\lambda\}_D = 1 - \{\lambda, \varphi_1\}(C^{-1})_{14}\{\varphi_4, p_\lambda\} = 1 - 1 = 0 \tag{12.58}$$

のように計算できる．これははじめから $r=\ell$ と固定することによって変数を θ だけにした場合の基本ポアソン括弧 $\{\theta, p_\theta\}=1$ と整合する．

式 (12.26) のハミルトニアンを用いると，θ と p_θ の時間微分は

$$\dot{\theta} \approx \{\theta, H\}_D = \frac{p_\theta}{m\ell^2}, \quad \dot{p}_\theta \approx \{p_\theta, H\}_D = -mg\ell\sin\theta \tag{12.59}$$

であり，これらを合わせると元々の単振り子の運動方程式 (1.22) が再現される．

12.3.4 ディラック括弧の意味 (*)

部分相空間のポアソン括弧

物理的な自由度である $2N^* := 2N - \mathcal{J}$ 次元部分相空間 $\mathcal{M}^*$ 上の正準座標を q_i^*, p_i^* $(i=1,2,\cdots,N^*)$ とする．$\mathcal{M}^*$ 上の関数 $f(q^*,p^*,t)$, $g(q^*,p^*,t)$ のポアソン括弧を

$$\{f,g\}^* := \sum_{i=1}^{N^*}\left(\frac{\partial f(q^*,p^*,t)}{\partial q_i^*}\frac{\partial g(q^*,p^*,t)}{\partial p_i^*} - \frac{\partial g(q^*,p^*,t)}{\partial q_i^*}\frac{\partial f(q^*,p^*,t)}{\partial p_i^*}\right) \tag{12.60}$$

と定義すると，これはディラック括弧を $\mathcal{M}^*$ 上に制限したもの（つまり $j=1,\cdots,\mathcal{J}$ に対して $\varphi_j=0$ としたもの）と一致する．

$$\{f,g\}^* = \{f,g\}_D|_{\varphi=0}. \tag{12.61}$$

つまり，ディラック括弧とは真の自由度を用いて計算されるポアソン括弧なのである．このことを示そう [5]．

q_i^*, p_i^* $(i=1,2,\cdots,N^*)$ から x_I^* $(I=1,2,\cdots,2N^*)$ への $2N^*$ 次元相空間 $\mathcal{M}^*$ の座標変換を考える．さらに

$$x_I = x_I^* \quad (I=1,\cdots,2N^*), \tag{12.62}$$

[5] この証明は [1] 10.2.3 項を参考にした．

$$x_{2N^*+j} = \varphi_j \quad (j = 1, \cdots, \mathcal{J}) \tag{12.63}$$

によって全相空間 $\mathcal{M}$ の変数変換 x_I $(I = 1, 2, \cdots, 2N)$ を定める．

ポアソン括弧の表式 (6.48) を用いると，ディラック括弧は

$$\begin{aligned}
&\{f, g\}_D \\
&= \sum_{I,J=1}^{2N} \frac{\partial f(x,t)}{\partial x_I}\Big(\{x_I, x_J\} - \sum_{j,j'=1}^{\mathcal{J}} \{x_I, \varphi_j\}(C^{-1})_{j,j'}\{\varphi_{j'}, x_J\}\Big)\frac{\partial g(x,t)}{\partial x_J} \\
&= \sum_{I,J=1}^{2N} \frac{\partial f(x,t)}{\partial x_I}\{x_I, x_J\}_D \frac{\partial g(x,t)}{\partial x_J} \\
&= \sum_{I,J=1}^{2N^*} \frac{\partial f(x,t)}{\partial x_I^*}\{x_I^*, x_J^*\}_D \frac{\partial g(x,t)}{\partial x_J^*}
\end{aligned} \tag{12.64}$$

となる．最後の等号にはディラック括弧の中では拘束条件を 0 にできるという式 (12.42) を使っている．したがって $\varphi_j = 0$ として $\mathcal{M}^*$ 上に制限し，$f(x^*, t) \coloneqq f(x,t)|_{\varphi=0}$ などと書くと

$$\{f, g\}_D\big|_{\varphi=0} = \sum_{I,J=1}^{2N^*} \frac{\partial f(x^*,t)}{\partial x_I^*}\{x_I^*, x_J^*\}_D\big|_{\varphi=0} \frac{\partial g(x^*,t)}{\partial x_J^*} \tag{12.65}$$

となる．また，$\{f, g\}^*$ にも式 (6.48) を適用すれば

$$\{f, g\}^* = \sum_{I,J=1}^{2N^*} \frac{\partial f(x^*,t)}{\partial x_I^*}\{x_I^*, x_J^*\}^* \frac{\partial g(x^*,t)}{\partial x_J^*} \tag{12.66}$$

となる．したがって示すべき式 (12.61) は

$$\{x_I^*, x_J^*\}^* = \{x_I^*, x_J^*\}_D\big|_{\varphi=0} \tag{12.67}$$

と同値である．これを示すためにラグランジュ括弧を用いる．$I, J = 1, 2, \cdots, 2N^*$ のとき

$$\sum_{K=1}^{2N^*} \langle x_I^*, x_K^*\rangle\{x_J^*, x_K^*\}_D \underbrace{=}_{\text{式 (12.42)}} \sum_{K=1}^{2N} \langle x_I, x_K\rangle\{x_J, x_K\}_D$$

$$
\begin{aligned}
&\underbrace{=}_{\text{式 (12.41)}} \sum_{K=1}^{2N} \langle x_I, x_K \rangle \Big(\{x_J, x_K\} - \sum_{j,j'=1}^{\mathcal{J}} \{x_J, \underbrace{\varphi_j}_{=x_{2N^*+j}}\} (C^{-1})_{j,j'} \{\underbrace{\varphi_{j'}}_{=x_{2N^*+j'}}, x_K\} \Big) \\
&= \underbrace{\sum_{K=1}^{2N} \langle x_I, x_K \rangle \{x_J, x_K\}}_{=\delta_{IJ}} \\
&\quad - \sum_{j,j'=1}^{\mathcal{J}} \{x_J, x_{2N^*+j}\} (C^{-1})_{j,j'} \underbrace{\sum_{K=1}^{2N} \langle x_I, x_K \rangle \{x_{2N^*+j'}, x_K\}}_{=\delta_{I,2N^*+j'}=0} \\
&= \delta_{IJ}
\end{aligned}
\tag{12.68}
$$

を満たす．最後の変形では式 (6.46) のポアソン括弧とラグランジュ括弧の関係を用いた．したがって

$$
\sum_{K=1}^{2N^*} \langle x_I^*, x_K^* \rangle\big|_{\varphi=0} \{x_J^*, x_K^*\}_D\big|_{\varphi=0} = \delta_{IJ} \tag{12.69}
$$

である．ここで $i = 1, \cdots, N^*$ について $q_i = q_i^*$, $p_i = p_i^*$ と選び，残りの q_i, p_i $(i = N^* + 1, \cdots, N)$ をこれらと独立に選んでおけば

$$
\begin{aligned}
\langle x_I^*, x_J^* \rangle|_{\varphi=0} &:= \sum_{i=1}^{N} \Big(\frac{\partial q_i(x^*, t)}{\partial x_I^*} \frac{\partial p_i(x^*, t)}{\partial x_J^*} - \frac{\partial q_i(x^*, t)}{\partial x_J^*} \frac{\partial p_i(x^*, t)}{\partial x_I^*} \Big) \\
&= \sum_{i=1}^{N^*} \Big(\frac{\partial q_i^*(x^*, t)}{\partial x_I^*} \frac{\partial p_i^*(x^*, t)}{\partial x_J^*} - \frac{\partial q_i^*(x^*, t)}{\partial x_J^*} \frac{\partial p_i^*(x^*, t)}{\partial x_I^*} \Big)
\end{aligned}
\tag{12.70}
$$

となるが，これはまさに $\mathcal{M}^*$ 上のラグランジュ括弧なので，ポアソン括弧の逆行列になる．

$$
\sum_{K=1}^{2N^*} \langle x_I^*, x_K^* \rangle\big|_{\varphi=0} \{x_J^*, x_K^*\}^* = \delta_{IJ}. \tag{12.71}
$$

この結果を式 (12.69) と比較することで式 (12.67) を得る．

12.4　第一類の拘束条件とゲージ理論

最後に第一類の拘束条件の取り扱いについて議論する．

$$\varphi_a(q,p) \approx 0 \quad (a = 1, 2, \cdots, \mathcal{A}) \tag{12.72}$$

が第一類の拘束条件であるとする．この場合，**ゲージ固定条件**と呼ばれる拘束条件

$$\chi_a(q,p) \approx 0 \quad (a = 1, 2, \cdots, \mathcal{A}) \tag{12.73}$$

を手で追加する．$\chi_a(q,p,t)$ は自由に選ぶことができるが，ab 成分が $\tilde{C}_{ab} := \{\chi_a, \varphi_b\}$ で与えられる行列 $\tilde{C}$ が正則であることが条件である．すると $\varphi_j \approx 0$ と $\chi_a \approx 0$ を合わせたものが第二類の拘束条件となり，これにより 12.3.1 項にまとめた第二類の拘束条件の取り扱いに帰着させる．

12.4.1　電磁場のディラック括弧

一般論はここまでにして，ここでは電磁場の例を詳しく見てみよう [6]．電磁場については，これまで式 (12.6) の $\varphi_1 = \Pi_\phi \approx 0$ と式 (12.36) の $\varphi_2 = \varepsilon_0 \boldsymbol{\nabla}_{\boldsymbol{r}} \cdot \boldsymbol{E} - \rho \approx 0$ という 2 つの拘束条件が得られていた．これらに対するポアソン括弧を基本ポアソン括弧 (12.33), (12.34) に基づいて計算すると

$$\{\varphi_1(\boldsymbol{r},t), \varphi_2(\boldsymbol{r}',t)\} = \{\Pi_\phi(\boldsymbol{r},t), -\boldsymbol{\nabla}_{\boldsymbol{r}'} \cdot \boldsymbol{\Pi}(\boldsymbol{r}',t) - \rho(\boldsymbol{r}',t)\} = 0 \tag{12.74}$$

となり，行列 C は 0 になってしまう．したがってこれらの拘束条件はどちらも第一類の拘束条件である．いま第一類の拘束条件の線型結合をとって

$$\mathcal{G} = \int \mathrm{d}^3 r \left(-\partial_t \chi(\boldsymbol{r},t)\varphi_1(\boldsymbol{r},t) + \chi(\boldsymbol{r},t)\varphi_2(\boldsymbol{r},t)\right) \tag{12.75}$$

---

[6] この節の議論は [48] 8.2, 8.3 節および [49] 11.3 節，[47] 5-2, 5-3 節，[21] 7.6 節を参考にした．

とおくと

$$\{\phi(\boldsymbol{r},t),\mathcal{G}\} = -\partial_t\chi(\boldsymbol{r},t), \quad \{\boldsymbol{A}(\boldsymbol{r},t),\mathcal{G}\} = \boldsymbol{\nabla}_{\boldsymbol{r}}\chi(\boldsymbol{r},t) \tag{12.76}$$

となり，$\mathcal{G}$ は式 (2.69), (2.70) のゲージ変換の生成子であることが分かる．これは一般的な事情で，第一類の拘束条件は系にゲージ不変性（冗長性）があることを意味する．

ゲージ変換で互いに移り変わる配位同士は物理的に等価なため，ゲージ固定条件を追加して無限にある等価な軌道の中から 1 つを選ぶ．ここでは**クーロンゲージ**を採用し

$$\chi_1 = \phi(\boldsymbol{r},t) - \phi_0(\boldsymbol{r},t) \approx 0, \quad \phi_0(\boldsymbol{r},t) := \int \mathrm{d}^3r' \frac{\rho(\boldsymbol{r}',t)}{4\pi\varepsilon_0|\boldsymbol{r}-\boldsymbol{r}'|}, \tag{12.77}$$

$$\chi_2 = \boldsymbol{\nabla}_{\boldsymbol{r}}\cdot\boldsymbol{A}(\boldsymbol{r},t) \approx 0 \tag{12.78}$$

とする．第 1 式は式 (5.1)

$$\frac{1}{\varepsilon_0}\rho(\boldsymbol{r},t) = \boldsymbol{\nabla}_{\boldsymbol{r}}\cdot\boldsymbol{E}(\boldsymbol{r},t) = -\boldsymbol{\nabla}_{\boldsymbol{r}}^2\phi(\boldsymbol{r},t) - \partial_t\chi_2 \tag{12.79}$$

と整合するように $\boldsymbol{\nabla}_{\boldsymbol{r}}^2\phi_0(\boldsymbol{r},t) = -\frac{1}{\varepsilon_0}\rho(\boldsymbol{r},t)$ の解を用いた．

χ_1 の時間微分は

$$\begin{aligned}\partial_t\chi_1(\boldsymbol{r},t) &= \{\chi_1(\boldsymbol{r},t),H\} + \int \mathrm{d}^3r'\{\phi(\boldsymbol{r},t),\varphi_1(\boldsymbol{r}',t)\}u_1(\boldsymbol{r}',t)\\ &= \{\chi_1(\boldsymbol{r},t),H\} + u_1(\boldsymbol{r},t)\end{aligned} \tag{12.80}$$

なので，整合性の条件から未定乗数 $u_1(\boldsymbol{r},t)$ が決まる．一方，

$$\begin{aligned}\partial_t\chi_2(\boldsymbol{r},t) &= \{\boldsymbol{\nabla}_{\boldsymbol{r}}\cdot\boldsymbol{A}(\boldsymbol{r},t),H\} + \int \mathrm{d}^3r'\{\boldsymbol{\nabla}_{\boldsymbol{r}}\cdot\boldsymbol{A}(\boldsymbol{r},t),\varphi_1(\boldsymbol{r}',t)\}u_1(\boldsymbol{r}',t)\\ &= \int \mathrm{d}^3r'\Big\{\boldsymbol{\nabla}_{\boldsymbol{r}}\cdot\boldsymbol{A}(\boldsymbol{r},t), \frac{1}{2\varepsilon_0}\boldsymbol{\Pi}(\boldsymbol{r}',t)^2 - \boldsymbol{\Pi}(\boldsymbol{r}',t)\cdot\boldsymbol{\nabla}_{\boldsymbol{r}'}\phi(\boldsymbol{r}',t)\Big\}\\ &= \frac{1}{\varepsilon_0}\boldsymbol{\nabla}_{\boldsymbol{r}}\cdot\underbrace{\boldsymbol{\Pi}(\boldsymbol{r},t)}_{=-\varepsilon_0\boldsymbol{E}(\boldsymbol{r},t)} - \boldsymbol{\nabla}_{\boldsymbol{r}}^2\phi(\boldsymbol{r},t) \underbrace{=}_{\text{式 (12.79)}} \partial_t\chi_2(\boldsymbol{r},t)\end{aligned} \tag{12.81}$$

となり，整合性の条件は自明に成立している．特に $\varphi_1 = \Pi_\phi \approx 0$ と $\chi_1 =$

$\phi(\boldsymbol{r},t)-\phi_0(\boldsymbol{r},t)\approx 0$ により ϕ と Π_ϕ はどちらも拘束条件により決定されているので，スカラーポテンシャルは真の自由度ではない．さらに

$$\tilde{C}_{\chi_1,\varphi_1}(\boldsymbol{r}-\boldsymbol{r}') \coloneqq \{\chi_1(\boldsymbol{r},t),\varphi_1(\boldsymbol{r}',t)\} = \delta^3(\boldsymbol{r}-\boldsymbol{r}'), \tag{12.82}$$

$$\tilde{C}_{\chi_1,\varphi_2}(\boldsymbol{r}-\boldsymbol{r}') \coloneqq \{\chi_1(\boldsymbol{r},t),\varphi_2(\boldsymbol{r}',t)\} = 0, \tag{12.83}$$

$$\tilde{C}_{\chi_2,\varphi_1}(\boldsymbol{r}-\boldsymbol{r}') \coloneqq \{\chi_2(\boldsymbol{r},t),\varphi_1(\boldsymbol{r}',t)\} = 0, \tag{12.84}$$

$$\tilde{C}_{\chi_2,\varphi_2}(\boldsymbol{r}-\boldsymbol{r}') \coloneqq \{\chi_2(\boldsymbol{r},t),\varphi_2(\boldsymbol{r}',t)\} = \boldsymbol{\nabla}_{\boldsymbol{r}}^2\delta^3(\boldsymbol{r}-\boldsymbol{r}') \tag{12.85}$$

であり，$\varphi_1,\varphi_2\approx 0$ と $\chi_1,\chi_2\approx 0$ を合わせると第二類の拘束条件となるため，ディラック括弧が計算できる．

ディラック括弧の行列の計算のために必要な成分である $\tilde{C}^{-1}_{\varphi_2,\chi_2}$ は

$$\begin{aligned}\delta^3(\boldsymbol{r}-\boldsymbol{r}') &= \int \mathrm{d}^3r''\tilde{C}^{-1}_{\varphi_2,\chi_2}(\boldsymbol{r}-\boldsymbol{r}'')\underbrace{\tilde{C}_{\chi_2,\varphi_2}(\boldsymbol{r}''-\boldsymbol{r}')}_{=\boldsymbol{\nabla}^2_{\boldsymbol{r}''}\delta^3(\boldsymbol{r}''-\boldsymbol{r}')}\\ &= \int \mathrm{d}^3r''\boldsymbol{\nabla}^2_{\boldsymbol{r}''}\tilde{C}^{-1}_{\varphi_2,\chi_2}(\boldsymbol{r}-\boldsymbol{r}'')\delta^3(\boldsymbol{r}''-\boldsymbol{r}') = \boldsymbol{\nabla}^2_{\boldsymbol{r}}\tilde{C}^{-1}_{\varphi_2,\chi_2}(\boldsymbol{r}-\boldsymbol{r}')\end{aligned} \tag{12.86}$$

によって定義される．この解は

$$\tilde{C}^{-1}_{\varphi_2,\chi_2}(\boldsymbol{r}) = -\frac{\mathrm{e}^{-\epsilon|\boldsymbol{r}|}}{4\pi|\boldsymbol{r}|} \tag{12.87}$$

である．ただし $\epsilon>0$ は収束因子で，計算の最後で $\epsilon\to+0$ の極限をとる．これを用いると，ディラック括弧は

$$\begin{aligned}&\{A^\alpha(\boldsymbol{r},t),\Pi^\beta(\boldsymbol{r}',t)\}_D\\ &= \{A^\alpha(\boldsymbol{r},t),\Pi^\beta(\boldsymbol{r}',t)\}\\ &\quad -\int\mathrm{d}^3r_1\int\mathrm{d}^3r_2\{A^\alpha(\boldsymbol{r},t),\varphi_2(\boldsymbol{r}_1,t)\}\tilde{C}^{-1}_{\varphi_2,\chi_2}(\boldsymbol{r}_1-\boldsymbol{r}_2)\{\chi_2(\boldsymbol{r}_2,t),\Pi^\beta(\boldsymbol{r}',t)\}\\ &= \delta^{\alpha\beta}\delta^3(\boldsymbol{r}-\boldsymbol{r}')-\int\mathrm{d}^3r_1\int\mathrm{d}^3r_2\partial_{r_1^\alpha}\delta^3(\boldsymbol{r}-\boldsymbol{r}_1)\frac{\mathrm{e}^{-\epsilon|\boldsymbol{r}_1-\boldsymbol{r}_2|}}{4\pi|\boldsymbol{r}_1-\boldsymbol{r}_2|}\partial_{r_2^\beta}\delta^3(\boldsymbol{r}_2-\boldsymbol{r}')\\ &= \delta^{\alpha\beta}\delta^3(\boldsymbol{r}-\boldsymbol{r}')+\partial_{r^\alpha}\partial_{r^\beta}\frac{\mathrm{e}^{-\epsilon|\boldsymbol{r}-\boldsymbol{r}'|}}{4\pi|\boldsymbol{r}-\boldsymbol{r}'|}\end{aligned} \tag{12.88}$$

と求まる．このままだと物理的な意味が分かりづらいのでフーリエ変換をして

みると

$$\int \mathrm{d}^3 r \Big(\delta^{\alpha\beta}\delta^3(\boldsymbol{r}) + \partial_{r^\alpha}\partial_{r^\beta}\frac{\mathrm{e}^{-\epsilon|\boldsymbol{r}|}}{4\pi|\boldsymbol{r}|}\Big)\mathrm{e}^{\mathrm{i}\boldsymbol{k}\cdot\boldsymbol{r}}$$
$$= \delta^{\alpha\beta} - k^\alpha k^\beta \int \mathrm{d}^3 r \frac{\mathrm{e}^{-\epsilon|\boldsymbol{r}|}}{4\pi|\boldsymbol{r}|}\mathrm{e}^{\mathrm{i}\boldsymbol{k}\cdot\boldsymbol{r}} \overset{(\epsilon\to+0)}{=} \delta^{\alpha\beta} - \frac{k^\alpha k^\beta}{\boldsymbol{k}^2} \tag{12.89}$$

となる．$\sum_{\beta=1}^3 \Big(\delta^{\alpha\beta} - \frac{k^\alpha k^\beta}{\boldsymbol{k}^2}\Big)k^\beta = 0$ なので，この結果は電磁場には $A^\alpha(\boldsymbol{k}, t) \propto k^\alpha$ という縦波成分はなく横波成分だけをもつことを表している．

12.4.2　一般化運動量の再定義 (*)

粒子の自由度と電磁場は独立であることが期待される．実際，粒子の位置 $\boldsymbol{r}_i(t)$ や運動量 $\boldsymbol{p}_i(t)$ と，場 $\phi(\boldsymbol{r}, t)$, $\boldsymbol{A}(\boldsymbol{r}, t)$ の間のポアソン括弧は 0 である．しかし電荷密度 $\rho(\boldsymbol{r}, t)$ が点電荷によって生じており式 (5.6) で表されるとすると，$\phi_0(\boldsymbol{r}, t)$ は

$$\phi_0(\boldsymbol{r}, t) = \sum_{i=1}^{M} \frac{e_i}{4\pi\varepsilon_0|\boldsymbol{r} - \boldsymbol{r}_i(t)|} \tag{12.90}$$

となり $\boldsymbol{r}_i(t)$ に依存する．したがって，$\boldsymbol{p}_i(t)$ と $\boldsymbol{\Pi}(\boldsymbol{r}, t)$ のディラック括弧は

$$\{p_i^\alpha(t), \Pi^\beta(\boldsymbol{r}', t)\}_D$$
$$= \{p_i^\alpha(t), \Pi^\beta(\boldsymbol{r}', t)\}$$
$$\quad - \int \mathrm{d}^3 r_1 \int \mathrm{d}^3 r_2 \{p_i^\alpha(t), \varphi_2(\boldsymbol{r}_1, t)\}\tilde{C}^{-1}_{\varphi_2,\chi_2}(\boldsymbol{r}_1 - \boldsymbol{r}_2)\{\chi_2(\boldsymbol{r}_2, t), \Pi^\beta(\boldsymbol{r}', t)\}$$
$$\overset{(\epsilon\to+0)}{=} -\int \mathrm{d}^3 r_2 \Big\{p_i^\alpha(t), \varepsilon_0 \underbrace{\int \mathrm{d}^3 r_1 \frac{\rho(\boldsymbol{r}_1, t)}{4\pi\varepsilon_0|\boldsymbol{r}_1 - \boldsymbol{r}_2|}}_{=\phi_0(\boldsymbol{r}_2, t)}\Big\}\partial_{r_2^\beta}\delta^3(\boldsymbol{r}_2 - \boldsymbol{r}')$$
$$= \{p_i^\alpha(t), \varepsilon_0 \partial_{r'^\beta}\phi_0(\boldsymbol{r}', t)\} \tag{12.91}$$

のように，0 でなくなってしまう．この問題を解決するために，$\boldsymbol{\Pi} = \varepsilon_0\big(\partial_t \boldsymbol{A} + \boldsymbol{\nabla}_{\boldsymbol{r}}\phi\big)$ の代わりに

$$\boldsymbol{\Pi}_\perp := \boldsymbol{\Pi} - \varepsilon_0 \boldsymbol{\nabla}_{\boldsymbol{r}}\phi_0 = -\varepsilon_0 \boldsymbol{E} - \varepsilon_0 \boldsymbol{\nabla}_{\boldsymbol{r}}\phi_0 \tag{12.92}$$

と再定義する．すると式 (12.91) は

$$\{p_i^{\alpha}(t), \Pi_{\perp}^{\beta}(\boldsymbol{r}', t)\}_D = 0 \tag{12.93}$$

となり，無事，点電荷の自由度と電磁場との独立性が担保される．これに対応させてハミルトニアン密度を式 (12.32) の $\mathcal{H}$ から

$$\begin{aligned}
\mathcal{H}' &:= \boldsymbol{\Pi}_{\perp} \cdot \partial_t \boldsymbol{A} - \mathcal{L} = \mathcal{H} - \varepsilon_0 \boldsymbol{\nabla}_{\boldsymbol{r}} \phi_0 \cdot \partial_t \boldsymbol{A} \\
&= \left(\frac{1}{2\varepsilon_0} \boldsymbol{\Pi}^2 + \frac{1}{2\mu_0} \left(\boldsymbol{\nabla}_{\boldsymbol{r}} \times \boldsymbol{A} \right)^2 - \boldsymbol{\Pi} \cdot \boldsymbol{\nabla}_{\boldsymbol{r}} \phi + \rho\phi - \boldsymbol{j} \cdot \boldsymbol{A} \right) - \varepsilon_0 \boldsymbol{\nabla}_{\boldsymbol{r}} \phi_0 \cdot \partial_t \boldsymbol{A} \\
&= \frac{1}{2\varepsilon_0} \boldsymbol{\Pi}_{\perp}^2 + \frac{1}{2\mu_0} \left(\boldsymbol{\nabla}_{\boldsymbol{r}} \times \boldsymbol{A} \right)^2 - \boldsymbol{j} \cdot \boldsymbol{A} + \frac{1}{2} \phi_0 \rho \\
&\quad + \varepsilon_0 \boldsymbol{\nabla}_{\boldsymbol{r}} \cdot \left(\frac{1}{2} \phi_0 \boldsymbol{\nabla}_{\boldsymbol{r}} \phi_0 + \phi_0 \boldsymbol{E} \right) - \boldsymbol{\Pi}_{\perp} \cdot \boldsymbol{\nabla}_{\boldsymbol{r}} \chi_1 + \rho \chi_1
\end{aligned} \tag{12.94}$$

へと変更してみる．2 行目は表面項と拘束条件で 0 になる項なので落とすことができる．1 行目の最初の 2 項は電磁場のエネルギー密度，第 3 項は電磁場と物質との相互作用の一部，そして第 4 項はクーロンエネルギー

$$\begin{aligned}
\frac{1}{2} \int \mathrm{d}^3 r \, \phi_0(\boldsymbol{r}, t) \rho(\boldsymbol{r}, t) &= \frac{1}{2} \int \mathrm{d}^3 r \mathrm{d}^3 r' \frac{\rho(\boldsymbol{r}, t)\rho(\boldsymbol{r}', t)}{4\pi\varepsilon_0 |\boldsymbol{r} - \boldsymbol{r}'|} \\
&= \frac{1}{2} \sum_{i \neq j} \frac{e_i e_j}{4\pi\varepsilon_0 |\boldsymbol{r}_i(t) - \boldsymbol{r}_j(t)|}
\end{aligned} \tag{12.95}$$

と解釈される [7]．再定義された一般化運動量に対しても

$$\{A^{\alpha}(\boldsymbol{r}, t), \Pi_{\perp}^{\beta}(\boldsymbol{r}', t)\}_D = \delta^{\alpha\beta} \delta^3(\boldsymbol{r} - \boldsymbol{r}') + \partial_{r^{\alpha}} \partial_{r^{\beta}} \frac{\mathrm{e}^{-\epsilon|\boldsymbol{r} - \boldsymbol{r}'|}}{4\pi|\boldsymbol{r} - \boldsymbol{r}'|}, \tag{12.96}$$

$$\{\Pi_{\perp}^{\alpha}(\boldsymbol{r}, t), \Pi_{\perp}^{\beta}(\boldsymbol{r}', t)\}_D = \{A^{\alpha}(\boldsymbol{r}, t), A^{\beta}(\boldsymbol{r}', t)\}_D = 0 \tag{12.97}$$

が成立する．

12.4.3　電磁場と荷電粒子からなる系のまとめ

荷電粒子と電磁場からなる系のラグランジアンは，式 (2.71) と式 (11.49) の結果を合わせて

[7] この議論は [48] に基づく．

$$L_{\mathrm{total}} := L_{\mathrm{matter}} + L_{\mathrm{field}} + L_{\mathrm{int}}, \tag{12.98}$$

$$L_{\mathrm{matter}} = \sum_{i=1}^{M} \frac{m_i}{2} \dot{\boldsymbol{r}}_i^2, \tag{12.99}$$

$$L_{\mathrm{field}} = -\int \mathrm{d}^3 r \frac{1}{4\mu_0} \sum_{\mu,\nu=0}^{3} \mathsf{F}_{\mu\nu} \mathsf{F}^{\mu\nu}, \tag{12.100}$$

$$L_{\mathrm{int}} = \sum_{i=1}^{M} \big(e_i \dot{\boldsymbol{r}}_i \cdot \boldsymbol{A}(\boldsymbol{r}_i, t) - e_i \phi(\boldsymbol{r}_i, t) \big) = \int \mathrm{d}^3 r \sum_{\mu=0}^{3} \mathsf{j}^{\mu} \mathsf{A}_{\mu} \tag{12.101}$$

となる．ここでは簡単のために非相対論的な荷電粒子を仮定したが，相対論的な場合も同様である．$\boldsymbol{r}_i$ に対するオイラー・ラグランジュ方程式はローレンツ力を含む式 (2.64)，A^{μ} に対するオイラー・ラグランジュ方程式はマクスウェル方程式 (5.99) になる．

クーロンゲージ（式 (12.77), (12.78)）を採用した場合，L_{total} に対応するハミルトニアンは

$$H_{\mathrm{total}} = \sum_{i=1}^{M} \frac{1}{2m_i} \big(\boldsymbol{p}_i - e_i \boldsymbol{A}(\boldsymbol{r}_i, t) \big)^2 + \frac{1}{2} \sum_{i \neq j} \frac{e_i e_j}{4\pi\varepsilon_0 |\boldsymbol{r}_i(t) - \boldsymbol{r}_j(t)|} + \int \mathrm{d}^3 r \Big(\frac{1}{2\varepsilon_0} \boldsymbol{\Pi}_{\perp}^2 + \frac{1}{2\mu_0} (\boldsymbol{\nabla}_{\boldsymbol{r}} \times \boldsymbol{A})^2 \Big) \tag{12.102}$$

となる．ただし表面項や無限大の定数などの寄与を落とした．このハミルトニアンに対する正準方程式を式 (12.96), (12.97) などのディラック括弧を用いて計算すると，やはり運動方程式 (2.64)（第 6 章の演習問題）やマクスウェル方程式 (5.99)（本章の演習問題）が再現される．

12.5 章末演習問題

問題 1 強磁場極限の荷電粒子

式 (6.50) で与えた，外部磁場 B が非常に強い極限でのラグランジアンを考えよう．

(1) 一次拘束条件を求めよ.

(2) ハミルトニアンを求めよ.

(3) 整合性の条件から二次拘束条件を求めよ.

(4) 行列 C を計算し，正則であることを確かめよ.

(5) ディラック括弧 $\{x, y\}_D$ を計算せよ.

(6) 正準方程式のポアソン括弧をディラック括弧で置き換えて運動方程式を書き下せ.

(7) 荷電粒子の運動方程式 (2.64) で $m \to 0$ としたものと結果が一致することを示せ.

問題2　正準形式での電磁場の取り扱い

クーロンゲージを採用した場合，電磁場と荷電粒子からなる系のハミルトニアンは式 (12.102) で与えられる.

(1) 式 (12.96)，(12.97) を用いて $\Pi_\perp^\alpha$ に対する正準方程式 $\partial_t \Pi_\perp^\alpha(\boldsymbol{r}, t) = \{\Pi_\perp^\alpha(\boldsymbol{r}, t), H_{\mathrm{total}}\}_D$ を計算し，次を示せ.

$$\partial_t \Pi_\perp^\alpha(\boldsymbol{r}, t) = \sum_{i=1}^{M} \sum_{\beta=1}^{3} \frac{e_i}{m_i} \dot{r}_i^\beta(t) \Bigl(\delta^{\alpha\beta} \delta^3(\boldsymbol{r} - \boldsymbol{r}_i) + \partial_{r^\alpha} \partial_{r^\beta} \frac{1}{4\pi |\boldsymbol{r} - \boldsymbol{r}_i|} \Bigr) - \frac{1}{\mu_0} \bigl(\boldsymbol{\nabla}_{\boldsymbol{r}} \times \boldsymbol{B}(\boldsymbol{r}, t) \bigr)^\alpha. \tag{12.103}$$

(2) (1) の結果がマクスウェル方程式 (5.2) を再現することを確かめよ.

第 V 部

補遺

補遺 A

数学の準備

A.1 ポテンシャルが存在しない例

考える領域が単連結でない場合には，ポテンシャルの存在条件（1.6 節）が成立していても大域的にはポテンシャルが存在しないことがある．例えば

$$f_x(x,y) = -\frac{y}{x^2+y^2}, \quad f_y(x,y) = \frac{x}{x^2+y^2} \tag{A.1}$$

という力を考える．ただし原点は特異的であるため $\mathbb{R}^2 \setminus \{(0,0)\}$ で考える．このとき

$$\frac{\partial f_x(x,y)}{\partial y} = -\frac{1}{x^2+y^2} + \frac{2y^2}{(x^2+y^2)^2} = \frac{y^2-x^2}{(x^2+y^2)^2}, \tag{A.2}$$

$$\frac{\partial f_y(x,y)}{\partial x} = \frac{1}{x^2+y^2} - \frac{2x^2}{(x^2+y^2)^2} = \frac{y^2-x^2}{(x^2+y^2)^2} \tag{A.3}$$

により $\frac{\partial f_x(x,y)}{\partial y} = \frac{\partial f_y(x,y)}{\partial x}$ が成立する．また

$$U(x,y) = -\arctan(y/x) \tag{A.4}$$

とすると，$\frac{\mathrm{d}}{\mathrm{d}x}\arctan x = 1/(x^2+1)$ により

$$-\frac{\partial U(x,y)}{\partial x} = -\frac{y/x^2}{(y/x)^2+1} = f_x(x,y), \tag{A.5}$$

$$-\frac{\partial U(x,y)}{\partial y} = \frac{1/x}{(y/x)^2+1} = f_y(x,y) \tag{A.6}$$

が成り立つ．しかし $\arctan(y/x)$ は原点を囲まない部分領域上でしかよく定義されていない．なお，この力を極座標 (r,θ) で書くと

$$\boldsymbol{f} = \frac{1}{x^2+y^2}\begin{pmatrix}-y\\ x\end{pmatrix} = \frac{1}{r}\begin{pmatrix}-\sin\theta\\ \cos\theta\end{pmatrix} = \frac{1}{r}\boldsymbol{e}_\theta. \tag{A.7}$$

ただし $\boldsymbol{e}_r := (\cos\theta, \sin\theta)^T$, $\boldsymbol{e}_\theta := \frac{\partial \boldsymbol{e}_r}{\partial\theta} = (-\sin\theta, \cos\theta)^T$ と定義した．極座標での勾配の式 $\boldsymbol{\nabla}_{\boldsymbol{r}}U = \frac{\partial U}{\partial r}\boldsymbol{e}_r + \frac{1}{r}\frac{\partial U}{\partial\theta}\boldsymbol{e}_\theta$ と見比べることで $U = -\theta$ と求まるが，これは明らかに一価関数ではない．

A.2 ルジャンドル変換

ここではルジャンドル変換についてまとめる[1]．やりたいことは，

- 関数 $f(x)$ の情報を失わずに，x から $p = f'(x)$ への変数変換をする．
- 変換後の $g(p)$ だけを知っていれば $f(x)$ を再現できるようにする．

ということである．

$f(x)$ は区間 $I = (x_{\min}, x_{\max})$ で定義された下に凸な関数とする．**下に凸**であるとは，任意の $a, b \in I$ と $\lambda \in (0,1)$ に対して常に $f(\lambda a + (1-\lambda)b) \leq \lambda f(a) + (1-\lambda)f(b)$ が成立することと定義される．図で書くと図 A.1(a) のようになる．

以下では $f(x)$ が C^2 級で $f''(x) > 0$ の場合を考える．このとき $f(x)$ は下に凸になる．解析力学の多くの応用ではこれで十分である．

A.2.1 ルジャンドル変換の定義

$p := f'(x)$ と定義し，これを逆に解いて $x = x(p)$ とする．$f''(x) > 0$ の仮定によって x は p によって一意に決まる．

[1] [50] 第 11 章や [51] の補遺 G, H を参考にした．

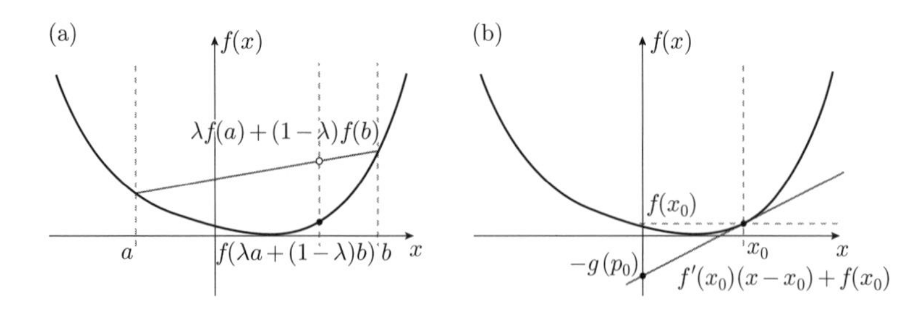

図 A.1　(a) 凸関数の定義．図の白丸が常に黒丸より上に来る．(b) ルジャンドル変換は $(x_0, f(x_0))$ にその点での接線の傾き p_0 と y 切片 $-g(p_0)$ を対応させる．

ルジャンドル変換

次の $p = f'(x)$ の関数を $f(x)$ のルジャンドル変換という．

$$g(p) \coloneqq xf'(x) - f(x)\Big|_{x=x(p)} = x(p)p - f(x(p)). \qquad \text{(A.8)}$$

$p_{\min} \coloneqq f'(x_{\min}+0)$, $p_{\max} \coloneqq f'(x_{\max}-0)$ と定義すると，p は $I' = (p_{\min}, p_{\max})$ の範囲を動く．また，このとき

$$\begin{aligned} g'(p) \coloneqq \frac{\mathrm{d}g(p)}{\mathrm{d}p} &= \left(x(p) + \frac{\mathrm{d}x(p)}{\mathrm{d}p}p\right) - \frac{\mathrm{d}f(x(p))}{\mathrm{d}p} \\ &= x(p) + \frac{\mathrm{d}x(p)}{\mathrm{d}p}p - \frac{\mathrm{d}x(p)}{\mathrm{d}p}\underbrace{f'(x(p))}_{=p} = x(p) \end{aligned} \qquad \text{(A.9)}$$

という関係があり，これは逆に x を $x = g'(p)$ によって定める式だと理解できる．すると $p = f'(x(p))$ の両辺を p で微分して

$$1 = f''(x(p))\frac{\mathrm{d}x(p)}{\mathrm{d}p} = f''(x(p))\frac{\mathrm{d}^2 g(p)}{\mathrm{d}p^2} = f''(x)g''(p)\Big|_{x=x(p)} \qquad \text{(A.10)}$$

なので，$f''(x) > 0$ ならば $g''(p) > 0$ となる [2]．

[2] ルジャンドル変換の定義の符号を逆にして $g(p) \coloneqq f(x(p)) - x(p)p$ とすることも多い．この場合は $f''(x)g''(p) = -1$ なので，$f(x)$ が下に凸なら $g(p)$ は上に凸になる．

$g''(p) > 0$ ということは，$g(p)$ も同じ手続きによってルジャンドル変換できる．実際，$x = g'(p)$ を逆に解いて $p = p(x)$ とし，$g(p)$ のルジャンドル変換である x の関数を

$$h(x) \coloneqq pg'(p) - g(p)\big|_{p=p(x)} = p(x)x - g(p(x)) \tag{A.11}$$

によって定めると

$$\begin{aligned} h(x) &= p(x)x - \Big(x(p)p - f(x(p))\Big)\Big|_{p=p(x)} \\ &= p(x)x - \Big(xp(x) - f(x)\Big) = f(x) \end{aligned} \tag{A.12}$$

により，元の $f(x)$ に戻る．これで $g(p)$ を知っているだけで $f(x)$ が再現できることが確かめられた．

図 A.1(b) にルジャンドル変換のグラフ上の意味を説明した．$y = f(x)$ というグラフの $x = x_0$ という点における接線の方程式は $y = f'(x_0)(x - x_0) + f(x_0)$ である．変数 $p_0 = f'(x_0)$ はこの接線の傾き，$g(p_0) = x_0 f'(x_0) - f(x_0)$ はこの接線の y 切片の -1 倍を表している．関数 $f(x)$ を接線の集合の包絡線と考え，$f(x)$ の情報をその傾きと切片に翻訳するのがルジャンドル変換である．

A.2.2　例：2 次関数

例として 2 次関数

$$f(x) \coloneqq \frac{1}{2}ax^2 + bx + c \quad (a > 0) \tag{A.13}$$

を考えよう．

◉ルジャンドル変換

$p(x) \coloneqq f'(x) = ax + b$ を逆に解くと $x(p) = (p - b)/a$ となる．したがってルジャンドル変換は [3]

---

[3] このように，いきなり x を消去しにいくのではなく，むしろ一旦 x で書いて整理しておいてから最後に $x = x(p)$ を代入した方が計算が簡単なことが多い．

$$
\begin{aligned}
g(p) &:= xp - f(x)|_{x=x(p)} = x(ax+b) - \left(\frac{1}{2}ax^2 + bx + c\right)\Big|_{x=x(p)} \\
&= \left(\frac{1}{2}ax^2 - c\right)\Big|_{x=x(p)} = \frac{1}{2a}(p-b)^2 - c
\end{aligned}
\tag{A.14}
$$

となる．係数 (a,b,c) が $(\frac{1}{a}, -\frac{b}{a}, \frac{b^2}{2a} - c)$ に変化してはいるが，同じく下に凸な 2 次関数が得られた．

◉逆ルジャンドル変換

もう一度ルジャンドル変換すると元に戻ることを確認しておこう．$z(p) := g'(p) = \frac{1}{a}(p-b)$ を逆に解くと，$p(z) = az + b$ となる．したがって

$$
\begin{aligned}
h(z) &:= pz - g(p)|_{p=p(z)} = z(az+b) - \left(\frac{1}{2}az^2 - c\right) \\
&= \frac{1}{2}az^2 + bz + c
\end{aligned}
\tag{A.15}
$$

となり，正しく元の $f(x)$ を再現できている．

A.2.3　多変数の場合

多変数の場合も同様である．$x_1, x_2, \cdots, x_N$ と y_1，$y_2, \cdots, y_M$ の $N+M$ 変数関数 $f(x,y)$ を考える．x_i $(i = 1, 2, \cdots, N)$ それぞれに関して

$$
p_i := \frac{\partial f(x,y)}{\partial x_i}
\tag{A.16}
$$

と定義し，これを逆に解いて $x_i = x_i(p,y)$ とする．これを用いて次のように定義する．

多変数のルジャンドル変換

次の $p_1, p_2, \cdots, p_N$ と y_1，$y_2, \cdots, y_M$ の関数を，$f(x,y)$ の $x_1, \cdots, x_N$ に関するルジャンドル変換という．

$$
g(p,y) := \sum_{i=1}^{N} x_i \frac{\partial f(x,y)}{\partial x_i} - f(x,y)|_{x=x(p,y)}
$$

$$= \sum_{i=1}^{N} x_i(p,y)p_i - f(x(p,y),y). \tag{A.17}$$

すると

$$\frac{\partial g(p,y)}{\partial p_i} = \left(x_i(p,y) + \sum_{j=1}^{N} \cancel{\frac{\partial x_j(p,y)}{\partial p_i}} p_j\right) - \left(\sum_{j=1}^{N} \cancel{\frac{\partial x_j(p,y)}{\partial p_i}} \underbrace{\frac{\partial f(x,y)}{\partial x_j}}_{=p_j}\right)\Bigg|_{x=x(p,y)}$$

$$= x_i(p,y) \tag{A.18}$$

および

$$\frac{\partial g(p,y)}{\partial y_j} = \sum_{i=1}^{N} \cancel{\frac{\partial x_i(p,y)}{\partial y_j}} p_i - \left(\sum_{i=1}^{N} \cancel{\frac{\partial x_i(p,y)}{\partial y_j}} \underbrace{\frac{\partial f(x,y)}{\partial x_i}}_{=p_i} + \frac{\partial f(x,y)}{\partial y_j}\right)\Bigg|_{x=x(p,y)}$$

$$= -\frac{\partial f(x,y)}{\partial y_j}\Bigg|_{x=x(p,y)} \tag{A.19}$$

が従う．特に式 (A.19) は，ルジャンドル変換しなかった変数についての偏微分は符号が変わるだけという便利な性質を意味している．

もう一度ルジャンドル変換すると

$$p_i \frac{\partial g(p,y)}{\partial p_i} - g(p,y)\Big|_{p=p(x,y)} = \sum_{i=1}^{N} p_i(x,y)x_i - g(p(x,y),y)$$

$$= \sum_{i=1}^{N} p_i(x,y)x_i - \left(\sum_{i=1}^{N} x_i p_i(x,y) - f(x,y)\right) = f(x,y) \tag{A.20}$$

となり，この場合も正しく元に戻る．

A.3　フーリエ解析

ここでは数学的な厳密性にはこだわらず，フーリエ解析およびデルタ関数について簡単にまとめる．

A.3.1　フーリエ級数

関数 $f(x)$ が $f(x+L)=f(x)$ を満たすとき，$f(x)$ は周期 L の周期関数であるという．フーリエ級数展開でやりたいことは，

$$\mathrm{e}^{\mathrm{i}\frac{2\pi n}{L}x}=\cos(\tfrac{2\pi n}{L}x)+\mathrm{i}\sin(\tfrac{2\pi n}{L}x) \tag{A.21}$$

という馴染み深い関数を基底として周期関数を展開することで，その性質を調べることである．

$f(x)$ を区分的に C^1 級 [4] な周期関数とする．

$$\tilde{f}(x):=\frac{1}{L}\sum_{n=-\infty}^{\infty}\mathrm{e}^{\mathrm{i}\frac{2\pi n}{L}x}f_n,\quad f_n:=\int_{-L/2}^{+L/2}\mathrm{d}x\,f(x)\mathrm{e}^{-\mathrm{i}\frac{2\pi n}{L}x} \tag{A.22}$$

を $f(x)$ のフーリエ級数展開という．$f(x)$ が連続な点では $\tilde{f}(x)=f(x)$ が成り立ち，元の関数を $\mathrm{e}^{\mathrm{i}\frac{2\pi n}{L}x}$ を基底として展開できたことになる．一方，$x=x^*$ が $f(x)$ の不連続点であるとき，$\tilde{f}(x^*)$ は $\lim_{\epsilon\to+0}\big(f(x^*-\epsilon)+f(x^*+\epsilon)\big)/2$ を与える．基底関数 $\mathrm{e}^{\mathrm{i}\frac{2\pi n}{L}x}$ は次の直交性を満たす．

$$\int_{-L/2}^{+L/2}\mathrm{d}x\,\mathrm{e}^{\mathrm{i}\frac{2\pi n}{L}x}\mathrm{e}^{-\mathrm{i}\frac{2\pi n'}{L}x}=\int_{-L/2}^{+L/2}\mathrm{d}x\,\mathrm{e}^{\mathrm{i}\frac{2\pi(n-n')}{L}x}=L\delta_{nn'}. \tag{A.23}$$

A.3.2　フーリエ変換

より一般の，必ずしも周期関数でない関数も $\mathrm{e}^{\mathrm{i}kx}$ を用いて展開するにはどうしたらいいだろうか．周期的でない関数は周期無限大の関数と見なせるので，以上の解析で $L\to\infty$ の極限を考えればよい．この取り扱いをフーリエ変換という．

関数 $f(x):\mathbb{R}\to\mathbb{R}$ は区分的に C^1 級で，$\int_{-\infty}^{\infty}\mathrm{d}x|f(x)|$ が収束するとする．

[4] 仮に連続でなかったり微分可能でない点があったとしても，その数が有限個で，それらの点で分割した各区間では C^1 級という意味．

フーリエ級数の表式で $k := 2\pi n/L$, $F(k) := f_n$ として $L \to \infty$ の極限を考える．$\Delta k = 2\pi/L$ に注意してリーマン和 $\sum_{n=-\infty}^{\infty} \Delta k(\cdots)$ を積分 $\int_{-\infty}^{\infty} \mathrm{d}k(\cdots)$ で置き換えると

$$\tilde{f}(x) = \frac{1}{L}\sum_{n=-\infty}^{\infty} f_n \mathrm{e}^{\mathrm{i}\frac{2\pi n}{L}x} \overset{(L\to\infty)}{=} \int_{-\infty}^{\infty} \frac{\mathrm{d}k}{2\pi} F(k)\mathrm{e}^{\mathrm{i}kx} \tag{A.24}$$

となる．この展開係数

$$F(k) = \int_{-\infty}^{\infty} \mathrm{d}x\, f(x)\mathrm{e}^{-\mathrm{i}kx} \tag{A.25}$$

を $f(x)$ のフーリエ変換という．式 (A.24) は，より正確には

$$\tilde{f}(x) := \lim_{K\to\infty} \int_{-K}^{K} \frac{\mathrm{d}k}{2\pi} F(k)\mathrm{e}^{\mathrm{i}kx} \tag{A.26}$$

とする必要がある．直交性の関係 (A.23) は

$$\int_{-\infty}^{+\infty} \mathrm{d}x\, \mathrm{e}^{\mathrm{i}(k-k')x} = 2\pi\delta(k-k') \tag{A.27}$$

となる．$\tilde{f}(x)$ の不連続点での振る舞いはフーリエ級数展開と同様である．

A.3.3　デルタ関数

式 (A.27) に登場したデルタ関数 $\delta(x)$ は，任意の連続関数 $f(x)$ に対して，

$$\int_a^b \mathrm{d}x\, f(x)\delta(x-c) = \begin{cases} f(c) & (a < c < b \text{ のとき}) \\ 0 & (c < a \text{ または } b < c \text{ のとき}) \end{cases} \tag{A.28}$$

を満たすものと定義される．c が a や b と一致するときは一意には定義されない．この関係式は整数 a, b, c に対するクロネッカーデルタの関係式

$$\sum_{n=a}^{b} f_n \delta_{n,c} = \begin{cases} f_c & (a \le c \le b) \\ 0 & (c < a \text{ または } b < c \text{ のとき}) \end{cases} \tag{A.29}$$

と対応している．デルタ関数は数学的には関数ではなく超関数として扱う必要が

あるが，物理の応用上は厳密性にこだわらず通常の関数として扱うことが多い．

デルタ関数の表式 (A.27) を用いると，例えば $\delta(ax) = \frac{1}{|a|}\delta(x)$（$a \neq 0$ のとき）や，この高次元版である $\delta^d(M\boldsymbol{r}) = \frac{1}{|\det M|}\delta^d(\boldsymbol{r})$（$\det M \neq 0$ のとき）などが簡単に示される．デルタ関数にはこの他にも様々な表式が知られている [5]．

---

[5] より数学的に取り扱うために

$$\delta_K(x) := \int_{-K}^{K} \frac{\mathrm{d}k}{2\pi} \mathrm{e}^{\mathrm{i}kx} = \frac{\sin Kx}{\pi x} \tag{A.30}$$

と定義すると，可積分かつ滑らかな関数 $f(x)$ に対して

$$\lim_{K\to\infty} \int_a^b \mathrm{d}x\, f(x)\delta_K(x-c) = \begin{cases} f(c) & (a < c < b \text{ のとき}) \\ \frac{1}{2}f(c) & (a = c \text{ または } b = c \text{ のとき}) \\ 0 & (c < a \text{ または } b < c \text{ のとき}) \end{cases} \tag{A.31}$$

が成り立つことを示すことができる．デルタ関数による取り扱いでは極限と積分を（そのままでは許されない形で）交換し $\delta(x) = \lim_{K\to\infty} \delta_K(x)$ としていると理解できる．

補遺 B

定理の証明

B.1　ヘルムホルツ条件の証明

1.7 節で紹介したヘルムホルツ条件の必要十分性を証明しよう[1]．運動方程式 $\mathcal{D}_i(q, \dot{q}, \ddot{q}, t) = 0$ に対するヘルムホルツ条件は以下で与えられるのであった．

$$\frac{\partial \mathcal{D}_i}{\partial \ddot{q}_j} = \frac{\partial \mathcal{D}_j}{\partial \ddot{q}_i}, \tag{B.1}$$

$$\frac{1}{2}\Big(\frac{\partial \mathcal{D}_i}{\partial \dot{q}_j} + \frac{\partial \mathcal{D}_j}{\partial \dot{q}_i}\Big) = \frac{\mathrm{d}}{\mathrm{d}t}\frac{\partial \mathcal{D}_i}{\partial \ddot{q}_j}, \tag{B.2}$$

$$\frac{\partial \mathcal{D}_i}{\partial q_j} - \frac{\partial \mathcal{D}_j}{\partial q_i} = \frac{1}{2}\frac{\mathrm{d}}{\mathrm{d}t}\Big(\frac{\partial \mathcal{D}_i}{\partial \dot{q}_j} - \frac{\partial \mathcal{D}_j}{\partial \dot{q}_i}\Big). \tag{B.3}$$

B.1.1　必要性

ラグランジアンの存在を仮定し運動方程式を

$$\mathcal{D}_i = \sum_{k=1}^{N} \frac{\partial^2 L}{\partial \dot{q}_k \partial \dot{q}_i}\ddot{q}_k + \sum_{k=1}^{N} \frac{\partial^2 L}{\partial q_k \partial \dot{q}_i}\dot{q}_k + \frac{\partial^2 L}{\partial t \partial \dot{q}_i} - \frac{\partial L}{\partial q_i} \tag{B.4}$$

とすると，式 (B.1) は

$$\frac{\partial \mathcal{D}_i}{\partial \ddot{q}_j} = \frac{\partial^2 L}{\partial \dot{q}_j \partial \dot{q}_i} = \frac{\partial^2 L}{\partial \dot{q}_i \partial \dot{q}_j} = \frac{\partial \mathcal{D}_j}{\partial \ddot{q}_i}, \tag{B.5}$$

---

[1] [11] 3–3, 4 節，[18] 2.4 節，[52] を参考にした．

式 (B.2) は

$$
\begin{aligned}
&\frac{1}{2}\Big(\frac{\partial \mathcal{D}_i}{\partial \dot{q}_j}+\frac{\partial \mathcal{D}_j}{\partial \dot{q}_i}\Big)\\
&=\frac{1}{2}\Bigg(\sum_{k=1}^{N}\frac{\partial^3 L}{\partial \dot{q}_j\partial \dot{q}_k\partial \dot{q}_i}\ddot{q}_k+\Big(\sum_{k=1}^{N}\frac{\partial^3 L}{\partial \dot{q}_j\partial q_k\partial \dot{q}_i}\dot{q}_k+\cancel{\frac{\partial^2 L}{\partial q_j\partial \dot{q}_i}}\Big)\\
&\quad+\frac{\partial^3 L}{\partial \dot{q}_j\partial t\partial \dot{q}_i}-\cancel{\frac{\partial^2 L}{\partial \dot{q}_j\partial q_i}}\Bigg)\\
&\quad+\frac{1}{2}\Bigg(\sum_{k=1}^{N}\frac{\partial^3 L}{\partial \dot{q}_i\partial \dot{q}_k\partial \dot{q}_j}\ddot{q}_k+\Big(\sum_{k=1}^{N}\frac{\partial^3 L}{\partial \dot{q}_i\partial q_k\partial \dot{q}_j}\dot{q}_k+\cancel{\frac{\partial^2 L}{\partial q_i\partial \dot{q}_j}}\Big)\\
&\qquad+\frac{\partial^3 L}{\partial \dot{q}_i\partial t\partial \dot{q}_j}-\cancel{\frac{\partial^2 L}{\partial \dot{q}_i\partial q_j}}\Bigg)\\
&=\sum_{k=1}^{N}\frac{\partial^3 L}{\partial \dot{q}_k\partial \dot{q}_j\partial \dot{q}_i}\ddot{q}_k+\sum_{k=1}^{N}\frac{\partial^3 L}{\partial q_k\partial \dot{q}_j\partial \dot{q}_i}\dot{q}_k+\frac{\partial^3 L}{\partial t\partial \dot{q}_j\partial \dot{q}_i}=\frac{\mathrm{d}}{\mathrm{d}t}\frac{\partial^2 L}{\partial \dot{q}_j\partial \dot{q}_i}\\
&=\frac{\mathrm{d}}{\mathrm{d}t}\frac{\partial \mathcal{D}_i}{\partial \ddot{q}_j},
\end{aligned}
\tag{B.6}
$$

式 (B.3) は

$$
\begin{aligned}
\frac{\partial \mathcal{D}_i}{\partial q_j}-\frac{\partial \mathcal{D}_j}{\partial q_i}&=\sum_{k=1}^{N}\frac{\partial^3 L}{\partial q_j\partial \dot{q}_k\partial \dot{q}_i}\ddot{q}_k+\sum_{k=1}^{N}\frac{\partial^3 L}{\partial q_j\partial q_k\partial \dot{q}_i}\dot{q}_k+\frac{\partial^3 L}{\partial q_j\partial t\partial \dot{q}_i}-\cancel{\frac{\partial^2 L}{\partial q_j\partial q_i}}\\
&\quad-\sum_{k=1}^{N}\frac{\partial^3 L}{\partial q_i\partial \dot{q}_k\partial \dot{q}_j}\ddot{q}_k-\sum_{k=1}^{N}\frac{\partial^3 L}{\partial q_i\partial q_k\partial \dot{q}_j}\dot{q}_k-\frac{\partial^3 L}{\partial q_i\partial t\partial \dot{q}_j}+\cancel{\frac{\partial L}{\partial q_i\partial q_j}}\\
&=\frac{\mathrm{d}}{\mathrm{d}t}\Big(\frac{\partial^2 L}{\partial \dot{q}_i\partial q_j}-\frac{\partial^2 L}{\partial \dot{q}_j\partial q_i}\Big)=\frac{1}{2}\frac{\mathrm{d}}{\mathrm{d}t}\Big(\frac{\partial \mathcal{D}_i}{\partial \dot{q}_j}-\frac{\partial \mathcal{D}_j}{\partial \dot{q}_i}\Big)
\end{aligned}
\tag{B.7}
$$

のように，ヘルムホルツ条件が成立することを直接確かめることができる．

B.1.2　十分性

次に十分性を議論しよう．以降でも断りなしに偏微分の順番を入れ替える．

◉ヘルムホルツ条件の書き換え

式 (B.2) の右辺には $\sum_{k=1}^{N} \frac{\partial^2 \mathcal{D}_i}{\partial \ddot{q}_k \partial \ddot{q}_j} \dddot{q}_k$ という項が含まれるが，左辺には $\dddot{q}_k$ が含まれない．このため

$$\frac{\partial^2 \mathcal{D}_i}{\partial \ddot{q}_k \partial \ddot{q}_j} = 0 \quad ({}^{\forall} j, k = 1, \cdots, N) \tag{B.8}$$

である．したがって $\mathcal{D}_i$ は $\ddot{q}_j$ の高々 1 次式なので，$(q, \dot{q}, t)$ の関数 m_{ij} $(j = 1, \cdots, N)$ と f_i を用いて

$$\mathcal{D}_i(q, \dot{q}, \ddot{q}, t) = \sum_{k=1}^{N} m_{ik}(q, \dot{q}, t)\ddot{q}_k + f_i(q, \dot{q}, t) \tag{B.9}$$

と書ける．以降，この表式をもとにヘルムホルツ条件を書き換えていく．

まず式 (B.1) より m_{ij} が添え字 i, j に関して対称，つまり

$$m_{ij} = m_{ji} \quad ({}^{\forall} i, j = 1, \cdots, N) \tag{B.10}$$

である．次に式 (B.9) を $\dot{q}_j$ で偏微分し i, j に関して反対称化することで

$$\frac{\partial \mathcal{D}_i}{\partial \dot{q}_j} - \frac{\partial \mathcal{D}_j}{\partial \dot{q}_i} = \sum_{k=1}^{N} \Big(\frac{\partial m_{ik}}{\partial \dot{q}_j} - \frac{\partial m_{jk}}{\partial \dot{q}_i} \Big) \ddot{q}_k + \frac{\partial f_i}{\partial \dot{q}_j} - \frac{\partial f_j}{\partial \dot{q}_i} \tag{B.11}$$

を得る．これをさらに時間微分した量である式 (B.3) の右辺には $\sum_{k=1}^{N} \big(\frac{\partial m_{ik}}{\partial \dot{q}_j} - \frac{\partial m_{jk}}{\partial \dot{q}_i} \big) \dddot{q}_k$ という項が含まれるが，左辺には $\dddot{q}_k$ が含まれない．このため

$$\frac{\partial m_{ik}}{\partial \dot{q}_j} = \frac{\partial m_{jk}}{\partial \dot{q}_i} \quad ({}^{\forall} i, j, k = 1, \cdots, N) \tag{B.12}$$

である．この条件のもとで式 (B.3) の右辺の量は

$$\begin{aligned} \frac{\mathrm{d}}{\mathrm{d}t} \Big(\frac{\partial \mathcal{D}_i}{\partial \dot{q}_j} - \frac{\partial \mathcal{D}_j}{\partial \dot{q}_i} \Big) &= \frac{\mathrm{d}}{\mathrm{d}t} \Big(\frac{\partial f_i}{\partial \dot{q}_j} - \frac{\partial f_j}{\partial \dot{q}_i} \Big) \\ &= \sum_{k=1}^{N} \Big(\frac{\partial^2 f_i}{\partial \dot{q}_k \partial \dot{q}_j} - \frac{\partial^2 f_j}{\partial \dot{q}_k \partial \dot{q}_i} \Big) \ddot{q}_k + \Big(\frac{\partial}{\partial t} + \sum_{k=1}^{N} \dot{q}_k \frac{\partial}{\partial q_k} \Big) \Big(\frac{\partial f_i}{\partial \dot{q}_j} - \frac{\partial f_j}{\partial \dot{q}_i} \Big) \end{aligned} \tag{B.13}$$

となる．一方式 (B.3) の左辺の量は，式 (B.9) より

$$\frac{\partial \mathcal{D}_i}{\partial q_j} - \frac{\partial \mathcal{D}_j}{\partial q_i} = \sum_{k=1}^{N} \Big(\frac{\partial m_{ik}}{\partial q_j} - \frac{\partial m_{jk}}{\partial q_i} \Big) \ddot{q}_k + \frac{\partial f_i}{\partial q_j} - \frac{\partial f_j}{\partial q_i} \tag{B.14}$$

となる．これらの係数を比較すれば

$$\frac{\partial m_{ik}}{\partial q_j} - \frac{\partial m_{jk}}{\partial q_i} = \frac{1}{2} \Big(\frac{\partial^2 f_i}{\partial \dot{q}_k \partial \dot{q}_j} - \frac{\partial^2 f_j}{\partial \dot{q}_k \partial \dot{q}_i} \Big) \quad ({}^\forall i, j, k = 1, \cdots, N), \tag{B.15}$$

$$\frac{\partial f_i}{\partial q_j} - \frac{\partial f_j}{\partial q_i} = \frac{1}{2} \Big(\frac{\partial}{\partial t} + \sum_{k=1}^{N} \dot{q}_k \frac{\partial}{\partial q_k} \Big) \Big(\frac{\partial f_i}{\partial \dot{q}_j} - \frac{\partial f_j}{\partial \dot{q}_i} \Big) \quad ({}^\forall i, j = 1, \cdots, N) \tag{B.16}$$

を得る．同様に，式 (B.9) の表式を用いて式 (B.2) を書き換えると

$$\begin{aligned} &\sum_{k=1}^{N} \underbrace{\frac{1}{2} \Big(\frac{\partial m_{ik}}{\partial \dot{q}_j} + \frac{\partial m_{jk}}{\partial \dot{q}_i} \Big)}_{= \frac{\partial m_{ik}}{\partial \dot{q}_j} = \frac{\partial m_{ij}}{\partial \dot{q}_k}} \cancel{\ddot{q}_k} + \frac{1}{2} \Big(\frac{\partial f_i}{\partial \dot{q}_j} + \frac{\partial f_j}{\partial \dot{q}_i} \Big) \\ &= \sum_{k=1}^{N} \frac{\partial m_{ij}}{\partial \dot{q}_k} \cancel{\ddot{q}_k} + \Big(\frac{\partial}{\partial t} + \sum_{k=1}^{N} \dot{q}_k \frac{\partial}{\partial q_k} \Big) m_{ij} \end{aligned} \tag{B.17}$$

となる．左辺第 1 項の変形には式 (B.10), (B.12) を用いた．残った項より

$$\frac{1}{2} \Big(\frac{\partial f_i}{\partial \dot{q}_j} + \frac{\partial f_j}{\partial \dot{q}_i} \Big) = \Big(\frac{\partial}{\partial t} + \sum_{k=1}^{N} \dot{q}_k \frac{\partial}{\partial q_k} \Big) m_{ij} \quad ({}^\forall i, j = 1, \cdots, N) \tag{B.18}$$

を得る．なお，式 (B.15) は式 (B.18) を $\dot{q}_k$ で微分した式と式 (B.12) から導かれるため，独立ではない．以上，式 (B.10), (B.12), (B.16), (B.18) の 4 式がヘルムホルツ条件を書き換えたものである．

◉ラグランジアンの構成

これらを満たす m_{ij} $(i, j = 1, \cdots, N)$ および f_i $(i = 1, \cdots, N)$ が与えられたとして，ラグランジアンの存在を示そう．ラグランジアンの形として

$$L(q, \dot{q}, t) = K(q, \dot{q}, t) + \sum_{k=1}^{N} A_k(q, t) \dot{q}_k - \phi(q, t) \tag{B.19}$$

というものを仮定する[2]．A_i と ϕ は $\dot{q}_j$ に依存しないことに注意する．右辺第2項は第1項と重複があるが，K は $\dot{q}_i$ に関して2次以上の依存性のみに注目して決められるため，不定な1次の項の自由度を利用するために含めてある．対応するオイラー・ラグランジュ方程式は

$$\mathcal{D}_i = \sum_{k=1}^{N} \frac{\partial^2 K}{\partial \dot{q}_k \partial \dot{q}_i} \ddot{q}_k + \Big(\frac{\partial}{\partial t} + \sum_{k=1}^{N} \dot{q}_k \frac{\partial}{\partial q_k} \Big) \frac{\partial K}{\partial \dot{q}_i} - \frac{\partial K}{\partial q_i} + \sum_{k=1}^{N} \Big(\frac{\partial A_i}{\partial q_k} - \frac{\partial A_k}{\partial q_i} \Big) \dot{q}_k + \frac{\partial A_i}{\partial t} + \frac{\partial \phi}{\partial q_i} \tag{B.20}$$

となる．これを式 (B.9) と比較することで

$$m_{ij} = \frac{\partial^2 K}{\partial \dot{q}_j \partial \dot{q}_i}, \tag{B.21}$$

$$f_i = \Big(\frac{\partial}{\partial t} + \sum_{k=1}^{N} \dot{q}_k \frac{\partial}{\partial q_k} \Big) \frac{\partial K}{\partial \dot{q}_i} - \frac{\partial K}{\partial q_i} + \sum_{k=1}^{N} \Big(\frac{\partial A_i}{\partial q_k} - \frac{\partial A_k}{\partial q_i} \Big) \dot{q}_k + \frac{\partial A_i}{\partial t} + \frac{\partial \phi}{\partial q_i} \tag{B.22}$$

を得る．以下ではこれらの関係を満たす $K(q, \dot{q}, t)$, $A(q, t)$, $\phi(q, t)$ の存在を1.6節で議論したポテンシャルの存在条件に基づいて示す．

まず式 (B.12) は

$$m_{ik}(q, \dot{q}, t) = \frac{\partial v_k(q, \dot{q}, t)}{\partial \dot{q}_i} \tag{B.23}$$

という $v_k(q, \dot{q}, t)$ $(k = 1, \cdots, N)$ が存在するための条件である．さらに式 (B.10) は

$$v_i(q, \dot{q}, t) = \frac{\partial K(q, \dot{q}, t)}{\partial \dot{q}_i} \tag{B.24}$$

という $K(q, \dot{q}, t)$ が存在するための条件であり，これらをまとめたものが式

---

[2] マクスウェル方程式の議論とのアナロジーが効くように荷電粒子のラグランジアンを意識した書き方をした．q_i $(i = 1, \cdots, N)$ は空間座標 r^α $(\alpha = 1, \cdots, d)$ に対応する．

(B.21) である．これで $K(q,\dot{q},t)$ の存在が示された．

次に式 (B.22) を $\dot{q}_j$ で微分した式を考える．

$$\frac{\partial f_i}{\partial \dot{q}_j} = \Big(\frac{\partial}{\partial t} + \sum_{k=1}^{N} \dot{q}_k \frac{\partial}{\partial q_k}\Big) \underbrace{\frac{\partial^2 K}{\partial \dot{q}_j \partial \dot{q}_i}}_{=m_{ij}} + \Big(\frac{\partial^2 K}{\partial q_j \partial \dot{q}_i} - \frac{\partial^2 K}{\partial q_i \partial \dot{q}_j}\Big) + \Big(\frac{\partial A_i}{\partial q_j} - \frac{\partial A_j}{\partial q_i}\Big) \tag{B.25}$$

この i,j に関する反対称成分から

$$\frac{\partial A_i}{\partial q_j} - \frac{\partial A_j}{\partial q_i} = \underbrace{\frac{1}{2}\Big(\frac{\partial f_i}{\partial \dot{q}_j} - \frac{\partial f_j}{\partial \dot{q}_i}\Big) - \Big(\frac{\partial^2 K}{\partial q_j \partial \dot{q}_i} - \frac{\partial^2 K}{\partial q_i \partial \dot{q}_j}\Big)}_{=B_{ij}} \tag{B.26}$$

を得る．この式の右辺の量を B_{ij} と定義すると，

$$\frac{\partial B_{ij}}{\partial \dot{q}_k} = \frac{1}{2}\Big(\frac{\partial^2 f_i}{\partial \dot{q}_k \partial \dot{q}_j} - \frac{\partial^2 f_j}{\partial \dot{q}_k \partial \dot{q}_i}\Big) - \Big(\underbrace{\frac{\partial^3 K}{\partial q_j \partial \dot{q}_k \partial \dot{q}_i}}_{=\frac{\partial m_{ik}}{\partial q_j}} - \underbrace{\frac{\partial^3 K}{\partial q_i \partial \dot{q}_k \partial \dot{q}_j}}_{=\frac{\partial m_{jk}}{\partial q_i}}\Big) \underbrace{=}_{\text{式 (B.15)}} 0 \tag{B.27}$$

なので，B_{ij} は $\dot{q}_k$ $(k=1,\cdots,N)$ に依存せず，$B_{ij}(q,t)$ と書ける．さらに

$$\begin{aligned} &\frac{\partial B_{ij}}{\partial q_k} + \frac{\partial B_{jk}}{\partial q_i} + \frac{\partial B_{ki}}{\partial q_j} \\ &= \frac{1}{2}\frac{\partial}{\partial \dot{q}_i}\Big(\frac{\partial f_k}{\partial q_j} - \frac{\partial f_j}{\partial q_k}\Big) + \frac{1}{2}\frac{\partial}{\partial \dot{q}_j}\Big(\frac{\partial f_i}{\partial q_k} - \frac{\partial f_k}{\partial q_i}\Big) + \frac{1}{2}\frac{\partial}{\partial \dot{q}_k}\Big(\frac{\partial f_j}{\partial q_i} - \frac{\partial f_i}{\partial q_j}\Big). \end{aligned} \tag{B.28}$$

この量を式 (B.16) を用いて書き直すと，同じ量の $-1/2$ 倍と等しくなり，したがって 0 であることが分かる．これは式 (B.26) を満たす $A_i(q,t)$ が存在するための条件である [3]．

最後に式 (B.22) を

[3] $\boldsymbol{\nabla}_{\boldsymbol{r}} \cdot \boldsymbol{B} = 0$ が $\boldsymbol{B} = \boldsymbol{\nabla}_{\boldsymbol{r}} \times \boldsymbol{A}$ を満たす $\boldsymbol{A}$ の存在を意味することと対応する．

$$-\frac{\partial\phi}{\partial q_i}-\frac{\partial A_i}{\partial t}=\underbrace{\left(\frac{\partial}{\partial t}+\sum_{k=1}^{N}\dot{q}_k\frac{\partial}{\partial q_k}\right)\frac{\partial K}{\partial\dot{q}_i}-\frac{\partial K}{\partial q_i}+\sum_{k=1}^{N}\left(\frac{\partial A_i}{\partial q_k}-\frac{\partial A_k}{\partial q_i}\right)\dot{q}_k-f_i}_{=E_i} \tag{B.29}$$

と書き直す．この式の右辺の量を E_i と定義すると，

$$\frac{\partial E_i}{\partial\dot{q}_j}=\left(\frac{\partial}{\partial t}+\sum_{k=1}^{N}\dot{q}_k\frac{\partial}{\partial q_k}\right)\underbrace{\frac{\partial^2 K}{\partial\dot{q}_j\partial\dot{q}_i}}_{=m_{ij}}-\frac{\partial f_i}{\partial\dot{q}_j}+\underbrace{\frac{\partial^2 K}{\partial q_j\partial\dot{q}_i}-\frac{\partial^2 K}{\partial q_i\partial\dot{q}_j}+\frac{\partial A_i}{\partial q_j}-\frac{\partial A_j}{\partial q_i}}_{=\frac{1}{2}\left(\frac{\partial f_i}{\partial\dot{q}_j}-\frac{\partial f_j}{\partial\dot{q}_i}\right)}. \tag{B.30}$$

最後の 4 項には式 (B.26) を用いた．式 (B.18) を用いるとこの量も 0 であり，E_i も $E_i(q,t)$ と書けることが分かる．さらに

$$\begin{aligned}\frac{\partial E_i}{\partial q_j}-\frac{\partial E_j}{\partial q_i}+\frac{\partial B_{ij}}{\partial t}&=\frac{\partial E_i}{\partial q_j}-\frac{\partial E_j}{\partial q_i}+\frac{\partial}{\partial t}\left(\frac{\partial A_i}{\partial q_j}-\frac{\partial A_j}{\partial q_i}\right)\\&=\left(\frac{\partial}{\partial t}+\sum_{k=1}^{N}\dot{q}_k\frac{\partial}{\partial q_k}\right)\underbrace{\left(\frac{\partial^2 K}{\partial q_j\partial\dot{q}_i}-\frac{\partial^2 K}{\partial q_i\partial\dot{q}_j}+\frac{\partial A_i}{\partial q_j}-\frac{\partial A_j}{\partial q_i}\right)}_{=\frac{1}{2}\left(\frac{\partial f_i}{\partial\dot{q}_j}-\frac{\partial f_j}{\partial\dot{q}_i}\right)}-\left(\frac{\partial f_i}{\partial q_j}-\frac{\partial f_j}{\partial q_i}\right)\end{aligned} \tag{B.31}$$

であるが，式 (B.16) よりこの量は 0 である．これは式 (B.29) を満たす ϕ が存在するための条件であり，$\phi(q,t)$ の存在が示された [4]．

B.2 ベルトランの定理の証明

4.3.3 項で紹介したベルトランの定理を証明しよう [5]．角運動量の保存により，

[4] $\boldsymbol{\nabla}_{\boldsymbol{r}}\times\boldsymbol{E}+\frac{\partial\boldsymbol{B}}{\partial t}=0$ が $\boldsymbol{E}=-\boldsymbol{\nabla}_{\boldsymbol{r}}\phi-\frac{\partial\boldsymbol{A}}{\partial t}$ を満たす ϕ の存在を意味することと対応する．

[5] [53] Appendix A には別の証明が載っているが，フーリエ級数展開およびその係数の比較の部分に納得できなかったため，[54] 問題 2-17 およびその解説を参考にした．

運動は $\boldsymbol{L}$ を法線とする 2 次元面内に制限されるため，2 次元極座標 (r, θ) を用いて考察する．$f(r) = -V'(r)$ となるポテンシャルを $V(r)$ とする．

ポテンシャルが θ に依らないため式 (2.52) により角運動量 $L = mr^2\dot{\theta}$ が保存されることを用いると，系のエネルギーは

$$E = \frac{m}{2}\left[\dot{r}^2 + (r\dot{\theta})^2\right] + V(r) = \frac{m}{2}\dot{r}^2 + \frac{L^2}{2mr^2} + V(r) \tag{B.32}$$

と書き換えられる．以下 $u := 1/r$ という変数を用いる．また

$$\frac{\mathrm{d}\theta}{\mathrm{d}t} = \frac{L}{mr^2} = \frac{Lu^2}{m} \tag{B.33}$$

を用いて時間微分を θ 微分に書き換えると

$$\dot{r} = \frac{\mathrm{d}r}{\mathrm{d}t} = \frac{\mathrm{d}\theta}{\mathrm{d}t}\frac{\mathrm{d}(1/u)}{\mathrm{d}\theta} = -\frac{L}{m}\frac{du}{d\theta} \tag{B.34}$$

により

$$\tilde{E} := \frac{mE}{L^2} = \frac{1}{2}\left(\frac{\mathrm{d}u}{\mathrm{d}\theta}\right)^2 + \frac{1}{2}u^2 + \frac{m}{L^2}V(1/u) \tag{B.35}$$

が実効的なエネルギーの役割を果たす．

中心力が引力である限り，うまく初期条件を選べば $f(r_0) = -\frac{L^2}{mr_0^3}$，つまり $u_0 = \frac{m}{u_0^2 L^2}V'(1/u_0)$ によって定まる半径 $r_0 = 1/u_0$ での円運動が可能である．いま $u = u_0 + \epsilon$ として軌道を円運動からわずかにずらし，ϵ の 2 次まで展開すると

$$\tilde{E} = \tilde{E}_0 + \frac{1}{2}\left(\frac{\mathrm{d}\epsilon}{\mathrm{d}\theta}\right)^2 + \frac{1}{2}\omega^2\epsilon^2 + O(\epsilon^3) \tag{B.36}$$

を得る．ただし $\tilde{E}_0 := \frac{1}{2}u_0^2 + \frac{m}{L^2}V(1/u_0)$ および

$$\omega^2 := 1 + \frac{m}{L^2}\frac{2u_0V'(1/u_0) + V''(1/u_0)}{u_0^4} = 3 + \frac{r_0 f'(r_0)}{f(r_0)} \tag{B.37}$$

とおいた．2 つ目の等号では r_0 の定義を用いて L を消去した．$O(\epsilon^3)$ を無視すると，式 (B.36) は θ を変数とする振動数 ω の単振り子を表す．ϵ の 1 周期の運動の間に θ は $\Delta\theta_0 := 2\pi/\omega$ だけ変化するため，軌道が閉じるためには

$\omega = 2\pi/\Delta\theta_0$ は有理数でなければならず，有理数の不連続性から ω は r_0 には依存しない．したがって式 (B.37) を $f(r_0)$ についての 1 階の常微分方程式とみて解くと

$$f'(r_0) = (\omega^2 - 3)\frac{f(r_0)}{r_0} \quad \Leftrightarrow \quad f(r_0) = k r_0^{\omega^2 - 3} \tag{B.38}$$

を得る．ここまでで $f(r)$ が冪関数に限定されることが分かった．以下では $q = 2 - \omega^2$，つまり $f(r) = kr^{-q-1}$ と書く．$\omega^2 > 0$ であるから $q < 2$ であり，また ω は有理数であるから $q \neq 0$ としてよい．対応するポテンシャルは定数の不定性を除き $V(r) = kr^{-q}/q$ で与えられる．

次に，もう少し大きな振幅の振動について調べよう．r の極大点 (r_1, θ_1) から極小点 (r_2, θ_2) まで r が単調に減少する区間の運動について考察する．このとき u は $u_1 \coloneqq 1/r_1$ から $u_2 \coloneqq 1/r_2$ まで単調に増加する．式 (B.35) のエネルギー保存則により

$$\frac{1}{2}\left(\frac{\mathrm{d}u}{\mathrm{d}\theta}\right)^2 + \frac{1}{2}u^2 + \frac{mk}{L^2 q}u^q = \frac{1}{2}u_1^2 + \frac{mk}{L^2 q}u_1^q = \frac{1}{2}u_2^2 + \frac{mk}{L^2 q}u_2^q \tag{B.39}$$

である．この式から L を消去すると

$$\left(\frac{\mathrm{d}u}{\mathrm{d}\theta}\right)^2 = \frac{(u_1^2 - u^2)(u_2^q - u_1^q) + (u_2^2 - u_1^2)(u^q - u_1^q)}{u_2^q - u_1^q} \tag{B.40}$$

となる．$L > 0$ と仮定すると $\frac{\mathrm{d}u}{\mathrm{d}\theta} > 0$ なので，この区間の θ の変化量は

$$\frac{\Delta\theta}{2} = \theta_2 - \theta_1 = \int_{u_1}^{u_2} \mathrm{d}u \sqrt{\frac{u_2^q - u_1^q}{(u_1^2 - u^2)(u_2^q - u_1^q) + (u_2^2 - u_1^2)(u^q - u_1^q)}} \tag{B.41}$$

と表すことができる．ここで

$$\bar{u} \coloneqq \frac{u_1 + u_2}{2}, \quad \bar{\epsilon} \coloneqq \frac{u_2 - u_1}{u_2 + u_1} \tag{B.42}$$

とおき，$u = \bar{u}(1 + \bar{\epsilon}x)$ $(-1 \le x \le 1)$ と変数変換して $\bar{\epsilon}$ について展開すると

$$\begin{aligned} \frac{\Delta\theta}{2} &= \frac{1}{\sqrt{2-q}} \int_{-1}^{1} \mathrm{d}x \frac{1 - \frac{q-1}{6}x\bar{\epsilon} + \frac{q-1}{24}(1 + q + 2x^2)\bar{\epsilon}^2 + O(\bar{\epsilon}^3)}{\sqrt{1 - x^2}} \\ &= \frac{\Delta\theta_0}{2}\left(1 + \frac{1}{24}(q+2)(q-1)\bar{\epsilon}^2 + O(\bar{\epsilon}^3)\right) \end{aligned} \tag{B.43}$$

を得る．ただし積分の実行には $\int_{-1}^{1} \mathrm{d}x \frac{1}{\sqrt{1-x^2}} = \pi$，$\int_{-1}^{1} \mathrm{d}x \frac{x}{\sqrt{1-x^2}} = 0$，$\int_{-1}^{1} \mathrm{d}x \frac{x^2}{\sqrt{1-x^2}} = \frac{\pi}{2}$ を用いた．

極小点 r_2 から極大点 r_1 へと r が単調に増加する区間の運動でも，θ の変化量は同じ $\Delta\theta/2$ で与えられる．軌道が閉じるためには $\Delta\theta$ と 2π の比が有理数でなければならないため，連続変数である $\bar{\epsilon}$ に依存することはできない．式 (B.43) の最後の式が $\bar{\epsilon}$ に依存しないためには $q = 1$（クーロン型）または $q = -2$（フック型）であることが必要である．このとき，必ずしも $\bar{\epsilon}$ が微小でない場合でもそれぞれ $\Delta\theta = 2\pi, \pi$ となって十分性も確認できる．

補遺 **C**

演習問題略解

第1章

問題1

(1) $\boldsymbol{f}_{12} = -\begin{pmatrix} k_x(x_1 - x_2) \\ k_y(y_1 - y_2) \end{pmatrix}$, $\boldsymbol{f}_{21} = -\boldsymbol{f}_{12}$.

(2) 成立する.

(3) $k_x = k_y$.

問題2

(1) $v(x) = \sqrt{2gf(x)}$.

(2) $l(x) = \sqrt{1 + f'(x)^2}\Delta x$.

(3) $t(x) = \frac{l(x)}{v(x)} = \sqrt{\frac{1+f'(x)^2}{2gf(x)}}\Delta x$.

(4) $T = \int_{x_{\min}}^{x_{\max}} \mathrm{d}x \sqrt{\frac{1+f'(x)^2}{2gf(x)}}$.

(5) $\frac{\partial L(f,f',x)}{\partial f} = -\frac{1}{2}\sqrt{\frac{1+(f')^2}{2gf^3}}$ と $\frac{\mathrm{d}}{\mathrm{d}x}\frac{\partial L(f,f',x)}{\partial f'} = \frac{\mathrm{d}}{\mathrm{d}x}\frac{f'}{\sqrt{(1+(f')^2)2gf}} = \frac{f''}{\sqrt{(1+(f')^2)2gf}} - \frac{f'(f'+(f')^3+2f'f''f)}{2\sqrt{(1+(f')^2)^3 2gf^3}}$ より

$$\frac{f''}{\sqrt{(1+(f')^2)2gf}} - \frac{f'\big(f' + (f')^3 + 2f'f''f\big)}{2\sqrt{(1+(f')^2)^3 2gf^3}} = -\frac{1}{2}\sqrt{\frac{1+(f')^2}{2gf^3}}.$$

これを約分・通分すると $2f''(1+(f')^2)f - f'\big(f' + (f')^3 + 2f'f''f\big) = -(1+(f')^2)^2$ となるので，展開して整理すればよい.

(6) $\frac{\partial L(f,f',x)}{\partial f'}f' - L(f,f',x) = -\frac{1}{\sqrt{(1+(f')^2)2gf}}$ が保存される．つまり $(1+(f')^2)f = C$ としてよい．この式を x で微分して両辺を f' で割れば (5) の式を得る．

(7) $f'(x) = \frac{\frac{\mathrm{d}f(x(\theta))}{\mathrm{d}\theta}}{\frac{\mathrm{d}x(\theta)}{\mathrm{d}\theta}} = \frac{\sin\theta}{1-\cos\theta}$ および $f''(x) = \frac{\frac{\mathrm{d}f'(x(\theta))}{\mathrm{d}\theta}}{\frac{\mathrm{d}x(\theta)}{\mathrm{d}\theta}} = -\frac{1}{R(1-\cos\theta)^2}$ を用いると $1+f'(x)^2+2f(x)f''(x) = 1+\frac{\sin^2\theta}{(1-\cos\theta)^2} - \frac{2}{(1-\cos\theta)} = 0$.

(8) $T = \int_0^{2\pi}\mathrm{d}\theta\frac{\mathrm{d}x(\theta)}{\mathrm{d}\theta}\sqrt{\frac{1+f'(x(\theta))^2}{2gf(x(\theta))}} = \sqrt{\frac{R}{g}}\int_0^{2\pi}\mathrm{d}\theta = 2\pi\sqrt{\frac{R}{g}}$.

問題 3

(1)

$$
\begin{aligned}
T(\theta_0) &= \int_{\theta_0}^{2\pi-\theta_0}\mathrm{d}\theta\frac{\mathrm{d}x(\theta)}{\mathrm{d}\theta}\sqrt{\frac{1+f'(x(\theta))^2}{2g(f(x(\theta))-f(x(\theta_0)))}} \\
&= \sqrt{\frac{R}{g}}\int_{\theta_0}^{2\pi-\theta_0}\mathrm{d}\theta\sqrt{\frac{1-\cos\theta}{\cos\theta_0-\cos\theta}} \\
&= 2\sqrt{\frac{R}{g}}\int_{\theta_0}^{\pi}\mathrm{d}\theta\sqrt{\frac{1-\cos\theta}{\cos\theta_0-\cos\theta}}.
\end{aligned}
$$

(2) $z = \frac{\cos(\theta/2)}{\cos(\theta_0/2)}$ と変数変換すると

$$
\begin{aligned}
T(\theta_0) &= 2\sqrt{\frac{R}{g}}\int_{\theta_0}^{\pi}\mathrm{d}\theta\frac{\sin(\theta/2)}{\sqrt{\cos^2(\theta_0/2)-\cos^2(\theta/2)}} \\
&= 4\sqrt{\frac{R}{g}}\int_0^1\mathrm{d}z\frac{1}{\sqrt{1-z^2}} = 4\sqrt{\frac{R}{g}}\Big[\arcsin z\Big]_0^1 = 2\pi\sqrt{\frac{R}{g}}.
\end{aligned}
$$

(3) 単振り子の場合

$$
\begin{aligned}
T(\theta_0) &= \sqrt{\frac{\ell}{2g}}\int_{-\theta_0}^{\theta_0}\mathrm{d}\theta\frac{1}{\sqrt{\cos\theta-\cos\theta_0}} \\
&= \sqrt{\frac{\ell}{g}}\int_0^{\theta_0}\mathrm{d}\theta\frac{1}{\sqrt{\sin^2(\theta_0/2)-\sin^2(\theta/2)}}.
\end{aligned}
$$

$\frac{\sin(\theta/2)}{\sin(\theta_0/2)} = \sin\phi$ と変数変換すると

$$T(\theta_0) = 2\sqrt{\frac{\ell}{g}} \int_0^{\pi/2} \mathrm{d}\phi \frac{1}{\sqrt{1-\sin^2(\theta_0/2)\sin^2\phi}} = 2\sqrt{\frac{\ell}{g}} K(\sin^2(\theta_0/2)).$$

ただし $K(m)$ は $K(m) = \int_0^{\pi/2} \mathrm{d}\phi \frac{1}{\sqrt{1-m\sin^2\phi}}$ によって定義される第一種完全楕円積分で，$K(0) = \pi/2$ から $K(1/2) = \frac{\Gamma(1/4)^2}{4\sqrt{\pi}}$ （$\Gamma(z)$ はガンマ関数）まで単調に増加する．したがって $\frac{T(\pi/2)}{T(0)} = \frac{\Gamma(1/4)^2}{2\pi^{3/2}} = 1.18034\cdots$ となる．つまり $\theta_0 = \pi/2$ の場合の振動の周期は $\theta_0 \sim 0$ の微小振動の場合と比較して 18%もずれる．

問題 4

$L(q,t)$ のときは $\delta S[q] \coloneqq S[q+\epsilon] - S[q] = \int_{t_\mathrm{i}}^{t_\mathrm{f}} \mathrm{d}t \big(L(q+\epsilon,t) - L(q,t)\big) = \int_{t_\mathrm{i}}^{t_\mathrm{f}} \mathrm{d}t\, \epsilon \frac{\partial L(q,t)}{\partial q} + O(\epsilon^2)$ より $\frac{\partial L(q,t)}{\partial q} = 0$. 特に端の条件は必要ない．

$L(q,\dot{q},\ddot{q},t)$ のとき，$q(t)$ を $\epsilon(t)$ だけ変化させると，$\dot{q}(t)$ は $\dot{\epsilon}(t)$，$\ddot{q}(t)$ は $\ddot{\epsilon}(t)$ だけ変化するので

$$\begin{aligned}
\delta S[q] \coloneqq S[q+\epsilon] - S[q] &= \int_{t_\mathrm{i}}^{t_\mathrm{f}} \mathrm{d}t \Big(L(q+\epsilon, \dot{q}+\dot{\epsilon}, \ddot{q}+\ddot{\epsilon}, t) - L(q,\dot{q},\ddot{q},t)\Big) \\
&= \int_{t_\mathrm{i}}^{t_\mathrm{f}} \mathrm{d}t \Big(\epsilon \frac{\partial L(q,\dot{q},\ddot{q},t)}{\partial q} + \dot{\epsilon} \frac{\partial L(q,\dot{q},\ddot{q},t)}{\partial \dot{q}} + \ddot{\epsilon} \frac{\partial L(q,\dot{q},\ddot{q},t)}{\partial \ddot{q}}\Big) + O(\epsilon^2) \\
&= \int_{t_\mathrm{i}}^{t_\mathrm{f}} \mathrm{d}t\, \epsilon(t) \Big(\frac{\partial L(q,\dot{q},\ddot{q},t)}{\partial q} - \frac{\mathrm{d}}{\mathrm{d}t} \frac{\partial L(q,\dot{q},\ddot{q},t)}{\partial \dot{q}} + \frac{\mathrm{d}^2}{\mathrm{d}t^2} \frac{\partial L(q,\dot{q},\ddot{q},t)}{\partial \ddot{q}}\Big) \\
&\quad + \left[\epsilon(t) \Big(\frac{\partial L(q,\dot{q},\ddot{q},t)}{\partial \dot{q}} - \frac{\mathrm{d}}{\mathrm{d}t} \frac{\partial L(q,\dot{q},\ddot{q},t)}{\partial \ddot{q}}\Big) + \dot{\epsilon}(t) \frac{\partial L(q,\dot{q},\ddot{q},t)}{\partial \ddot{q}}\right]_{t_\mathrm{i}}^{t_\mathrm{f}} \\
&\quad + O(\epsilon^2)
\end{aligned}$$

より $\frac{\partial L(q,\dot{q},\ddot{q},t)}{\partial q} - \frac{\mathrm{d}}{\mathrm{d}t} \frac{\partial L(q,\dot{q},\ddot{q},t)}{\partial \dot{q}} + \frac{\mathrm{d}^2}{\mathrm{d}t^2} \frac{\partial L(q,\dot{q},\ddot{q},t)}{\partial \ddot{q}} = 0$. 固定端境界条件では $t = t_\mathrm{i}$ および t_f において $\epsilon(t) = \dot{\epsilon}(t) = 0$，自由端境界条件では $t = t_\mathrm{i}$ および t_f において $\frac{\partial L(q,\dot{q},\ddot{q},t)}{\partial \dot{q}} - \frac{\mathrm{d}}{\mathrm{d}t} \frac{\partial L(q,\dot{q},\ddot{q},t)}{\partial \ddot{q}} = \frac{\partial L(q,\dot{q},\ddot{q},t)}{\partial \ddot{q}} = 0$ とすればよい．

第 2 章

問題 1

(1) $\frac{\partial L(\boldsymbol{r},\dot{\boldsymbol{r}},t)}{\partial r_i^\alpha} = e_i \sum_{\beta=1}^3 \dot{r}_i^\beta \frac{\partial A^\beta(\boldsymbol{r}_i,t)}{\partial r_i^\alpha} - e_i \frac{\partial \phi(\boldsymbol{r}_i,t)}{\partial r_i^\alpha}$. また，$\frac{\partial L(\boldsymbol{r},\dot{\boldsymbol{r}},t)}{\partial \dot{r}_i^\alpha} = m_i \dot{r}_i^\alpha + e_i A^\alpha(\boldsymbol{r}_i,t)$ なので $\frac{\mathrm{d}}{\mathrm{d}t}\frac{\partial L(\boldsymbol{r},\dot{\boldsymbol{r}},t)}{\partial \dot{r}_i^\alpha} = m_i \ddot{r}_i^\alpha + e_i \sum_{\beta=1}^3 \dot{r}_i^\beta \frac{\partial A^\alpha(\boldsymbol{r}_i,t)}{\partial r_i^\beta} + e_i \frac{\partial A^\alpha(\boldsymbol{r}_i,t)}{\partial t}$.

(2)
$$
\begin{aligned}
\sum_{\gamma=1}^{3} \varepsilon^{\alpha\beta\gamma}[\boldsymbol{\nabla}_{\boldsymbol{r}} \times \boldsymbol{A}(\boldsymbol{r},t)]^\gamma &= \sum_{\gamma,\alpha',\beta'=1}^{3} \varepsilon^{\alpha\beta\gamma}\varepsilon^{\gamma\alpha'\beta'} \frac{\partial A^{\beta'}(\boldsymbol{r},t)}{\partial r^{\alpha'}} \\
&= \sum_{\gamma,\alpha',\beta'=1}^{3} \varepsilon^{\alpha\beta\gamma}\varepsilon^{\alpha'\beta'\gamma} \frac{\partial A^{\beta'}(\boldsymbol{r},t)}{\partial r^{\alpha'}} \\
&= \sum_{\alpha',\beta'=1}^{3} (\delta^{\alpha\alpha'}\delta^{\beta\beta'} - \delta^{\alpha\beta'}\delta^{\beta\alpha'}) \frac{\partial A^{\beta'}(\boldsymbol{r},t)}{\partial r^{\alpha'}} \\
&= \frac{\partial A^\beta(\boldsymbol{r},t)}{\partial r^\alpha} - \frac{\partial A^\alpha(\boldsymbol{r},t)}{\partial r^\beta}.
\end{aligned}
$$

(3) (1) の結果をオイラー・ラグランジュ方程式へ入れると

$$
\begin{aligned}
m_i \ddot{r}_i^\alpha = e_i\Big(&- \frac{\partial \phi(\boldsymbol{r}_i,t)}{\partial r_i^\alpha} - \frac{\partial A^\alpha(\boldsymbol{r}_i,t)}{\partial t}\Big) \\
&+ e_i \sum_{\beta=1}^{3} \dot{r}_i^\beta \Big(\frac{\partial A^\beta(\boldsymbol{r}_i,t)}{\partial r_i^\alpha} - \frac{\partial A^\alpha(\boldsymbol{r}_i,t)}{\partial r_i^\beta} \Big).
\end{aligned}
$$

ここに (2) の結果と式 (2.67) を用いればよい.

問題 2

(1) $m\ddot{q}(t) = -m\omega^2 q(t)$ の解は定数 A, B を用いて $q_*(t) = A\cos\omega t + B\sin\omega t$ と書ける.

(2) $q_*(t)$ はオイラー・ラグランジュ方程式を満たすため，ϵ_n の 1 次の項は消えるので

$$
S[q_* + \epsilon] - S[q_*] = \int_0^T \mathrm{d}t\, L(\epsilon(t), \dot{\epsilon}(t), t)
$$

$$= \frac{m}{2}\sum_{n,m=1}^{\infty}\frac{\pi n}{T}\frac{\pi m}{T}\epsilon_n\epsilon_m\int_0^T \mathrm{d}t\,\cos\left(\frac{\pi n t}{T}\right)\cos\left(\frac{\pi m t}{T}\right)$$
$$-\frac{m\omega^2}{2}\sum_{n,m=1}^{\infty}\epsilon_n\epsilon_m\int_0^T \mathrm{d}t\,\sin\left(\frac{\pi n t}{T}\right)\sin\left(\frac{\pi m t}{T}\right)$$
$$= \frac{m}{2}\sum_{n,m=1}^{\infty}\frac{\pi n}{T}\frac{\pi m}{T}\epsilon_n\epsilon_m\frac{1}{2}\int_0^T \mathrm{d}t\Big(\cos\left(\frac{\pi(n-m)t}{T}\right)+\cos\left(\frac{\pi(n+m)t}{T}\right)\Big)$$
$$-\frac{m\omega^2}{2}\sum_{n,m=1}^{\infty}\epsilon_n\epsilon_m\frac{1}{2}\int_0^T \mathrm{d}t\Big(\cos\left(\frac{\pi(n-m)t}{T}\right)-\cos\left(\frac{\pi(n+m)t}{T}\right)\Big).$$

あとは $\int_0^\pi \mathrm{d}x\cos(nx)=\pi\delta_{n0}$ を用いて積分を実行すればよい.

(3) 任意の $n\geq 1$ に対し $(\pi n)^2-(\omega T)^2\geq 0$ なので，$\epsilon_n=0$ $(n\geq 1)$ は作用を最小にする．したがって，$q_*(t)$ は作用を最小にしている.

(4) ϵ_1^2 の係数は負，ϵ_2^2 の係数は正なので，図 1.4 の (c) のようになる.

(5) $(\pi n)^2-(\omega T)^2$ は $n\geq 2$ のとき非負，$n=1$ のとき負になるため，ϵ_1 に対しては作用は上に凸，ϵ_n $(n\geq 3)$ に対しては作用は下に凸になる（$n=2$ は下に凸かもしくは平ら）．したがって，$q_*(t)$ は作用の鞍点に過ぎず，最小にはしていない.

第 3 章

問題 1

(1) これは 3.3.2 項で紹介したラグランジュの未定乗数法そのもの．ただし定数 $-\lambda\ell$ はラグランジアンの不定性として落とした.

(2) $\tilde{f}(x) := f(x)+\frac{\lambda}{\rho g}$ とすると

$$S[f]+\lambda C[f]=\int_{x_{\min}}^{x_{\max}}\mathrm{d}x\,\rho g\tilde{f}(x)\sqrt{1+\tilde{f}'(x)^2}$$

となり，式 (1.45) の作用の形と一致するため.

(3) 式 (1.43) より $f^*(x)=-\frac{\lambda}{\rho g}+A\cosh(\frac{x-x_0}{A})$．$A, x_0, \lambda$ は $f(x_{\min})=-\frac{\lambda}{\rho g}+A\cosh(\frac{x_{\min}-x_0}{A})$，$f(x_{\max})=-\frac{\lambda}{\rho g}+A\cosh(\frac{x_{\max}-x_0}{A})$,

$\int_{x_{\min}}^{x_{\max}} \mathrm{d}x \sqrt{1+f^{*\prime}(x)^2} = \ell$ を連立することで決定される．

(4) $\frac{\mathrm{d}}{\mathrm{d}x} \frac{\partial \sqrt{1+f'(x)^2}}{\partial f'(x)} \Big|_{f(x)=f^*(x)} = \frac{1}{A\cosh^2(\frac{x-x_0}{A})}$ なので，例えば

$$\eta(x) = \frac{6(x-x_{\max})(x-x_{\min})}{(x_{\max}-x_{\min})^3} A \cosh^2\left(\frac{x-x_0}{A}\right).$$

問題 2

(1) $\boldsymbol{r}(s) \coloneqq (x(s), y(s), 0)^T$ とすると，微小区間 $[s, s+\Delta s]$ に対応する面積は $\frac{1}{2}\boldsymbol{r}(s) \times (\boldsymbol{r}(s) + \Delta \boldsymbol{r})$ の z 成分で与えられることを用いる．

(2) 微小区間 $[s, s+\Delta s]$ に対応する長さは $\sqrt{\boldsymbol{r}'(s)^2}\Delta s$ で与えられることを用いる．

(3) $\frac{\mathrm{d}}{\mathrm{d}s}\big(-\frac{y(s)}{2} + \lambda \frac{x'(s)}{\sqrt{x'(s)^2+y'(s)^2}}\big) = \frac{y'(s)}{2}$, $\frac{\mathrm{d}}{\mathrm{d}s}\big(\frac{x(s)}{2} + \lambda \frac{y'(s)}{\sqrt{x'(s)^2+y'(s)^2}}\big) = -\frac{x'(s)}{2}$.

(4) $-y(s) + \lambda \frac{x'(s)}{\sqrt{x'(s)^2+y'(s)^2}} = -y_0$, $x(s) + \lambda \frac{y'(s)}{\sqrt{x'(s)^2+y'(s)^2}} = x_0$.

(5) $(x(s)-x_0)x'(s)+(y(s)-y_0)y'(s) = 0$ を s で積分し，定数は $C[x,y] = 0$ となるように決めればよい．

(6) 円であるときに最大値 $S = \pi\big(\ell/2\pi\big)^2 = \ell^2/4\pi$ をとる．長方形に制限した場合と比べて面積は $4/\pi = 1.27324\cdots$ 倍，つまり約 27%も大きくなる．

(7) $\lambda = -\frac{\ell}{2\pi}$.

第 4 章

問題 1

(1) $f(\boldsymbol{r}, t) = \sum_{i=1}^M \boldsymbol{F}_i \cdot \boldsymbol{a}t$. ここから $f(\boldsymbol{r}, t) = \boldsymbol{a} \cdot \boldsymbol{\Lambda}$ となる $\boldsymbol{\Lambda}$ が $\boldsymbol{\Lambda} = \sum_{i=1}^M \boldsymbol{F}_i t$ と求まる．

(2) $\boldsymbol{Q} = \sum_{i=1}^M m_i \dot{\boldsymbol{r}}_i - \boldsymbol{\Lambda} = \sum_{i=1}^M (m_i \dot{\boldsymbol{r}}_i - \boldsymbol{F}_i t)$ の各成分が保存される．運動方程式 $m_i \ddot{\boldsymbol{r}}_i = \boldsymbol{F}_i + \sum_{j=1}^M \boldsymbol{f}_{ij}$ により $\dot{\boldsymbol{Q}} = \sum_{i=1}^M (m_i \ddot{\boldsymbol{r}}_i - \boldsymbol{F}_i) = \boldsymbol{0}$.

(3) $f(\boldsymbol{r}, t) = \sum_{i=1}^M \big(-m_i \boldsymbol{v}_0 \cdot \boldsymbol{r}_i + \frac{m_i}{2}\boldsymbol{v}_0^2 t - \frac{1}{2}\boldsymbol{v}_0 \cdot \boldsymbol{F}_i t^2\big)$. ここから $f(\boldsymbol{r}, t) = \boldsymbol{v}_0 \cdot \boldsymbol{\Lambda} + O(\boldsymbol{v}_0^2)$ となる $\boldsymbol{\Lambda}$ が $\boldsymbol{\Lambda} = -\sum_{i=1}^M (m_i \boldsymbol{r}_i + \frac{1}{2}\boldsymbol{F}_i t^2)$

と求まる.

(4) $\boldsymbol{Q} = \sum_{i=1}^{M}(-m_i\dot{\boldsymbol{r}}_i t) - \boldsymbol{\Lambda} = \sum_{i=1}^{M}\bigl(-m_i\dot{\boldsymbol{r}}_i t + m_i\boldsymbol{r}_i + \frac{1}{2}\boldsymbol{F}_i t^2\bigr)$ の各成分が保存される. 表 4.1 では $\boldsymbol{F}_i = \boldsymbol{0}$ とした. 運動方程式により $\dot{\boldsymbol{Q}} = -\sum_{i=1}^{M}\bigl(m_i\ddot{\boldsymbol{r}}_i - \boldsymbol{F}_i\bigr)t = \boldsymbol{0}$.

問題 2

(1) 並進, 回転対称性に対する条件式 (4.7), (4.9) は成立する (ともに $f = 0$) 一方で, ガリレイ対称性に対する条件式 (4.16) は成立しないことを確かめればよい.

(2) $\frac{\mathrm{d}}{\mathrm{d}t}\frac{\dot{\boldsymbol{r}}}{\sqrt{\dot{\boldsymbol{r}}\cdot\dot{\boldsymbol{r}}}} = \boldsymbol{0}$.

(3) $\boldsymbol{r} = \boldsymbol{v}_0\tau(t) + \boldsymbol{r}_0$ のとき, $\frac{\dot{\boldsymbol{r}}}{\sqrt{\dot{\boldsymbol{r}}\cdot\dot{\boldsymbol{r}}}} = \frac{\boldsymbol{v}_0}{\sqrt{\boldsymbol{v}_0\cdot\boldsymbol{v}_0}}$ は定数. したがって (2) の解である.

(4) 式 (4.46) の成立を確かめればよい. 式 (6.23) 前後の議論を参照のこと.

問題 3

$(\dot{\boldsymbol{r}}_i - \dot{\boldsymbol{r}}_j)^2$ は要求している対称性のもとでの不変量なので, この任意関数は対称性をもち, かつラグランジアンの不定性として吸収できない. 例えば 2 粒子の系のラグランジアン $\frac{1}{2}(m_1\dot{\boldsymbol{r}}_1^2 + m_2\dot{\boldsymbol{r}}_2^2) - V(|\boldsymbol{r}_1 - \boldsymbol{r}_2|)$ に $c[(\dot{\boldsymbol{r}}_1 - \dot{\boldsymbol{r}}_2)^2]^2$ を加えることは対称性からは禁止されない.

問題 4

(1) $\boldsymbol{r}\cdot(\boldsymbol{\epsilon}\times\boldsymbol{r}) = 0$, $\dot{\boldsymbol{r}}\cdot(\boldsymbol{\epsilon}\times\dot{\boldsymbol{r}}) = 0$ より明らか.

(2) $O(\epsilon^2)$ の項を無視すると $K(\dot{\boldsymbol{r}}') - K(\dot{\boldsymbol{r}}) = m\dot{\boldsymbol{r}}\cdot\frac{\mathrm{d}}{\mathrm{d}t}(\boldsymbol{r}' - \boldsymbol{r}) = m^2[2(\boldsymbol{\epsilon}\cdot\boldsymbol{r})(\dot{\boldsymbol{r}}\cdot\ddot{\boldsymbol{r}}) - (\boldsymbol{\epsilon}\cdot\dot{\boldsymbol{r}})(\boldsymbol{r}\cdot\ddot{\boldsymbol{r}}) - (\boldsymbol{\epsilon}\cdot\ddot{\boldsymbol{r}})(\boldsymbol{r}\cdot\dot{\boldsymbol{r}})] = m^2\frac{\mathrm{d}}{\mathrm{d}t}[(\boldsymbol{\epsilon}\cdot\boldsymbol{r})(\dot{\boldsymbol{r}}\cdot\dot{\boldsymbol{r}}) - (\boldsymbol{\epsilon}\cdot\dot{\boldsymbol{r}})(\boldsymbol{r}\cdot\dot{\boldsymbol{r}})] = \frac{\mathrm{d}}{\mathrm{d}t}\tilde{f}_1(\boldsymbol{r}, \dot{\boldsymbol{r}})$, $U(\boldsymbol{r}') - U(\boldsymbol{r}) = \frac{k}{r^3}\boldsymbol{r}\cdot(\boldsymbol{r}' - \boldsymbol{r}) = \frac{mk}{r^3}[(\boldsymbol{\epsilon}\cdot\boldsymbol{r})(\boldsymbol{r}\cdot\dot{\boldsymbol{r}}) - (\boldsymbol{\epsilon}\cdot\dot{\boldsymbol{r}})(\boldsymbol{r}\cdot\boldsymbol{r})] = -mk\frac{\mathrm{d}}{\mathrm{d}t}(\frac{\boldsymbol{\epsilon}\cdot\boldsymbol{r}}{r}) = -\frac{\mathrm{d}}{\mathrm{d}t}\tilde{f}_2(\boldsymbol{r}, \dot{\boldsymbol{r}})$.

(3) 4.6 節の議論により $\boldsymbol{\epsilon}\cdot\boldsymbol{R} = m\dot{\boldsymbol{r}}\cdot(\boldsymbol{r}' - \boldsymbol{r}) - \tilde{f}_1(\boldsymbol{r}, \dot{\boldsymbol{r}}) - \tilde{f}_2(\boldsymbol{r}, \dot{\boldsymbol{r}})$ が保存されることから従う.

第5章

問題 1

(1) $v_0\tau \simeq c\tau = 0.66\,\mathrm{km}$.

(2) 静止系で見た寿命は $\tau/\sqrt{1-(v_0/c)^2}$. $1/\sqrt{1-0.995^2} = 10.0125\cdots$ なので約 10 倍に延び，約 $2.2\times 10^{-5}\,\mathrm{s}$ になる.

(3) $v_0\tau/\sqrt{1-(v_0/c)^2} \simeq 6.6\,\mathrm{km}$.

(4) ローレンツ収縮により地表までの距離が $\sqrt{1-(v_0/c)^2} \simeq 0.1$ 倍に縮む.

問題 2

(1) 弟は静止しているので $\tau_1 = \int_0^{2T_1+T_2} \mathrm{d}t 1 = 2T_1 + T_2$.

(2) $\beta = v/c$ とおくと兄の固有時間は

$$\tau_2 = \int_0^{2T_1+T_2} \mathrm{d}t\sqrt{1-\frac{\dot{x}(t)^2}{c^2}} = 2T_1\sqrt{1-\beta^2} + T_2\int_0^1 \mathrm{d}s\sqrt{1-\beta^2 s^2}$$
$$= 2T_1\sqrt{1-\beta^2} + T_2\left(\frac{\sqrt{1-\beta^2}}{2} + \frac{\arcsin\beta}{2\beta}\right).$$

T_1, T_2 どちらの係数も τ_1 のものと比べて小さいことに注意.

(3) $\tau_2 = \int_0^{2T_1+T_2} \mathrm{d}t\sqrt{1-\frac{\dot{x}(t)^2}{c^2}} < \int_0^{2T_1+T_2} \mathrm{d}t 1 = \tau_1$ だから弟.

(4) 兄は加速度運動を行なっているが弟は静止しており，両者の運動は等価ではない.

問題 3

(1) $\mathrm{d}t' = (\cosh\varphi_x - \frac{\dot{x}(t)}{c}\sinh\varphi_x)\mathrm{d}t$ および

$$\dot{\boldsymbol{r}}'(t') := \frac{\mathrm{d}\boldsymbol{r}'(t')}{\mathrm{d}t'} = \frac{1}{\cosh\varphi_x - \frac{\dot{x}(t)}{c}\sinh\varphi_x}\begin{pmatrix} \dot{x}(t)\cosh\varphi_x - ct\sinh\varphi_x \\ \dot{y}(t) \\ \dot{z}(t) \end{pmatrix}$$

を使うと

$$\frac{\mathrm{d}t'}{\mathrm{d}t}L(\boldsymbol{r}'(t'), \dot{\boldsymbol{r}}'(t'), t') = -mc\frac{\mathrm{d}t'}{\mathrm{d}t}\sqrt{c^2 - \dot{\boldsymbol{r}}'(t)^2}$$

$$= -mc\Big\{(c\cosh\varphi_x - \dot{x}(t)\sinh\varphi_x)^2 - (\dot{x}(t)\cosh\varphi_x - c\sinh\varphi_x)^2 - \dot{y}(t)^2 - \dot{z}(t)^2\Big\}^{1/2}$$

$$= -mc\sqrt{c^2 - \dot{\boldsymbol{r}}(t)^2} = L(\boldsymbol{r}(t), \dot{\boldsymbol{r}}(t), t).$$

(2) 無限小変換は $t' = t - \frac{\epsilon}{c}x(t)$, $x'(t') = x(t) - \epsilon ct$, $y'(t') = y(t)$, $z'(t') = z(t)$ で与えられる．$F^\alpha(\boldsymbol{r}(t), t) = -ct\delta^{\alpha 1}$, $T(\boldsymbol{r}(t), t) = -\frac{1}{c}x(t)$, $f(\boldsymbol{r}(t), t) = 0$ なので，保存量は $\mathcal{Q} = \frac{E(t)}{c}x(t) - ctp^x(t)$. これは単に $E(t) = \frac{mc^2}{\sqrt{1-\dot{\boldsymbol{r}}(t)^2/c^2}}$ と $p^x(t) = \frac{m\dot{x}(t)}{\sqrt{1-\dot{\boldsymbol{r}}(t)^2/c^2}}$ の関係を示しているだけで独立な保存量ではない．

第6章

問題1

(1) $\boldsymbol{p}_i = \frac{\partial L(\boldsymbol{r}, \dot{\boldsymbol{r}}, t)}{\partial \dot{\boldsymbol{r}}_i} = m_i\dot{\boldsymbol{r}}_i + e_i\boldsymbol{A}(\boldsymbol{r}_i, t)$ より $\dot{\boldsymbol{r}}_i = \frac{1}{m_i}\big(\boldsymbol{p}_i - e_i\boldsymbol{A}(\boldsymbol{r}_i, t)\big)$.

(2) $H(\boldsymbol{r}, \boldsymbol{p}, t) = \sum_{i=1}^M \boldsymbol{p}_i\cdot\dot{\boldsymbol{r}}_i - L(\boldsymbol{r}, \dot{\boldsymbol{r}}, t) = \sum_{i=1}^M \Big(\frac{1}{2m_i}\big(\boldsymbol{p}_i - e_i\boldsymbol{A}(\boldsymbol{r}_i, t)\big)^2 + e_i\phi(\boldsymbol{r}_i, t)\Big)$.

(3) $\dot{r}_i^\alpha = \frac{\partial H}{\partial p_i^\alpha} = \frac{1}{m_i}\big(p_i^\alpha - e_iA^\alpha(\boldsymbol{r}_i, t)\big)$ と $\dot{p}_i^\alpha = -\frac{\partial H}{\partial r_i^\alpha} = e_i\sum_{\beta=1}^3 \frac{1}{m_i}\big(p_i^\beta - e_iA^\beta(\boldsymbol{r}_i, t)\big)\frac{\partial A^\beta(\boldsymbol{r}_i, t)}{\partial r_i^\alpha} - e_i\frac{\partial \phi(\boldsymbol{r}_i, t)}{\partial r_i^\alpha}$ を連立して $\boldsymbol{p}_i$ を消去すればよい．第2章の演習問題「荷電粒子のラグランジアン」と同じ計算をする．

問題2

(1) $\{r^\alpha, L^\beta\} = \sum_{\beta', \gamma'=1}^3 \varepsilon^{\beta\beta'\gamma'}\{r^\alpha, r^{\beta'}p^{\gamma'}\} = \sum_{\beta', \gamma'=1}^3 \varepsilon^{\beta\beta'\gamma'} r^{\beta'}\delta^{\alpha\gamma'} = \sum_{\beta'=1}^3 \varepsilon^{\beta\beta'\alpha}r^{\beta'} = \sum_{\gamma=1}^3 \varepsilon^{\alpha\beta\gamma}r^\gamma$.

(2) $\{p^\alpha, L^\beta\} = \sum_{\beta', \gamma'=1}^3 \varepsilon^{\beta\beta'\gamma'}\{p^\alpha, r^{\beta'}p^{\gamma'}\} = \sum_{\beta', \gamma'=1}^3 \varepsilon^{\beta\beta'\gamma'}\delta^{\alpha\beta'}(-1)p^{\gamma'} = -\sum_{\gamma'=1}^3 \varepsilon^{\beta\alpha\gamma'}p^{\gamma'} = \sum_{\gamma=1}^3 \varepsilon^{\alpha\beta\gamma}p^\gamma$.

(3)

$$\begin{aligned}
\{L^\alpha, L^\beta\} &= \sum_{\alpha',\gamma=1}^{3}\sum_{\beta',\gamma'=1}^{3} \varepsilon^{\alpha\alpha'\gamma}\varepsilon^{\beta\beta'\gamma'}\{r^{\alpha'}p^{\gamma}, r^{\beta'}p^{\gamma'}\} \\
&= \sum_{\alpha',\gamma=1}^{3}\sum_{\beta',\gamma'=1}^{3} \varepsilon^{\alpha\alpha'\gamma}\varepsilon^{\beta\beta'\gamma'}(r^{\beta'}\delta^{\alpha'\gamma'}p^{\gamma} - r^{\alpha'}\delta^{\gamma\beta'}p^{\gamma'}) \\
&= \sum_{\alpha',\beta',\gamma=1}^{3} \varepsilon^{\gamma\alpha\alpha'}\varepsilon^{\beta\beta'\alpha'}r^{\beta'}p^{\gamma} - \sum_{\alpha',\beta',\gamma=1}^{3} \varepsilon^{\alpha\alpha'\beta'}\varepsilon^{\gamma\beta\beta'}r^{\alpha'}p^{\gamma} \\
&= r^\alpha p^\beta - r^\beta p^\alpha = \sum_{\gamma=1}^{3}\varepsilon^{\alpha\beta\gamma}L^\gamma.
\end{aligned}$$

第 7 章

問題 1

(1) $\{Q, P\}_{(q,p)} = -1$ であるため，正準変換ではないが，拡張された正準変換にはなっている．

(2) $J = \begin{pmatrix} 0 & 1 \\ 1 & 0 \end{pmatrix}$ なので，行列式は -1．相空間の体積要素は不変．

(3) $K(Q, P, t) = -H(q, p, t) = -H(P, Q, t)$.

問題 2

(1) $\lambda = +1, -1$.

(2) $\det J = +1$．保つ．

(3) 旧変数の正準方程式は $\dot{q}_1 = \frac{\partial H}{\partial p_1} = p_1$，$\dot{q}_2 = \frac{\partial H}{\partial p_2} = p_2$，$\dot{p}_1 = -\frac{\partial H}{\partial q_1} = -q_1$，$\dot{p}_2 = -\frac{\partial H}{\partial q_2} = -q_2$ である．新変数の正準方程式が $\dot{Q}_1 = \lambda\dot{q}_1 = \lambda p_1 = P_1$，$\dot{P}_1 = \lambda\dot{p}_1 = -\lambda q_1 = -Q_1$，$\dot{Q}_2 = \frac{1}{\lambda}\dot{q}_2 = \frac{1}{\lambda}p_2 = P_2$，$\dot{P}_2 = \frac{1}{\lambda}\dot{p}_2 = -\frac{1}{\lambda}q_2 = -Q_2$ と同値になるには $K(Q_1, Q_2, P_1, P_2) = \frac{1}{2}(Q_1^2 + Q_2^2 + P_1^2 + P_2^2)$ とすればよい．

(4) $H(q_1, q_2, p_1, p_2) = H_1(q_1, p_1) + H_2(q_2, p_2)$ と分離できることが条件で $K(Q_1, Q_2, P_1, P_2) = \lambda^2 H_1(q_1, p_1) + \frac{1}{\lambda^2}H_2(q_2, p_2) = \lambda^2 H_1(\frac{Q_1}{\lambda}, \frac{P_1}{\lambda}) +$

$\frac{1}{\lambda^2}H_2(\lambda Q_2, \lambda P_2)$. 十分性は明らかだが，必要性も

$$\frac{\partial^2 K}{\partial Q_2 \partial Q_1} = \frac{\partial}{\partial Q_2}(-\dot{P}_1) = \frac{\partial}{\partial Q_2}(-\lambda \dot{p}_1) = \lambda \frac{\partial}{\partial Q_2}\frac{\partial H}{\partial q_1} = \lambda^2 \frac{\partial H}{\partial Q_2 \partial Q_1}$$
$$= \frac{\partial^2 K}{\partial Q_1 \partial Q_2} = \frac{\partial}{\partial Q_1}(-\dot{P}_2) = \frac{\partial}{\partial Q_1}(-\frac{1}{\lambda}\dot{p}_2) = \frac{1}{\lambda}\frac{\partial}{\partial Q_1}\frac{\partial H}{\partial q_2} = \frac{1}{\lambda^2}\frac{\partial H}{\partial Q_1 \partial Q_2}$$

により $\frac{\partial H}{\partial Q_1 \partial Q_2} = 0$. 同様に $\frac{\partial H}{\partial Q_1 \partial P_2} = \frac{\partial H}{\partial P_1 \partial Q_2} = \frac{\partial H}{\partial P_1 \partial P_2} = 0$ を示すことで確認できる.

第8章

問題1

(1) $\{x, \mathcal{G}\} = -y$, $\{y, \mathcal{G}\} = x$, $\{\{x, \mathcal{G}\}, \mathcal{G}\} = -x$, $\{\{y, \mathcal{G}\}, \mathcal{G}\} = -y$.

(2) $X_{2n} = \{\{\cdots\{\{x, \underbrace{\mathcal{G}\}, \mathcal{G}\}, \cdots \mathcal{G}\}, \mathcal{G}}_{=2n\text{ 個}}\} = (-1)^n x$,

$X_{2n+1} = \{\{\cdots\{\{x, \underbrace{\mathcal{G}\}, \mathcal{G}\}, \cdots \mathcal{G}\}, \mathcal{G}}_{=2n+1\text{ 個}}\} = -(-1)^n y$,

$Y_{2n} = \{\{\cdots\{\{y, \underbrace{\mathcal{G}\}, \mathcal{G}\}, \cdots \mathcal{G}\}, \mathcal{G}}_{=2n\text{ 個}}\} = (-1)^n y$,

$Y_{2n+1} = \{\{\cdots\{\{y, \underbrace{\mathcal{G}\}, \mathcal{G}\}, \cdots \mathcal{G}\}, \mathcal{G}}_{=2n+1\text{ 個}}\} = (-1)^n x$.

(3) $X = x\sum_{n=0}^{\infty}\frac{(-1)^n}{(2n)!}\epsilon^{2n} - y\sum_{n=0}^{\infty}\frac{(-1)^n}{(2n+1)!}\epsilon^{2n+1} = x\cos\epsilon - y\sin\epsilon$,
$Y = x\sum_{n=0}^{\infty}\frac{(-1)^n}{(2n+1)!}\epsilon^{2n+1} + y\sum_{n=0}^{\infty}\frac{(-1)^n}{(2n)!}\epsilon^{2n} = x\sin\epsilon + y\cos\epsilon$.

(4) $\{p_x, \mathcal{G}\} = -p_y$, $\{p_y, \mathcal{G}\} = p_x$ なので，x, y を p_x, p_y へと置き換えればよく，$P_X = p_x\cos\epsilon - p_y\sin\epsilon$, $P_Y = p_x\sin\epsilon + p_y\cos\epsilon$.

(5) これは空間回転．ポアソン括弧の不変性を確かめればよい．

問題2

(1) $H = -t_0\sum_{j=1}^{N}\left(c_{j+1}^* c_j + c_j^* c_{j+1}\right) = \frac{\mathrm{i}}{\hbar}t_0\sum_{j=1}^{N}\left(p_{j+1}c_j + p_j c_{j+1}\right)$.

(2) $\dot{c}_j = \{c_j, H\} = \frac{\mathrm{i}}{\hbar}t_0\left(c_{j-1} + c_{j+1}\right)$. $\dot{p}_j = \{p_j, H\} = -\frac{\mathrm{i}}{\hbar}t_0\left(p_{j-1} + p_{j+1}\right)$ は複素共役をとったものになっている．

(3) 与えられた解の形を代入すれば $\hbar\omega(k) = -2t_0\cos k$ が得られる．

(4) $F_j(c) = -\frac{\mathrm{i}}{\hbar}c_j$ なので，$\mathcal{Q} = -\frac{\mathrm{i}}{\hbar}\sum_{i=1}^{N} p_j(t)c_j(t) = \sum_{j=1}^{N} c_j^*(t)c_j(t)$.

(5) $\{c_j, \mathcal{Q}\} = -\frac{\mathrm{i}}{\hbar}c_j(t) = F_j(c)$.

問題 3

(1) $H(\boldsymbol{r}, \boldsymbol{p}) = \frac{\boldsymbol{p}^2}{2m} - \frac{k}{r}$.

(2) $\{L^\alpha, H\} = \sum_{\beta,\gamma=1}^{3}\{\varepsilon^{\alpha\beta\gamma}r^\beta p^\gamma, \frac{\boldsymbol{p}^2}{2m} - \frac{k}{r}\} = \sum_{\beta,\gamma=1}^{3}\varepsilon^{\alpha\beta\gamma}\big(\frac{p^\beta p^\gamma}{m} - k\frac{r^\beta r^\gamma}{r^3}\big) = 0$. $\boldsymbol{L}$ は定ベクトルであり，かつ $\boldsymbol{L}\cdot\boldsymbol{r} = 0$ なので，$\boldsymbol{r}$ は $\boldsymbol{L}$ と直交する面内に留まる.

(3) $\{R^\alpha, H\} = \sum_{\beta,\gamma=1}^{3}\{\varepsilon^{\alpha\beta\gamma}p^\beta L^\gamma, H\} - mk\{\frac{r^\alpha}{r}, H\} = \sum_{\beta,\gamma=1}^{3}\varepsilon^{\alpha\beta\gamma}\{p^\beta, -\frac{k}{r}\}L^\gamma - \frac{k}{2}\{\frac{r^\alpha}{r}, \boldsymbol{p}^2\} = -\frac{k}{r^3}\big(\boldsymbol{r}\times\boldsymbol{L} + (\boldsymbol{r}\cdot\boldsymbol{r})\boldsymbol{p} - (\boldsymbol{r}\cdot\boldsymbol{p})\boldsymbol{r}\big)^\alpha$. 一方式 (0.31) より $\boldsymbol{r}\times\boldsymbol{L} = \boldsymbol{r}\times(\boldsymbol{r}\times\boldsymbol{p}) = (\boldsymbol{r}\cdot\boldsymbol{p})\boldsymbol{r} - (\boldsymbol{r}\cdot\boldsymbol{r})\boldsymbol{p}$ なので，$\{R^\alpha, H\} = 0$

(4) $(\boldsymbol{p}\times\boldsymbol{L})\cdot\boldsymbol{L} = 0$ かつ $\boldsymbol{r}\cdot(\boldsymbol{r}\times\boldsymbol{p}) = 0$ より明らか.

(5) 公式 (0.31) により $\boldsymbol{p}\times\boldsymbol{L}\cdot\boldsymbol{r} = \boldsymbol{r}\times\boldsymbol{p}\cdot\boldsymbol{L} = \boldsymbol{L}^2$ などを用いればよい.

(6) $\boldsymbol{R}^2 = m^2k^2 + (\boldsymbol{p}\times\boldsymbol{L})^2 - 2m\frac{k}{r}\boldsymbol{L}^2 = m^2k^2 + 2m\big(\frac{\boldsymbol{p}^2}{2m} - \frac{k}{r}\big)\boldsymbol{L}^2$.

(7) 1 つずつ計算すれば，無限小変換が以下で与えられることが分かる.

$$\{r^\alpha, R^\beta\} = -\delta^{\alpha\beta}\boldsymbol{r}\cdot\boldsymbol{p} - r^\alpha p^\beta + 2r^\beta p^\alpha,$$

$$\{p^\alpha, R^\beta\} = -\delta^{\alpha\beta}\Big(\boldsymbol{p}^2 - \frac{mk}{r}\Big) + p^\alpha p^\beta - \frac{mk}{r^3}r^\alpha r^\beta.$$

第 1 式右辺に $p^\alpha = m\dot{r}^\alpha$ を代入すればラグランジュ形式での変換が求まる.

第 9 章

問題 1

(1) 極座標をとって計算すると $M = \frac{4}{3}\pi\rho_0 R^3$, $I_G^{\alpha\beta} = \delta^{\alpha\beta}\frac{2}{5}MR^2$.

(2) 円筒座標をとって計算すると $M = \pi\rho_0 R^2 L$,

$$I_G = \frac{1}{12}M\begin{pmatrix} 3R^2 + L^2 & 0 & 0 \\ 0 & 3R^2 + L^2 & 0 \\ 0 & 0 & 6R^2 \end{pmatrix}.$$

第10章

問題1

(1) 指示通り代入すればよい．

(2) 指示通り代入し，$\cos(\theta+\phi)+\cos(\theta-\phi) = 2\cos\theta\cos\phi$ を用いればよい．

(3) これも指示通り代入すればよい．

(4) 4つの定数 C_1^x, C_1^y, C_2^x, C_2^y を用いて

$$
\begin{aligned}
\tilde{s}_{k,1}^x(t) &= (C_1^x - C_2^x\cos k)\sin[\omega(k)t] - C_1^y\sin k\cos[\omega(k)t],\\
\tilde{s}_{k,1}^y(t) &= (C_1^y - C_2^y\cos k)\sin[\omega(k)t] + C_1^x\sin k\cos[\omega(k)t],\\
\tilde{s}_{k,2}^x(t) &= (C_2^x - C_1^x\cos k)\sin[\omega(k)t] + C_2^y\sin k\cos[\omega(k)t],\\
\tilde{s}_{k,2}^y(t) &= (C_2^y - C_1^y\cos k)\sin[\omega(k)t] - C_2^x\sin k\cos[\omega(k)t]
\end{aligned}
$$

が解となる．長波長極限 $k\simeq 0$ では $\tilde{s}_{k,1}^x(t)$ と $\tilde{s}_{k,2}^x(t)$ は係数 $C_1^x - C_2^x$ で決まり，$\tilde{s}_{k,1}^y(t)$ と $\tilde{s}_{k,2}^y(t)$ は係数 $C_1^y - C_2^y$ で決まるため，独立なモードとなる．

(5) $k' = k+\pi$ とし

$$
\begin{aligned}
s_{2j-1}^x(t) &= -\tilde{s}_{k',1}^x(t)\cos(k(2j-1)+\phi_{k'}^x),\\
s_{2j-1}^y(t) &= -\tilde{s}_{k',1}^y(t)\cos(k(2j-1)+\phi_{k'}^y),\\
s_{2j}^x(t) &= \tilde{s}_{k',2}^y(t)\cos(2kj+\phi_{k'}^x),\\
s_{2j}^y(t) &= \tilde{s}_{k',2}^y(t)\cos(2kj+\phi_{k'}^y)
\end{aligned}
$$

を運動方程式に代入して整理すると

$$
\begin{aligned}
\dot{\tilde{s}}_{k',1}^x(t) &= -2s^zJ\left[\tilde{s}_{k',1}^y(t) - \tilde{s}_{k',2}^y(t)\cos k\right],\\
\dot{\tilde{s}}_{k',1}^y(t) &= 2s^zJ\left[\tilde{s}_{k',1}^x(t) - \tilde{s}_{k',2}^x(t)\cos k\right],\\
\dot{\tilde{s}}_{k',2}^x(t) &= 2s^zJ\left[\tilde{s}_{k',2}^y(t) - \tilde{s}_{k',1}^y(t)\cos k\right],
\end{aligned}
$$

$$\dot{\tilde{s}}^y_{k',2}(t) = -2s^z J\big[\tilde{s}^x_{k',2}(t) - \tilde{s}^x_{k',1}(t)\cos k\big]$$

となるが，この解は $\tilde{s}^x_{k',1}(t) = -\tilde{s}^x_{k,1}(t)$, $\tilde{s}^y_{k',1}(t) = -\tilde{s}^y_{k,1}(t)$, $\tilde{s}^x_{k',2}(t) = \tilde{s}^x_{k,2}(t)$, $\tilde{s}^y_{k',2}(t) = \tilde{s}^y_{k,2}(t)$ で与えられる．したがって k と k' は同じ $s^x_i(t)$, $s^y_i(t)$ を与える．

第 11 章

問題 1

(1)–(2) 指示通りに計算すればよい．

(3) 相対論的粒子に対しても $\frac{\mathrm{d}}{\mathrm{d}t}\frac{m_i c^2}{\sqrt{1-\dot{\boldsymbol{r}}_i^2/c^2}} = \dot{\boldsymbol{r}}_i \cdot \frac{\mathrm{d}}{\mathrm{d}t}\frac{m_i\dot{\boldsymbol{r}}_i}{\sqrt{1-\dot{\boldsymbol{r}}_i^2/c^2}}$，つまり $\frac{\mathrm{d}}{\mathrm{d}t}E_i = \dot{\boldsymbol{r}}_i \cdot \frac{\mathrm{d}}{\mathrm{d}t}\boldsymbol{p}_i$ が成立するので，相対論的な荷電粒子の運動方程式 (5.105) を使う以外，特に変更はない．

問題 2

(1)–(4) 定義通りに計算すればよい．

(5) 相対論的な荷電粒子の運動方程式 (5.105) を使う以外，特に変更はない．

問題 3

(1) $\partial_t\theta = \frac{\hbar}{2m}\boldsymbol{\nabla}^2_{\boldsymbol{r}}h - \frac{2\alpha}{\hbar}h$.

(2) $\partial_t h = -\frac{\hbar}{2m}\boldsymbol{\nabla}^2_{\boldsymbol{r}}\theta$.

(3) $\partial_t^2\theta = \frac{\hbar}{2m}\boldsymbol{\nabla}^2_{\boldsymbol{r}}\partial_t h - \frac{2\alpha}{\hbar}\partial_t h = \frac{\alpha}{m}(\boldsymbol{\nabla}_{\boldsymbol{r}})^2\theta - \big(\frac{\hbar\boldsymbol{\nabla}^2_{\boldsymbol{r}}}{2m}\big)^2\theta$ と θ だけの微分方程式にした上で，解の形を $\theta(\boldsymbol{r},t) = \theta_{\boldsymbol{q}}\mathrm{e}^{-\mathrm{i}\omega(\boldsymbol{q})t+\mathrm{i}\boldsymbol{q}\cdot\boldsymbol{r}}$ と仮定すればよい．

第 12 章

問題 1

(1) $\varphi_1 = p_x + \frac{eB}{2}y \approx 0$, $\varphi_2 = p_y - \frac{eB}{2}x \approx 0$.

(2) $H(x, y, p_x, p_y, t) = e\phi(x, y, t)$.

(3) $\frac{\mathrm{d}}{\mathrm{d}t}\varphi_m \approx 0$ $(m = 1, 2)$ は未定乗数を決めるだけで二次拘束条件は出ない．

(4) $\{\varphi_1, \varphi_2\} = eB$ より $C = eB \begin{pmatrix} 0 & 1 \\ -1 & 0 \end{pmatrix}$.

(5) $\{x, y\}_D = -\{x, p_x\}\frac{-1}{eB}\{p_y, y\} = -\frac{1}{eB}$.

(6) $\dot{x} \approx \{x, H\}_D = -\frac{1}{B}\partial_y \phi(x, y, t)$, $\dot{y} \approx \{y, H\}_D = \frac{1}{B}\partial_x \phi(x, y, t)$.

(7) 式 (2.64) で $m \to 0$ とすると $B \begin{pmatrix} -\dot{y} \\ \dot{x} \end{pmatrix} = \begin{pmatrix} E^x(x, y, t) \\ E^y(x, y, t) \end{pmatrix}$ で，確かに一致.

問題 2

(1) $m_i \dot{\boldsymbol{r}}_i = \boldsymbol{p}_i - e_i \boldsymbol{A}(\boldsymbol{r}_i, t)$ や $\boldsymbol{\nabla}_{\boldsymbol{r}} \cdot (\boldsymbol{\nabla}_{\boldsymbol{r}} \times \boldsymbol{B}) = \boldsymbol{0}$ を用いて計算すればよい.

(2) (1) の結果に式 (12.90), (12.92) を代入すればよい.

参考文献

[1] 山本義隆，中村孔一 著：『解析力学 I・II（朝倉物理学大系）』，朝倉書店，1998.

[2] 中原幹夫 著，佐久間一浩 訳：『理論物理学のための幾何学とトポロジー I (II) 原著第 2 版』，日本評論社，2018 (2021).

[3] H. ゴールドスタイン，C. P. ポール，J. L. サーフコ 著，矢野　忠 他訳：『古典力学 原著第 3 版 上（下）』，吉岡書店，2006 (2009).

[4] 高橋　康 著：『量子力学を学ぶための解析力学入門 増補第 2 版』，講談社，2000.

[5] 畑　浩之 著：『解析力学（基幹講座物理学）』，東京図書，2014.

[6] M. Moriconi: *American Journal of Physics* **85**, 633, 2017.

[7] C. G. Gray and E. F. Taylor: *American Journal of Physics* **75**, 434, 2007.

[8] M. R. Flannery: *American Journal of Physics* **73**, 265, 2005.

[9] M. Swaczyna: *Communications in Mathematics* **19**, 27, 2011.

[10] M. Mesterton-Gibbons: "*A Primer on the Calculus of Variations and Optimal Control Theory*", American Mathematical Society, 2009.

[11] 木村利栄，菅野礼司 著：『微分形式による解析力学 改訂増補版』，吉岡書店，1996.

[12] L. D. ランダウ，E. M. リフシッツ 著，広重　徹，水戸　巌 訳：『力学 増訂第 3 版』，東京図書，1974.

[13] W. Sarlet and F. Cantrijn: *SIAM Review* **23**, 467, 1981.

[14] R. P. ファインマン，R. B. レイトン，M. サンズ 著，宮島龍興 訳：『ファインマン物理学 III 電磁気学』，岩波書店，1986.

[15] A. Einstein: *Annalen Der Physik* **17**, 891, 1905.

[16] L. D. ランダウ，E. M. リフシッツ 著，恒藤敏彦，広重　徹 訳：『場の古典論 ―電気力学, 特殊および一般相対性理論― 原著第 6 版』，東京図書，1978.

[17] 内山龍雄 著：『相対性理論（物理テキストシリーズ 8)』，岩波書店，1987.

[18] 近藤慶一 著：『解析力学講義 ―古典力学を超えて―』，共立出版，2022.

[19] J. V. José and E. J. Saletan: "*Classical Dynamics a contemporary approach*", Cambridge University Press, 2013.

[20] 井田大輔 著：『現代解析力学入門』，朝倉書店，2020.

[21] 早田次郎 著：『現代物理のための解析力学（SGC ライブラリ 46)』，サイエンス社，2006.

[22] 須藤　靖 著：『解析力学・量子論 第 2 版』，東京大学出版会，2019.

[23] V. I. アーノルド 著，安藤韶一 他訳：『古典力学の数学的方法』，岩波書店，1980.

[24] E. C. G. Sudarshan and N. Mukunda: "*Classical Dynamics: A Modern Perspective*", World Scientific, 2015.

[25] A. Knauf: "*Mathematical Physics: Classical Mechanics*", Springer, 2018.
[26] T. Kasuga: *Proceedings of the Japan Academy* **29**, 495, 1953.
[27] 前野昌弘 著：『よくわかる解析力学』，東京図書，2013.
[28] 大貫義郎 著：『解析力学（物理テキストシリーズ 2)』，岩波書店，1987.
[29] 原島　鮮 著：『力学 I 新装版 ―質点・剛体の力学―』，裳華房，2020.
[30] P. W. Anderson: *Science* **177**, 393, 1972.
[31] H. Watanabe and T. Brauner: *Physical Review D* **84**, 125013, 2011.
[32] H. Watanabe and H. Murayama: *Physical Review Letters* **108**, 251602, 2012.
[33] Y. Hidaka: *Physical Review Letters* **110**, 091601, 2013.
[34] 渡辺悠樹，村山　斉 著：『南部・ゴールドストーンボソンの統一的理解』日本物理学会誌，**68**，2013.
[35] 渡辺悠樹 著：『量子多体系の対称性とトポロジー ―統一的な理解を目指して―（SGC ライブラリ 179)』，サイエンス社，2022.
[36] F. Wilczek: *Physical Review Letters* **109**, 160401, 2012.
[37] H. Watanabe and M. Oshikawa: *Physical Review Letters* **114**, 251603, 2015.
[38] 渡辺悠樹 著：『時間結晶 ―ウィルチェックの提案から離散時間結晶，そして非線形力学系における類似現象まで―』，数理科学，**62**，2024.
[39] A. アルトランド，B. D. サイモンズ 著，新井正男 他訳：『凝縮系物理における場の理論 第 2 版（上)』，吉岡書店，2012.
[40] 中嶋　慧，松尾　衛 著：『一般ゲージ理論と共変解析力学』，現代数学社，2020.
[41] J. Goldstone: *Nuovo Cimento* **19**, 154, 1961.
[42] C. J. Pethick and H. Smith: "*Bose–Einstein Condensation in Dilute Gases*", Cambridge University Press, 2008.
[43] M. Ueda: "*Fundamentals and New Frontiers of Bose-Einstein Condensation*", World Scientific, 2010.
[44] N. Tsuji, I. Danshita, and S. Tsuchiya: "*Encyclopedia of Condensed Matter Physics* (2nd ed.)", **1**, 174, 2024.
[45] M. ティンカム 著，青木亮三，門脇和男 訳：『超伝導入門 上（下)』，吉岡書店，2004 (2006).
[46] P. A. M. Dirac: "*Lectures on Quantum Mechanics*", Dover Publications, 2001.
[47] 九後汰一郎 著：『ゲージ場の量子論 I（新物理学シリーズ 23)』，培風館，1989.
[48] S. ワインバーグ 著，青山秀明，有末宏明 訳：『場の量子論 2 ―量子場の理論形式

—』，吉岡書店，1997.
[49] S. ワインバーグ 著，岡村　浩 訳：『ワインバーグ量子力学講義 下』，筑摩書房，2021.
[50] 清水　明 著：『熱力学の基礎』，東京大学出版会，2007.
[51] 田崎晴明 著：『熱力学 —現代的な視点から— (新物理学シリーズ 32)』，培風館，2000.
[52] K. Nigam and K. Banerjee: *arXiv*:1602.01563
[53] H. Goldstein: "*Classical Mechanics* (2nd ed.)", Addison-Wesley, 1980.
[54] 江沢　洋，中村孔一，山本義隆 著：『演習詳解力学 第 2 版』，筑摩書房，2022.

索　引

あ　行

か　行

さ　行

た　行

な　行

は　行

著者紹介

渡辺悠樹（わたなべ　はるき）

現　在　東京大学大学院工学系研究科物理工学専攻 准教授，博士（理学）
専　門　物性理論

略　歴
2010 年　東京大学理学部物理学科卒業
2015 年　米カリフォルニア大学バークレー校 Ph.D. 取得
米マサチューセッツ工科大学パッパラードフェロー研究員，東京大学大学院工学系研究科物理工学専攻講師を経て，2019年より現職．南部・ゴールドストーン定理を一般化する研究で西宮湯川記念賞，トポロジカル相の研究で凝縮系科学賞および文部科学大臣表彰若手科学者賞，時間結晶に関する研究で物理学ニューホライズン賞などを受賞．

主　著　『量子多体系の対称性とトポロジー ―統一的な理解を目指して―』（サイエンス社 SGC ライブラリ，2022）

解析力学
―基礎の基礎から発展的なトピックまで―

Analytical Mechanics
―From the Very Basics to Advanced Topics―

2024 年 7 月 10 日　初版 1 刷発行
2024 年 11 月 5 日　初版 3 刷発行

検印廃止
NDC 423.35

ISBN 978-4-320-03631-4

著　者　渡辺悠樹　© 2024

発行者　南條光章

発行所　**共立出版株式会社**
東京都文京区小日向 4-6-19
電話　03-3947-2511（代表）
郵便番号　112-0006
振替口座　00110-2-57035
www.kyoritsu-pub.co.jp

印　刷　藤原印刷

製　本　協栄製本

一般社団法人
自然科学書協会
会員

Printed in Japan